LEHRBÜCHER UND MONOGRAPHIEN

AUS DEM GEBIETE DER

EXAKTEN WISSENSCHAFTEN

7

CHEMISCHE REIHE

BAND II

RÖNTGENOGRAPHISCH-ANALYTISCHE CHEMIE

MÖGLICHKEITEN UND ERGEBNISSE VON UNTERSUCHUNGEN MIT RÖNTGENINTERFERENZEN IN DER CHEMIE

VON

DR. E. BRANDENBERGER
PROFESSOR AN DER EIDG. TECHN. HOCHSCHULE
IN ZÜRICH

Springer Basel AG

ISBN 978-3-0348-4076-7 ISBN 978-3-0348-4151-1 (eBook)
DOI 10.1007/978-3-0348-4151-1

Ursprünglich erschienen bei Verlag Birkhäuser Basel 1945.
Softcover reprint of the hardcover 1st edition 1945

HERRN PROFESSOR DR. P. NIGGLI

IN DANKBARKEIT GEWIDMET

INHALTSÜBERSICHT

Seite

I. Vom Wesen der Kristalle. Molekül- und Kristallverbindungen ... 11

II. Verfahren der röntgenographischen Untersuchung kristallisierter Stoffe ... 19

Die Möglichkeiten von Interferenzversuchen mit Röntgenstrahlen an Kristallen ... 19

Die besondere Versuchstechnik des Pulver-Verfahrens ... 30

Interferenzversuche mit Elektronenstrahlen ... 37

Literaturhinweise ... 41

III. Kristallisierte und amorphe Phasen ... 43

Literaturhinweise ... 52

IV. Die Röntgeninterferenzen als Kennzeichen der Kristallarten ... 54

Methodik der röntgenographischen Bestimmung von Kristallarten ... 59

Kennzeichnung von Kristallproben im Rahmen einer Kristallart, die Charakterisierung von Mischkristallen ... 63

Literaturhinweise ... 70

V. Röntgenographische Gemischanalysen und die röntgenographische Erkundung des Aufbaus ganzer Systeme ... 73

Methodik der röntgenometrischen Gemischanalyse ... 74

Röntgenographische Untersuchungen an ganzen Systemen ... 83

Literaturhinweise ... 91

VI. Die Röntgeninterferenzen als Kennzeichen des Kristallzustandes 93

Kennzeichnung des Kristallzustandes nach dem Pulver-Verfahren ... 99

Kennzeichnung des Kristallzustandes mittels Einkristall-Methoden ... 138

Kennzeichnung des Kristallzustandes mit Elektroneninterferenzen ... 146

Literaturhinweise ... 147

VII. Die Röntgeninterferenzen als Mittel zur Analyse von Umwandlungen und chemischen Reaktionen im festen Zustand ... 153

Umwandlung einer Kristallart in eine andere (polymorphe Umwandlungen) und der Übergang amorpher Phasen in kristallisierte ... 157

Literaturhinweise ... 173

Anlauf-Vorgänge und verwandte Prozesse ... 176

Literaturhinweise ... 197

Zerfall einer Kristallart in zwei andere Kristallarten ... 200

Literaturhinweise ... 204

Pulverreaktionen ... 205

Literaturhinweise ... 216

Seite

VIII. Die Röntgeninterferenzen als Kennzeichen der Konstitution der festen Körper (Kristallstrukturbestimmungen mit Röntgenstrahlen) 218

Allgemeiner Gang einer Kristallstrukturbestimmung 218

Literaturhinweise 226

Von den Voraussetzungen der Kristallstrukturanalysen 228

Kristallchemische Kennzeichen der Atomarten und ihre Bedeutung als Hilfen bei Kristallstrukturbestimmungen 236

Geometrisch-topologische Analyse der Ergebnisse von Kristallstrukturbestimmungen und die Haupttypen chemischer Verbindungen ... 254

Röntgeninterferenz-Verhalten und Bindungszustand 268

Konstitutionsaufklärung mittels Röntgen- und Elektronen-Interferenzen an Gasen und Flüssigkeiten 270

Literaturhinweise 271

Verzeichnis der Tabellen 275

Sachregister 276

VORWORT

Erstmals nachgewiesen im berühmt gewordenen Versuch von FRIEDRICH und KNIPPING, zu welchem im Jahre 1912 VON LAUE die Anregung gab, sind heute die Interferenzerscheinungen der Röntgenstrahlen, im besondern jene an kristallisierter Materie längst nicht mehr Gegenstand eines kunstvollen, physikalischen Experiments, sondern ein allgemein verwendetes Hilfsmittel der Forschung, im besondern ausgezeichnet durch die außerordentliche Breite seines Anwendungsbereiches wie durch die Fülle, Präzision und Unmittelbarkeit der mit ihm erzielbaren Ergebnisse. Nach ihrer Entdeckung fanden Beugungsversuche von Röntgenstrahlen zunächst und zwar sehr bald Eingang in die Kristallkunde: in deren Rahmen erfuhren die röntgenographischen Verfahren ihre besondere methodische Vervollkommnung, wurden sodann die gittertheoretischen Unterlagen zur systematischen Auswertung der Interferenzdaten geschaffen und waren endlich die Ergebnisse der sehr zahlreichen Kristallstrukturbestimmungen Anlaß zur Entwicklung einer geometrisch-topologisch hinreichend fundierten, allgemeinen Stereochemie und der Kristallchemie als der Lehre einer mehr und mehr in den Vordergrund tretenden Klasse neuartiger chemischer Verbindungen, der sog. Kristallverbindungen. Daneben wurde sich aber auch die chemische Forschung, reine wie angewandte, zunehmend der Bedeutung und besondern Vorteile bewußt, welche ihr die röntgenographischen Methoden für die Lösung mancher, anderswie nur unvollkommen oder überhaupt nicht zu bewältigender Aufgaben boten. Dementsprechend sind heute auch im Laboratorium des Chemikers röntgenographische Untersuchungen zur Selbstverständlichkeit geworden, nicht zuletzt, weil die Schaffung geeigneter Röntgenfeinstrukturgeräte die experimentellen Schwierigkeiten bei der Ausführung von Röntgeninterferenzversuchen auf ein Mindestmaß herabgesetzt hat.

Daß in Anbetracht derart vielseitiger Verwendung die röntgenographischen Verfahren bereits mehrfach und ausführlich behandelt wurden, wird nicht wundernehmen und es ist auch durchaus nicht der Sinn des Folgenden, den bereits vorliegenden Buchdarstellungen der Röntgenfeinstrukturuntersuchung eine weitere beizufügen. Hier soll nicht zur Durchführung von Röntgeninterferenzversuchen angeleitet, sondern vielmehr aufgezeigt werden, welche mannigfachen Aufgaben im Rahmen chemischer Untersuchungen sich mit röntgenographischen Mitteln lösen lassen, was von solcher

Anwendung der Röntgenographie auf Fragen der Chemie im Einzelfall zu erwarten, an welche besondern Voraussetzungen indessen ihr Einsatz gebunden ist. Unsere auf dieses Ziel gerichtete Darstellung der Möglichkeiten und der Grenzen röntgenographischer Untersuchungen in der Chemie möchte so vor allem bei der Planung chemischer Arbeiten nützlich sein und hofft, im Forschungs- wie im Betriebslaboratorium gerade dann herangezogen zu werden, wenn zufolge der besondern Schwierigkeiten einer Aufgabe der Chemiker Ausschau nach allen, ihrer Lösung irgendwie dienlichen Untersuchungsmethoden hält. Nicht allein für den mit der Ausführung röntgenographischer Untersuchungen Betrauten geschrieben, möchte sie vor allem das allgemeine Interesse der Chemie an den Verfahren und Ergebnissen der Röntgenographie vertiefen, dazu ihre Aufmerksamkeit vermehrt auf eine Reihe grundsätzlich bedeutsamer Erkenntnisse lenken, die eben aus der Anwendung der Röntgenfeinstrukturuntersuchung auf Fragen der Chemie hervorgingen. — Zu dem im gleichen Verlag erscheinenden Werk «*Grundlagen der Stereochemie*» von P. NIGGLI bildet das Folgende das die Methoden und Möglichkeiten stereochemischer Forschung mittels der Röntgeninterferenzen behandelnde Gegenstück.

In engem Zusammenhang mit den im Laboratorium für technische Röntgenographie und Feinstrukturuntersuchung an der Eidg. Materialprüfungs- und Versuchsanstalt und am Mineralogischen Institut der Eidg. Technischen Hochschule durchzuführenden Untersuchungen und Forschungsarbeiten entstanden, konnte dem hier unternommenen Versuch zugrunde gelegt werden, was tägliche Erfahrung über die Aufgabenstellungen und die Bedürfnisse der chemischen Praxis an die Röntgenographie ergibt. Daß der Verfasser Gelegenheit hatte, in den letzten zehn Jahren solche in so ausgiebigem Ausmaß zu sammeln, verdankt er dem Interesse, welches Herr Professor Dr. M. Roš und Herr Professor Dr. P. SCHLÄPFER als Direktoren der E.M.P.A. den Methoden der Röntgenographie und ihrer Verwertung zum Zweck der Materialprüfung fortgesetzt entgegenbrachten; diese Erfahrung zugleich im ständigen Meinungsaustausch mit Herrn Professor Dr. P. NIGGLI verarbeiten zu dürfen, bedeutete für mich einen besondern Gewinn, für welchen ich meinem verehrten Lehrer bleibenden Dank schulde.

März 1945. E. BRANDENBERGER.

I. VOM WESEN DER KRISTALLE. MOLEKÜL- UND KRISTALLVERBINDUNGEN

1. Die überragende Bedeutung des kristallisierten Zustandes ist in den letzten drei Jahrzehnten erst vollends erkannt worden. Zwei Tatsachen haben hierfür vor allem den Ausschlag gegeben:
einmal die Feststellung, daß kristallisierte Materie weit verbreiteter ist als ehedem angenommen, indem ein Stoff auch dann sehr wohl aus Kristallen aufgebaut sein kann, wenn er dem bloßen Auge, aber selbst für die bestmögliche mikroskopische Betrachtung als amorph erscheint, *der Kristall somit die normale Erscheinungsform des festen Körpers darstellt,*
sodann der Befund, daß sehr zahlreiche chemische Verbindungen, anorganische und organische, überhaupt nur im kristallisierten Zustand existieren, in diesem letztern somit die Mannigfaltigkeit an chemischen Verbindungen weit größer ist als in jedem andern Zustand der Materie, *es dementsprechend chemische Reaktionen gibt, welche einzig als Kristallisationsvorgänge und allein an Kristallisationsprodukten studiert werden können.*

Diese entscheidenden Ergebnisse sind beide der Entdeckung der *Röntgeninterferenzen an den Kristallen* zu verdanken. Die Möglichkeit solcher Beugungserscheinungen der Röntgenstrahlen an kristalliner Materie beruht auf der gitterartigen Atomanordnung in den Kristallen, ihrer Raumgitterstruktur, und dem Umstand, daß die Wellenlänge der Röntgenstrahlen und die Länge der Kanten einer einzelnen Masche der Kristallgitter von vergleichbarer Größe, nämlich beide von der Größenordnung 10^{-8} cm sind. Wohl lassen sich auch an Flüssigkeiten und Gasen (Dämpfen) Röntgeninterferenzen erzeugen, indessen sind ihnen gegenüber die an Kristallen sich ergebenden in mehrfacher Beziehung ausgezeichnet: Die besondere Schärfe und die überlegene Intensität der Interferenzen am Kristall, dazu ihre beträchtliche Anzahl und der durchsichtige Zusammenhang zwischen Interferenzeffekt und beugendem Kristallgitter gestatten nämlich nicht nur, sich hier ohne übermäßigen experimentellen Aufwand hinreichende Kenntnis der Beugungserscheinungen mit Röntgenstrahlen zu verschaffen, sondern ermöglichen überdies eine unverhältnismäßig einfache und sichere Auswertung der Interferenzdaten. So legen die *besondern Vorzüge,* welche *der kristallisierte Zustand dem Studium der Röntgeninterferenzen eines Stoffes bietet,* allgemein (und nicht einzig unter besondern Verhältnissen) nahe, eine Substanz allein deshalb in kristallisierte Form überzuführen, um *an ihren Kristallen* Röntgeninterferenzversuche anstellen zu können.

Wesentlich ist, daß Röntgeninterferenzen von der Art, wie sie für Kristalle typisch sind (sog. *Kristall-Interferenzen),* nicht nur bei makroskopisch und mikroskopisch großen Kristallen, sondern bereits bei submikroskopischer Kristallgröße auftreten und dabei stets ein für jede Kristallart kennzeichnendes Wesen besitzen. Demzufolge lassen sie die Existenz bestimmter Kristallarten selbst dann noch nachweisen und deren Auftreten unter wechselnden Verhältnissen verfolgen, wenn die lineare Kristallgröße bloß um 10^{-7} cm liegt, der einzelne Kristall erst einige wenige Elementarzellen umfaßt. Damit ist aber mit einem Schlag auch für die Gesamtheit submikroskopisch kleiner Kristalle die kristallographische Kennzeichnung und dadurch die Individualisierung aller derart ausgebildeten Kristalle möglich geworden. Solcher Ausweitung kristallkundlicher Forschung gelang der Nachweis, daß auch im submikroskopischen Bereich der kristallisierte Zustand bei weitem dominiert, unter den Festkörpern echt amorphe Stoffe einen Ausnahmefall darstellen.

Dazu tritt, daß die Röntgeninterferenzen in einem einfachen und unmittelbaren Zusammenhang mit der in molekularen Bezirken herrschenden Atomgruppierung stehen, sie somit eine experimentelle Erkundung des atomaren Feinbaus, im besondern der Kristalle, gestatten. In der Tat hat sich der Weg einer solchen experimentellen *Kristallstrukturbestimmung mittels der Röntgeninterferenzen* seither als ein außerordentlich fähiges Mittel zur Aufklärung der Konstitution vor allem der festen Stoffe erwiesen. Die dabei erzielten Ergebnisse führen das chemische Denken mehr und mehr einem Wendepunkt entgegen; denn für eine sehr große Zahl chemischer Verbindungen und Elemente haben sich an Hand ihrer Kristallstrukturen Verbandsverhältnisse der atomaren Teilchen ergeben, welche den zuvor allein herrschenden Vorstellungen einer rein chemischen Konstitutionsforschung völlig fremd waren.

2. Wohl wurden zwar chemische Verbindungen gefunden, in deren Kristallstrukturen tatsächlich geometrisch eindeutig abgrenzbare, chemisch in sich abgesättigte Atomgruppen, *Moleküle* existieren, im Kristall somit die gleichen, in sich abgeschlossenen Atomverbände (molekulare Atomkonfigurationen), die auch der Lösung und Gasphase eigen sind, zu einer raumgitterartigen Anordnung zusammentreten. Solche *Molekülverbindungen* sind jedoch unter den Elementen und anorganischen Körpern außerordentlich spärlich, unter den organischen Verbindungen zwar zahlreicher, aber auch hier nicht in völliger Vormacht vertreten. Wohl kann der Chemiker in diesem Fall mit Recht behaupten, es erschöpfe sich sein Interesse bei der

Konstitutionsaufklärung in einer Analyse des Bauplans des *einzelnen* Moleküls und eine solche sei bereits gestützt auf Beobachtungen an Dämpfen, Lösungen oder Schmelzen möglich. Entscheidend ist, daß einer solchen für die Molekülverbindungen gegebenen Betrachtungsweise vor allem im Bereich der anorganischen Chemie ein nur sehr beschränktes Gebiet offensteht. Die *Molekülchemie* als Lehre der Molekülverbindungen beherrscht daher nur einen unverhältnismäßig kleinen Ausschnitt der Gesamtheit der anorganischen Verbindungen und einzig einen Teil der Mannigfaltigkeit der organischen Körper. Die Erfahrung belegt ferner, daß selbst im Falle

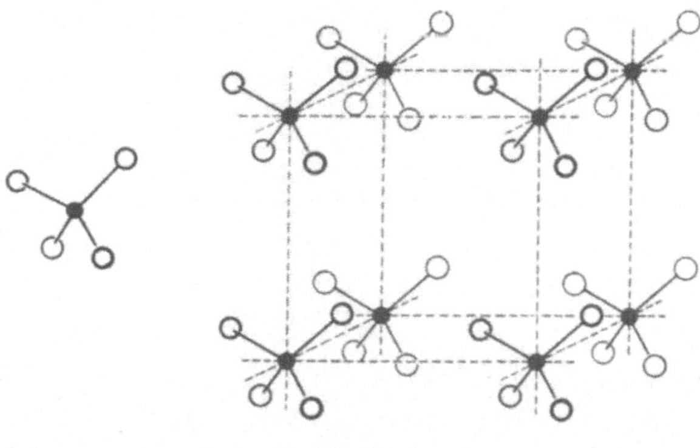

Abb. 1
Ausschnitt aus der Kristallstruktur einer Molekülverbindung (AB_4), links ein einzelnes Molekül.

mancher Molekülverbindungen die hinreichend sichere Ermittlung der Konstitution oft die Heranziehung einer Kristallstrukturbestimmung benötigt, somit auch hier der kristallisierte Zustand das besondere Interesse der Konstitutionsforschung wecken muß, weil der raumgitterartig struierte Molekülhaufen, wie ihn der Kristall der Molekülverbindung darbietet, der experimentellen Aufklärung des Molekülbaus besonders günstige Voraussetzungen schafft.

Für die bei weitem überwiegende Mehrzahl anorganischer Verbindungen und die weitaus meisten Elemente, aber auch für nicht wenige organische Verbindungen hat die Bestimmung ihrer Kristallstrukturen indessen eine Konstitution ergeben, die durch grundsätzlich anders geartete Bauprinzipien gekennzeichnet ist. Hier wurde eine Art der Verknüpfung der Atome untereinander nachgewiesen, welche der klassischen Stereochemie von Grund aus neu erscheinen mußte: Die von den Atomen gebildeten Verbände sind nicht mehr in endlichem Raumbereich geometrisch in sich abgeschlossen, sie bilden vielmehr periodisch gebaute, damit an sich ins Unendliche reichende, tatsächlich völlig willkürlich und daher fallweise verschieden begrenzte Konfigurationen. Solche *periodische Bauweise* bedeutet die fortgesetzte Wiederholung ein und desselben Baumotivs (Grundbausteins), sei es nach drei Richtungen des Raumes, dann eine gitterartige Atomkonfiguration abgebend, sei es bloß nach zwei Richtungen, um eine flächenhafte (zweidimensional unbegrenzte) Atomgruppierung zu liefern, oder schließlich nur nach einer Richtung, damit auf einen linearen (eindimensional unbegrenzten) Atomverband führend. Dabei beweist das vorliegende Tatsachenmaterial im Speziellen für die anorganischen Verbindungen und die Elemente ein-

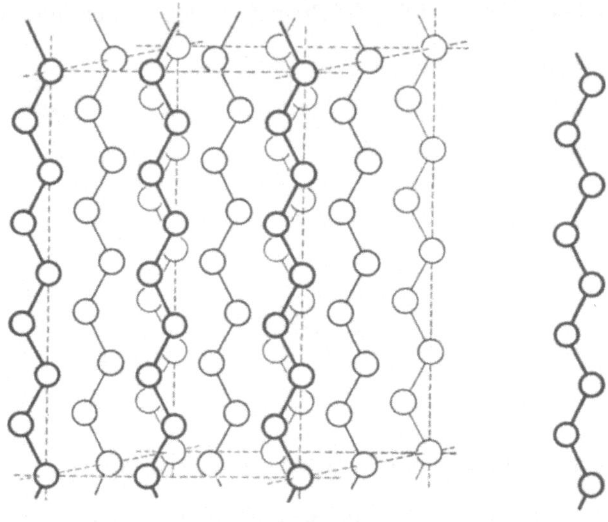

Abb. 2a

Ausschnitt aus der Kristallstruktur von Kristallverbindungen: bei eindimensionalem Charakter der kristallinen Atomkonfiguration: der einzelne regelmäßig-periodisch gebaute, kettenförmige Atomverband (rechts) und der Kristall als Bündel solcher Ketten in zweifach-periodischer Anordnung (Kettenstruktur).

deutig die besondere Vormacht räumlich, dreifach-periodisch struierter, also gitterhaft gebauter Atomkonfigurationen und macht damit den Fall des gitterartigen, durch das ganze Kristallindividuum als geschlossene Einheit reichenden Atomverbandes zur dominierenden Regel. *Stoffe von einer solchen Konstitution sind aber naturgemäß einzig als Kristalle denkbar:* Auflösung des Kristalls bedeutet hier zugleich den Zerfall der betreffenden chemischen Verbindung, ein Wachstum des Kristalls die fortgesetzte Neuverknüpfung von Atomen in den an sich zu unbegrenzter Ausdehnung befähigten Atomverband, so daß in diesem Fall entgegen den Molekülverbindungen der Kristallisationsprozeß nicht als bloßer Wechsel des Aggregatszustandes, sondern vielmehr als eine der Molekülbildung vergleichbare, chemische Reaktion zu bewerten ist. Eine Erkundung der Konstitution kann unter solchen Verhältnissen nur am Kristall selber, unter Anwendung von diesem angepaßten, experimentellen Methoden erfolgen, wobei sich die hierfür besonders eignenden Interferenzmethoden gerade den periodischen atomaren Aufbau dieser Stoffe zunutze machen.

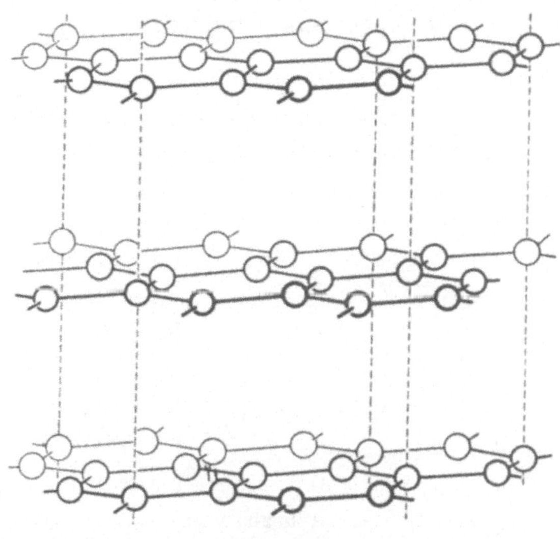

Abb. 2b

Ausschnitt aus der Kristallstruktur von Kristallverbindungen: bei zweidimensionalem Charakter der kristallinen Atomkonfiguration: das einzelne regelmäßig-periodisch gebaute Atomnetz (unten) und der Kristall als Paket solcher Netze, in einfach-periodischer Abfolge aufeinander geschichtet (Netz- bzw. Schichtstruktur).

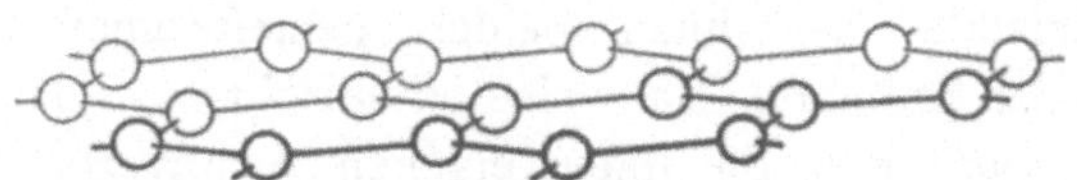

Im Gegensatz zu diesen dreifach-periodisch gebauten, gitterhaften Atomverbänden ist die Existenz der nur zwei- oder einfach-periodisch struierten Atomkonfigurationen nicht notwendig an den kristallisierten Zustand gebunden, sondern, wenn diesen auch bevorzugend, an sich ebenso in flüssigen und glasigen, also amorph-festen Phasen möglich. Bei zweifacher Periodizität der Atomverbände erscheint der von ihnen aufgebaute Kristall als Paket in regelmässiger Abfolge übereinander gelagerter Atomschichten, bei bloß einfach periodischem Bau als Bündel in regelmäßiger Gruppierung nebeneinander liegender Atomketten. Wo solche Atomverbände von schichtartigem oder kettenförmigem Charakter dagegen in amorph-festen Phasen auftreten, können sie, bei zwar gleichem Innenbau der Konfiguration wie beim entsprechenden Kristall, in mehr oder weniger regelloser Anordnung zueinander vorliegen, den in der Schmelze einer Molekülverbindung herrschenden Verhältnissen mit ihrer ebenfalls bereits weitgehend ungeordneten Molekülgruppierung vergleichbar. Amorphe Stoffe solcher Art haben dann den Charakter von Haufwerken *zwei-* oder *eindimensionaler Kristalle* und sind als *parakristalline* (pseudoamorphe) Phasen gegenüber echt amorphen zu unterscheiden, wie S. 46 näher auseinandergesetzt wird.

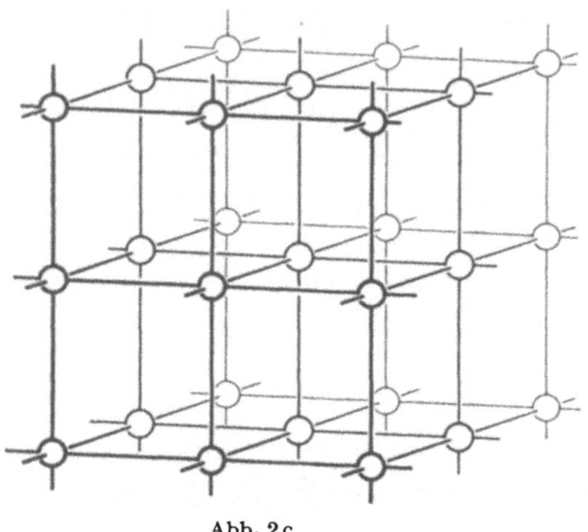

Abb. 2c

Ausschnitt aus der Kristallstruktur von Kristallverbindungen: bei dreidimensionalem Charakter der kristallinen Atomkonfiguration: ein einziger, gitterhafter Atomverband erfüllt zusammenhängend den ganzen Kristall (Gitterstruktur).

Der Übereinstimmung des Bauprinzips derart konstituierter Stoffe mit jenem der Kristalle, der ihnen beiden gemeinsamen Eigentümlichkeit einer periodischen atomaren Bauweise entspricht es, solche Verbindungen als *Kristallverbindungen,* die ihnen eigenen Atomverbände ihrerseits als *kristalline Konfigurationen* zu bezeichnen. Als Lehre der Kristallverbindungen behandelt die *Kristallchemie* unter einheitlichen Gesichtspunkten alle Körper (Elemente und Verbindungen) mit periodisch gearteter Atomanordnung, gleichgültig, ob sie sich in Form echter Kristalle realisieren lassen, wie es die große Regel ausmacht, oder lediglich als amorph-feste Stoffe auftreten.

Zwischen den Molekülverbindungen und den Kristallverbindungen bestehen in mehr als einer Beziehung Übergänge: So nehmen im Grunde bereits die bloß ein- oder zweifach-periodisch gebauten Kristallverbindungen eine Mittelstellung zwischen den *echten,* gitterhaft struierten Kristallverbindungen und den Molekülverbindungen ein: die Atomschicht ist gleichsam nur nach zwei Richtungen dem Bauprinzip der Kristalle und der Kristallverbindungen, nach einer dritten dagegen jenem der Molekülverbindungen unterworfen, die Atomkette zeigt nurmehr nach einer einzigen Richtung den Bauplan der eigentlichen Kristallverbindung, nach den zwei andern Richtungen jedoch die den Molekülen eigene Bauweise. Sodann erreichen die kristallinen Atomkonfigurationen, ob gitterartig, flächenhaft oder kettenförmig beschaffen, in ihrer realen Erscheinung stets nur endliche Größe, molekulare Atomverbände auf der andern Seite aber Formen mit einer recht beträchtlichen Anzahl von Atomen. Moleküle von solchem Charakter und reelle Bruchstücke von Kristallverbindungen können sich einander dementsprechend der Größe nach nähern. Diese letztere ist aber gerade wegen solcher Unschärfe nicht wesentliches Merkmal und kann daher nicht als Kriterium zur Unterscheidung zwischen den beiden Haupttypen von chemischen Verbindungen dienen. Wenig einheitlicher Gebrauch von auf sie abgestimmten Bezeichnungen wie «Riesenmoleküle» oder «Makromoleküle», welche oft für diese chemischen Gebilde zusammenfassend gebraucht werden, liegt in der Natur der Verhältnisse, denen einzig und allein die konsequent durchgeführte, geometrisch-topologische Betrachtung gerecht werden kann: Ob eine Molekülverbindung oder eine Kristallverbindung vorliegt, vermag nur die Feststellung zu entscheiden, inwieweit die fragliche Sorte von Atomverbänden stets die gleiche Anzahl von Atomen umfaßt oder aber ob die in der einzelnen Konfiguration enthaltene Zahl von Atomen solche Konstanz nicht zeigt. Nur, wo ersteres feststeht, ist die Anwendung des Molekülbegriffs gegeben; in jedem andern Fall handelt es sich um Bruchstücke von Kristallverbindungen, wenn oft auch von einer bevorzugten mittleren Größe, wie ja gleichfalls in einem Haufwerk echter Kristalle diese unter Umständen eine weitgehend übereinstimmende Größe zeigen können. Begriffsbildungen wie «Polymolekularität» (die verschiedene Größe der in einem Stoff vorhandenen, kristallinen Atomkonfigurationen umschreibend) entkleiden den scharf definierten Begriff des Moleküls mehr und mehr seines eindeutigen Inhalts einer geometrisch einheitlich abgrenzbaren, in sich nach Art, Zahl und Anordnung der Atome stets gleich gearteten Atomkonfiguration und belassen ihm letzten Endes einzig noch die blasse Bedeutung eines Atomverbandes schlechthin.

Die erschöpfende Kennzeichnung der den Molekül- und Kristallverbindungen zukommenden Baupläne konnte aus heute leicht übersehbaren Gründen allein einer hinreichend geometrisch-topologisch fundierten, von der allgemeinen Symmetrielehre geleiteten *Stereochemie* gelingen. Die engen Beziehungen der Konstitution der Kristallverbindungen zum Feinbau der Kristalle lassen verstehen, weshalb sich diese neuzeitliche Form der Stereochemie vorzugsweise auf dem Boden der Kristallstrukturtheorie entwickelt hat, und sie zudem ihren Ausbau vor allem in den Händen des Kristallographen erfuhr. Ihrem heutigen Stand entsprechend liegt das Ziel einer solchen *all-*

gemeinen Stereochemie in der *rein geometrisch-topologischen Analyse der unter den Atomen bestehenden Lagebeziehungen,* tritt dagegen die Frage nach dem Charakter der unter den Atomen herrschenden, chemischen Bindungen (polare, unpolare, metallische Bindung) vorerst in den Hintergrund, wie es auch der geometrischen und nicht dynamischen Natur der Ergebnisse der Kristallstrukturbestimmungen mittels der Röntgeninterferenzen entspricht. Bemerkenswert bleibt, wie weit eine solche geometrische Behandlung bereits in die konstitutionelle Eigenart der chemischen Verbindungen eindringt, wenn auch unverkennbar manche tiefere Einsicht sich erst einmal im Rahmen einer dynamischen Betrachtungsweise wird erbringen lassen.

3. Die Möglichkeit, mittels röntgenographischer Methoden Kristalle bereits mit Dimensionen von 10^{-7} cm an zu kennzeichnen, darüber hinaus ganz allgemein auf diesem Wege bei jeglicher Kristallgröße *den submikroskopischen Kristallzustand* (im besondern etwa den Grad der Störung der normalen Gitterordnung in den Kristallen) zu untersuchen hat das Bild von der «chemischen Starrheit des festen Zustandes», ehemals den festen Stoffen in ihrer Gesamtheit zugeschrieben, endgültig zerstört: An festen Körpern spielen sich vielmehr zahlreiche Umwandlungen physikalischer und chemischer Art ab, unter festen Körpern sind mannigfache chemische Reaktionen möglich, die Normalgruppierung der Atome im Kristall zum Raumgitter wird mit der weitgehend oder völlig ungeordneten Atomverteilung in Flüssigkeit und Gas durch zahlreiche Übergänge verbunden, *zur physikalischen und chemischen Wandelbarkeit des Kristalls tritt seine sich schrittweise vollziehende Auflösung zur atomar gänzlich ungeordneten Phase.* Die Röntgeninterferenzen haben nicht nur zahlreiche Umwandlungen und Reaktionen im festen Zustand aufgedeckt, dabei sehr oft bisher übersehene Kristallarten als neue Modifikationen und neue Verbindungen nachgewiesen, sondern bereits für manche solche, physikalische oder chemische Prozesse im und am Kristallgitter den ihnen entsprechenden molekularen Mechanismus auffinden lassen.

4. In der Geschichte der chemischen Wissenschaften ist der Kristall schon mehrmals, wenn auch nur vorübergehend in den Vordergrund des Interesses gerückt worden, fanden in der Folge Methoden der Kristallkunde vermehrt Eingang in das Laboratorium des Chemikers. Solches rechtfertigt sich heute im Hinblick auf die röntgenographischen Untersuchungsverfahren mit ihrer unmittelbaren Anwendbarkeit auf Fragen der Chemie, der forschenden wie der angewandten, mehr denn je. Mit der Schöpfung der Kristallchemie aber erhält der Kristall auch in der Chemie endgültig die Sonderstellung, welche ihm gebührt als jener Form der Materie, die einer experimentellen Erkundung stereochemischer Verhältnisse besonders leicht und allgemein zugänglich ist.

II. VERFAHREN DER RÖNTGENOGRAPHISCHEN UNTERSUCHUNG KRISTALLISIERTER STOFFE

Die Möglichkeiten von Interferenzversuchen mit Röntgenstrahlen an Kristallen

1. Nach Abb. 3 kann ein gegebenes Kristallgitter in Scharen von mit Atomen besetzten Ebenen (sog. Netzebenen) aufgelöst werden, und zwar gibt es in jedem Gitter an sich unendlich viele solcher Netzebenenscharen. Der Abstand unter sich gleichwertiger Netzebenen einer Schar ist dabei allgemein umso größer, je einfacher eine Netzebenenschar zu den Kanten der Gittermaschen liegt. Die Position der einzelnen Netzebenenscharen gegenüber den Achsen des Gitters wird in derselben Weise durch drei jeder Netz-

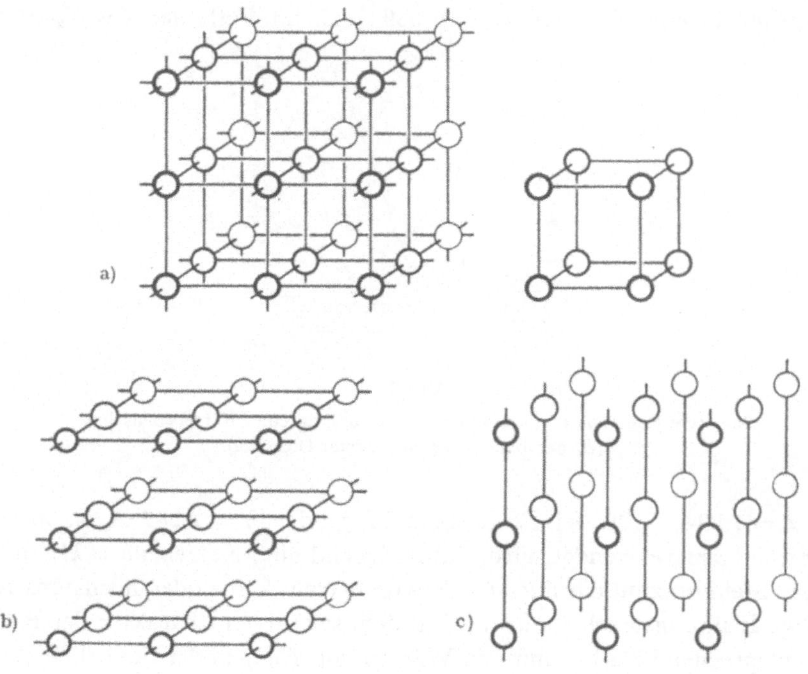

Abb. 3

Ein gegebenes Kristallgitter (a), dargestellt als Schar von Netzebenen (b) und als Schar von Gittergeraden (c).

ebene zugeschriebene Indizes *h, k, l* gekennzeichnet, wie dies in der gewöhnlichen Kristallographie für die Bezeichnung der Kristallflächen üblich ist (der an einem Kristall vorkommenden Fläche mit dem Symbol (111) läuft im Gitter die Netzebenenschar (111) parallel).

Als *selektive* Reflexion des einfallenden Röntgenstrahls an den verschiedenen Netzebenenscharen eines Kristallgitters aufgefaßt findet das an Kristallen für Röntgenstrahlen bestehende Interferenzphänomen seine besonders anschauliche Deutung: Für die an irgendeiner Netzebenenschar *(hkl)* möglichen Interferenzen gilt nämlich die einfache Beziehung

$$2\,R_{(hkl)} \cdot \sin\vartheta = n\lambda$$

zwischen $R_{(hkl)}$, dem Abstand unter sich gleichwertiger Netzebenen, abhängig von den Indizes *h, k, l* der Schar, der Wellenlänge λ des zur Interferenz kommenden Röntgenlichts bzw. $n\lambda$ als einem ganzzahligen Vielfachen derselben und ϑ, dem halben Winkel zwischen dem verlängerten, einfallenden und dem an der Netzebene (*hkl*) abgebeugten Strahl (Beugungswinkel).

2. Im Falle, daß für den Interferenzversuch Röntgenstrahlung von einer einzigen Wellenlänge, monochromatische Strahlung mit einem bestimmten vorgegebenen Wert λ (z. B. $\lambda = 1{,}539$ Å.E. im Falle der *Cu*-K_α-Strah-

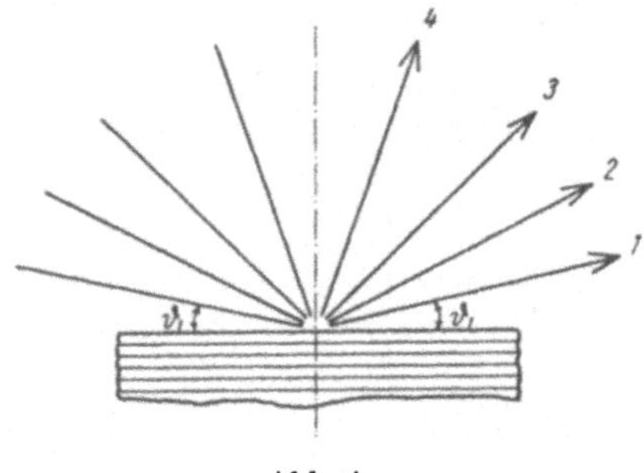

Abb. 4

Selektive Reflexion erster bis vierter Ordnung an einer Netzebenenschar (ϑ_1 der Beugungswinkel erster Ordnung).

lung, $\lambda = 1{,}934_5$ Å. E. bei *Fe*-K_α-Strahlung oder $\lambda = 2{,}287$ Å. E. für *Cr*-K_α-Strahlung) verwendet wird, liefert irgend eine Netzebene (*hkl*) in beliebiger Stellung zum einfallenden Röntgenstrahl keine oder höchstens rein zufällige Beugungserscheinungen, weil dem selektiven Charakter der Reflexion entsprechend bei bestimmten Werten von $R_{(hkl)}$ und λ für beliebiges ϑ die oben stehende Bragg'sche Gleichung nicht erfüllt sein kann. Einzig dann, wenn die Netzebene (*hkl*) mit dem Abstand $R_{(hkl)}$ zur nächsten gleichwertigen Netzebene mit dem einfallenden Strahl einen der diskreten Winkel ϑ_1,

ϑ_2, ϑ_3, ... einschließt, ihrerseits bestimmt durch Einsetzen von $n = 1, 2, 3, \ldots$ in die Bragg'sche Gleichung und die dann folgenden Beziehungen $\sin\vartheta_1 = \lambda / 2 R_{(hkl)}$, $\sin\vartheta_2 = \lambda / R_{(hkl)}$, $\sin\vartheta_3 = 3\lambda / 2 R_{(hkl)}$, ..., wird eine Reflexion des einfallenden Röntgenstrahls von der Wellenlänge λ an der fraglichen Netzebene stattfinden, unter dem Winkel ϑ_1 in 1., unter ϑ_2 in 2., unter ϑ_3 in 3. Ordnung, usw. Da $\sin\vartheta$ stets kleiner als 1 ist, können an jeder Netzebenenschar Interferenzstrahlen nur in endlicher Zahl auftreten (nur in einer endlichen Zahl verschiedener Stellungen zum einfallenden Strahl ist die Netzebene (hkl) zur Reflexion der Wellenlänge λ befähigt), ist zudem an einem Kristallgitter immer nur eine beschränkte Zahl von Netzebenen zur Erzeugung von Interferenzen mit der Wellenlänge λ geeignet, nämlich einzig diejenigen mit einem Wert $R_{(hkl)} > \lambda / 2$, so daß auch jedes Kristallgitter als Ganzes stets bloß eine endliche Anzahl von Interferenzen, ihrerseits zwar mit kleiner gewähltem λ sich vergrößernd, abgeben kann.

Allgemein werden die Röntgeninterferenzen zu ihrer Registrierung ent-

Phot. E. Leuzinger

Abb. 5

Neuzeitliches Röntgenfeinstruktur-Gerät, welches die gleichzeitige Herstellung von drei Röntgendiagrammen gestattet. Röntgenröhre leicht auswechselbar, um die Röntgenstrahlung dem besondern Zweck der Untersuchung und der Natur des Materials anzupassen.

weder auf einem photographischen Film aufgefangen, dann in einem *Röntgendiagramm* (einer Feinstrukturaufnahme) als Schwärzungsflecken oder -linien festgestellt, oder aber ihr Nachweis erfolgt mittels der Ionisationskammer oder dem Zählrohr. Stets handelt es sich darum, einmal die Lage der einzelnen Interferenzstrahlen relativ zum einfallenden Röntgenstrahl zu fixieren, um hieraus die ihnen zukommenden Beugungswinkel ϑ zu bestimmen, sodann die Intensität der Interferenzen absolut zu messen oder wenigstens nach ihrem gegenseitigen Verhältnis abzuschätzen. Allgemein wird

Phot. E. Leuzinger

Abb. 6

Versuchsanordnung beim Drehkristall-Verfahren: Rechts die Drehkristallkamera geöffnet: Blende und Film in der endgültigen Lage; daneben der Kameradeckel mit dem Kristallhalter, auf diesem der Kristall justiert und zentriert zur Aufnahme bereit.

die Lage der Interferenzen an einem Kristallgitter durch die Größe der Kanten seiner Gittermaschen (auch als Elementarzellen des Gitters bezeichnet) bestimmt, die Intensität der einzelnen Interferenz durch die Art, wie verschiedene Gitter zur Kristallstruktur ineinander gestellt sind. Zur Charakterisierung der Interferenzen nach Lage und Intensität tritt in Sonderfällen eine ergänzende Betrachtung derselben auf ihre besondere Beschaffenheit, im Falle der Röntgendiagramme etwa hinsichtlich ihrer Schärfe, z. B. durch eine Prüfung der Breite der Interferenzlinien.

Soll unter Verwendung *monochromatischer* Röntgenstrahlung an einem Kristall eine bestimmte Interferenz in einer vorgeschriebenen Ordnung, z. B. die Interferenz an der Netzebene (111) in dritter Ordnung erzeugt werden, so ist in Befolgung der Bragg'schen Gleichung hierzu dem Kristall relativ zum einfallenden Strahl eine bestimmte, durch den Beugungswinkel der betreffenden Interferenz fixierte Stellung zu geben. Durch eine kontinuierliche Drehung des Kristalls muß es gelingen, an einer Netzebenenschar sukzessive die an ihr mit der Strahlung von der Wellenlänge λ möglichen Interferenzen in ihren verschiedenen Ordnungen, zunächst unter dem Winkel ϑ_1 jene 1. Ordnung, dann unter dem Winkel ϑ_2 die Interferenz 2. Ordnung, usw. zu erhalten *(Bragg-Verfahren)*, darüber hinaus aber auch das ganze zu der gewählten Drehrichtung und Wellenlänge λ gehörende System von Interferenzen zu erzeugen *(Drehkristall-Verfahren)*. Die im letztern Fall an einem Kristall gesamthaft auftretenden Interferenzen erscheinen auf einem photographischen Film, welcher den Kristall zylindrisch mit der Drehrichtung des Kristalls als Zylinderachse in passendem Abstand umgibt, bei zur Drehrichtung senkrechtem Einfall des primären Röntgenstrahls als Interferenzmuster mit besonders einfacher Anordnung der Schwärzungsflecken, nämlich zu Schichtlinien gruppierten Interferenzpunkten (Abb. 7 und 8). Sol-

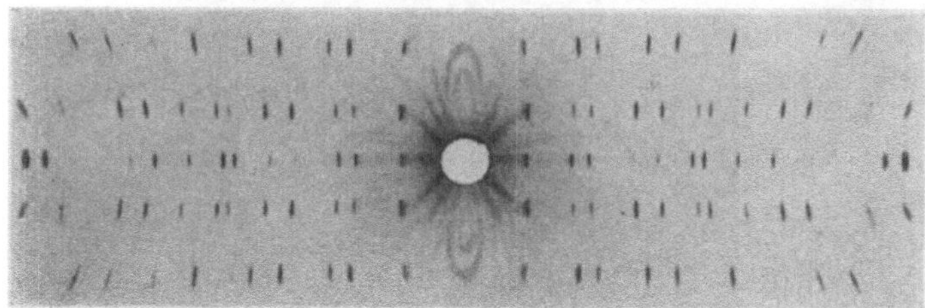

Abb. 7

Drehkristall-Aufnahme an Quarz; Drehrichtung [0001], hergestellt in der Drehkristallkamera der Abb. 6.

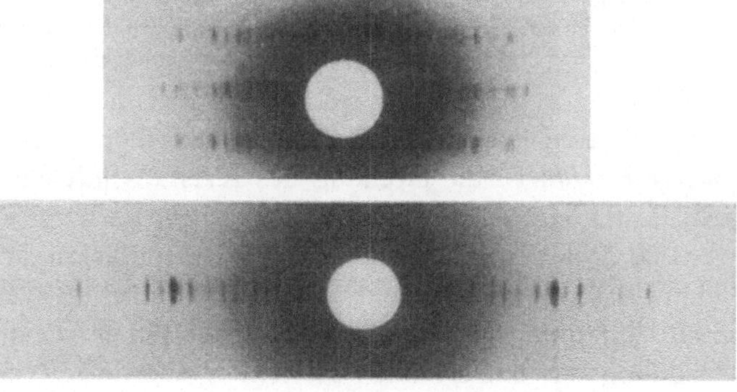

Abb. 8

Auflösungsbereich von Drehkristall-Aufnahmen üblicher Herstellung: oben Ursolsäure mit *Cu-K*-Strahlung bei einem Kameradurchmesser von 57,2 mm (Diagramm-Ausschnitt); unten Ursolsäure mit *Cr-K*-Strahlung bei einem Kameradurchmesser von 114,4 mm (nur der Äquator ist abgebildet).

che Drehkristall-Aufnahmen lassen aus dem Abstand der Schichtlinien in einfacher Weise den im Kristallgitter parallel zur gewählten Drehrichtung geltenden Atomabstand unmittelbar bestimmen. Drehung des Kristalls um die Richtung der Kanten seiner Gittermaschen gestattet demzufolge, an Hand von Drehkristall-Aufnahmen die direkte Ermittlung der absoluten Maße der Elementarzelle, die unmittelbare Bestimmung der *Gitterkonstanten* eines

Phot. E. LEUZINGER

Abb. 9

Versuchsanordnung beim Pulver-Verfahren: Links eine Aufnahmekammer zur Aufnahme bereit, rechts eine solche geöffnet: hier Blende und Film in endgültiger Lage, daneben der Kameradeckel mit dem Präparathalter und darauf das stäbchenförmige Pulverpräparat. Die Uhren dienen dazu, das Präparat während der Aufnahme zu drehen.

Kristalls. In weiterem Ausbau der Drehkristall-Methode wird bei den *Röntgengoniometer-Verfahren* die Drehung des Kristalls mit einer gleichzeitig ablaufenden Bewegung des die Interferenzstrahlen auffangenden Films gekoppelt. Aus so erhaltenen Goniometer-Aufnahmen lassen sich die Winkel zwischen den einzelnen Netzebenenscharen direkt ablesen, zudem jedem der Interferenzflecken unmittelbar und eindeutig die ihn erzeugende Netzebene und die Ordnung der betreffenden Reflexion zuordnen *(Indizierung* des Röntgendiagramms).

Wird an Stelle eines einzelnen Kristalls vielkristallines Material, etwa ein hinreichend feines Kristallpulver dem Interferenzversuch mit monochromatischer Röntgenstrahlung unterworfen, so ergibt sich als Abbild des dann sich einstellenden Beugungseffekts auf einem das Präparat zylindrisch umgebenden Film ein System symmetrisch um den Einstichpunkt des einfallenden Strahls liegender Schwärzungslinien, jede unter ihnen von einer bestimmten Interferenz herrührend. Da im angestrahlten Pulver Kristalle in allen möglichen Lagen vorhanden sind, muß es darunter stets auch solche geben, welche zum einfallenden Strahl von der Wellenlänge λ die für die Entstehung einer bestimmten Interferenz erforderliche Stellung einnehmen, bei denen also die zugehörende Netzebene vom Primärstrahl eben unter dem der fraglichen Interferenz entsprechenden Beugungswinkel getroffen wird. Jede Interferenzlinie in einem solchen Pulverdiagramm (Debye-Scherrer-

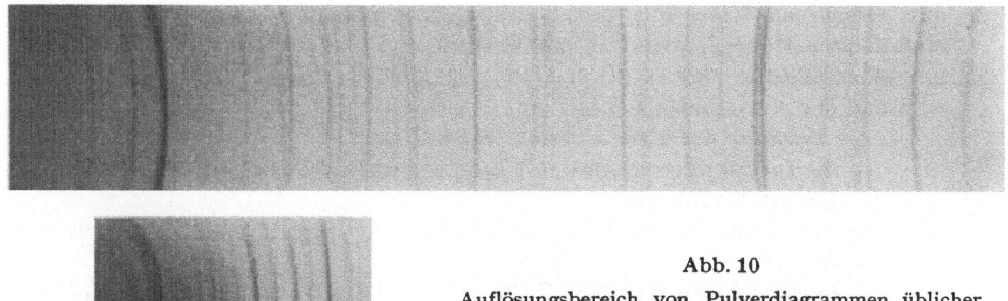

Abb. 10

Auflösungsbereich von Pulverdiagrammen üblicher Herstellung, beide denselben Winkelbereich umfassend:
Oben: Aufnahme an Quarz mit Cr-K-Strahlung bei einem Kameradurchmesser von 114,4 mm.
Unten: Aufnahme an Quarz mit Cu-K-Strahlung bei einem Kameradurchmesser von 57,2 mm.

Aufnahme, Abb. 10) entsteht aus der Überlagerung aller jener Interferenzstrahlen, welche sich an den für diese Interferenz in reflexionsfähiger Lage befindlichen Kristallen ergeben (nämlich an allen jenen Kristallen des Pulvers, bei welchen die betreffende Netzebene eine Tangentialfläche an einen um den einfallenden Strahl mit dem Beugungswinkel der Interferenz als halbem Öffnungswinkel beschriebenen Kegel darstellt). Die einzelne Linie der Pulveraufnahme kommt also stets durch die Reflexion des einfallenden Strahls an einer Vielzahl von Kristallen des Pulvers (indessen nicht an allen desselben) zustande. Dabei liefert das *Pulver-Verfahren* (Debye-Scherrer-Verfahren) in Form eines Systems von Interferenzlinien die sämtlichen, bei der gewählten Wellenlänge an einem Kristallgitter überhaupt möglichen Röntgeninterferenzen, allerdings nicht an einem einzelnen Kristall erzeugt, sondern stets als Summation von Interferenzeffekten herrührend von einer großen Zahl von Kristallen. Genügende Feinheit des polykristallinen Materials erübrigt eine Drehung des Präparats während der Aufnahme, indem sich dann für jede einzelne Interferenzlinie hinreichend viele, für ihre Erzeugung passend liegende Kristalle vorfinden, so daß die an ihnen resultierenden Einzelinterferenzstrahlen zu einer homogenen Schwärzung der Linie ausreichen. Vielkristalline Stoffe aus größeren Kristallen verlangen dagegen eine Drehung des Präparats, wenn an ihnen eine Debye-Scherrer-Aufnahme mit geschlossenen Interferenzlinien erhalten werden soll.

TABELLE I

Übersicht über die verschiedenen Verfahren zur röntgenographischen Untersuchung von Kristallen

A. Einkristall-Verfahren:

Ein *einziger*, hinreichend großer Kristall gelangt zur Untersuchung:

1. mit *polychromatischer* Röntgenstrahlung, und zwar in *fixierter* Stellung zum einfallenden Röntgenstrahl: **Laue-Verfahren,**

2. mit *monochromatischer* Röntgenstrahlung, und zwar *unter Drehen des Kristalls* während der Aufnahme, wobei

I. die *Drehung* des Kristalls *über 360°* reicht,

a) die Interferenzstrahlen mit der *Ionisationskammer* registriert werden: **Bragg-Verfahren,**

b) die Interferenzstrahlen auf *photographischem* Weg festgehalten werden, dabei:

α) der photographische Film während der Aufnahme sich *in fixierter* Stellung befindet: **Drehkristall-Verfahren,**

β) der photographische Film während der Aufnahme eine mit der Kristalldrehung gekoppelte Bewegung ausführt: **Goniometer-Verfahren,**

II. die *Drehung* des Kristalls nur *über einen beschränkten Winkel* reicht: die Interferenzstrahlen in der Regel photographisch, und zwar auf einem ruhenden Film festgehalten werden: **Schwenk-Verfahren,**

B. Pulver-Verfahren:

Zahlreiche Kristalle gelangen gleichzeitig zur Untersuchung, und zwar stets unter Verwendung von *monochromatischer* Röntgenstrahlung, wobei das Präparat während der Aufnahme gedreht werden kann und die Registrierung der Interferenzen in der Regel photographisch, seltener mit der Ionisationskammer oder dem Zählrohr erfolgt. Dabei:

1. Aufnahme der *Grosszahl* der Interferenzen : **Normales Pulver-Verfahren** nach DEBYE-SCHERRER und HULL,

2. Aufnahme der *sämtlichen* Interferenzen : **Asymmetrische Pulver-Methode,**

3. Aufnahme der Interferenzen *mit Beugungswinkeln über 45°:* **Rückstrahl-Verfahren** mit dem *halben* Interferenzensystem,

4. Aufnahme der Interferenzen *mit den grössten Beugungswinkeln:* **Rückstrahl-Verfahren** mit den *letzten* Interferenzen.

3. Weißes (polychromatisches) Röntgenlicht (nicht mehr nur eine einzige Wellenlänge, sondern einen ganzen Spektralbereich umfassend) erzeugt dagegen, wenn es auf einen ruhenden, in seiner Stellung zum einfallenden

Röntgenstrahl beliebig fixierten Kristall fällt, stets eine bestimmte Anzahl diskreter Interferenzstrahlen. Jeder dieser abgebeugten Strahlen enthält Röntgenlicht nur einer einzigen oder höchstens weniger bestimmter Wellenlängen (je nach der Breite des gewählten Spektralbereiches), nämlich diejenigen, welche jede Netzebenenschar gemäß ihrer vorgegebenen Neigung ϑ zum einfallenden Strahl und der ihr eigenen Größe des Netzebenenabstandes $R_{(hkl)}$ reflektieren kann, so die Wellenlänge $\lambda_1 = 2\,R_{(hkl)} \cdot \sin\vartheta$ für eine

Phot. E. LEUZINGER

Abb. 11

Versuchsanordnung beim Laue-Verfahren: Links die Blende, in der Mitte der Goniometerkopf mit dem zur Aufnahme bereiten Kristall, rechts Filmhalter mit Film.

Reflexion an (*hkl*) in 1. Ordnung, die Wellenlänge $\lambda_2 = R_{(hkl)} \cdot \sin\vartheta$ für eine solche in 2. Ordnung, die Wellenlänge $\lambda_3 = R_{(hkl)} \cdot \frac{2}{3} \sin\vartheta$ für den Fall, daß die Netzebene (*hkl*) auch in der 3. Ordnung noch zur Reflexion gelangt usw. Ähnlich wie zuvor liefert wiederum jeder Interferenzstrahl auf einem photographischen Film hinter dem Kristall (*Laue-Verfahren*) einen Schwärzungsflecken. Die Gesamtheit der Beugungsstrahlen erzeugt als Laue-Aufnahme ein für den betreffenden Kristall in der ihm relativ zum einfallenden Strahl erteilten Stellung charakteristisches Interferenzmuster. Eine dabei in der Anordnung der Interferenzpunkte wahrnehmbare Symmetrie steht mit der dem beugenden Kristall eigenen Symmetrie in unmittelbarem Zusammenhang. Laue-Aufnahmen bieten daher die Möglichkeit einer Symmetriebestimmung der Kristalle, ohne allerdings zwischen Kristallsymmetrieen trennen zu können, welche sich lediglich durch ein Symmetriezentrum voneinander unterscheiden.

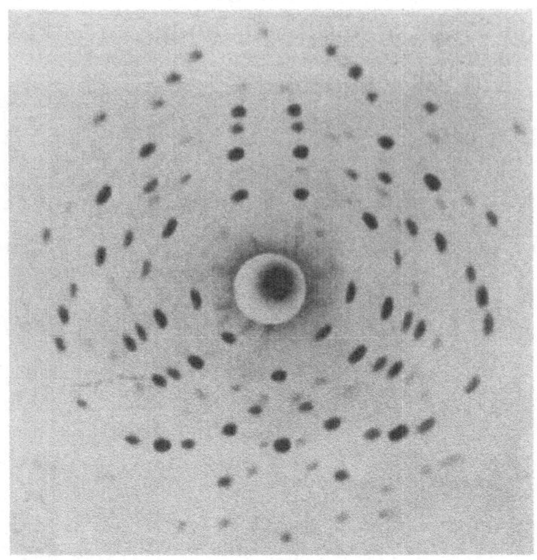

Abb. 12

Laue-Diagramm mit dreizählig symmetrischem Interferenzmuster (aufgenommen zur Orientierung einer Platte aus synthetischem Korund).

4. Der Anwendungsbereich jeder einzelnen der zuvor geschilderten Möglichkeiten einer röntgenographischen Untersuchung kristallisierter Materie wird im wesentlichen durch zwei Gesichtspunkte bestimmt:

a) einmal durch die von einem Verfahren als notwendige Voraussetzung zu seiner erfolgreichen Anwendung *an die Qualität der Kristalle,* vor allem ihre Größe gestellten Forderungen: Dem allgemein bei *jeder* Kristallgröße verwendbaren Pulver-Verfahren stehen die sog. *Einkristall-Methoden* gegenüber, welche durchwegs einen makroskopisch dimensionierten Kristall benötigen, sei es um beim Laue-Verfahren einen ruhenden Einkristall mit polychromatischem Röntgenlicht zu bestrahlen, sei es um beim Bragg-, Drehkristall- oder Goniometer-Verfahren einen Einkristall in monochromatischer Röntgenstrahlung rotieren zu lassen. Ohne zu den für die Untersuchung mikroskopisch kleiner Kristalle entwickelten Spezialmethoden zu greifen, sind mäßig ausgebildete, blätterige Kristalle, auch ohne kristallographische Umgrenzung noch bei einer um 0,01 mm liegenden Dicke am ehesten dem Laue-Verfahren zugänglich mit senkrecht zur Blättchenebene erfolgender Durchstrahlung, nadelig entwickelte Kristalle kleiner Abmessungen von ca. 1 mm Länge parallel zur Nadelachse an dagegen dem Drehkristall-Verfahren und den Goniometer-Methoden mit der Nadelachse als auch dann noch genau einstellbarer Drehrichtung.

b) auf der andern Seite ist das einer röntgenographischen Untersuchung gesteckte Ziel ausschlaggebend: ob es sich dabei um den Nachweis des kristallinen Aufbaus eines Stoffes schlechthin handelt, oder ob darüber hinaus die in einem Material vorhandenen Kristallarten als solche bestimmt, der Zustand ihrer Kristalle im Einzelnen gekennzeichnet, Veränderungen im Aufbau eines Stoffes aus verschiedenen Kristallarten oder Wandlungen im Kristallzustand verfolgt werden sollen oder ob schließlich die Aufklärung der Konstitution eines kristallisierten Körpers durch eine vollständige Bestimmung seiner Kristallstruktur (also eine erschöpfende Festlegung der ihm eigenen Atomanordnung) beabsichtigt ist. Vor allem im letzten Fall ist ohne sichere Indizierung der Röntgeninterferenzen nicht auszukommen, muß jeder Interferenz eindeutig die sie erzeugende Netzebene und ihre Ordnung zugeschrieben werden können. Solches ist bei Pulver-Aufnahmen mit ihren lediglich nach steigenden Beugungswinkeln linear angeordneten Interferenzlinien nur im Falle hochsymmetrischer Kristallarten (kubischen und allenfalls noch wirteligen, nämlich hexagonalen, tetragonalen und trigonalen Kristallarten) möglich. Es ist bereits anhand von Drehkristall-Diagrammen zufolge der Auflösung der Interferenzen in lediglich noch zweidimensionale Reflexmannigfaltigkeiten (z. B. in die Interferenzen-Gruppen $(hk0)$, $(hk1)$, $(hk2)$, $(hk3)$, ... der 0., 1., 2., 3., ... Schichtlinie einer mit der c-Achse, d. h. der [001]-Richtung als Drehrichtung hergestellten Drehkristall-Aufnahme) weit allgemeiner durchführbar (Schwierigkeiten bereiten hier weniger niedrig symmetrische Kristallarten als solche mit verhältnismäßig großen Gitterkonstanten). Mittels Goniometer-Aufnahmen hingegen ist grundsätzlich die Indizierung der Interferenzen in jedem Fall gewährleistet, weil hier die Auflösung der Interferenzen bis zu linearen Reflexmannigfaltigkeiten getrieben wird, die Reflexe an einer bestimmten Netzebene im Diagramm unmittelbar als zusammengehörende Gruppe von Interferenzpunkten erscheinen. In allen andern Fällen röntgenographischer Untersuchungen leistet im allgemeinen die Pulver-Methode dasselbe wie die Einkristall-Verfahren. Sie kann jedoch Fragen nicht beantworten, welche das Verhalten eines *einzelnen* Kristalls betreffen, weil deren Lösung auf dem Wege eines Interferenzversuches an einer Vielzahl von Kristallen allgemein nicht möglich ist. *Bei derart weit reichender Verwertbarkeit mit bloß mikroskopisch kleinen, ja selbst nur submikroskopisch dimensionierten Kristallen auskommend hat sich das Pulver-Verfahren nach* Debye-Scherrer *mehr und mehr zu jener röntgenographischen Methode entwickelt, welche in erster Linie der Anwendung auf chemische Fragen dient,* wobei der Umstand, stets eine Vielheit von Kristallen zu erfassen, damit immer *das mittlere Verhalten vieler Kristalle* zu charakterisieren, in manchen Fällen zwar ergänzenden Versuchen mit den Einkristall-Methoden ruft, sehr oft jedoch gerade einen besondern Vorteil des Pulver-Verfahrens darstellt.

Die besondere Versuchstechnik des Pulver-Verfahrens

5. Solche überragende Bedeutung für die röntgenographischen Untersuchungen in der Chemie empfiehlt an dieser Stelle einige ausführlichere Hinweise auf die dabei einzuschlagende *Versuchstechnik:* Dem der Herstellung einer normalen Pulver-Aufnahme dienenden Präparat wird die Form eines Zylinders von 0,1 bis maximal 1 mm Durchmesser und einer um 10—20 mm betragenden Höhe gegeben. In Pulverform vorliegende Substanzen, handle es sich um ein durch Fällung oder Sublimation erhaltenes Pulver, um einen durch Abschaben, Feilen oder Sägen in diese Form gebrachten Stoff, werden entweder in passende, dünnwandige Glasröhrchen (sog. Mark-Röhrchen) oder in Kapillaren aus organischem Material (wie Azetylzellulose) abgefüllt, auf dünne Glasfäden aufgetragen oder aber nach Beigabe eines passenden, keine störenden Interferenzen abgebenden Bindemittels zu einem Zylinder geeigneter Abmessungen geformt. Dabei ist bei pulverförmigen Materialien eine Substanzmenge von 1 mm^3 für die Anfertigung eines Pulver-Diagramms ausreichend, bei sehr geringer Substanzmenge eine Verdünnung durch einen ebenfalls interferenzfreien Füllstoff geboten. Liegt das fragliche polykristalline Material in zusammenhängender Form vor, so kann statt einer Überführung in Pulverform das Herausarbeiten eines zylindrischen Stäbchens von den oben erwähnten Dimensionen in Frage kommen, dies besonders dann, wenn es wesentlich ist, die durch das Herausarbeiten der Probe in den Kristallen ihrer Oberfläche entstandenen Störungen, gegeben durch die dort eingetretene Kaltverformung, vor der Röntgenaufnahme zu entfernen (am zylindrischen Stäbchen etwa durch Abätzen seiner Oberfläche leicht ausführbar). Als Drähte, Fasern und dgl. anfallende Stoffe werden zweckmäßig eben in dieser Form als kleine Abschnitte verwendet, ohne daß man dabei außer acht lassen darf, daß eine Regelung der Kristalle bei derart zu beschaffendem Material die Pulver-Aufnahme entstellen kann (siehe Seite 106). Wie immer das für die Herstellung des Debye-Scherrer-Diagramms vorgesehene Präparat gewonnen wird, stets ist zu beachten, daß die entnommene Probe tatsächlich einen «Durchschnitt» aus dem Gesamtmaterial darstellt. In Zweifelsfällen bedarf dies der besondern Bestätigung durch die Aufnahme mehrerer Pulver-Diagramme an verschiedenen Proben. Solche peinliche Vorsicht bei der Probeentnahme, zudem vollkommenes Homogenisieren der Probe selber, schließlich Verhütung jeglicher Entmischung

derselben bei der Präparatherstellung sind erforderlich, weil am Zustandekommen des Röntgendiagramms nicht das ganze Präparat, sondern lediglich seine Oberflächenschicht beteiligt ist. Drehen der Probe während der Aufnahme, unter Umständen verbunden mit einer zusätzlichen Verschiebung derselben in Richtung der Zylinderachse, vermag den Anteil zur Interferenz gelangender Kristalle zu erhöhen und bewirkt dadurch, daß das Verhalten einer größeren Zahl von Kristallen erfaßt wird. Stoffe, welche in Berührung mit der Luft eine Zersetzung erfahren, bedürfen zu ihrer Untersuchung nach dem Debye-Scherrer-Verfahren besonderer Maßnahmen: rasches Abfüllen in zylindrische Glasröhrchen und sofortiges Zuschmelzen derselben führt bereits oft zum Ziel. Wo dieses Vorgehen nicht ausreicht, hat die Herstellung des Präparats unter Luftabschluß in einer neutralen Atmosphäre zu erfolgen. Um das Verhalten von kristallisierten Materialien unter von den normalen Zustandsbedingungen abweichenden Verhältnissen, z. B. bei hohen oder tiefen Temperaturen, studieren zu können, sind Kammern zur Anfertigung von Pulver-Aufnahmen unter solchen besondern Bedingungen entwickelt worden. Sie lassen zum Teil in *einem* Versuch ein und dasselbe Präparat bei zunehmend gesteigerter Temperatur untersuchen.

Der mit einer nach dem Debye-Scherrer-Verfahren auszuführenden Untersuchung verfolgte Zweck bestimmt die weiteren, an sich freien Versuchsbedingungen: die Wahl der anzuwendenden, monochromatischen Röntgenstrahlung (dazu den Grad ihrer Monochromatisierung) und des Durchmessers, welcher der zum Auffangen der Interferenzen bestimmte, photographische Film erhalten soll (Kameradurchmesser). Als für Pulver-Aufnahmen geeignetes Röntgenlicht findet vor allem die K_α-Strahlung von *Cr, Fe, Co, Cu* und *Mo,* seltener von *Zn, Ni, Rh,* Verwendung, entweder in der von einer solchen Antikathode direkt gelieferten Zusammensetzung, dann neben der K_α-Strahlung stets die K_β-Strahlung und einen gewissen Anteil kontinuierlicher Bremsstrahlung aufweisend, oder aber nach Ausfilterung der K_β-Strahlung, dann zu wesentlichen Teilen aus der K_α-Strahlung bestehend, wenn nicht gar als reine K_α-Strahlung an einem vorgeschalteten Monochromatisator-Kristall gewonnen. Wenn möglichste Reinheit der Strahlung zwar das im Pulver-Diagramm erscheinende System von Interferenzlinien vereinfacht (Wegfall der von der K_β-Strahlung herrührenden Interferenzen), zudem den Untergrund allgemeiner Schwärzung des Films herabsetzt, so wird durch Filterung und Monochromatisieren die Intensität des einfallenden Röntgenstrahls wesentlich geschwächt und dadurch die zur Herstellung des Pulver-Diagramms benötigte Belichtungszeit empfindlich erhöht. Berücksichtigung dieses letztern Umstandes führt oft dazu, die Aufnahmen normalerweise mit ungefilterter K-Strahlung anzufertigen, eine größere Strahlenreinheit nur in Sonderfällen anzuwenden. Welche K-Strahlung im Einzelfall mit Erfolg zu verwenden ist, entscheidet zunächst die chemische Zusammensetzung des zur Interferenz gelangenden Materials: es soll nämlich beim Interferenzversuch keine *K*-Strahlung das Präparat treffen, welche dessen Eigenstrahlungen wesentlich anregt (*Fe*-haltige Substanzen sind dementsprechend mit *Cr-K*- oder *Fe-K*-Strahlung, nicht aber mit *Cu-K*-Strahlung aufzunehmen). Sodann ist die Größe der Gitterkonstanten der fraglichen Kristalle zu berücksichtigen: Große Gitterkonstanten haben große $R_{(hkl)}$-Werte, der Bragg'schen Gleichung entsprechend kleine Beugungswinkel ϑ (für ein zunächst fest angenommenes λ) zur Folge, erfordern daher die Verwendung einer möglichst langwelligen *K*-Strahlung (*Cr-K*-Strahlung), während bei kleiner bemessenen Gitterkonstanten mit einer kurzwelligeren *K*-Strahlung auszukommen, ja diese, um Interferenzen in hinreichender Zahl zu erhalten, vorzuziehen ist. Wo es sich um die Untersuchung eines aus mehreren Kristallarten aufgebauten Materials handelt, empfiehlt sich jedoch unabhängig von der Größe der Gitterkonstanten der einzelnen Kristallarten, stets eine möglichst langwellige *K*-Strahlung zu benützen, weil bei einer solchen die Aufspaltung des Interferenzensystems im allgemeinen hinreichend groß ausfällt, Koinzidenzen von Interferenzlinien dementsprechend weitgehend vermieden werden. Die Wahl des passenden Kameraradius erfolgt nach ähnlichen Überlegungen: Während kleine Gitterkonstanten und einfacher Aufbau eines Materials die Verwendung von Aufnahmekammern mit einem Durchmesser von 57,2 mm, nämlich $\frac{1}{2} \cdot \frac{360}{\pi}$ mm zulassen, damit der in mm gemessene Abstand symmetrischer Interferenzlinien des Pulver-Diagramms gerade dem doppelten Beugungswinkel in Graden entspricht (ein Abstand von 50,2 mm also z. B. auf einen Wert $\vartheta = 25^0 6'$ führt), verlangen Substanzen mit großen Gitterkonstanten oder einem zusammengesetzten Aufbau aus mehreren Kristallarten einen doppelt so groß bemessenen Kameradurchmesser, so daß hier dann der in mm gemessene Abstand zusammengehörender Interferenzlinien den vierfachen Beugungswinkel ausmacht, ein Abstand von 60,6 mm etwa $\vartheta = 15^0 9'$ ergibt. Vergrößerung des Filmdurchmessers bedingt allerdings gleich der Wahl einer langwelligeren Röntgenstrahlung eine Heraufsetzung der Expositionszeit.

Über die Größe dieser letztern lassen sich allgemein gültige Angaben nicht machen: Sie ist einmal unmittelbar abhängig von der gewählten Strahlung und der Intensität, mit welcher diese von der verwendeten Röntgenröhre geliefert wird (im wesentlichen eine Funktion der von dieser maximal zugelassenen Stromstärken), sodann vom Durchmesser der benutzten Aufnahmekammer. Außerdem wird die *allgemeine* Intensität des erhaltenen Pulverdiagramms wesentlich bestimmt durch das die Interferenzen erzeugende Material: eine Substanz bestehend aus einerlei Kristallen ergibt naturgemäß eine intensiveres Diagramm, als es in der nämlichen Belichtungszeit ein Stoff aufgebaut aus mehreren verschiedenen Kristallarten liefern kann. Aber selbst bei gleicher Zahl von Komponenten können gleich exponierte Aufnahmen wesentliche Differenzen zeigen, indem nämlich die verschiedenen Kristallarten ein recht unterschiedliches *Interferenzvermögen* besitzen und dieses außerdem vom Zustand der Kristalle abhängt (durch einen gestörten Kristallbau kann das Interferenzvermögen beispielsweise eine beträchtliche Herabsetzung erfahren). Die Vielfalt der experimentellen Bedingungen bringt es mit sich, daß die Expositionszeiten der Debye-Scherrer-Aufnahmen in beträchtlichen Grenzen schwanken: neben in der Dauer von Minuten herstellbaren Diagrammen gibt es Aufnahmebedingungen, welche Belichtungszeiten von mehr als 6 Stunden erheischen. Mit einer verhältnismäßig hohen Expositionsdauer ist speziell zu rechnen, wenn selbst bei günstig gewählter Strahlung zufolge der Eigenstrahlung des Präparats oder einer durch ungenügenden Kristallbau (sehr kleine und zudem nur mäßig gute Kristalle) bedingten, diffusen Streustrahlung zur Erzielung klarer Röntgendiagramme ein Abdecken des Films mit einer um 0,01 mm dicken Aluminium-Folie notwendig und demzufolge ein erheblicher Zuschlag zur Belichtungszeit erforderlich ist.

Die genaue Bestimmung der Gitterkonstanten (siehe später S. 67), außerdem die Lösung mancher Fragen des Kristallzustandes erfordern Interferenzlinien mit hohen, möglichst nahe bei 90° liegenden Beugungswinkeln. Die Lage dieser «letzten» Interferenzen ist naturgemäß gleichfalls von der ausgesuchten K-Strahlung abhängig, und es ist bei solcher Zielsetzung eigens jene Strahlung zu wählen, welche unter dem größtmöglichen Beugungswinkel eine noch genügend intensive Linie ergibt. Allgemein zeigen die Interferenzen unter höhern Beugungswinkeln normalerweise eine Aufspaltung in eine Doppel-Linie, in das sog. *K_α-Dublett,* ihrerseits mit wachsendem ϑ sich zunehmend vergrößernd und davon herrührend, daß die K_α-Strahlung streng genommen nicht eine einzige, sondern zwei, einander allerdings nahe benachbarte Wellenlängen λ_{α_1} und λ_{α_2} umfaßt (siehe Zahlenangaben in der Tabelle II).

TABELLE II

Wellenlängen der bei monochromatischen Verfahren hauptsächlich verwendeten Röntgenstrahlungen

Antikathode	*Mo*	*Cu*	*Co*	*Fe*	*Cr*
λ_{α_1} in Å.E.	0,7128	1,5412	1,7892	1,9360	2,2889
λ_{α_2} in Å.E.	0,7078	1,5374	1,7853	1,9321	2,2850
λ_β in Å.E.	0,6310	1,3893	1,6174	1,7530	2,0806

Die Interferenzen mit Beugungswinkeln $\vartheta > 45^0$ können statt an einem besonders hergestellten Präparat auch unmittelbar an der Oberfläche des Prüfobjekts selber aufgenommen werden (Anwendung der Debye-Scherrer-Methode in Form der sog. *Rückstrahl-Verfahren*). Sie erfassen entweder das *halbe Interferenzmuster* (Abb. 13) bei halbzylindrischer Form von Film und Aufnahmekammer, oder auf einem ebenen Film nur die letzten Interferenzlinien als Interferenzkreise (Abb. 14). Der Hauptvorteil des Rückstrahlverfahrens liegt in der Möglichkeit seiner Anwendung an beliebig großen und beliebig geformten Objekten ohne jeden zerstörenden Eingriff (abgesehen etwa von der Entfernung störender Oberflächenschichten in allerdings stets tragbaren Grenzen). Das Rückstrahlverfahren gestattet jedoch einzig Aussagen über den Aufbau der äußersten Oberflächenzone von rund 0,01 bis 0,001 mm Dicke (abhängig von dem mit wachsender Wellenlänge der verwendeten Röntgenstrahlung sinkenden Eindringungsvermögen derselben) und die sichere Auswertung des Diagramms nur bei relativ einfach gebauten Stoffen oder solchen mit bereits anderweitig bekanntem Interferenzensystem, wobei erst noch Voraussetzung ist, daß genügend intensive Linien unter größern Beugungswinkeln auftreten. Schließlich sei angefügt, daß sich Rückstrahl-Aufnahmen nicht nur in Anlehnung an das Pulver-Verfahren, sondern auch bei allen Einkristall-Methoden, speziell beim Laue- und Drehkristall-Verfahren herstellen lassen.

Phot. E. Leuzinger

Abb. 13

Versuchsanordnung beim Rückstrahl-Verfahren: Halbzylinderkamera mit Blende und Film, eingerichtet zur Aufnahme an einem Prüfstab.

Die Beziehungen unter den verschiedenen Typen von Röntgendiagrammen, wie sie sich aus den verschiedenen Varianten der Debye-Scherrer- Methode ergeben, bringt die Abb. 16 zur Darstellung. Das Schema (a) ist das Bild des normalen Pulverdiagramms mit den um den Einstichpunkt des Primärstrahls (durch ein Kreuz markiert) symmetrisch gruppierten Interferenzlinien, beidseitig begrenzt durch den von der Blende beanspruchten

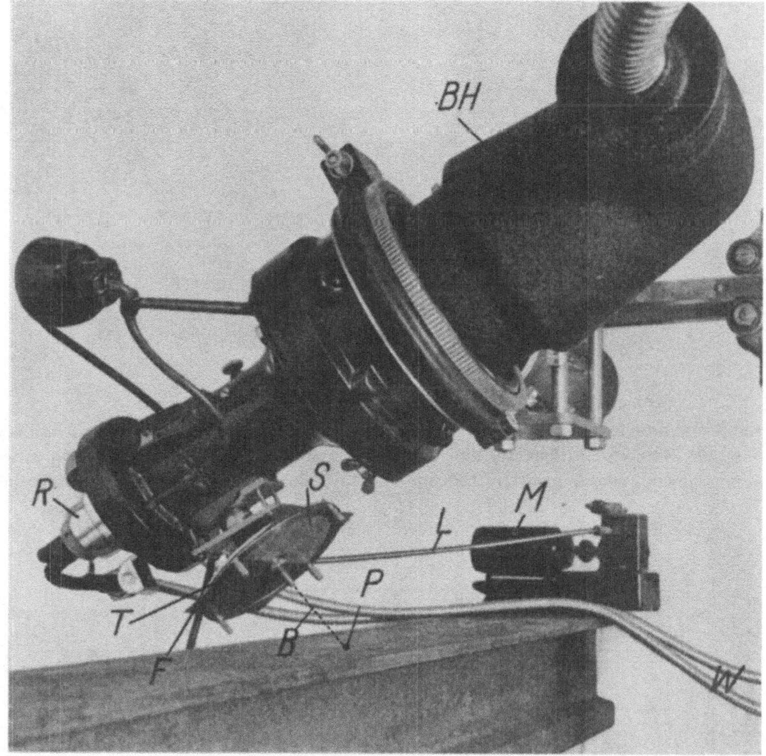

Phot. E. Breier

Abb. 14

Versuchsanordnung beim Rückstrahl-Verfahren zur Aufnahme der letzten Interferenzen: *R* die Röntgenröhre im Röhrenbehälter *BH*, die Blende *B* eingestellt zur Aufnahme am Punkt *P*, der Film *F* auf dem Filmhalter *T*, dieser mit der biegsamen Welle *L* durch den Motor *M* während der Aufnahme drehbar, *W* die Kühlwasserleitung zur Röntgenröhre (Spannungsmessung an einem größern Werkstück).

Raum (vergleiche Abb. 9). Das Schema (b) ist das Bild einer sog. unsymmetrischen, vollständigen Pulver-Aufnahme, die sich ergibt, wenn der Film die Länge des ganzen innern Kamera-Umfangs erhält und, zur Durchführung der Blende ausgebohrt, mit seinen Enden auf einer Seite der Kamera (statt wie bei (a) an deren hinterem Ende) zusammenstoßend eingelegt

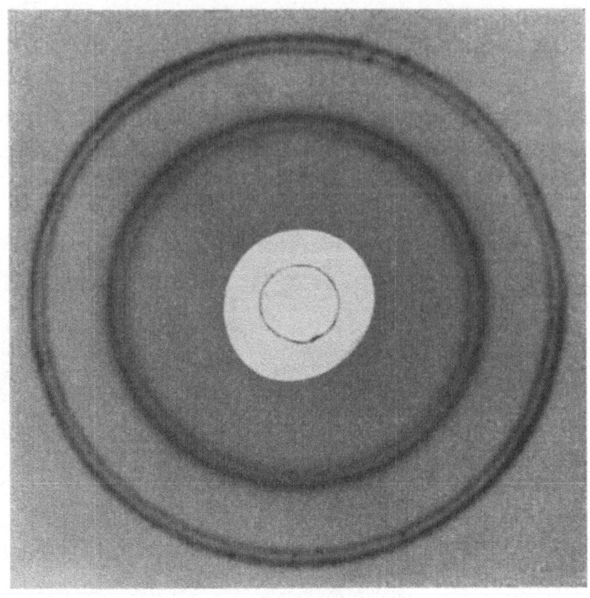

Abb. 15

Rückstrahl-Aufnahme mit den letzten Interferenzen, die Linien als Dubletts zeigend: innerste Doppellinie von als Eichstoff aufgestäubtem Gold stammend, äußere Doppellinie von einer Pt-Ir-Legierung herrührend, die an größern Probestäben ohne zerstörenden Eingriff zu untersuchen war.

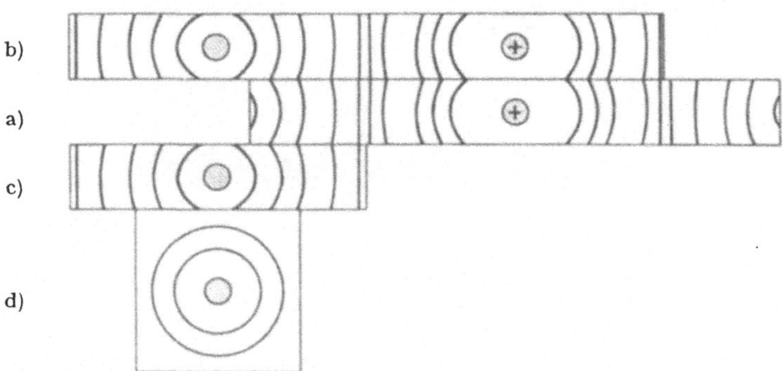

Abb. 16

Beziehungen unter den verschiedenen Röntgendiagrammen, wie sie nach dem Pulver-Verfahren hergestellt werden:

a) normale Pulveraufnahme,
b) vollständiges, sogenanntes asymmetrisches Pulverdiagramm,
c) Rückstrahlaufnahme mit dem halben Interferenzensystem,
d) Rückstrahlaufnahmen mit den letzten Interferenzlinien

(a), b) und c) aufgenommen auf zylindrischem Film, d) aufgenommen auf planem Film).

wird. Jetzt zeigen sich alle möglichen Interferenzen, sowohl um den Einstichpunkt des Primärstrahls (Kreuz) als um die Blendenachse spiegelbildlich angeordnet. Das Schema (c) stellt das Bild der Rückstrahlaufnahme mit dem halben Interferenzmuster (in halbzylindrischer Kammer aufgenommen) dar und schließlich das Schema (d) das Bild der Rückstrahlaufnahme mit den letzten Interferenzen, aufgenommen auf einem ebenen Film. Bei allen Aufnahmen, bei welchen der Film vom einfallenden Strahl passiert wird, muß derselbe, um störende Interferenzen am Film selber zu vermeiden, entweder ausgebohrt oder mit einer kleinen Bleischeibe abgedeckt werden (in Abb. 16 ist eine Ausbohrung des Films eingetragen).

Interferenzversuche mit Elektronenstrahlen

6. Wenn im Rahmen der nachstehenden Darstellung mehrfach die Grenzen hervorzuheben sein werden, welche den Röntgeninterferenzversuchen in mehr als einer Beziehung gezogen sind, so wird andererseits wiederholt darauf hinzuweisen sein, wie unter Umständen *Beugungsversuche mit Elektronenstrahlen* eine verhältnismäßig einfach auszuführende und zugleich besonders aussichtsreiche Ergänzung der röntgenographischen Befunde gestatten. Dem entspricht es, bereits hier einige grundsätzliche Bemerkungen über das Verhältnis der Interferenzversuche mit Röntgenstrahlen zu denjenigen mit Elektronen(Kathoden)strahlen anzufügen. Allgemein ist die erfolgreiche Durchführung von Untersuchungen mittels der Elektroneninterferenzen an *speziellere* Voraussetzungen gebunden als die Möglichkeit röntgenographischer Untersuchungen. Die Anwendbarkeit der Elektronenbeugungsversuche ist daher *weit weniger universell* als jene der röntgenographischen Methoden. An generellen Einschränkungen, welche der Verwertung der Elektronenstrahlen zu Interferenzversuchen im Zusammenhang mit chemischen Untersuchungen anhaften, haben im besondern zu gelten:
einmal die Notwendigkeit, derartige Versuche unter Einschluß des Präparats im Vakuum auszuführen, so daß hierfür einzig Stoffe in Frage kommen, welche unter solchen Verhältnissen keine Veränderungen erfahren,
sodann die besonderen Anforderungen, welche das Untersuchungsmaterial zu erfüllen hat, um für die Erzeugung von Elektroneninterferenzen geeignete Präparate abzugeben. Dazu ist, um *Durchstrahlungsdiagramme* anfertigen zu können, vor allem notwendig, die zu untersuchende Substanz in die Form genügend dünner Schichten oder Folien überzuführen. Die Durchdringungsfähigkeit der Elektronenstrahlen ist nämlich infolge der beträchtlichen Wechselwirkung zwischen Elektronen und Einzelatomen sehr gering, wesentlich kleiner als jene der Röntgenstrahlen. Allgemein lassen sich Beugungseffekte mit Elektronenstrahlen nur wahrnehmen, wenn die von den

Elektronen zu passierende Schicht eine Dicke unter 10^{-5} cm aufweist. Die Erfahrung lehrt, daß sich derartige zu Beugungsversuchen unter Durchstrahlung mit Elektronen passende Präparate einfach gewinnen lassen durch Aufstäuben des fein gepulverten Materials auf Fäden von Seide oder Spinnweb, durch Aufbringen des Pulvers auf ein zuvor mit einer hinreichend dünnen Lackhaut überzogenes, feinmaschiges Metallsieb (sei es gleichfalls durch Aufstreuen, durch Eindunsten einer Suspension oder Lösung des fraglichen Pulvers auf der Lackhaut oder dadurch, daß das Pulver auf der Oberfläche einer Flüssigkeit passender Oberflächenspannung und Benetzung

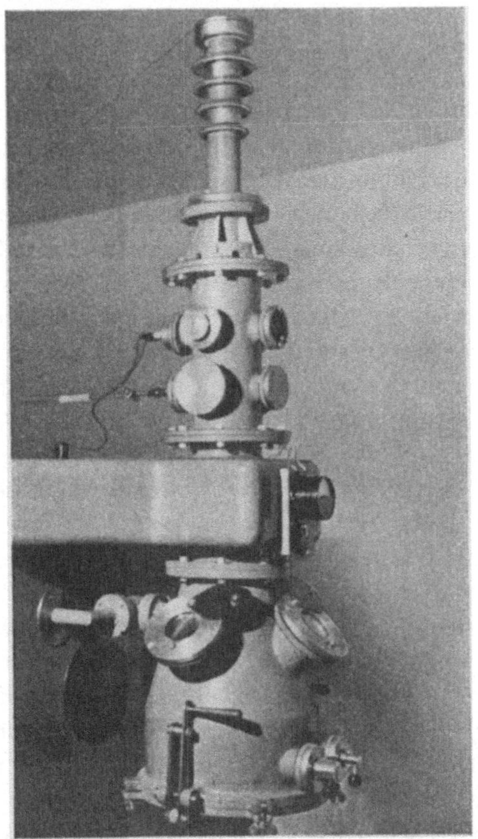

Phot. E. Leuzinger

Abb. 17

Neuzeitliches Gerät zur Herstellung von Elektronenbeugungs-Diagrammen: Der untere Deckel kann gesenkt und dann die Filmtrommel ausgewechselt werden; drei Fenster (zwei davon sind auf der Abbildung sichtbar) dienen der unmittelbaren Betrachtung des Diagramms auf dem Fluoreszenzschirm; im obern Drittel befindet sich die Präparatschleuse, welche ohne wesentliche Beeinträchtigung des Vakuums ein rasches Ein- und Ausführen der Präparate gestattet.

zur dünnen Haut formiert und hernach als solche auf der Lackschicht aufgefangen wird, schließlich auch durch Aufdampfen der Substanz auf die Drähte des Metallsiebes selber). Bei andern Materialien empfiehlt sich deren Untersuchung in Form von Folien oder Häutchen entsprechend geringer Dicke, so z. B. bei der Prüfung von Metallen, bei denen durch Aufdampfen oder auf mechanischem Wege sich eine derartige Präparatform relativ leicht erreichen läßt. Im Falle von Untersuchungen an organischen Substanzen liefert oft Ausgießen auf Wasser oder Quecksilber Filme der erwünschten Dicke zwischen 10^{-5} und 10^{-6} cm. Lassen sich durch Spalten von Einkristallen (wie z. B. bei Glimmer und verwandten Kristallarten) genügend dünne Blättchen gewinnen oder stehen hinreichend «fein» auslaufende Kristallsplitter zur Verfügung, so gelingt es, auch an solchen Kristallstücken Beugungserscheinungen mit Elektronen zu erzeugen. Unter Umständen trifft dies auch an den Rändern von in dickern Schichten angebrachten Bohrungen zu. Falls keiner dieser verschiedenen Wege zu Präparaten mit hinreichend geringer Dicke führt, muß an Stelle der Durchstrahlung mit Elektronen eine *Anstrahlung unter streifendem Einfall* des primären Kathodenstrahls erfolgen. – Diesen, bisher nicht überall überwindbaren Schwierigkeiten stehen indessen eine Reihe besonderer Vorteile des Beugungsversuches mit Elektronen- statt mit Röntgenstrahlen gegenüber. Sie bestimmen, wo ersterer den letztern in ausgezeichneter Weise zu ergänzen vermag; es sind:

Zunächst die weit größere Intensität der Elektroneninterferenzen, welche jene der Röntgeninterferenzen um einen Faktor von der Größenordnung 10^9 übertrifft, so daß bei Elektronenbeugungs-Diagrammen mit Belichtungszeiten von Bruchteilen einer Sekunde auszukommen und eine unmittelbare Beobachtung der Beugungserscheinungen auf dem Fluoreszenzschirm möglich ist. Damit im Zusammenhang steht die außerordentlich geringe Substanzmenge, welche zu Beugungsversuchen mit Elektonenstrahlen benötigt wird, so daß selbst noch an Kristallen mit einer unter einem Zehnmillionstel Milligramm liegenden Masse Elektroneninterferenzen zu erzeugen sind.

Auf der andern Seite bedingt die geringe Eindringungstiefe der Elektronenstrahlen, daß nur die äußerste Oberflächenschicht mit einer Dicke von wenigen Atomabständen sich am Interferenzvorgang beteiligt, die mit Elektronen sich ergebenden Beugungserscheinungen daher auch nur die strukturellen Verhältnisse dünnster Oberflächenschichten zu beurteilen gestatten. Aber gerade dieses kann eine besonders wertvolle Ergänzung von Röntgeninterferenzversuchen sein, da letztere sich in ihrem Ergebnis stets auf eine wesentlich größere Schichtdicke (siehe S. 34) beziehen.

Ferner ist der Unterschied des Streuvermögens zwischen Atomen mit verschiedener Ordnungszahl für Kathodenstrahlen weniger ausgesprochen als für Röntgenstrahlen, so daß im Falle der erstern sich ein Einfluß von

Atomen mit geringem Streuvermögen (z. B. von Wasserstoff-Atomen) auf die Intensität der Interferenzen eher auswirken wird als bei den letztern.

Wenn sich für die hier ins Auge zu fassenden Zwecke auch vor allem einzig *schnelle* Elektronen (beschleunigende Spannung im Bereich von 30 bis 70 kV) eignen, indem die Beugungseffekte mit langsamen Elektronen

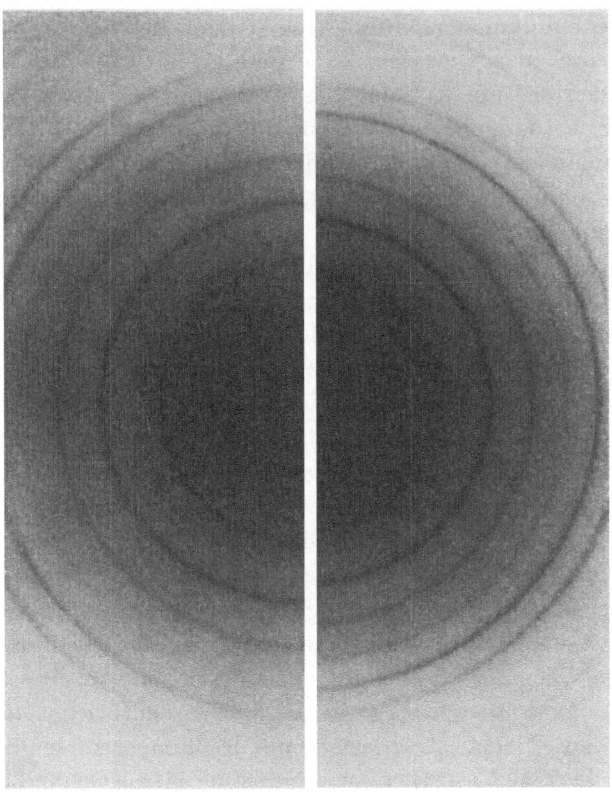

Abb. 18

Elektronenbeugungs-Diagramme an MgO, aufgenommen bei verschiedener Beschleunigungsspannung der Elektronen (links mit $V = 48$ kV und dementsprechend $\lambda = 0.056$ Å.E., rechts mit $V = 58$ kV und $\lambda = 0.051$ Å.E.).

(beschleunigende Spannung um 200 V) noch nicht hinreichend geklärt sind, so daß selbst unter einfachen Verhältnissen komplizierte und wenig durchsichtige Befunde erhalten werden, so besteht beim Interferenzversuch mit schnellen Elektronen immerhin die Möglichkeit, die Wellenlänge der zur Beugung gelangenden Strahlung *stetig und beliebig* (je nach der am Beugungsgerät liegenden Spannung z. B. im Intervall von 0,07 bis 0,04 Å. E.) zu variieren. Dieser wesentlich kleinern Wellenlänge der für Interferenzversuche sich eignenden Kathodenstrahlen (vergleiche Tabelle II, S. 33) entspricht es, daß die Beugungswinkel der Elektroneninterferenzen nach einigen Graden zählen, die Interferenzen viel dichter geschart auftreten und zwar durchwegs in einem nahe um den Primärstrahl liegenden, kleinen Winkelbereich. Demzufolge wird der Abstand «Präparat → Film» wesentlich größer gewählt als bei der Röntgenaufnahme (beim Gerät der Abb. 17 beträgt er beispielsweise 700 mm) und allgemein ein planer Film statt eines zylindrisch gebogenen verwendet. Die überlegene Intensität des Kathodenstrahls gestattet endlich beim Beugungsversuch mit Elektronen einen weit feiner ausgeblendeten Primärstrahl zu benützen als bei Röntgeninterferenzversuchen, bei denen ein entsprechend kleiner Querschnitt des primären Strahlenbündels eine nicht tragbare Verlängerung der Expositionszeiten zur Folge hätte.

HINWEISE AUF EINIGE GESAMTDARSTELLUNGEN DER GRUNDLAGEN UND METHODEN DER RÖNTGENFEINSTRUKTURUNTERSUCHUNG

J. M. Bijvoet, N. H. Kolmeijer und C. H. MacGillavry, Röntgenanalyse von Kristallen, 1940.

W. H. and W. L. Bragg, The crystalline state, 1933.

G. L. Clark, Applied x-rays (3rd edition), 1940.

P. P. Ewald, Der Aufbau der festen Materie, in Handbuch der Physik von Geiger-Scheel, Band XXIV (2. Auflage), 1933.

R. Glocker, Materialprüfung mit Röntgenstrahlen (2. Auflage), 1936.

F. Halla und H. Mark, Röntgenographische Untersuchung von Kristallen, 1937.

M. von Laue, Röntgenstrahl-Interferenzen, Band VI von «Physik und Chemie in Einzeldarstellungen», 1941.

P. Niggli, Lehrbuch der Mineralogie und Kristallchemie, Band II (3. Auflage), 1942.

H. Ott, Strukturbestimmung mit Röntgeninterferenzen, in Handbuch der Experimentalphysik von Wien-Harms, Band 7, 2. Teil, 1928.

J.-J. Trillat, Les applications des rayons X, 1930.

R. W. G. Wyckoff, The structure of crystals (2nd edition), 1931.

Einzelhinweise auf Arbeiten methodischen Inhalts:

E. Schiebold, Methoden der Kristallstrukturbestimmung mittels Röntgenstrahlen: Band I, Die Laue-Methode, 1932.

W. Wittestadt, Röntgenaufnahmen unter extremen Bedingungen, Z. Elektrochem. *46* (1940) 521 mit Hinweisen auf Hochlaströhren, Temperaturkammern, Heizvorrichtungen, Kühlvorrichtungen, Temperaturmessung und -konstanthaltung, Untersuchungen unter hohem Druck, Schutz gegen chemische Einflüsse.

R. Brill und H. Krebs, Verfahren zur Erzeugung lichtstarker Röntgen-Reflexe mit monochromatischer Strahlung, Naturwiss. *32* (1944) 75.

H. K. Görlich, Über die Verwertbarkeit der Debye-Scherrer-Intensitäten zur Strukturbestimmung, Z. angew. Mineralog. *3* (1941) 173.

J. J. WASASTJERNA, An improved photographic method for the quantitative study of the reflexion of x-rays by crystals, Kungl. Svenska Vetenskapsakad. Handl. (III) 20, Nr. 11 (1944).

R. LINDEMANN und A. TROST, Das Interferenz-Zählrohr als Hilfsmittel der Feinstrukturforschung mit Röntgenstrahlen, Z. Physik *115* (1940) 456,

A. TROST, Eine Methode zur Messung hoher Strahlungsintensitäten mit dem Zählrohr, Z. Physik *117* (1941) 257.

Weitere Hinweise auf methodische Neuerungen sowohl hinsichtlich der Aufnahmetechnik von Röntgendiagrammen als mit Rücksicht auf die Auswertung derselben finden sich in den periodisch erscheinenden «Titelsammlungen zum Strukturbericht» in der Z. Kristallogr. (A) (siehe Seite 227).

Methodische Hinweise und beispielhafte Schilderung von Anwendungen röntgenographischer Untersuchungen enthält in größerer Zahl «Symposium on radiography and x-ray diffraction methods», herausgegeben durch die ASTM (American society for testing materials), 1936 (mit Beiträgen von CH. S. BARRETT, K. R. VAN HORN, W. P. DAVEY, J. T. NORTON, G. H. CAMERON and A. L. PATTERSON, G. L. CLARK).

HINWEISE AUF EINIGE GESAMTDARSTELLUNGEN DER GRUNDLAGEN UND BESONDERN METHODIK VON ELEKTRONENBEUGUNGSVERSUCHEN

P. DEBYE, Elektroneninterferenzen, 1930.

J.-J. TRILLAT, Les diffractions électroniques, 1935.

G. P. THOMSON and W. COCHRANE, Theory and practice of electron diffraction, 1939.

M. VON LAUE, Materiewellen und ihre Interferenzen, Band VII von «Physik und Chemie in Einzeldarstellungen», 1944.

Überdies die folgenden zusammenfassenden Berichte:

F. KIRCHNER, Elektroneninterferenzen und Röntgeninterferenzen, Erg. exakt. Naturwiss. *11* (1932) 64,

F. KIRCHNER, Die Bedeutung der Elektroneninterferenzen für die Strukturforschung, Erg. techn. Röntgenkde *4* (1934) 163.

III. KRISTALLISIERTE UND AMORPHE PHASEN

1. Der Röntgeninterferenzversuch ist bisher das einzige, hinreichend sichere Kriterium, um kristallisierte und amorphe Phasen voneinander zu unterscheiden. Insbesondere braucht nämlich einem optisch-mikroskopisch amorphen Verhalten durchaus nicht ein echt amorpher *(röntgenamorpher)* Zustand zu entsprechen. Aber auch der sehr oft einzig mögliche, röntgenographische Entscheid zwischen amorphen und kristallisierten Stoffen benötigt eine sorgfältige Versuchsführung, soll er eindeutige Ergebnisse gewährleisten. Wohl liefern typisch kristallisierte Stoffe zahlreiche, scharfe Röntgeninterferenzen, im besondern auch unter höhern Beugungswinkeln und gibt andererseits amorphes Material nur eine einzige oder höchstens einige wenige, stets stark verwaschene, haloartige Interferenzbanden und zwar durchwegs unter relativ kleinen Beugungswinkeln. Aber eine solch generelle Kennzeichnung des Interferenzverhaltens trennt zunächst allein zwischen weitgehend idealisierten Grenzfällen. Die mannigfachen Übergänge, welche den kristallisierten Zustand mit dem amorphen verbinden, werden damit

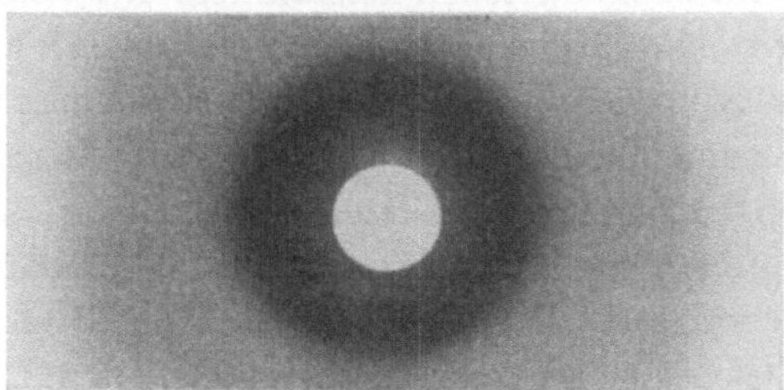

Abb. 19
Röntgeninterferenzen an einem festen, echt-amorphen Stoff (Kunstharz).

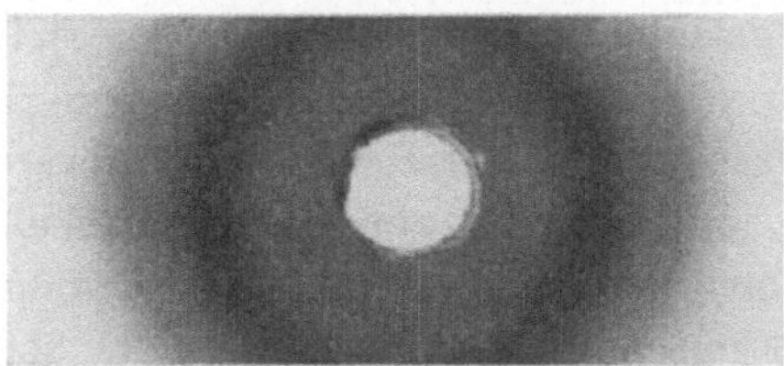

Abb. 20
Röntgeninterferenzen an Wasser (aufgenommen mit gefilterter *Cu-K*-Strahlung), sogenannte Flüssigkeitsinterferenzen zum Vergleich mit Abb. 19.

nicht erfaßt, so daß immer da, wo gerade solche Zustände zu charakterisieren sind, die bloße Unterscheidung von Kristall- und Flüssigkeits-Interferenzen nicht genügen kann. Es beweisen zwar die erstern eindeutig die Anwesenheit irgendwelcher kristalliner Materie, das Auftreten von Flüssigkeitsinterferenzen an ihrer Stelle aber nicht das Gegenteil: nämlich den sicher amorphen Charakter einer Substanz. Je mehr in einem an sich kristallisierten Stoff die Gitterordnung in dessen Kristallen ihre Vollkommenheit einbüßt, etwa zufolge Störung des Kristallbaues, extrem geringer Ausdehnung der zusammenhängenden Gitterstücke oder einem Ausscheiden eines Teils der Gitterbausteine aus dem raumgitterartigen Verband einer Kristallstruktur (siehe hierzu S. 163), um so mehr verlieren die Kristallinterferenzen die ihnen eigene Schärfe, vermindert sich zudem die Intensität speziell der Interferenzen unter höhern Beugungswinkeln bei gleichzeitiger Verstärkung der diffus gestreuten Strahlung. Unter solchen Umständen beeinträchtigter Kristallausbildung (handle es sich dabei um letzte Reste von Kristalltrümmern oder um erste Keime von Kristallansätzen) bleiben nurmehr die stärksten Interferenzen des Diagramms als eben noch wahrnehmbare Beugungseffekte übrig. Im Pulverdiagramm sind sie jetzt gleichfalls vom Charakter verwaschener, breiter Banden, so daß dann trotz der kristallinen Form des Materials Röntgenogramme erhalten werden, welche jenen der entsprechenden amorph-festen oder flüssigen Phase äußerst ähnlich sind. In diesem Falle zwischen kristallinem und amorphem Material zu unterscheiden wird durch einen weitern Umstand erschwert: auch die der amorphen Phase typischen Interferenzbanden treten fast ausnahmslos unter jenen Beugungswinkeln auf, bei denen das Pulverdiagramm der normal kristallisierten Phase die stärksten Linien zeigt, haben daher weitgehend dieselbe Lage wie die bei entarteter Kristallbeschaffenheit einzig noch erkennbaren, verbreiterten Interferenzen. So ist z. B. der Interferenzbande von Cristobalit-Glas ein Netzebenenabstand $R = 4{,}32$ Å. E. zugeordnet, während der intensivsten Interferenz des Cristobalit-Kristalls, der Linie (111) ein $R = 4{,}11$ Å. E. entspricht; glasiges Antimon zeigt eine Bande mit $R = 3{,}01$ Å. E. bei einer entsprechenden Kristallinterferenz mit $R = 3{,}10$ Å. E. Derart geringe Unterschiede erweisen sich in solchen Fällen als einziges Kriterium, um zwischen einem amorphen und bereits (oder eben noch) kristallinen Zustand zu entscheiden, sind ihrerseits aber nicht selten mit Sicherheit nur an Röntgendiagrammen festzustellen, welche mit streng oder mindestens weitgehend monochromatischer Strahlung angefertigt werden (Aufnahmen erhalten unter Vorschalten eines Monochromatisator-Kristalls oder hergestellt mit einer verhältnismäßig niedrigen Betriebsspannung an der Röntgenröhre, nämlich höchstens von der Größe der anderthalbfachen Anregungsspannung der benutzten Antikathode).

Besonders in jenen Fällen, wo das Röntgendiagramm lediglich eine kontinuierliche Allgemeinschwärzung zeigt, sichere Anzeichen von Interferenzen fehlen, empfiehlt es sich, wo immer die Natur des Untersuchungsmaterials es gestattet, neben Röntgeninterferenzversuchen auch solche mit Elektronenstrahlen auszuführen. Unter solchen Umständen kann nämlich eine *Elektronenbeugungsaufnahme* noch sehr wohl *unzweifelhafte Kristallinterferenzen* erkennen lassen entsprechend ihrer besondern Eignung für die Prüfung *feinstkristalliner* Stoffe. Das hat seinen Grund in der hohen Intensität der Elektroneninterferenzen, in der beim Elektronenbeugungsversuch verglichen mit der üblichen röntgenographischen Arbeitsweise bessern Monochromatisierung der verwendeten Strahlung und schließlich darin, daß zufolge Kleinheit der beugenden Kristalle die Röntgeninterferenzen in weit ausgesprochenerem Ausmaß breit und unscharf werden als die mit viel kurzwelligerer Strahlung unter viel kleineren Beugungswinkeln erzeugten Elektroneninterferenzen.

2. Wenn sich so zwischen den Beugungseffekten der Röntgenstrahlen an amorpher (auch flüssiger) und kristallisierter Materie enge Beziehungen ergeben, so sind diese jedoch nur eine, wenn auch sehr augenfällige Teilerscheinung der allgemeinen Verwandtschaft zwischen kristallisiertem und «amorph-festem» Zustand. Diese legt allgemein nahe, «amorph-feste», aber auch flüssige Stoffe im Hinblick auf ihre atomare Konstitution weit mehr in Anlehnung an den Kristall statt in Beziehung zum Gaszustand zu betrachten, zumal es einen festen Körper mit *völlig* ungeordneter Atomgruppierung überhaupt nicht gibt. Aus dem geringeren Grad atomarer Ordnung, welcher den amorphen Zustand vom kristallisierten trennt, folgt noch längst nicht eine *vollkommen* regellose Anordnung der Atome im amorphen Körper. Was den amorphen Stoffen gegenüber den Kristallen einzig, aber einheitlich fehlt, ist die räumlich *dreifach* periodische, *gitterhafte* Anordnung mindestens eines Teils der Atome; alle andern für den Molekularbau der Kristalle maßgebenden Gesetze (wie etwa die wechselweisen Abstände unter den Atomen, die Anzahl und Gruppierung ihrer Nachbarn) bleiben vom Übergang aus dem kristallisierten in den amorphen Zustand weitgehend unberührt. So stehen sich auch im Bereich der amorphen Körper Molekül- und Kristallverbindungen, molekulare und kristalline Atomkonfigurationen gegenüber, auch hier voneinander nach den gleichen Gesichtspunkten geschieden wie im Falle ihrer Erscheinung im kristallisierten Zustand, gerade deshalb aber besonders geeignet, um die Beziehungen unter amorphen und kristallisierten Phasen zu beschreiben.

Amorphe Molekülverbindungen (aus solchen bestehende Glasphasen und Schmelzen) unterscheiden sich von deren Kristallen in der Regel einzig in der nicht mehr vollkommen raumgitterartigen Struktur des Molekülhaufens (Abb. 21), während es im Falle der *Kristallverbindungen* eine ganze Reihe von Möglichkeiten gibt, aus dem kristallisierten Zustand einen amorphen zu erzeugen: Kristallverbindungen mit bloß ein- oder zweidimensional periodischen Atomverbänden können z. B. in amorpher Ausbildung sehr wohl dieselben Atomkonfigurationen mit *völlig* unverändertem Innenbau wie die entsprechenden Kristalle enthalten, wobei jedoch die Atomketten nicht mehr in periodischer Abfolge zum Kettenbündel oder die Atomnetze nicht mehr

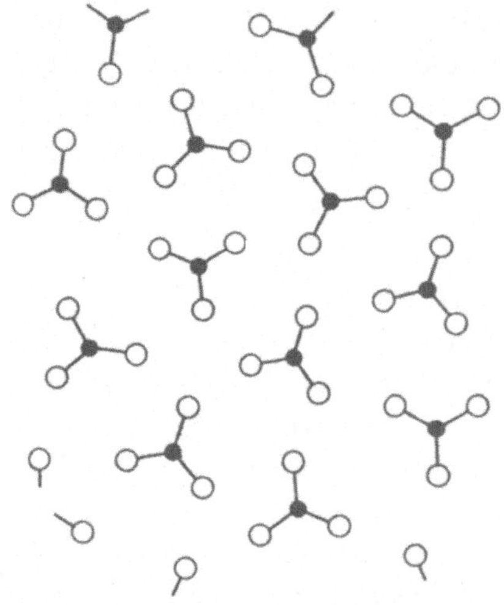

Abb. 21

Schema der Konstitution einer Molekülverbindung (AB_3) im amorphen Zustand.

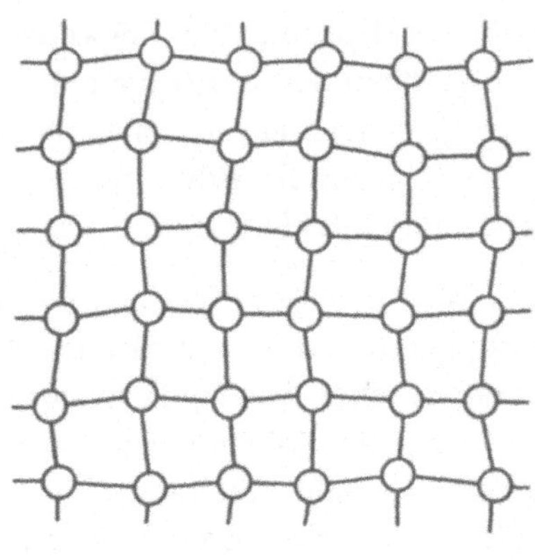

Abb. 22

Übergang eines kristallisierten Stoffes in den amorphen Zustand durch Verrückung der Atome aus den Gitterpunkten (amorpher Stoff von einer Konstitution nach Art der einatomigen Flüssigkeiten).

in periodischer Wiederholung zum Schichtpaket vereinigt sind, sondern als Haufwerke ein- bzw. zweidimensionaler Kristalle sich in einer mehr oder weniger willkürlichen und regellosen Anordnung mit einer wohl noch angedeuteten, aber nurmehr unvollkommenen Ausrichtung der Ketten oder Parallelstellung der Netze vorfinden *(parakristalline, pseudoamorphe Zustände)*. Darüber hinausgreifend kann die Auflösung der kristallinen Ordnung eine Verbiegung der Atomketten oder eine Wellung der Atomnetze in sich schließen, was aber nicht den vollständigen Verlust des kristallinen Charakters derartiger Atomverbände zur Folge zu haben braucht, bleibt doch oft das den fraglichen Atomkonfigurationen zugrunde liegende Bauelement (der ihnen eigene Grundbaustein) unverändert erhalten (Abb. 23.) Eine solche *innere* Deformation des Atomverbandes ist hingegen bei den gitterhaft struierten Konfigurationen *stets notwendige* Voraussetzung für

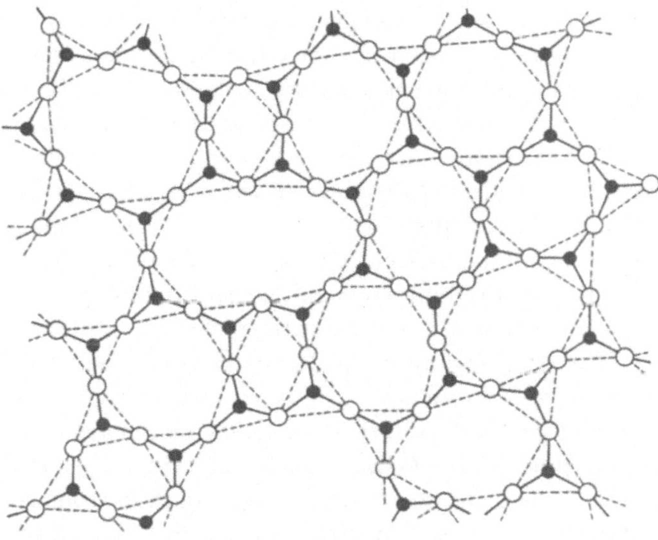

Abb. 23

Zweidimensionales Schema eines statistisch-unregelmäßig gebauten Radikalverbandes aus einerlei Grundbausteinen AB_3 (A volle, B leere Kreise). Die Gruppen AB_3 sind über gemeinsame B-Atome miteinander verknüpft und als solche noch hochsymmetrisch gebaut. Typisch für die Konstitution zahlreicher Oxydgläser (vorab mit tetraedrischen Gruppen AB_4).

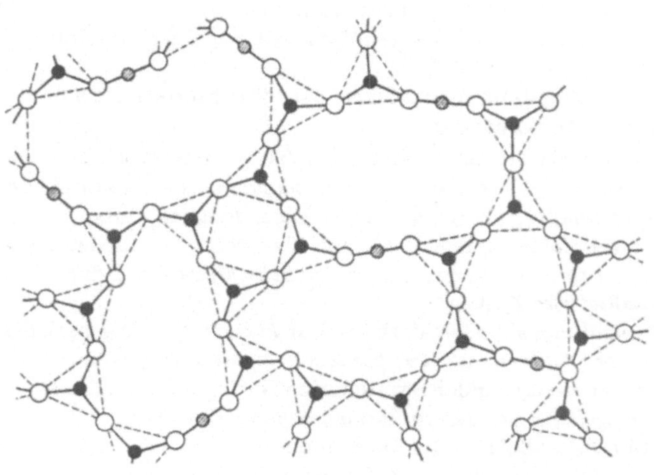

Abb. 24

Zweidimensionales Schema eines statistisch-unregelmäßig gebauten Radikalverbandes mit zweierlei Grundbausteinen: Radikalen AB_3 und Radikalen $A'B_2$ (A volle, B leere, A' schraffierte Kreise). Eine solche Konstitution ist für manche gemischte Oxydgläser, wie zum Beispiel borsaure Kieselgläser typisch.

einen ersten Übergang in den amorphen Zustand, weil erst dadurch die der dreidimensional-periodisch gebauten Atomkonfiguration eigene kristalline Ordnung in eine *statistisch-unregelmäßige,* nurmehr *pseudokristalline* übergeführt wird. Hierfür ergeben sich indessen ganz verschiedene Möglichkeiten, im einzelnen bestimmt durch die Art der Bauelemente, welche beim Übergang vom kristallisierten Zustand in den amorphen als Baumotiv des Verbandes unverändert erhalten bleiben. Dabei muß allerdings festgehalten werden, daß *nicht jede* periodisch-regelmäßige kristalline Atomkonfiguration sich auch als statistisch-unregelmäßig gebauter, bloß *pseudokristalliner* Atomverband denken läßt. Es sind dementsprechend kristalline Atomkonfigurationen mit *starrer* Verknüpfung der Grundbausteine von solchen mit *freier* Verknüpfung der Grundbausteine zu unterscheiden, wobei die erstern lediglich in periodisch-regelmäßiger, daher stets durch eine Symmetrie ausgezeichneten, durchwegs *echt-kristallinen* Form existieren, die letztern dagegen nicht nur in dieser, sondern auch in statistisch-unregelmäßiger, symmetrieloser, dann bloß noch *pseudokristallinen* Form auftreten können. Hieraus ergibt sich insgesamt die folgende *Mannigfaltigkeit an Erscheinungsformen der Kristallverbindungen:*

A. Verbindungen mit *dreidimensionalen* Atomverbänden:
- I. unter *starrer* Verknüpfung der Grundbausteine: *nur* in *dreifach* periodisch-regelmäßiger, *echt-kristalliner* Form möglich (Verbindungen, welche nur im kristallisierten Zustand existieren = sog. *einaggregatige Kristallverbindungen*);
- II. unter *freier* Verknüpfung der Grundbausteine:
  1) bei dreifach periodisch-regelmäßiger, *echt-kristalliner* Form: *kristallisierter* Zustand,
  2) bei statistisch-unregelmäßiger, *pseudokristalliner* Form: *echt-amorpher* Zustand.

B. Verbindungen mit *zweidimensionalen* Atomverbänden:
- I. unter *starrer* Verknüpfung der Grundbausteine, damit *nur* in *zweifach* periodisch-regelmäßiger, *echt-kristalliner* Form möglich, dabei:
  1) die zweidimensionalen Verbände als solche in regelmäßig-periodischer Abfolge zum *symmetrisch gebauten Schichtpaket* geordnet: *kristallisierter* Zustand,
  2) die zweidimensionalen Verbände *nicht* in regelmäßig-periodischer Weise gepackt: *parakristalliner, pseudoamorpher* Zustand, und zwar:
     a) unter weitgehender Parallelorientierung der Schichten: *geregeltes* Aggregat *zweidimensionaler* Kristalle,
     b) ohne Parallelstellung der Schichten: *regelloses* Aggregat *zweidimensionaler* Kristalle;
- II. unter *freier* Verknüpfung der Grundbausteine:
  1) bei zweifach periodisch-regelmäßiger, *echt-kristalliner* Form, gleich wie unter I.,
  2) bei statistisch-unregelmäßiger, bloß *pseudokristalliner* Form: *echt-amorpher* Zustand.

C. Verbindungen mit *eindimensionalen* Atomverbänden:

I. unter *starrer* Verknüpfung der Grundbausteine, also *nur* in *einfach* periodisch-regelmäßiger, *echt-kristalliner* Form möglich, dabei:

1) die eindimensionalen Verbände als solche in *zweifach* regelmäßig-periodischer Abfolge zum *symmetrisch gebauten Kettenbündel* geordnet: *kristallisierter* Zustand,

2) die eindimensionalen Verbände als solche in *einfach* regelmäßig-periodischer Abfolge zur symmetrisch gebauten *Kettenschicht* geordnet: *parakristalliner*, *pseudoamorpher* Zustand, und zwar:
   a) unter weitgehender Parallelorientierung der Kettenschichten: *geregeltes* Aggregat *zweidimensionaler* Kristalle,
   b) ohne Parallelstellung der Kettenschichten: *regelloses* Aggregat *zweidimensionaler* Kristalle,

3) die eindimensionalen Verbände als solche *nicht* periodisch-regelmäßig gepackt: *parakristalliner*, *pseudoamorpher* Zustand, und zwar:
   a) unter weitgehender Parallelstellung der Ketten: *geregeltes* Aggregat *eindimensionaler* Kristalle,
   b) ohne Parallelorientierung der Ketten: *regelloses* Aggregat *eindimensionaler* Kristalle;

II. unter *freier* Verknüpfung der Grundbausteine:

1) bei einfach periodisch-regelmäßiger, *echt-kristalliner* Form, gleich wie unter I.,

2) bei statistisch-unregelmäßiger, nur *pseudokristalliner* Form: *echt-amorpher* Zustand.

Neben den *reinen* Zuständen (*einphasigen* Zuständen) sind auch *gemischte* Zustände möglich: so z. B. gemischt kristallisiert-amorphe Körper, Körper mit echt-amorphen Bereichen neben parakristallinen und kristallinen Gebieten usw. (siehe hierzu im Folgenden S. 82 und 144).

3. Wenn auch die Interferenzeffekte, welche die Röntgenstrahlen an amorphen Stoffen erzeugen, stets dürftiger ausfallen als die an Kristallgittern möglichen, dazu die Auswertung der experimentellen Daten sich hier weniger einfach gestaltet und an die Stelle einer bloßen Vermessung der Röntgendiagramme vielfach eine Kennzeichnung derselben durch Photometrierung treten muß, so versprechen Röntgenuntersuchungen an amorphen Materialien in mehr als einer Beziehung Erfolg. Das Hauptgebiet solcher Anwendung der Röntgenfeinstrukturuntersuchung liegt vorab bei Kolloiden aller Art, organischen und anorganischen, bei Gläsern, Harzen und verwandten Kunststoffen. Von diesen amorph-festen Phasen ausgehend kann die Untersuchung auf flüssige Stoffe, reine Flüssigkeiten und echte oder kolloidale Lösungen übergreifen. Neben dem bloßen Nachweis röntgenamorpher Zustände als solchen stellt sich die Frage, inwieweit amorph-feste Phasen, die sich in ihrem physikalischen und chemischen Verhalten voneinander unterscheiden, ein verschiedenes Interferenzverhalten zeigen, ob das Röntgendiagramm eines amorph-festen Körpers mit demjenigen der entsprechenden Schmelze übereinstimmt oder nicht, sodann, wie sich der Übergang eines röntgenamorphen Zustandes in den kristallisierten Zustand abspielt (siehe hierzu auch S. 173), ob dieser die *spontane* Bildung eigentlicher, dreidimensionaler Kristallkeime bedeutet oder aber über charakteristische Zwischen-

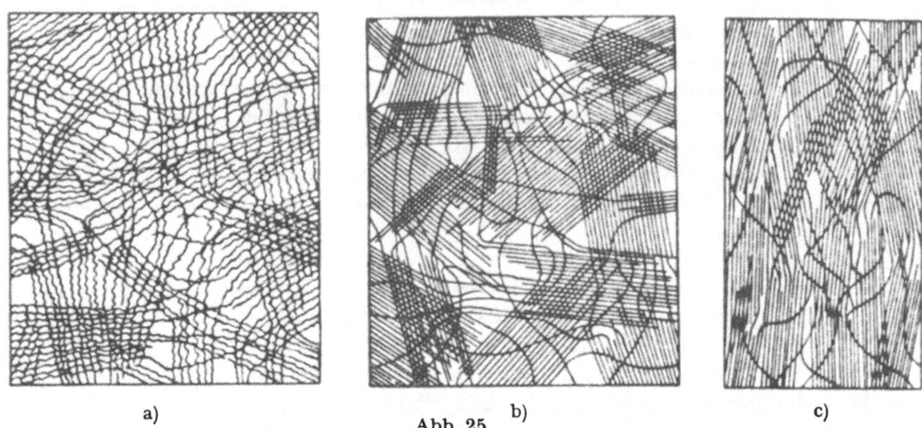

a) Abb. 25 b) c)

Schematische Darstellung der konstitutionellen Verhältnisse kristallisierter und amorpher Phasen bei kettenförmigem Charakter der Atomverbände: die Linien markieren die Atomketten, bei a) mit geknäuelter, unregelmäßiger Ausbildung (echt-amorpher Zustand), bei b) und c) mit regelmäßig-periodischer Ausbildung und regelmäßiger Ordnung der Ketten zu Kettenbündeln (kristallisierte Bereiche). Da ein und dieselbe Kette sich am Aufbau mehrerer Kristalle beteiligen kann, ergeben sich gemischt amorph-kristallisierte Zustände. Bei b) regellose Anordnung der Kristalle, bei c) geregelte Anordnung der Kristalle (nach C. W. Bunn).

zustände (sog. *parakristalline* Zustände) führt, ob bei Molekülverbindungen der Ausbildung einer räumlich dreidimensionalen Ordnung eine bloß nach einer oder zwei Dimensionen reichende vorangeht, die statistisch regellose Molekülgruppierung der isotropen Schmelze zunächst eine partielle Ordnung zu nematischen oder smektischen Zuständen (siehe Abb. 26) erfährt, der Übergang der flüssigen Phase in die kristallisierte also über sog. *flüssige Kristalle* verläuft. Hierher gehört auch, an Hand von Röntgendiagrammen zu entscheiden, ob echte Lösungen oder Suspensionen vorliegen, ob typische Färbungen oder Trübungen (etwa von Gläsern, Emails und dgl.) in der Anwesenheit feinster Kristallkeime in amorphen Medien begründet sind. Überdies lassen sich Entglasungs- und Alterungsprozesse auf röntgenographischem Weg verfolgen, dabei im besondern die aus solchen Vorgängen hervorgehenden Kristallarten bestimmen und den speziellen Zustand ihrer Kristalle in Abhängigkeit von den gewählten Versuchsbedingungen kennzeichnen. Nicht selten werden hierbei Röntgenogramme erhalten, welche nebeneinander die Interferenzen amorpher und kristallisierter Phasen zeigen, wobei der Nachweis der ersteren bei zunehmendem Gehalt der letztern sich oft schwierig gestalten kann (siehe dazu auch S. 81), im Besondern dann, wenn wie z. B. bei Mizellarstrukturen (Abb. 25) neben echt amorphen Anteilen parakristalline und echt kristalline bestehen, dementsprechend neben Flüssigkeitsinterferenzen und Kristallinterferenzen noch Beugungseffekte an ein- oder zweidimensionalen Kristallen (Gittergeraden- oder Kreuzgitterspektren) auftreten.

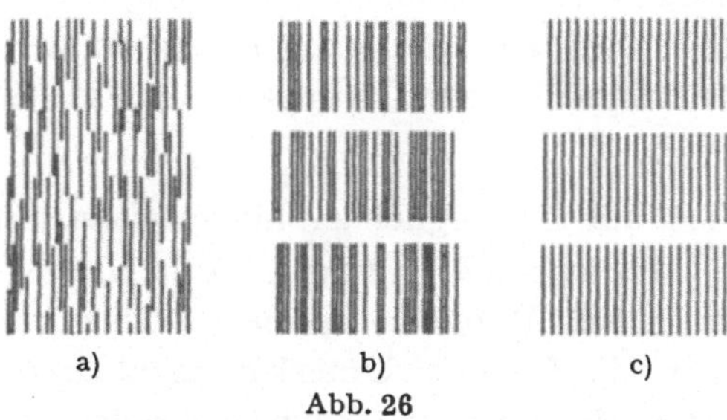

Abb. 26

Schema der Konstitution mesomorpher und kristallisierter Phasen: a) nematischer Zustand, b) smektischer Zustand, c) kristallisierter Zustand.

Darüber hinaus gestatten Interferenzversuche an amorphen Stoffen häufig einen Einblick in die ihnen eigenen konstitutionellen Verhältnisse: Zunächst ist dies möglich durch bloß qualitative Betrachtung der Beugungserscheinungen, indem etwa die Intensität der diffusen Streustrahlung zwischen dem Primärstrahl und der ersten Interferenzbande betrachtet wird. Wo diese sich in mäßigen Grenzen hält, die erste Bande nach innen von einem hellen Saum gegenüber der vom Primärstrahl herrührenden Schwärzung begrenzt wird, darf auf eine das Volumen gleichmäßig erfüllende, amorphe Phase (mit Verhältnissen, wie sie auch für die Flüssigkeiten typisch sind) geschlossen werden. Beträchtliche Intensität der diffusen Streustrahlung (das heißt: starke Untergrundschwärzung der Röntgenaufnahmen, in welcher die Interferenzhalos möglicherweise fast völlig untertauchen) spricht dagegen für aus extrem kleinen Partikeln bestehende röntgenamorphe Stoffe (läßt sich der erste Fall mit einem mit Wasser gefüllten Behälter vergleichen, so entspricht der zweite einem mit kleinen Steinen gefüllten Behälter). Die quantitative Charakterisierung der Interferenzen an amorphen Stoffen, also die photometrisch vorgenommene Festlegung ihrer Beugungswinkel und die Messung der relativen oder absoluten Interferenz-Intensitäten, vermag unter Umständen gar ausreichende Unterlagen zu liefern, um eine Aufklärung der *atomaren Konstitution amorpher Phasen* vorzunehmen, dies im besondern dann, wenn Kristallstrukturbestimmungen an den entsprechenden, kristallisierten Phasen vorangehend deren atomaren Feinbau erkundet haben.

So etwa im Falle der Oxydgläser, die statistisch-unregelmäßige, räumliche Radikalverbände enthalten (Abb. 23). Es kann dann gelingen, aus Lage und Intensität der Interferenzen die nähere Nachbarschaft der verschiedenen Atome nach Anzahl, Art und Gruppierung der Nachbaratome zu erschließen. Dabei läßt sich oft aus Analogie zeigen, daß das beobachtete Interferenzverhalten durch eine Atomanordnung, wie sie sich für die Glasphase in Anlehnung an die Struktur der entsprechenden kristallisierten Phase vermuten läßt, einwandfrei zu erklären ist. In andern Fällen sind die festgestellten Interferenzen zur Ermittlung der Atomgruppierung in dem interessierenden amorphen Stoff einer Fourier- oder Patterson-Analyse (siehe Seite 223) zu unterziehen.

4. Abschließend ist auf die Möglichkeit hinzuweisen, mittels der Röntgeninterferenzen den Bau *molekularer Filme,* die in ihnen bestehende *gesetzmäßige Orientierung der Moleküle,* speziell solcher von kettenförmigem Bau, sei es auf fester oder flüssiger Unterlage abzuklären. Daß hierzu neben Röntgenstrahlen sehr oft sich auch Kathodenstrahlen hervorragend eignen werden, also Elektronenbeugungsversuche die röntgenographische Untersuchung wesentlich zu ergänzen vermögen, liegt bereits in Anbetracht der speziellen Natur des Untersuchungsobjekts nahe.

BEISPIELE FÜR RÖNTGENOGRAPHISCHE UNTERSUCHUNGEN AN AMORPHEN STOFFEN:

J. T. Randall, The diffraction of x-rays and electrons by amorphous solids, liquids and gases, 1934.

R. Hultgren, N. S. Gingrich and B. E. Warren, The atomic distribution in red and black phosphorus and the crystal structure of black phosphorus, J. chem. Phys. *3* (1935) 351

C. D. Thomas and N. S. Gingrich, The atomic distribution in the allotropic forms of phosphorus at different temperatures, J. chem. Phys. *6* (1938) 659

B. E. Warren, X-ray diffraction study of carbon black, J. chem. Phys. *2* (1934) 551

R. Glocker und H. Hendus, Die Atomanordnung in amorphen festen Stoffen, Z. Elektrochem. *48* (1942) 327

(alles Untersuchungen an chemischen Elementen in amorphen Zuständen).

B. E. Warren, X-ray diffraction of vitreous silica, Z. Kristallogr. (A) *86* (1933) 349

B. E. Warren and C. F. Hill, The structure of vitreous BeF_2, Z. Kristallogr. (A) *89* (1934) 481

J. T. Randall, H. P. Rooksby and B. S. Cooper, X-ray diffraction and the structure of vitreous solids, Z. Kristallogr. (A) *75* (1930) 196

N. Valenkov and E. Poray-Koshitz, X-ray investigation of the glassy state, Z. Kristallogr. (A) *95* (1936) 195

B. E. Warren and A. D. Loring, X-ray diffraction study of the structure of soda-silica glass, J. Amer. ceram. Soc. *18* (1935) 269

G. HARTLEIF, Beiträge zur Struktur des Kieselglases und Kalisilikatglases, Z. anorg. allg. Chem. *238* (1938) 353
(alles Beispiele von röntgenographischen Untersuchungen an Gläsern; zum gleichen Thema siehe auch die Übersicht bei W. EITEL, Physikalische Chemie der Silikate [2. Auflage] 1941, wo sich auch Hinweise auf Untersuchungen über Glastrübungen u. dgl. finden).

H. OTT, Röntgenuntersuchungen an normalen primären Alkoholen mit langen Kohlenstoffketten, Z. physik. Chem. (B) *193* (1944) 218
(röntgenographische Untersuchung zur Frage des Übergangs aus dem glasigen in den kristallisierten Zustand bei organischen Verbindungen).

C. W. BUNN, Molecular structure and rubber-like elasticity, Part. I–III, Proc. Royal Soc. (A) *180* (1942) 40, 67, 82

G. L. CLARK in C. ELLIS, The chemistry of the synthetic resins, 1935
(Beispiele für röntgenographische Untersuchungen an amorphen, organischen Stoffen).

Zur Frage der Röntgenuntersuchungen an flüssigen Kristallen siehe die Diskussionsberichte in Z. Kristallogr. (A) *79* (1931) 1 und Trans. Faraday Soc. *29* (1935) 931.

J.-J. TRILLAT et A. NOWAKOWSKI, Nouvelles recherches sur la formation de pellicules minces de substances organiques et les phénomènes, qui les accompagnent, Ann. Phys. (10) *15* (1931) 455

G. L. CLARK and P.W. LEPPLA, X-ray diffraction studies of built up films, J. Amer. Chem. Soc. *58* (1936) 2199
(beides Beispiele für röntgenographische Untersuchungen an Filmen; weitere Hinweise siehe im besondern bei G. L. CLARK, Applied x-rays).

J.-J. TRILLAT et H. FORESTIER, Sur quelques propriétés physiques du soufre mou, Bull. Soc. Chim. France (4) *51* (1932) 248

J. A. PRINS et W. DEKEYSER, Etude aux rayons X du sélénium vitreux et de sa cristallisation, Physica *4* (1937) 900
(Beispiele für röntgenographische Untersuchungen zum Übergang amorpher in kristallisierte Phasen).

R. BRILL, Über Beziehungen zwischen der Struktur der Polyamide und der des Seidenfibroins, Z. physik. Chem. (B) *53* (1943) 61

G. CHAMPETIER et J. BONNET, Sur la constitution macromoléculaire et l'étirement d'une superpolyamide: le nylon, J. Chim. physique *40* (1943) 217
(Beispiele für Untersuchungen des Übergangs aus dem amorph-festen in den kristallisierten Zustand infolge mechanischer Beanspruchung).

F. TRENDELENBURG, Elektronenbeugungsaufnahmen an feinkristallinen Kohlenstoffen, Naturwiss. *21* (1933) 173
(Beispiel für eine Untersuchung feinkristalliner Stoffe mittels der Elektroneninterferenzen).

Zur Frage der Konstitution amorpher Phasen und ihrer Beziehungen zum atomaren Aufbau der Kristalle siehe P. NIGGLI, Grundlagen der Stereochemie, 1945, sowie eine Übersicht bei E. BRANDENBERGER, Die Werkstoffe im Lichte der Kristallchemie, Schweiz. Techn. Z. S. *42* (1945) 437.

IV. DIE RÖNTGENINTERFERENZEN ALS KENNZEICHEN DER KRISTALLARTEN

1. Da jede Kristallstruktur zufolge ihrer besonderen Atomgruppierung ein ihr (und nur ihr) typisches Interferenzmuster ergibt, kann umgekehrt ein beobachtetes System von Röntgeninterferenzen als Kennzeichen und zum Nachweis einer bestimmten Kristallart dienen. Der Röntgeninterferenzversuch zeitigt auch dann verschiedene und damit charakteristische Resultate, wenn in zwei Kristallstrukturen *ein und dieselben Atomsorten* im gleichen Mengenverhältnis als Gitterbausteine auftreten, jedoch in den beiden Strukturen *verschieden angeordnet* sind. Da sich die durch ein solches Verhalten gekennzeichneten, verschiedenen *Modifikationen eines polymorphen Stoffes* (Abb. 27) an Hand verschieden gearteter Röntgendiagramme auseinanderhalten lassen, ist im Falle einer Polymorphie mittels röntgenographischer Methoden zu unterscheiden, was chemisch-analytischen oder spektroskopischen Untersuchungen noch als gleich erscheinen muß. Aber auch im Gegenfall, wenn *verschiedene Gitterbausteine* bei zwar individueller Größe der Gittermaschen in grundsätzlich *gleicher Anordnung* sich zu einer Kristallstruktur vereinigen (Abb. 28), vermag das Röntgeninterferenzverhalten gleichfalls eine Unterscheidung zwischen solchen, dem gleichen *Strukturtypus* angehörenden Kristallstrukturen zu treffen. Wohl können sich dann einander völlig analog beschaffene Interferenzensysteme ergeben, stets sind sie jedoch voneinander zum mindesten hinsichtlich der Linienlage verschieden, entsprechend der innerhalb eines Strukturtyps nach wie vor bestehenden Differenzierung der Strukturen in bezug auf die Größe

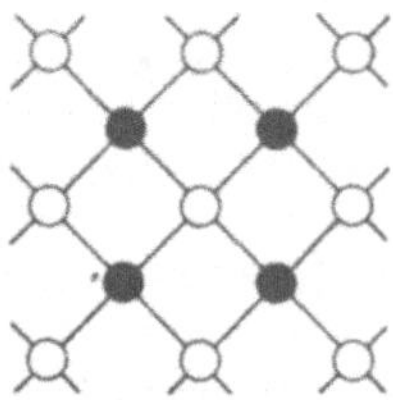

Abb. 27

Zweidimensionales Schema eines polymorphen Stoffes: dieselben Atome *A* (volle Kreise) und *B* (leere Kreise) im gleichen Mengenverhältnis (1:1) erscheinen in den beiden Modifikationen in verschiedener Anordnung.

und Maße ihrer Elementarzellen. Lassen sich zufolge einer noch engern Verwandtschaft zwei Kristallstrukturen vom gleichen Strukturtypus stetig durch verbindende Zwischenglieder ineinander überführen (Abb. 28), gehören die beiden Strukturen ein und derselben *Kristallart* an, so ist auch diese nähere Zusammengehörigkeit der Kristallstrukturen innerhalb eines Strukturtyps auf röntgenographischem Wege unmittelbar nachzuweisen und

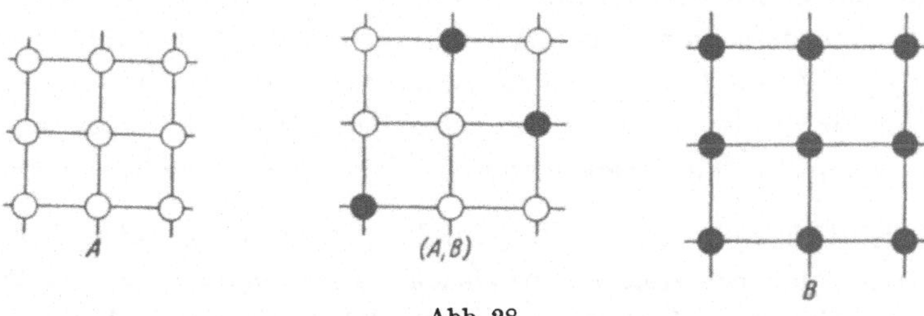

Abb. 28

Zweidimensionales Schema isotyper Stoffe mit verschiedenen Atomen A (volle Kreise) und B (leere Kreise) in gleicher Anordnung, bei zwar individueller Größe der Gittermasche (Kristallart A links und Kristallart B rechts). Bestehen zwischen A und B in stetiger Folge alle Zwischenglieder (Mischkristalle $[A, B]$), so gehören A und B ein und derselben Kristallart an.

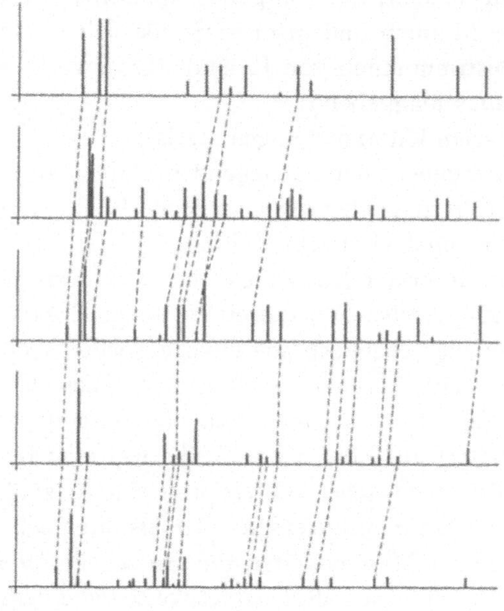

Abb. 29

Schematische Darstellung der Interferenzensysteme isotyper Kristallarten: fünf Vertreter des Apatit-Typus, nämlich (von oben nach unten) $Cd_5(PO_4)_3(OH)$, $Ca_5(PO_4)_3(OH)$, $Sr_5(PO_4)_3(OH)$, $Pb_5(PO_4)_3(OH)$, $Ba_5(PO_4)_3(OH)$; neben einer Verschiebung der Lage der Interferenzen ist zugleich eine solche der Interferenz-Intensitäten zu erkennen (eine Reihe von derselben Netzebene stammende Interferenzen sind durch gestrichelte Linien unter sich verbunden).

zwar als kontinuierlicher Übergang des Röntgendiagramms der einen Struktur in jenes der andern.

Gerade dadurch, daß neuerdings der Begriff der Kristallart auf streng struktureller Grundlage definiert wird, kommt er mit dem Röntgeninterferenzverhalten der Kristalle in besonders nahen, greifbaren Zusammenhang. Der Röntgeninterferenzversuch aber wird damit zum entscheidenden Kriterium für die Identifizierung von Kristallen im Sinne ihrer Zugehörigkeit zu ein und derselben Kristallart wie für die Unterscheidung verschiedener und die Aufstellung neuer Kristallarten. Zudem wird er besonders maßgebend für die Bestimmung des speziellen Standortes einer gegebenen Kristallprobe im totalen Variationsfeld der Kristallart, welcher sie angehört.

2. Hinsichtlich ihrer Anwendung auf Fragen der chemischen Forschung und Technik kann *die röntgenographische Bestimmung von Kristallarten* ganz verschiedenen Aufgaben gegenüber stehen. Die zunächst einfachste Frage ist, ob zwei Proben die gleiche Kristallart oder verschiedene Kristallarten enthalten, wobei deren Natur im einzelnen noch nicht oder überhaupt nicht interessiert. Weit mannigfaltigere Fragestellungen ergeben sich, sofern es sich darum handelt, auf röntgenographischem Wege die fraglichen Kristallarten zu bestimmen und in ihrer Sonderheit zu kennzeichnen. Für den bei solchen Bestimmungen von Kristallarten zweckmäßig zu beschreitenden Weg sind ausschlaggebend:

Menge an verfügbarem Untersuchungsmaterial,
Größe der Einzelkristalle in den vorliegenden Materialproben
und fernerhin die sich möglicherweise stellende Bedingung, die gewünschte Bestimmung zerstörungsfrei durchzuführen;

denn es entscheiden in erster Linie diese drei Faktoren, inwieweit sich neben den röntgenographischen Verfahren zu deren Ergänzung noch andere Methoden, im Speziellen chemisch-analytische, spektroskopische und mikroskopisch-kristalloptische, heranziehen lassen. Je nach dem, ob solches zutrifft oder nicht, kann sich im einen Fall die röntgenographische Bestimmung einer Kristallart auf eine ganze Reihe weiterer Befunde (wie etwa auf eine vollständige chemische Analyse und eine kristalloptische Charakteristik) stützen und hat dann ihrerseits oftmals nur noch zwischen einigen wenigen, verbleibenden Möglichkeiten die Entscheidung zu treffen, während sie sich in einem andern Fall, beispielsweise bei einem extrem feinkörnigen Material, das zerstörungsfrei zu untersuchen ist, ganz auf sich selber gestellt sieht und ihr jetzt jegliche Hinweise auf mehr oder weniger wahrscheinliche Möglichkeiten ihres Resultates fehlen.

Für die Praxis der röntgenographischen Bestimmung von Kristallarten ist vor allem wesentlich, inwieweit eine gleichzeitige chemische Kennzeichnung des Materials durchführbar ist. Zielsetzung und Gang der Untersuchung stehen damit in unmittelbarem Zusammenhang:

a) Bei vollständig bekannter chemischer Zusammensetzung liegt die Aufgabe der röntgenographischen Untersuchung vorzugsweise in einer Bestimmung der im fraglichen Material anwesenden Modifikation eines polymorphen Stoffes oder schließlich im Nachweis einer kristallinen Natur der Substanz schlechthin. Lautet etwa die chemische Analyse auf SiO_2, so soll entschieden werden, ob dieses in kristallisierter Form vorliegt, und wenn ja, um welche der sechs Modifikationen des kristallisierten Siliziumdioxyds (α- oder β-Quarz, α- oder β-Cristobalit oder α- oder β-Tridymit) es sich handelt. Oder es soll festgestellt werden, ob bei einem aus TiO_2 bestehenden Material dieses aus Rutil, Brookit oder Anatas aufgebaut wird, ob Aluminiumoxyd als Korund, sog. α-Al_2O_3 oder als β-, γ-, δ- oder ε-Tonerde vorhanden ist, usw. Stoffe in solcher Weise hinsichtlich ihrer Modifikationen zu charakterisieren, erweist sich mehr und mehr als notwendig, seitdem

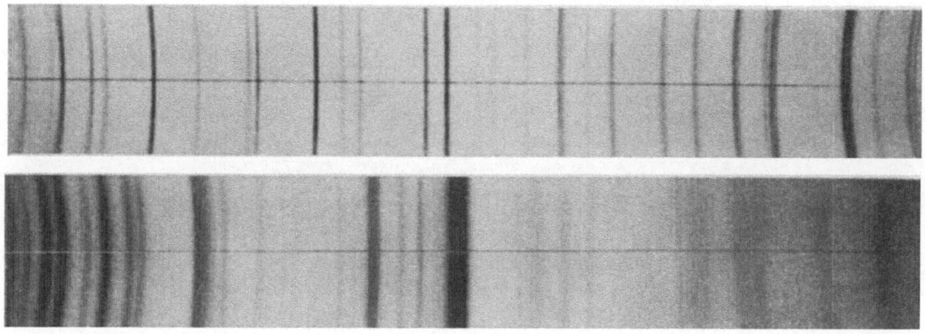

Abb. 30

Verschiedene Modifikationen eines polymorphen Stoffes im Röntgendiagramm: oben α-Al_2O_3, unten γ-Al_2O_3.

sich die Erscheinung der Polymorphie, gerade durch vermehrte Anwendung röntgenographischer Untersuchungen, als weit verbreiteter herausgestellt hat, als ehedem angenommen wurde. Dazu kommt, daß verschiedene Modifikationen eines Stoffes wesentlich verschiedenes Reaktionsvermögen besitzen können, so daß sich für bestimmte chemische Prozesse als reagierende Stoffe oder als Katalysatoren nur die eine Modifikation eignen kann, andere im Gegensatz zu ihr hierfür nicht in Betracht fallen.

b) Beschränkt sich die chemische Kennzeichnung auf die bloß qualitative Aussage über die in einem Stoff enthaltenen Elemente, indem beispielsweise die verfügbare Materialmenge zu einer vollständigen quantitativen Analyse nicht ausreicht, so erhöht dies in der Regel die Zahl der von der röntgeno-

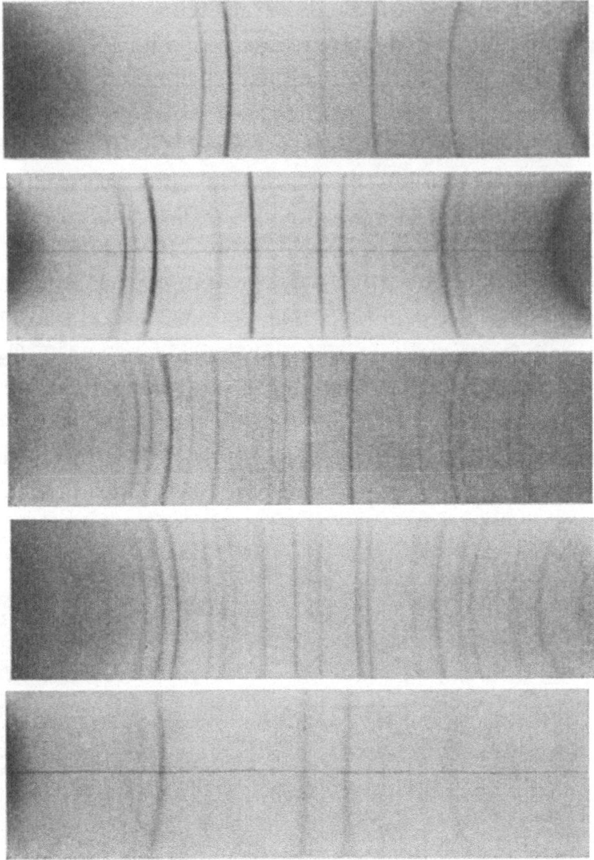

Abb. 31

Pulverdiagramme an den im System Fe—O auftretenden Kristallarten, von oben nach unten: Fe, FeO, Fe_3O_4, $\alpha-Fe_2O_3$, $\gamma-Fe_2O_3$.

graphischen Bestimmung ins Auge zu fassenden, möglichen Kristallarten bereits beträchtlich. Jetzt muß angegeben werden, welche der unter zwei oder mehreren Atomarten möglichen Kristallarten (Verbindungen und deren Modifikationen) vorliegt, zum Beispiel, welche der Eisen-Sauerstoff-Verbindungen FeO, Fe_3O_4 oder Fe_2O_3 (beim letztern zudem, ob als α- oder γ-Modifikation) anwesend ist, ob es sich um Cu_2O oder CuO handelt, welche Hydratstufe eines Salzes verwirklicht ist, usw.

c) Kann eine chemische Charakterisierung selbst in qualitativer Hinsicht nur teilweise erfolgen, wie dies häufig im Falle einer einzig auf spektroskopischem Wege möglichen Untersuchung zutrifft, so werden etwa nur die in dem fraglichen Material anwesenden metallischen Elemente, nicht aber die mit ihnen verbundenen Nichtmetalle bekannt sein; es lautet dann die Aussage des Chemikers z. B. lediglich «auf eine Verbindung des *Zr*». Dementsprechend ist die Vielfalt der von der röntgenographischen Bestimmung zu berücksichtigenden Kristallarten erneut größer geworden; es bleibt *ihr* jetzt überlassen zu eruieren, ob es sich um ein Oxyd, ein Karbid, Nitrid, Sulfid, usw. des bekannten metallischen Elements handelt, ja im Einzelfalle, um welches besondere Glied dieser Verbindungsgruppen und schließlich gar, um welche Modifikation einer gegebenenfalls polymorphen Verbindung.

d) Fehlen schließlich über die chemische Zusammensetzung jegliche Anhaltspunkte, sind darüber höchstens Vermutungen möglich — Verhältnisse, wie sie vor allem sich dann bieten, wenn die Bestimmung der fraglichen Kristallart ohne jeden zerstörenden Eingriff am betreffenden Objekt erfolgen soll – so wird die Anzahl der zu überprüfenden Möglichkeiten praktisch unabsehbar und setzt dann zu ihrer systematischen Behandlung im Grunde einen Überblick über die Röntgeninterferenzen aller praktisch bedeutsamen Kristallarten voraus.

Methodik der röntgenographischen Bestimmung von Kristallarten

3. Ebenso sehr wie in der spezifischen Fragestellung haben sich röntgenographische Bestimmungen von Kristallarten in der im Einzelfall zu befolgenden *Methodik* weitgehend den besondern Umständen anzupassen, so daß es unmöglich ist, dafür irgendwelche allgemein gültigen Rezepte anzugeben. Grundsätzlich wird jede solche Bestimmung auf dem Vergleich der Röntgeninterferenzen einer zunächst unbekannten Kristallart mit denjenigen bekannter, eindeutig definierter Kristallarten beruhen. Aus übereinstimmendem Interferenzverhalten wird dann auf Gleichheit der Kristallarten oder umgekehrt aus unterschiedlichen Interferenzeffekten auf verschiedene Kristallarten geschlossen. Wenn zwar zu solchem Zweck das Pulver-Verfahren in der weit überwiegenden Zahl der Fälle zur Anwendung kommt, so läßt sich hierzu selbstverständlich auch jede andere röntgenographische Methode heranziehen: im Falle genügend großer, nadelig entwickelter Kristalle kann sich ebenso sehr die Herstellung einer Drehkristall-Aufnahme mit der Nadelachse als Drehrichtung, eventuell ergänzt durch Goniometer-Aufnahmen einzelner ihrer Schichtlinien, empfehlen oder es führt bei blätterig-schuppig beschaffenen Kristallen von hinreichender Abmessung möglicherweise die Anfertigung einer Laue-Aufnahme senkrecht zur Blättchenebene besonders einfach zum Ziel. Rückstrahl-Aufnahmen, welche für eine zerstörungsfreie Bestimmung der Kristallarten zweckmäßig sind, werden dann vor allem Erfolg haben, falls es sich um Kristallarten mit relativ einfachen Strukturen handelt und diese auch unter hohen Beugungswinkeln genügend inten-

sive Interferenzen abgeben. Pulver-Diagramme haben allgemein den Vorteil einer besonders leichten Reproduzierbarkeit im Gegensatz zu allen Einkristall-Aufnahmen, wo verschiedene Kristallgröße und Kristallgestalt sich störend auswirken können. Aber selbst beim Vergleich von Pulver-Diagrammen darf in diesem Zusammenhang zweierlei nicht übersehen werden:
die stets bloß relative und nie absolute Gültigkeit des Identitätsnachweises: Diese Unsicherheit haftet ja ganz allgemein jeder Feststellung eines übereinstimmenden Verhaltens an, indem vorerst gleich Erscheinendes mit noch genaueren Methoden geprüft sich in Wirklichkeit doch als verschieden oder als nur angenähert gleich erweisen kann;
andererseits zeigt das Interferenzverhalten einer jeden Kristallart einen gewissen, in seiner Breite individuell bemessenen Spielraum, welcher seinerseits durch die jeder Kristallart an sich eigene Variationsbreite ihrer physikalischen und chemischen Merkmale bestimmt wird, erweitert durch die mit einer wechselnden Ausbildung, einer verschiedenen Größe, Güte und Gestalt der Kristalle verbundenen Variabilität ihres Interferenzensystems.

So wenig somit übereinstimmende Röntgendiagramme *absolute* Identität der Proben zu bedeuten brauchen, so sehr können umgekehrt unzweifelhaft ein und derselben Kristallart angehörende Proben in ihren Röntgeninterferenzen gewisse Unterschiede erkennen lassen. Nicht vollkommene Übereinstimmung der Röntgendiagramme wird erst zum bündigen Beweis für die Nichtidentität zweier Kristallarten, nachdem eine eingehende Prüfung ergeben hat, daß die feststellbaren Differenzen ihre Ursache nicht in verschiedener Kristallbeschaffenheit noch in verschiedener Lage der Proben im Feld der nämlichen Kristallart haben können.

Noch erheblicher unter dem Einfluß des Kristallzustandes stehen *Elektronenbeugungsdiagramme,* welche sich daher allgemein weniger zur Bestimmung von Kristallarten eignen. Trotzdem empfiehlt sich unter *besondern* Verhältnissen die Heranziehung der Elektroneninterferenzen zum Zwecke der Kennzeichnung von Kristallarten, zufolge ihrer dann unbestreitbaren Überlegenheit gegenüber der röntgenographischen Untersuchung. Abgesehen vom bereits S. 45 erwähnten Fall feinstkristalliner Stoffe gewinnt der Elektronenbeugungsversuch vor allem an Bedeutung, wenn die fragliche Substanz in außergewöhnlich kleiner Menge vorliegt (siehe hierzu S. 39) oder aber eine so geringe Haltbarkeit aufweist, daß die zur Herstellung eines Röntgendiagramms erforderliche Belichtungszeit die Lebensdauer der fraglichen Kristallart bei weitem übersteigt, so daß zur Elektronenbeugungsaufnahme mit ihrer unverhältnismäßig kleinern Expositionsdauer gegriffen werden muß.

Was den *Diagramm-Vergleich* als solchen betrifft, so gilt im einzelnen: Wenn es sich um leicht zugängliche Kristallarten handelt oder solche, die wiederholt als Bestimmungsobjekt auftreten, sowie bei serienmäßig durchzuführenden Untersuchungen ist der *unmittelbare Diagramm-Vergleich* das Gegebene: Unter den gleichen Versuchsbedingungen angefertigte Pulver-Aufnahmen, also in der gleichen Aufnahmekammer mit derselben Strahlung unter Einhaltung derselben Belichtungszeit, der nämlichen Röhrenspannung und Stromstärke hergestellte Diagramme kommen miteinander zum direkten Vergleich hinsichtlich Lage und Intensität ihrer Interferenzlinien.

Wo hingegen Mangel an Vergleichsmaterial solches Vorgehen nicht gestattet, muß auf in der Literatur vorhandene Angaben über die Interferenzen der in Frage kommenden Kristallarten abgestellt werden. Auch hierbei ist nach wie vor der Vergleich von Interferenzdaten, welche mit der gleichen K-Strahlung gewonnen wurden, anzustreben, und zwar besonders im Hinblick auf die vergleichende Betrachtung der Intensitäten der Interferenzen. Eigentliche *Sammlungen von Interferenzdaten,* wie sie in bisher nicht überbotener Vollständigkeit (1000 Substanzen umfassend) von J. D. HANAWALT und Mitarbeitern veröffentlicht wurden, von M. MEHMEL unter besonderer Berücksichtigung mineralogisch wichtiger Kristallarten im Erscheinen begriffen sind und neuerdings von R. BRILL vorbereitet werden, leisten hierbei ausgezeichnete Dienste in Ergänzung der in den Strukturberichten zur Zeitschrift für Kristallographie erhältlichen Angaben. Der zweckmäßige Gebrauch dieser Tabellen wird naturgemäß von der Mannigfaltigkeit an sich in Frage kommender Kristallarten abhängen. Bei zahlreichen Möglichkeiten wird man sich der besondern Schlüssel-Systeme bedienen, welche einzelnen dieser Tabellenwerke beigegeben sind, und damit von den Linien größter Intensität ausgehend, völlig unabhängig von irgendwelcher Kenntnis der chemischen Zusammensetzung die Bestimmung einer Kristallart vornehmen.

Ist zufolge fehlender Anhaltspunkte über die chemische Natur eines Materials eine wesentliche Einengung der zu überprüfenden Möglichkeiten ausgeschlossen, so kann die fragliche Kristallart, falls sie von hoher Symmetrie ist, oftmals durch *Indizierung ihrer Interferenzen* besonders leicht ausfindig gemacht werden. Die damit bestimmte Symmetrie der Kristallstruktur und ihre Gitterkonstanten gestatten nämlich in der Regel ohne weiteres die zugehörige Kristallart anzugeben. Solches Vorgehen verspricht vor allem bei kubischen Substanzen Erfolg, schließlich auch im Falle von hexagonalen, rhomboedrischen und tetragonalen, insofern deren Gitterkonstanten nicht übermäßig große Werte aufweisen. Bei kubischer Symmetrie einer Kristallart werden dabei die von I. E. KNAGGS, B. KARLIK und C. F. ELAM entworfenen Tabellen kubischer Kristallstrukturen mit Vorteil herangezogen, welche eine Aufzählung der kubischen Kristallarten geordnet nach ihren Gitterkonstanten, also der Kantenlänge ihrer Elementarwürfel enthalten. Die Erfahrung auf dem Gebiet röntgenographischer Bestimmung jener Kristallarten, welche ein chemisch-technisches Interesse beanspruchen können, zeigt zudem, daß unter ihnen hochsymmetrische Substanzen (besonders im anorganischen Sektor) recht häufig sind, so daß dieser besondere Weg einer Kennzeichnung von Kristallarten gerade für die Nutzanwendung der Methode auf Fragen der Chemie besondere praktische Bedeutung erhält.

In andern Fällen wiederum ist es ein *einzelner Netzebenenabstand,* welcher die Bestimmung einer Kristallart im Rahmen der ihr verwandten in sehr einfacher Weise gestattet. So etwa bei gewissen organischen Molekülverbindungen wie Kohlenwasserstoffen, Fettsäuren usw., wo mit zunehmender Größe des Moleküls *eine* Kante der Elementarzelle eine systematische

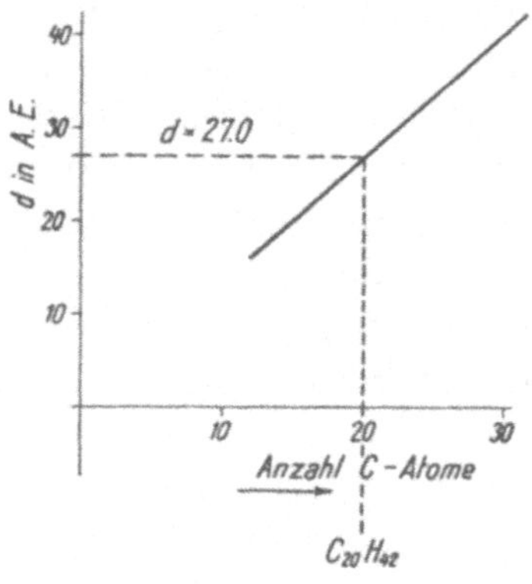

Abb. 32

Bestimmung der Zusammensetzung eines Kohlenwasserstoffes durch Messung des Netzebenenabstandes senkrecht zu den Molekülketten: der Wert $d = 27{,}0$ Å.E. ergibt die Zusammensetzung $C_{20}H_{42}$.

Vergrößerung erfährt, während ihre beiden andern Kanten praktisch unverändert bleiben. Eine Messung des Abstandes der Netzebene, welche die beiden letztern enthält, läßt ohne weiteres angeben, welches Glied der interessierenden Verbindungsreihe vorliegt, eine Frage, welche durch die chemische Analyse im Falle höherer Verbindungen nicht sicher zu beantworten ist (siehe Abb. 32). Für solche Untersuchungen empfiehlt es sich, nicht ein regelloses Kristallpulver, sondern ein *orientiertes* Präparat zu verwenden, bei Kohlenwasserstoffen z.B. dadurch zu gewinnen, daß die geschmolzene Verbindung auf einem Glasträger erstarrt, indem sich dabei die Einzelkristalle mit der fraglichen Netzebene parallel zur Glasfläche legen. Ähnliche Verhältnisse bestehen in der Gruppe der Silikate mit Schichtstrukturen, für welche der Abstand der Netzebenen parallel zu den Schichtpaketen ein besonders charakteristisches Merkmal darstellt und aus der Interferenz unter dem kleinsten Beugungswinkel leicht ermittelt werden kann.

Kennzeichnung von Kristallproben im Rahmen einer Kristallart, die Charakterisierung von Mischkristallen

4. Je nach der Variabilität, welcher die ermittelte Kristallart fähig ist, liegt in deren Kenntnis eine mehr oder weniger eindeutige Charakterisierung des von ihr aufgebauten Materials: Mag bei Kristallarten mit geringem Variationsfeld die Feststellung der Kristallart als solcher zur Kennzeichnung eines Stoffes ausreichen, so muß im Falle von Kristallarten mit einer beträchtlichen Variabilität ergänzend der *besondere Standort* der vorliegenden Probe *im Gesamtfeld der betreffenden Kristallart* erkundet werden. Diesem Zweck können verschiedene Methoden dienen: wiederum vor allem die chemische Analyse, die mikroskopisch-kristalloptische Charakteristik und schließlich gleichfalls röntgenographische Methoden, die letztern vor allem durch eine Präzisionsbestimmung der Gitterkonstanten, unter Umständen ergänzt durch eine subtile Überprüfung der Intensitäten der Interferenzlinien.

Die den Kristallarten eigene Variabilität, zunächst in chemischer Hinsicht, dann aber nicht weniger in bezug auf ihre sämtlichen physikalischen Eigenschaften ist die Folge einer in engern oder weitern Grenzen wechselnden, atomaren Konstitution der Kristallarten. Sie kommt vor allem in zwei Phänomenen zum Ausdruck:

a) einmal in der Erscheinung, daß sich in Kristallstrukturen ohne grundsätzliche Änderung ihres Bauplans Atome weitgehend vertreten können, so beispielsweise aus der reinen Verbindung AB durch Ersatz von A durch C und von B durch D einen *Substitutionsmischkristall* vom allgemeinen Typus $(A,C)(B,D)$ erzeugend. Dabei legen die *Bindungsabstände unter den Atomen* und ihre *gegenseitigen Koordinationszahlen* und nicht die Wertigkeiten der Atome Möglichkeit und Umfang solcher Atomsubstitutionen fest; denn es bestimmen in erster Linie die Nachbarschaftsverhältnisse um die Atome deren Rolle als Gitterbausteine, im besondern ihre Ebenbürtigkeit als Gitterbestandteile durch ihre Zugehörigkeit zu einer Gruppe unter sich *diadocher* Atome (Abb. 33b).

b) Sodann in dem Umstand, daß in Kristallstrukturen Einlagerung zusätzlicher Atome, und zwar gittereigener oder gitterfremder, unter Bildung sog. *Einlagerungsmischkristalle* (Abb. 33d) oder aber umgekehrt eine nur teilweise Besetzung der Plätze einzelner Gitter, ein Auftreten von *Leerstellen* in Kristallstrukturen möglich ist (Abb. 33c).

Atomsubstitutionen, zusätzliche Atomeinlagerungen und Leerstellenbildung können veranlassen, daß die chemische Zusammensetzung einer Kristallart sich mehr oder weniger ausgesprochen von straffen stöchiometrischen Verhältnissen entfernt, womit das Gesetz der multiplen Proportionen zum mindesten seine strenge Gültigkeit einbüßt. Vielen Kristallarten lassen sich keine einfachen, festen chemischen Formeln zuschreiben; sie sind vielmehr durch größere oder kleinere *Homogenitätsbereiche*, in ihrer Breite stets ein typisches Merkmal der zugehörigen Kristallstrukturen, zu charakterisieren. Innerhalb des Variationsbereiches einer Kristallart erscheinen die einfachen chemischen Verbindungen als Spezialfälle, bei denen weniger Atomsorten als beim allgemeinen Typus der Kristallart vorhanden sind oder die Atomarten unter sich in speziell einfachen Zahlenverhältnissen stehen.

Einzig unter diesen Gesichtspunkten lassen sich chemisch-analytische Daten und auch röntgenographische Befunde zur nähern Kennzeichnung spe-

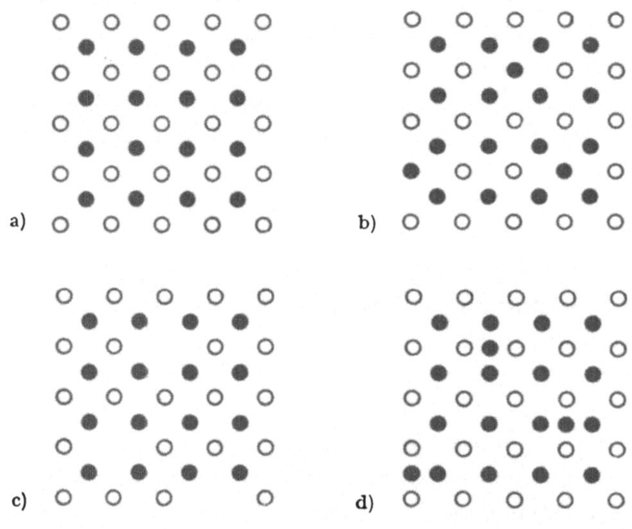

Abb. 33

(a) reine Phase AB (A leere, B volle Kreise); (b) B-reichere Phase in Form des Substitutionsmischkristalls (einzelne A sind durch B ersetzt); (c) B-reichere Phase in Form des Subtraktionsmischkristalls (das Gitter der A weist Leerstellen auf); (d) B-reichere Phase in Form des Additionsmischkristalls (Einlagerungsmischkristalls) (einzelne B sind zusätzlich eingelagert).

zieller Vertreter einer Kristallart auswerten, ist das Besondere einer gegebenen Kristallprobe im Rahmen der Gesamtmannigfaltigkeit der Kristallart zu fixieren:

So dürfen etwa bei der Berechnung chemischer Analysen komplexer gebauter Kristallarten nicht die Elemente gleicher Wertigkeit miteinander vereinigt und die Gruppen von Elementen gleicher Wertigkeit einander gegenüber gestellt werden. Es hat eine Zusammenfassung der Atome nach ihrer Zugehörigkeit zu den verschiedenen Gruppen diadocher Atome zu erfolgen, wie sie ja auch für die den Kristallarten zugeschriebenen *chemischen Summenformeln* maßgebend ist. Im Falle eines Silikats mit den Kationen *Si, Ti, Al, Fe, Mg, Ca, Na* gehören so nicht das vierwertige *Si* und *Ti,* das dreiwertige *Al* und *Fe,* das zweiwertige *Mg* und *Ca* zusammen, sondern es sind als unter sich diadoch zu vereinigen *Ti, Mg* und *Fe,* sodann *Ca* und *Na,* während *Al* eine Doppelrolle, teils zu *Si,* teils zur Gruppe *Ti, Mg, Fe* gehörend, spielen kann (siehe auch S. 263).

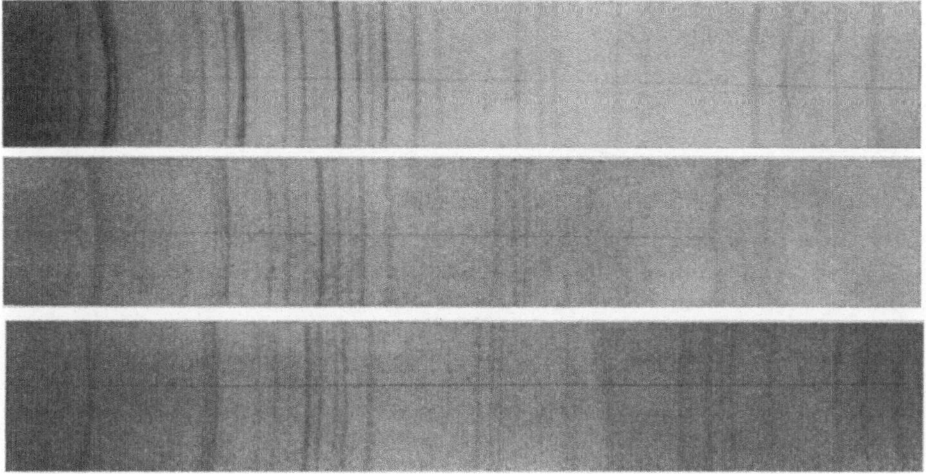

Abb. 34

Röntgendiagramme an Mischkristallen: oben $SrCO_3$, in der Mitte $(Sr, Ba)CO_3$ (mit Sr:Ba = 1:1), unten $BaCO_3$. Die Linienverschiebung ist im besondern unter höheren Beugungswinkeln (rechts) zu erkennen.

Entsprechendes gilt auch für die Möglichkeit, Kristallproben in ihrem Verhältnis zu der entsprechenden Kristallart als Ganzem auf röntgenographischem Weg zu charakterisieren: Sie stützt sich vorab auf die Tatsache, daß der *chemischen Variation einer Kristallart,* gleichgütig ob sie auf Atomersatz, auf Atomeinlagerung oder -ausfall beruhe, eine *stetige Änderung der Gitterkonstanten,* sei es eine Aufweitung oder eine Kontraktion des Kristallgitters mit oder ohne Formänderung desselben (mit oder ohne Veränderung des Achsenverhältnisses), parallel läuft. Aus den an einer gegebenen Probe ermittelten Gitterkonstanten können dementsprechend umgekehrt Rückschlüsse auf deren Lage im Gesamtfeld der Kristallart gezogen werden. Voraussetzung zu einem solchen Vorgehen ist naturgemäß die Kenntnis des

Zusammenhangs zwischen Gitterparameter und chemischer Zusammensetzung, also etwa ihrer Abhängigkeit vom Ausmaß des Atomersatzes, vom Gehalt an zusätzlichen, eingelagerten Atomen oder von der Anzahl im Gitter vorhandener Leerstellen. Hierbei kann es allerdings Fälle geben, wo einem bestimmten Wert der Gitterkonstanten mehrere chemische Zusammensetzungen entsprechen, zur bekannten Gitterkonstante sich nicht völlig eindeutig die chemische Zusammensetzung angeben läßt (Abb. 36).

Das Ausmaß der relativen Änderung der Gitterkonstanten in Abhängigkeit von der Anzahl substituierter oder eingelagerter Atome bzw. von der

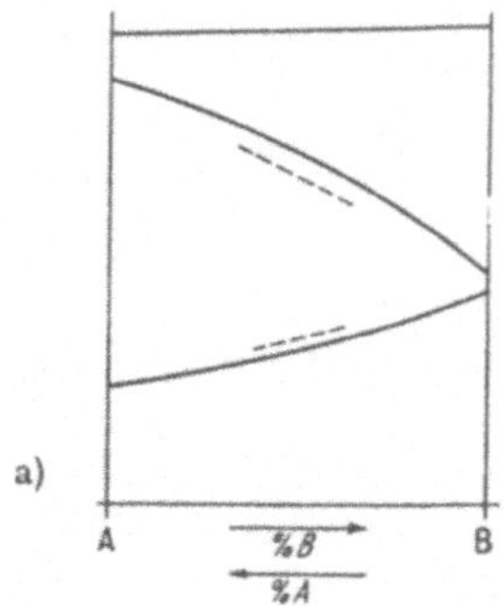

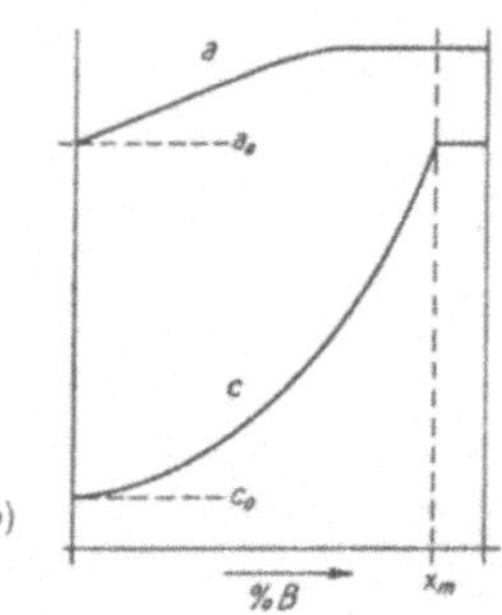

Abb. 35

Beispiele für den Verlauf der Gitterkonstanten in Abhängigkeit von der Zusammensetzung der Mischkristalle:

a) Gitterkonstanten von Mischkristallen kubischer Metalle mit mehr oder weniger großer Abweichung von einer linearen Abhängigkeit des Gitterparameters von der Zusammensetzung;
b) Verlauf der Gitterkonstanten a und c bei hexagonalen Mischkristallen, wobei a und c mit wachsendem Gehalt an B in verschiedener Weise zunehmen, die Konstante a überdies ihren maximalen Wert bei einer kleineren B-Konzentration erreicht als c (solche Verhältnisse bestehen beispielsweise bei den Mischkristallen $Ti—TiO_{0,42}$).

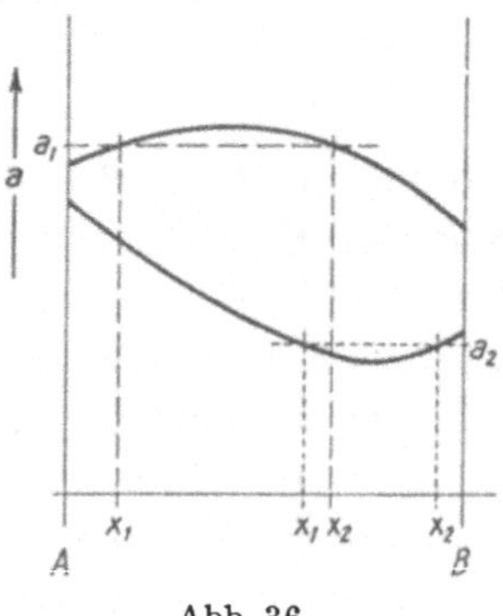

Abb. 36

Verlauf der Gitterkonstante in Abhängigkeit von der Zusammensetzung der Mischkristalle mit Maximum oder Minimum: dann können einem beobachteten Wert der Gitterkonstante (a_1 bzw. a_2) zwei Zusammensetzungen x_1 und x_2 entsprechen.

Anzahl der Leerstellen steht mit der Konstitution einer Kristallart in unmittelbarem Zusammenhang. Allgemein reagieren dicht gepackte Strukturen in ihren Gitterkonstanten weit empfindlicher als Strukturen von einer lockereren Bauart, denen in gewissen Grenzen ein Anpassungsvermögen ihres Bauplans innerhalb der in der Regel ohnehin größeren Gittermaschen selber eigen ist. Es kommen hierin die gleichen Eigentümlichkeiten der Kristallstrukturen zum Ausdruck, welche für die Möglichkeit der Mischkristallbildung an sich zum mindesten mitbestimmend sind. Sie üben überdies auf die Breite der Homogenitätsbereiche wesentlichen Einfluß aus, bei besonders komplexen Kristallarten gar dahin führend, daß Säure und Salze dem gleichen Strukturtypus angehören und außerdem einander isomorph sind.

In der Regel erreicht die Variation der Gitterkonstanten mit der Zusammensetzung der Mischkristalle lediglich eine solche Größe, daß eine Benützung der Gitterkonstanten zur Kennzeichnung von Mischkristallen *Präzisionsmessungen* derselben voraussetzt. Solche Bestimmungen sind übrigens nicht nur in diesem Zusammenhang, sondern überall da von Bedeutung, wo eine genaue Kenntnis der Gitterparameter verlangt wird. Im besondern sind sie nach dem Pulver-Verfahren leicht möglich, weil es hier mit einfachen Mitteln gelingt, die der Methode anhaftenden Fehlerquellen wie Kamerafehler, Filmschrumpfung, Einfluß der Divergenz des einfallenden Strahlenbündels, Präparatdicke, Exzentrizität des Präparats usw. völlig auszuschalten oder doch auf ein Mindestmaß herabzudrücken. Als hierzu vor allem gangbare Möglichkeiten haben sich erwiesen: die Zumischung von Eichstoffen mit bekannten Gitterkonstanten sowie hinreichend intensiven und passend liegenden Interferenzlinien (z. B. natürliches Steinsalz, sehr reine Metalle), sodann das Extrapolations-Verfahren, bei welchem der Gang der zunächst erhaltenen Gitterkonstantenwerte als Funktion des Beugungswinkels dargestellt und die sich ergebende Kurve für den Wert $\vartheta = 90^0$ extrapoliert wird und schließlich vor allem die sog. asymmetrische Methode nach STRAUMANIS (siehe S. 35), welche sich übrigens in genau gleicher Art auch beim Drehkristall-Verfahren anwenden läßt. Auf solche Weise lassen sich die Werte der Gitterkonstanten auf Zehntausendstel genau angeben. Beim Verfahren von STRAUMANIS sollen noch leicht genauere Bestimmungen möglich sein; es kann dort der mittlere Fehler bis auf $\pm$ 0,00001 Å. E. herabsinken, so daß die Festlegung der Aufnahme-Temperatur und deren Konstanthaltung zur Kennzeichnung der Messung notwendig werden. Weil die Lage der letzten Interferenzen von den speziellen Werten der Gitterkonstanten besonders empfindlich abhängt, bietet naturgemäß auch das Rückstrahl-Verfahren ohne besondere Maßnahmen als etwa das Aufstäuben eines Eichstoffes (zur Ausschaltung einer Messung des Abstandes Film $\rightarrow$ Probenoberfläche) die Möglichkeit einer sehr genauen Ermittlung der Gitterkonstantenwerte.

Da Präzisionsbestimmungen der Gitterkonstanten eine derart hohe Genauigkeit erreichen können, eignen sie sich noch für eine Reihe anderer Zwecke: So zur Messung innerer, elastischer Spannungen (siehe S. 111), dann aber auch zur Bestimmung von Ausdehnungskoeffizienten, indem die Größe der Gitterkonstanten bei verschiedener Temperatur bestimmt wird (in ihrer Genauigkeit weit mehr von der Exaktheit der Temperatur-Ablesung abhängig als von den Fehlern bei der Gitterkonstanten-Messung) und aus der individuellen Verschiebung der einzelnen Interferenzen eine allfällige Richtungsabhängigkeit der thermischen Ausdehnung sich unmittelbar erkennen läßt. *Ohne* daß *Einkristalle* vorliegen, kann somit unter Anwendung röntgenographischer Methoden *die Anisotropie einer physikalischen Eigenschaft* einwandfrei erschlossen werden.

Besteht über die *Natur von Mischkristallen* aus physikalisch-chemischen Untersuchungen keine oder keine hinreichend eindeutige Klarheit, so ist es notwendig, an ein und denselben Proben chemische Zusammensetzung, Dichte und Gitterkonstanten zu bestimmen. Gestützt auf deren Kenntnis läßt sich im allgemeinen mit Sicherheit entscheiden, welcher Art die fraglichen Mischkristalle sind, ob es sich dabei um Substitutionsmischkristalle, um Einlagerungsmischkristalle *(Additionsmischkristalle)* oder solche mit Leerstellen *(Subtraktionsmischkristalle)* handelt. Ausgehend von einer Kristallart mit der idealisierten Formel AB kann sich eine B-reichere Phase ergeben,

a) wenn ein Teil der A-Atome durch B-Atome ersetzt wird *(Substitution von A durch B)*, die Zahl der Atome pro Gittermasche dabei ihren normalen Wert beibehält (Abb. 33 b),

b) oder aber dadurch, daß das Gitter der A-Atome nicht vollständig besetzt ist, seinerseits also Leerstellen aufweist, womit das Verhältnis $A:B$ zu Gunsten von B verändert *(Subtraktionsmischkristalle auf Kosten von A)* und die Zahl der Atome pro Elementarzelle *unter* den normalen Wert erniedrigt wird (Abb. 33 c),

c) oder schließlich durch eine zusätzliche Einlagerung von B-Atomen in die Kristallstruktur, sei es an Zwischengitterplätze oder an zunächst nicht besetzte Stellen eines B-Gitters *(Additionsmischkristall zu Gunsten von B)*, so daß jetzt pro Elementarzelle *mehr* Atome als im Normalfall vorhanden sind. In den Fällen b) und c) wird, im Gegensatz zum Substitutionsmischkristall die Zahl der Atome A bzw. jene der Atome B, welche in einer Gittermasche enthalten sind, entgegen der allgemeinen Regel *keinen ganzzahligen* Wert annehmen (Abb. 33 d).

Der Entscheid zwischen diesen drei Möglichkeiten läßt sich wie folgt fällen: Es habe die fragliche Mischkristall-Probe die Zusammensetzung x At. % A und y At. % B, die Dichte d und Gitterkonstanten, aus denen sich das Volumen der Elementarzelle zu V berechnet. Unter der Annahme einer Substitution von A durch B wird die «Formel» der Mischkristalle $A_{\frac{2x}{100}} B_{\frac{2y}{100}}$; hieraus ergibt sich, wenn N die Zahl der Formeleinheiten AB pro Elementarzelle und G_A, G_B die absoluten Atomgewichte von A und B (d. h. die gewöhnlichen Atomgewichte von A und B multipliziert mit der Masse eines Wasserstoff-Atoms $= 1{,}65 \cdot 10^{-24}\,g$) bedeuten, die Dichte der Substitutionsmischkristalle zu

$$d_1 = \frac{N}{V}\left(\frac{2x}{100} \cdot G_A + \frac{2y}{100} \cdot G_B\right),$$

während im Falle von Subtraktionsmischkristallen mit Leerstellen im A-Gitter, aber vollständig besetztem B-Gitter die Formel der Mischkristalle $A_{\frac{x}{y}} B_1$ lautet und auf einen Dichtewert

$$d_2 = \frac{N}{V}\left(\frac{x}{y} \cdot G_A + G_B\right)$$

führt und endlich für Additionsmischkristalle mit eingelagertem B die Formel zu $A_1 B_{\frac{y}{x}}$ erhalten wird, woraus sich die Dichte zu

$$d_3 = \frac{N}{V}\left(G_A + \frac{y}{x} \cdot G_B\right)$$

berechnet. Der Vergleich der drei berechneten Dichtewerte d_1, d_2, d_3 mit der beobachteten Dichte d zeigt dann ohne weiteres, welche der drei Möglichkeiten an sich denkbarer Mischkristalle realisiert ist. Unter Umständen kann allerdings auch keiner der berechneten Dichtewerte mit der beobachteten Dichte innerhalb der Fehlergrenze übereinstimmen, die letztere z. B. noch tiefer als der für den Subtraktionsmischkristall berechnete Wert liegen. Eine solche Anomalie findet ihre Erklärung darin, daß nicht nur das A-Gitter im Betrage des Überschusses an B Leerstellen aufweist, sondern überdies *beide* Gitter, dasjenige von A und jenes von B nur teilweise besetzt sind. Der Grad dieser nur partiellen Belegung der beiden Gitter läßt sich aus der zwischen dem für Subtraktionsmischkristalle berechneten und an ihnen tatsächlich beobachteten Wert leicht ermitteln, führt im übrigen jetzt dazu, daß *sowohl die Atome A als auch die Atome B* in der Elementarzelle *nicht* im Verhältnis einfacher *ganzer* Zahlen enthalten sind.

Wie sehr der *Begriff vom chemisch variabeln Homogenitätsbereich an die Stelle starrer Idealformeln* treten muß, und zwar nicht nur auf dem Gebiete der Chemie der Legierungen, wo er seit längerer Zeit sich eingeführt hat, möge eine Aufzählung der im System Titan-Sauerstoff möglichen Kristallarten und der ihnen zukommenden Homogenitätsbereiche belegen: An Stelle der durch die Formeln Ti, TiO, Ti_2O_3, TiO_2 gekennzeichneten «Verbindungen» sind die folgenden Phasen zu setzen

$Ti_{0,00}$ bis $TiO_{0,42}$ (von der Metallphase ausgehende Einlagerungsmischkristalle),

$TiO_{0,6}$ bis $TiO_{1,25}$ δ-Phase mit Kochsalz-Struktur (bei $TiO_{0,6}$ sind alle Ti-Plätze, aber nur ein Teil der O-Stellen besetzt, bei $TiO_{1,25}$ dagegen praktisch alle O-Plätze, aber nur ein Teil der Punkte des Ti-Gitters),

$TiO_{1,46}$ bis $TiO_{1,56}$ γ-Phase mit Korund-Struktur,

$TiO_{1,70}$ bis $TiO_{1,80}$ β-Phase mit noch unbekannter Struktur,

$TiO_{1,90}$ bis $TiO_{2,00}$ α-Phase mit Rutilstruktur (durch Leerstellen im O-Gitter ergeben sich von der idealen Rutilstruktur ausgehend die «anreduzierten» Rutilkristalle). Daneben als α'- und α''-Phasen TiO_2 als Anatas und Brookit mit noch nicht näher bekanntem Homogenitätsbereich.

Allgemein erhält die Abgrenzung der Kristallarten durch die ihnen zukommenden Homogenitätsbereiche dann eine besondere Bedeutung, wenn die der Kristallverbindung zugrunde liegende Idealzusammensetzung außerhalb des Homogenitätsbereiches fällt, somit die durch eine übliche chemische Formel beschriebene Verbindung in einer der Formel entsprechenden Zusammensetzung gar nicht existiert.

Neben die bisher betrachtete Abhängigkeit der Gitterkonstanten einer Kristallart von ihrer chemischen Zusammensetzung tritt schließlich noch als sog. *Isotopeneffekt* eine Variation der Gitterkonstanten infolge der Anwesenheit der Isotopen ein und desselben chemischen Elements in verschiedener Menge. Bisher ist dies besonders deutlich im Falle eines Ersatzes von H^1 durch $H^2(D)$ nachgewiesen, wobei sich z. B. beim Übergang vom Lithiumhydrid LiH zum Lithiumdeuterid LiD eine Gitterkontraktion von 4,085 Å. E. auf 4,065 Å. E. (Kantenlänge der würfelförmigen Gittermasche) bemerkbar macht.

FÜR DIE RÖNTGENOGRAPHISCHE BESTIMMUNG VON KRISTALLARTEN UND DEREN NÄHERE KENNZEICHNUNG WESENTLICHE ARBEITEN UND EINIGE BEISPIELE SOLCHER UNTERSUCHUNGEN:

Bisher erschienene Sammlungen von Interferenzdaten:

J. D. Hanawalt, H. W. Rinn and L. K. Frevel, Chemical analysis by x-ray diffraction, Ind. Eng. Chem. (Analytical edition) *10* (1938) 457

M. Mehmel, Datensammlung zum Mineralbestimmen mit Röntgenstrahlen I, Fortschr. Mineralog. *23* (1939) 91

I. E. Knaggs, B. Karlik, C. F. Elam, Tables of cubic crystal structures, 1932.

Zur Präzisionsbestimmung von Gitterkonstanten:

G. MENZER, Präzisionsbestimmungen von Gitterkonstanten mittels der Pulvermethoden, Fortschr. Mineralog. *16* (1932) 162

K. MOELLER, Über Präzisionsbestimmungen von Gitterkonstanten nach der Methode von Debye-Scherrer, Z. Kristallogr. (A) *97* (1937) 170

M. STRAUMANIS und A. IEVINŜ, Die Präzisionsbestimmung von Gitterkonstanten nach der asymmetrischen Methode, 1940.

Zur Bestimmung von Ausdehnungskoeffizienten auf röntgenographischem Weg:

M. STRAUMANIS und A. IEVINŜ, Die Bestimmung von Ausdehnungskoeffizienten nach der Pulver- und Drehkristall-Methode, Z. anorg. allg. Chem. *238* (1938) 175

M. STRAUMANIS und J. SAUKA, Präzisionsbestimmung der Gitterkonstanten und Ausdehnungskoeffizienten rhombischer Kristalle am Beispiel des Bleichlorids, Z. physik. Chem. (B) *51* (1942) 219.

Zur röntgenographischen Kennzeichnung von Mischkristallen:

G. WAGNER, Die röntgenographische Untersuchung des Mischkristallsystems $BaSO_4 + KMnO_4$, Z. physik. Chem. (B) *2* (1929) 27

H. HARALDSEN, Über Eisen(II)-Sulfidmischkristalle, Z. anorg. allg. Chem. *246* (1941) 169
(Subtraktionsmischkristalle mit Leerstellen im Kationengitter)

E. ZINTL und U. CROATTO, Fluoritgitter mit leeren Anionenplätzen, Z. anorg. allg. Chem. *242* (1939) 79
(Subtraktionsmischkristalle mit Leerstellen im Anionengitter)

E. ZINTL und A. UDGÅRD, Über die Mischkristallbildung zwischen einigen salzartigen Fluoriden von verschiedenem Formeltypus, Z. anorg. allg. Chem. *240* (1939) 150
(Additionsmischkristalle mit Anionen in Zwischengitterplätzen)

H. HARALDSEN, Die Phasenverhältnisse im System Chrom-Schwefel, Z. anorg. allg. Chem. *234* (1937) 372
(Subtraktionsmischkristalle mit Leerstellen im Kationengitter, daneben bei gewissen Zusammensetzungen zusätzlich nur partielle Besetzung beider Gitter)

E. HOSCHEK und W. KLEMM, Vanadinselenide, Z. anorg. allg. Chem. *242* (1939) 49 (wie die vorangehende Untersuchung)

L. G. SILLÉN und B. AURIVILIUS, Oxide phases with a defect oxygen lattice, Z. Kristallogr. (A) *101* (1939) 483
(Beispiel für die Untersuchung von Mischkristallen mit konstantem Metallgitter und Lücken im Anionengitter)

P. EHRLICH, Phasenverhältnisse und magnetisches Verhalten im System Titan-Sauerstoff, Z. Elektrochem. *45* (1939) 362

P. EHRLICH, Lösungen von Sauerstoff in metallischem Titan, Z. anorg. allg. Chem. *247* (1941) 53
(Beispiel für die röntgenographische Abgrenzung von Homogenitätsbereichen aus dem Verlauf der Gitterkonstanten und für die Kennzeichnung der im einzelnen auftretenden Mischkristalle).

R. FRICKE und P. ACKERMANN, Zur Existenz des Bleisuboxyds Pb_2O, Z. physik. Chem. (A) *161* (1932) 227

G. GRUBE, O. KUBASCHEWSKI und K. ZWIAUER, Die Reduktion des Niobpentoxyds mit Wasserstoff, Z. Elektrochem. *45* (1939) 885

(Beispiele für den röntgenographischen Existenzbeweis von chemischen Verbindungen bzw. des röntgenographischen Beweises der Nichtexistenz aus andern Gründen angenommener, chemischer Verbindungen).

Zum röntgenographischen Nachweis eines Isotopeneffekts:

E. Zintl und A. Harder, Gitterdimensionen des Lithiumhydrids LiH und des Lithiumdeuterids LiD, Z. physik. Chem. (B) *28* (1935) 478

E. Sauer, Über die Gitterkonstante von Alaunen mit schwerem und leichtem Kristallwasser, Z. Kristallogr. (A) *97* (1937) 523

J. M. Robertson and A. R. Ubbelohde, Structure and thermal properties associated with some hydrogen bonds in crystals: I. The isotope effect, Proc. Royal Soc. (A) *170* (1939) 222.

An Beispielen für eine Kennzeichnung von Kristallarten an Hand von Elektronenbeugungsaufnahmen seien genannt:

F. Kirchner in den bereits S. 42 genannten, zusammenfassenden Berichten, und zwar speziell Erg. exakt. Naturwiss. *11* (1932) 96 (Untersuchungen an Kollodiumfilmen)

H. Mark und J.-J. Trillat, Über Elektronenbeugung an hochpolymeren Substanzen, Erg. techn. Röntgenkde *4* (1934) 69

G. P. Thomson, Diffraction of cathode rays. III, Proc. Royal Soc. (A) *125* (1929) 352 (speziell 357).

V. RÖNTGENOGRAPHISCHE GEMISCHANALYSEN UND DIE RÖNTGENOGRAPHISCHE ERKUNDUNG DES AUFBAUS GANZER SYSTEME

1. Mehrere der bisher für die röntgenographische Bestimmung von Kristallarten entwickelten Grundsätze erhalten ihr volles Gewicht erst oder doch vor allem, wenn entgegen der bisher stets gemachten Voraussetzung nicht homogene Systeme, sondern aus mehreren Kristallarten zusammengesetzte oder wenigstens aus verschiedenen Gliedern einer Kristallart aufgebaute, allgemein also *heterogene Systeme* auf ihre Konstitution zu prüfen sind. Dann erweist sich nämlich die röntgenographische Untersuchung nicht selten als *einzig* gangbarer Weg, um ein Material seinem Wesen nach mit hinreichender Eindeutigkeit zu kennzeichnen, nicht zuletzt weil die Aussagen einer chemischen Analyse hierzu nicht mehr ausreichen. So folgt aus dem Befund, es enthalte ein Stoff p % vom Element A und q % vom Element B, durchaus nichts Bündiges über den Aufbau dieses Stoffes. Es können, um nur einige Möglichkeiten aufzuzählen, ebenso gut ein Gemenge aus A und B, ein Mischkristall (A, B) oder eine oder mehrere intermediäre Verbindungen $A_m B_n$ vorliegen. Nach dem zuvor über die größern oder kleinern Homogenitätsbereiche der Kristallarten Ausgeführten sagt auch ein irrationales Verhältnis $p : q$ nichts *gegen* die Existenz einer Verbindung zwischen A und B aus, so wenig wie ein rationales Verhältnis $p : q$ hinreichender Beweis für eine Verbindung ist. Zahlreiche, immer wieder dahin gehende Fehlschlüsse belegen dies eindrücklich genug.

Für den Einsatz röntgenographischer Verfahren mit dem Zweck, zwischen den einzelnen, mit der chemischen Zusammensetzung p % A und q % B vereinbaren Möglichkeiten zu unterscheiden, ist vorab wesentlich, daß solche Entscheide in der Regel nicht nur mit der wünschbaren Eindeutigkeit, sondern zudem verhältnismäßig einfach zu fällen sind, mit einem auch für eine praktische Anwendung durchaus verträglichen Aufwand. In der Tat ist, um an das vorerwähnte Beispiel anzuknüpfen, ein Gemenge aus A und B an der Überlagerung des Interferenzensystems der Kristallart A mit demjenigen der Kristallart B zu erkennen, wogegen ein Mischkristall (A,B) seinerseits ein Röntgenogramm liefert, das mit demjenigen der Kristallart A oder jenem der Kristallart B (eventuell auch mit beiden) in enger Beziehung steht, diesem gegenüber jedoch eine größere oder kleinere Verschiebung der Interferenzlinien aufweist, während endlich eine intermediäre

Verbindung $A_m B_n$ ein System von Röntgeninterferenzen ergibt, welches sich von den Interferenzensystemen von reinem A und B grundsätzlich unterscheidet.

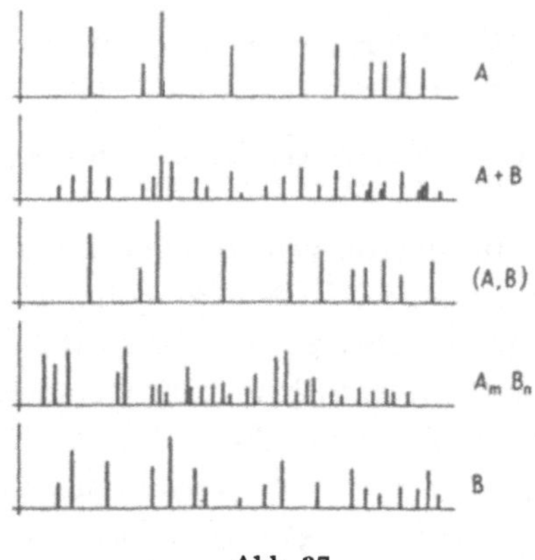

Abb. 37

Gemenge $A + B$, Mischkristall (A, B) und intermediäre Verbindung $A_m B_n$ im Röntgendiagramm.

Methodik der röntgenometrischen Gemischanalyse

2. Erzeugt so ein Gemenge mehrerer Kristallarten als Beugungseffekt ein Röntgendiagramm, das in Überlagerung die Interferenzensysteme aller am Aufbau dieses Gemisches beteiligten Kristallarten enthält, so besteht umgekehrt das Ziel einer *röntgenometrischen Gemischanalyse* in der Auflösung einer solchen Superposition mehrerer Liniensysteme, um gestützt darauf die verschiedenen Komponenten des Gemenges zu bestimmen. Voraussetzung dieser Röntgenanalyse ist naturgemäß die sichere Kenntnis der Interferenzensysteme aller Kristallarten, welche als Bestandteile des Gemisches möglicherweise in Frage kommen. Eine zunächst ausgeführte chemische Analyse läßt die *möglichen* Kristallarten wohl vollständig aufzählen, hingegen kann sie nichts Sicheres über die im interessierenden Material *tatsächlich* anwesenden Kristallarten aussagen. So erhebt sich gegenüber dem Fall homogener Stoffe bei heterogenen Systemen in verstärktem Maße die Notwendigkeit, den chemisch-analytischen Befund durch röntgenographische Prüfung zu ergänzen; denn hier ist mit der chemischen Analyse allein schlechterdings nicht mehr auszukommen, eine Ergänzung auf mikroskopisch-kristalloptischem Weg jedoch nur in beschränktem Umfang, nämlich einzig bei hinreichend groß entwickelten Einzelkristallen möglich.

Es entspricht der allgemeinen Erscheinungsform von Gemengen, daß für die Durchführung röntgenometrischer Gemischanalysen praktisch allein die Pulvermethode in Betracht fällt, abgesehen etwa vom seltenen Fall, da sehr dünne Überzüge, mono- oder polykristalliner Natur, auf Einkristallen zu untersuchen sind. Die den Gemischanalysen zugrunde liegende Diskussion von Röntgendiagrammen besteht demzufolge in ganz ähnlicher Auswertung und vergleichender Betrachtung von Pulveraufnahmen, wie sie zuvor bei der röntgenographischen Kennzeichnung homogener Systeme im Vordergrund gestanden hatten.

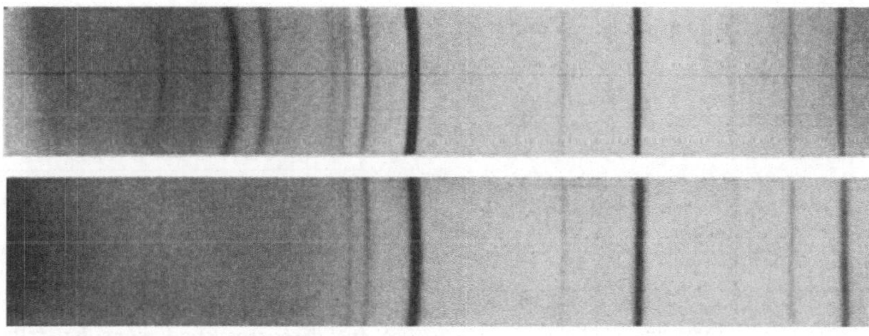

Abb. 38

Beispiel einer röntgenometrischen Gemischanalyse: oben das Röntgendiagramm einer keramischen Masse unbekannter Zusammensetzung, unten das Diagramm an MgO. Das Interferenzensystem des letztern ist im Diagramm des fraglichen Materials vollständig enthalten, MgO damit als eine Komponente desselben nachgewiesen.

Der Anteil, welcher einer bestimmten Kristallart A am Aufbau eines Gemisches aus den Kristallarten $A, B, C, D, \ldots$ zufällt, legt die Intensität fest, mit welcher das System der Röntgeninterferenzen der Kristallart *A als Ganzes* im Pulverdiagramm des Gemenges vertreten ist: So werden bei einem beträchtlichen Gehalt an A im Röntgenogramm des Gemisches *alle* der Kristallart A zukommenden Interferenzlinien wahrzunehmen sein (Abb. 39), bei kleinerem Anteil an A indessen bereits die Linien geringerer Intensität verschwinden, während die intensivsten Interferenzen nurmehr als Linien von mittlerer Intensität erscheinen. Bei weiter fallender Konzentration von A treten allein die stärksten A-Interferenzen, ihrerseits jetzt als schwache Linien, auf, bis endlich bei noch kleiner werdendem Gehalt an A nicht einmal mehr diese festzustellen sind. Im letztern Fall ist der Anteil der Kristallart A am fraglichen Gemisch unter die *röntgenometrische Nachweisbarkeitsgrenze* dieser Kristallart gesunken, sie kann in dem untersuchten Gemenge, wenn überhaupt, so lediglich noch in einem Gehalt unter ihrer röntgenometrischen Nachweisbarkeit enthalten sein. In Übereinstimmung damit kann die röntgenographische Gemischanalyse den Aufbau von Gemengen immer einzig hinsichtlich derjenigen Kristallarten charakterisieren, welche in Gehalten *über* ihren Nachweisbarkeitsgrenzen vorhanden sind.

Es muß also die Frage stets offen bleiben, ob daneben *noch weitere* Kristallarten auftreten.

Für den sinngemäßen Einsatz und für die sachgemäße Beurteilung der Ergebnisse röntgenographischer Gemischanalysen spielen folgende Gesichtspunkte eine besondere Rolle:

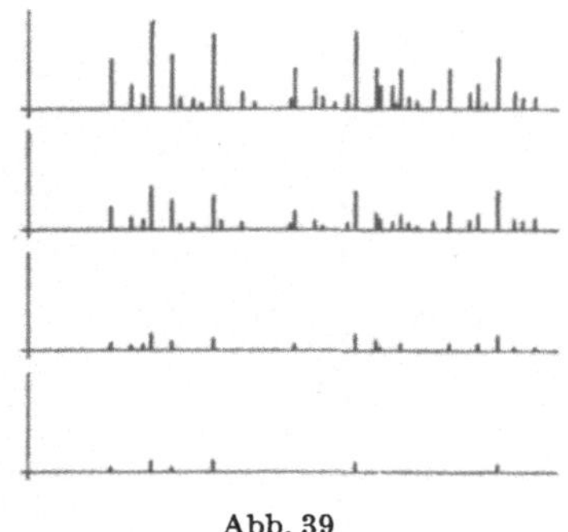

Abb. 39

Zurücktreten eines Interferenzensystems mit abnehmendem Gehalt der diese Interferenzen erzeugenden Kristallart.

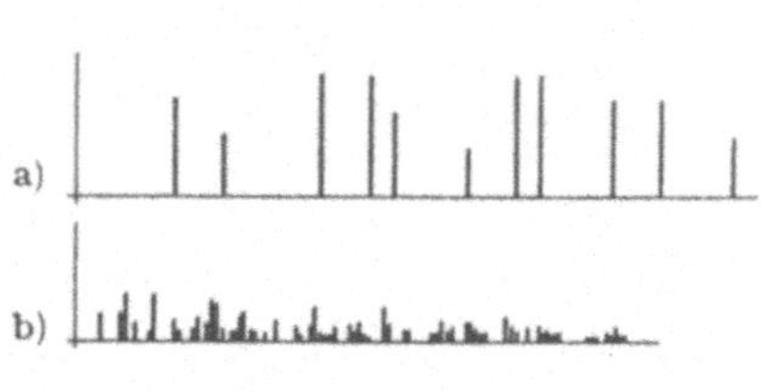

Abb. 40

a) Interferenzensystem einer Kristallart mit hohem Interferenzvermögen.
b) Interferenzensystem einer Kristallart mit niedrigem Interferenzvermögen.

a) Allgemein liegt die röntgenometrische Nachweisbarkeitsgrenze für eine Kristallart *bestenfalls im Bereich von einigen %,* mit andern Worten: in Gehalten unter 1% anwesende Kristallarten entziehen sich zumeist einem Nachweis auf röntgenographischem Weg. Durch diese verhältnismäßig wenig weit reichende Empfindlichkeit ist der Anwendung der Methode eine nicht zu übersehende Grenze gezogen. Sie eignet sich im besondern nicht ohne weiteres zum Nachweis von kleinen Beimengungen in Gemischen oder zur Feststellung von bloßen Verunreinigungen. Um auch in solchen Fällen das röntgenometrische Verfahren erfolgreich heranziehen zu können, ist eine vorangehende vollständige oder partielle Fraktionierung des Gemisches, sei es nach Korngrößen oder nach dem spezifischen Gewicht erforderlich, also eine vorbereitende Anreicherung von Beimengungen oder Verunreinigungen durch Schlämmen, Zentrifugieren, Herauslösen oder ähnliche Prozesse.

b) Zudem wechselt die röntgenometrische Nachweisbarkeit von Kristallart zu Kristallart, ist aber überdies auch an sich für ein und dieselbe Kristallart gewissen Schwankungen unterworfen. Schließlich hängt sie außerdem davon ab, gegenüber welchen andern Kristallarten als weiteren Komponenten eines Gemisches ein Nachweis der betreffenden Kristallart zu erfolgen hat. Alle diese Umstände verbieten, den Begriff der röntgenometrischen Nachweisbarkeitsgrenze zu starr oder gar zahlenmäßig zu fassen.

Zunächst wird für jede Kristallart die Empfindlichkeit ihres Nachweises in Röntgendiagrammen von Gemischen durch das der Kristallart eigene *Interferenzvermögen* bestimmt. Ein hohes Interferenzvermögen, allgemein gekennzeichnet durch eher wenige Interferenzen, darunter in hinreichender Zahl solche von überragender Intensität (Abb. 40), ist generell für hochsymmetrische Kristallarten mit schweren Atomen in dichter Packung typisch. Es läßt eine Kristallart dann auch bei kleinen, bis zu 1% reichenden Gehalten noch sicher feststellen. Niedriges Interferenzvermögen, verbunden mit Liniensystemen von im Ganzen gleichmäßigerer, allgemein aber geringerer Intensität, ihrerseits das Kennzeichen niedrig symmetrischer Kristallarten, setzt die röntgenometrische Nachweisbarkeitsgrenze erheblich herauf. Dazu tritt, daß die Ausbildung der Kristalle, ihre Größe und Güte (siehe S. 124), die Intensität der Interferenzen, speziell jener unter hohen Beugungswinkeln, beträchtlich schwächen und dann den röntgenometrischen Nachweis zum mindesten unter besondern Verhältnissen entsprechend erschweren kann. Dies ist besonders augenfällig, wenn dazu das Interferenzvermögen einer Kristallart bereits von Haus aus ungünstig liegt.

Schließlich kann die Nachweisbarkeitsgrenze für eine Kristallart *A* in einem Gemenge mit den Kristallarten *B, C* und *D* durch *Koinzidenzen* zwischen Interferenzlinien von *A* mit solchen der übrigen Kristallarten entscheidend beeinflußt werden: dann nämlich, wenn eben die stärksten *A*-In-

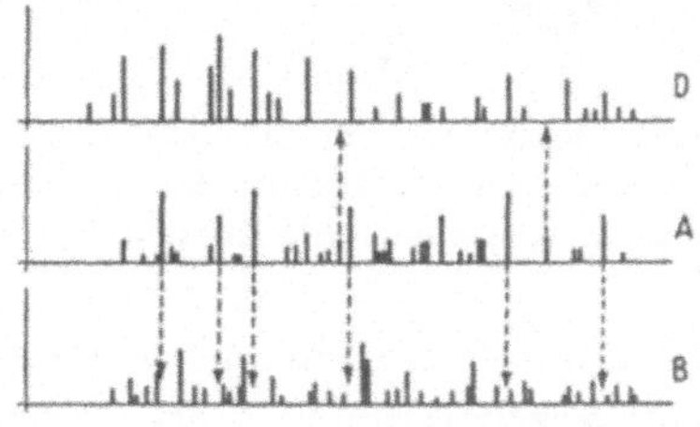

Abb. 41

Abhängigkeit der röntgenometrischen Nachweisbarkeit von Koinzidenzen unter den Interferenzen: beim Nachweis von *A* gegenüber *D* sind erst *A*-Linien mittlerer Intensität charakteristische *A*-Interferenzen, während beim Nachweis von *A* gegenüber *B* die intensivsten *A*-Linien die Rolle charakteristischer *A*-Interferenzen spielen. *A* läßt sich somit in Gemengen mit *B* wesentlich empfindlicher nachweisen als in Gemengen mit *D*.

terferenzen mit Linien von *B, C* und *D* zusammenfallen, daher erst Linien mittlerer Intensität von *A* als selbständige Interferenzen im Röntgenogramm des Gemisches erscheinen können. Je mehr derart die Rolle der für die Kristallart *A charakteristischen Interferenzen* nicht den intensivsten, sondern bloß schwächern *A*-Linien zufällt (Abb. 41), um so mehr erhöht sich die Nachweisbarkeitsgrenze von *A* in einem Gemenge mit *B, C* und *D,* nicht zufolge der Kristallart *A* selber, sondern als Eigentümlichkeit der Kombination der Kristallarten *A, B, C* und *D*. Diese, bei Gemischen aus einander verwandten Kristallarten nicht selten bestehenden Koinzidenzen der Interferenzlinien maximaler Intensität und das mit der Kristallbeschaffenheit wechselnde Interferenzvermögen verhindern, daß sich einer Kristallart als solcher eine bestimmte röntgenometrische Nachweisbarkeitsgrenze zuschreiben läßt. Erforderlich ist vielmehr, daß die Frage der Nachweisbarkeit einer Kristallart stets auf die Ausbildung der Kristalle Rücksicht nimmt und immer auf eine ganz *bestimmte Kombination* von Kristallarten bezogen wird. So kann beispielsweise ein Nachweis der Kristallart *A* gegenüber den Kristallarten *B* und *C* wesentlich günstiger liegen als gegenüber zwei andern Komponenten *D* und *E*.

Neben diesen allgemein bestehenden Umständen sind bei der Frage des röntgenometrischen Nachweises von Kristallarten als Gemischkomponenten

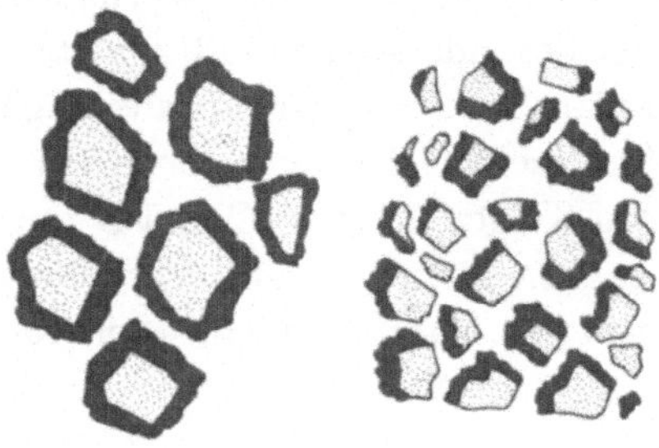

Abb. 42

Beispiel einer versteckten Phase (punktiert), infolge Umhüllung durch eine andere Kristallart (voll) im Röntgendiagramm keine Interferenzen liefernd. Solche ergeben sich erst nach hinreichendem Pulverisieren, das die umhüllte Kristallart freilegt (rechts).

überdies *besondere* Verhältnisse im Gemenge in Betracht zu ziehen, wie etwa spezielle Verwachsungserscheinungen, stark verschiedene Korngröße bei wesentlich differierendem Absorptionsvermögen für Röntgenstrahlen. So kann eine Umhüllung der Körner der einen Kristallart durch eine andere die Kernsubstanz der Teilchen weitgehend dem röntgenographischen Nachweis entziehen oder einen solchen doch mindestens sehr erschweren (Abb. 42). Eine in verhältnismäßig großen Kristallen vorliegende Komponente, welche die einfallende Röntgenstrahlung stark absorbiert, verhindert praktisch, daß eine zweite, feinkörnigere Kristallart vom Primärstrahl getroffen wird, so daß diese überhaupt nicht oder bloß sehr geschwächt zur Interferenz kommt. Wenn es auch oft gelingt, durch eine geeignete Behandlung des Gemisches (Herauslösen einer dominierenden Kristallart, Pulverisieren des Materials auf feineres Korn) für eine Gemischanalyse passende Verhältnisse zu schaffen, bleibt doch die *zunächst* bestehende Gefahr, solche *versteckte Phasen* auf Grund des Röntgendiagramms zu übersehen, nicht gering.

Endlich wird die Lage der röntgenometrischen Nachweisbarkeitsgrenzen fallweise durch die im einzelnen angewandte Versuchstechnik mitbestimmt: Weit getriebene Auflösung der Röntgendiagramme kann durch die Verwendung einer möglichst langwelligen Röntgen-K-Strahlung unter gleichzeitiger Benützung von Aufnahmekammern mit großem Durchmesser erreicht werden. Sie gestattet oftmals, das Koinzidieren von Interferenzen zu vermeiden und damit unter Umständen die Nachweisbarkeit einer Kristallart gegenüber andern erheblich zu verbessern. Ähnlich vermag in manchen Fällen eine durch spezielle Maßnahmen bewirkte Herabsetzung oder Unterdrückung der diffusen Streustrahlung (z. B. durch Füllen der Kamera mit Wasserstoff, wodurch im besondern die normalerweise um den Durchstoßpunkt des Primärstrahls, von der Streuung an der Luft herrührende Filmschwärzung verschwindet) die Empfindlichkeit des röntgenometrischen Nachweises zu erhöhen, speziell bei Kristallarten, deren charakteristische Interferenzen unter sehr kleinen Beugungswinkeln auftreten.

Mit Rücksicht auf diese mannigfachen Faktoren, welche die Lage der röntgenometrischen Nachweisbarkeitsgrenze von Fall zu Fall beeinflussen, wird nicht länger verwundern, daß diese in weiten Grenzen schwankt, wie dies die nachstehenden Beispiele belegen:

Nachweis von grauem Sn in weißem Sn möglich bis 10%,
Nachweis von Ni neben NiO möglich bis 2%,
Nachweis von $NaCl$ neben $CaCO_3$ und umgekehrt je bis 3%,
Nachweis von $CaCO_3$ als Calcit neben Hydroxylapatit bis 10%,
Nachweis von Montmorillonit in Tonen (Bentoniten) bei gewöhnlicher Versuchstechnik bis 10%, bei mit Wasserstoff gefüllter Kammer bis 2—3%,
Nachweis von MgO neben ZrO_2 bis 10%,
Nachweis von Sb neben Cu bis 1—2%,
Nachweis von $3CaO \cdot Al_2O_3$ neben $3CaO \cdot SiO_2$ bis 4%,
Nachweis als Komponenten von Zement-Klinkern: MgO bis 2,5%, CaO bis 2,5%, $3CaO \cdot Al_2O_3$ bis 6%, $3CaO \cdot SiO_2$ bis 8%, $4CaO \cdot Al_2O_3 \cdot Fe_2O_3$ bis 15%, β—$2CaO \cdot SiO_2$ bis 15%,
Nachweis von β—$2CaO \cdot SiO_2$ neben $3CaO \cdot SiO_2$ bis 30%.

c) Wenn bereits das verschiedene Interferenzvermögen der Kristallarten verbietet, an Hand der Intensität, mit welcher das Interferenzensystem einer Kristallart im Pulverdiagramm eines Gemisches auftritt, den mengenmäßigen Anteil dieser Kristallart am fraglichen Gemisch abzuschätzen, so stellen sich einem Ausbau der röntgenometrischen Gemischanalyse zu einer eigentlich *quantitativen* Methode noch eine ganze Reihe weiterer Schwierigkeiten entgegen: Zunächst die nicht einfache Abhängigkeit der Intensität der Röntgeninterferenzen von den zahlreichen, sie beherrschenden Faktoren, die einer experimentellen Bestimmung oder theoretischen Berechnung teilweise nur schwer zugänglich sind. Dazu kommt die Tatsache, daß im allgemeinen zwischen der Intensität der Interferenzen einer Gemischkomponente und deren Mengenanteil am fraglichen Gemisch *keine* Proportionalität besteht, die Intensität jeder Interferenzlinie einer Kristallart vielmehr durchaus individuell vom Gehalt an dieser Kristallart abhängt, bei einzelnen Linien wohl praktisch linear mit der Konzentration ansteigt, bei andern jedoch einen steileren, bei dritten dagegen einen schwächern Anstieg zeigt, als der Zunahme des mengenmäßigen Anteils entspricht. Zukünftig muß, was bisher häufig übersehen wurde, jeder quantitativen Bestimmung der Zusammensetzung von Gemischen, insoweit sie von der Beziehung zwischen Intensität der Röntgeninterferenzen und Konzentration der zugehörigen Komponente ausgeht, die experimentelle Abklärung des zwischen Konzentration und Intensität der Interferenzen bestehenden Zusammenhangs vorausgehen, wobei die diesbezüglichen Beziehungen an dazu eigens hergestellten Gemischproben bekannter Zusammensetzung abzuleiten sind. Selbst dann bleibt noch eine Frage offen: ob nämlich das Interferenzvermögen der für die Vergleichsmischungen verwendeten Kristallproben mit demjenigen der in den zu untersuchenden Gemischen anwesenden vollkommen übereinstimmt. Gleiches Interferenzvermögen wird beispielsweise nicht gewährleistet sein, wenn die fraglichen Gemenge einzelne Kristallarten in hochdisperser Form enthalten, Vergleichsmischungen mit Proben solch kleiner Kristallgröße sich jedoch nicht herstellen lassen. Bei der Untersuchung von Tonen, Sedimenten und Böden werden solche Verhältnisse nicht selten realisiert sein.

Es liegen bereits mehrere Versuche *quantitativer röntgenometrischer Gemischanalysen* vor. Sie entbehren jedoch teilweise einer hinreichend sichern Grundlage oder sind zufolge besonderer Voraussetzungen heute erst in beschränktem Maße einer praktischen Verwertung fähig (so etwa ein Verfahren, das die vollständige Kenntnis der Struktur der interessierenden Kristallarten benötigt). Neben den Hinweisen auf die diesbezüglichen Literaturstellen mag hier eine Darstellung der heute am ehesten allgemein anwendbaren Verfahren genügen:

Bei Gemischen aus zwei oder höchstens drei Komponenten wird das Röntgenogramm der Mischung unbekannter Zusammensetzung mit den Diagrammen von Standardmischungen bekannter Zusammensetzung verglichen. Dabei wird die Stellung des zu kennzeichnenden Gemenges zunächst zwischen die beiden ihm am nächsten kommenden Vergleichsmischungen eingegabelt, die nähere Zusammensetzung in der Folge durch die Herstellung weiterer Standardmischungen passender Zusammensetzung genauer ermittelt. Der mit einer Anfertigung von Vergleichsgemischen verbundene Aufwand beschränkt dieses Vorgehen auf Gemenge aus relativ wenigen Bestandteilen und empfiehlt das Verfahren vor allem im Fall von größern Versuchsreihen. Dabei darf auch hier nicht außer acht gelassen werden, daß Voraussetzung übereinstimmendes Interferenzvermögen der Kristallarten im fraglichen Gemisch und in den für die Vergleichsmischungen benützten Kristallproben, mindestens weitgehend ähnliche Größe und Güte der Kristalle der einzelnen Bestandteile in den zum Vergleich gelangenden Gemischen sind. Es kann auch an Hand von Vergleichsmischungen der Gang der Intensität der charakteristischen Interferenzlinien in Abhängigkeit vom mengenmäßigen Anteil der betreffenden Komponente experimentell festgestellt werden (Abb. 43). Hernach werden die Intensitäten, mit welchen ausgewählte (von Koinzidenzen sicher freie) Interferenzlinien einerseits in den Röntgenogrammen der zu prüfenden Gemenge und andererseits in den Diagrammen

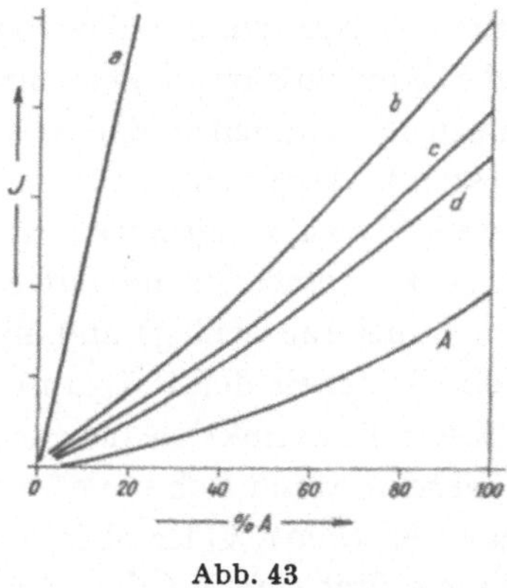

Abb. 43

Abhängigkeit der Intensität ausgewählter Interferenzen *a, b, c, d* einer Kristallart (Quarz) von ihrem mengenmäßigen Anteil an Gemischen. Dazu die Intensität der Interferenz *A* einer andern Kristallart (Muskovit) in Abhängigkeit von ihrer Konzentration (nach J. Ch. L. Favejee).

der reinen Komponenten erscheinen, miteinander verglichen. Dabei legt die Genauigkeit, mit welcher dieser Intensitätenvergleich durchführbar ist, im wesentlichen die Fehlergrenze fest, die einer derartigen quantitativen Gemischanalyse anhaftet (sie schwankt nach den vorliegenden Angaben mit der Höhe der fraglichen Anteile: bei solchen zwischen 20—40% liegt sie bei rund 10%, bei Anteilen in der Gegend von 10% dagegen etwa doppelt so hoch). Auch hier ist gleiches Interferenzvermögen zwischen den Kristallproben in den Vergleichsmischungen und im Untersuchungsobjekt notwendig. Ansonst ergeben sich Fehlschlüsse, die ihren Ausdruck dann etwa darin finden, daß die Summe der ermittelten Anteile verschiedener Komponenten nicht 100% ausmacht.

Die Verminderung des Interferenzvermögens infolge teilweise amorpher Beschaffenheit einer Phase ist dazu benutzt worden, um die *Menge an amorphem Material neben kristallinem Material* von derselben Zusammen-

setzung zu ermitteln. Zu diesem Zweck hat ein Vergleich der Intensität der Interferenzen, wie sie an dem zu untersuchenden, teils kristallinen, teils amorphen Präparat erhalten werden, mit den Linienintensitäten an einer vollkommen kristallisierten Probe derselben Kristallart zu erfolgen. Notwendig sind selbstverständlich auch hierzu Röntgendiagramme, die in bezug auf ihre Linienintensitäten miteinander streng vergleichbar sind. Diese letztere Bedingung kann erreicht werden:
a) durch peinliche Einhaltung vollkommen gleicher Versuchsbedingungen (1. gleiche Stäbchendicke, 2. gleiche Wandstärke der verwendeten Kapillare [Verwendung derselben Kapillare für die zu vergleichenden Aufnahmen], 3. durch gleiche Schüttdicke, 4. Herstellung in der gleichen Aufnahmekammer in gleicher Stellung vor derselben Röntgenröhre, 5. letztere betrieben mit gleicher [konstant gehaltener] Spannung und Stromstärke, 6. durch gleiche Belichtungszeit, 7. gleiche Filmemulsion, 8. gemeinsame Entwicklung der zu vergleichenden Aufnahmen im nämlichen Bad während derselben Zeit bei richtiger Entwicklungstechnik, dazu nicht zu starke Belichtung wählen, damit Belichtungsstärke und Schwärzungsstärke einander proportional laufen, 9. schließlich richtige Photometrierung mit einem der Schwärzungsstärke proportionalen Photometerausschlag) und überdies
b) bei hinreichender Feinkörnigkeit der Präparate, um die Gewähr zu haben, daß Primär- und Sekundärextinktion durchwegs ausgeschlossen sind (das darf angenommen werden, wenn sich ohne Drehung des Präparats homogen geschwärzte Linien ergeben). Oder aber der Linienvergleich in bezug auf deren Intensitäten stützt sich auf die Intensität der Interferenzen eines den zu vergleichenden Proben in gleicher, bekannter Menge beigemischten Eichstoffes. Es dienen dann die Intensitäten der Linien des Eichstoffes als Norm für die miteinander zu vergleichenden Intensitäten der Interferenzen der fraglichen Kristallart, so daß jetzt auf eine vollkommene Übereinstimmung der Aufnahmebedingungen nicht besonders zu achten ist. Da ein Absinken des Interferenzvermögens auch durch andere Umstände als die Anwesenheit eines größern oder kleinern Anteils an amorphem Material bewirkt werden kann, so etwa durch einen gestörten Gitterbau der Kristalle (siehe S.124), muß zunächst die Ursache des verminderten Interferenzvermögens abgeklärt werden. Darüber läßt sich durch eine Betrachtung des Intensitätsabfalls unter verschiedenen Beugungswinkeln ein Anhalt gewinnen, weil bei verschiedener Ursache einer Herabsetzung der Linienintensitäten eine verschiedene Abhängigkeit derselben vom Beugungswinkel gefunden wird (siehe hierzu im einzelnen S. 124).

Neben *vollkommen* amorphen Beimengungen sind unter bestimmten konstitutionellen Verhältnissen auch *Anteile mit einer partiellen Gitterordnung* denkbar: bei Faserstoffen z. B. in der Form, daß neben Kristallen mit ihrem vollkommen geordneten Kettenbündel nahezu molekular dimensionierte «Einzelketten» in gleicher Orientierung wie die Kristalle als sog. orientierte, ultrakristalline Faseranteile auftreten, bei Schichtstrukturen in analoger Weise, daß neben den zum Kristall geordneten, größern Schichtpaketen auch erst eine einzige oder nur wenige Schichten umfassende Pakete vorhanden sind. Unter Umständen kann gar ein und dasselbe Material aus *vollkommen amorphen, vollkommen kristallisierten Anteilen und überdies aus Bereichen einer erst partiellen Gitterordnung* nach einer oder zwei Dimensionen bestehen (also neben kristallisierten Anteilen noch parakristalline, und zwar orientierte und nicht orientierte enthalten). In Faserdiagrammen äußert sich ein solcher Aufbau darin, daß neben den Interferenzflecken des Faserdiagramms noch kontinuierliche Schwärzungslinien, die mit den Schichtlinien des Faserdiagramms zusammenfallen (sog. Schichtlinienspektrum eines eindimensionalen Gitters), auftreten (siehe hierzu im einzelnen S. 143), wobei außerdem eine mehr oder weniger intensive, diffuse Streustrahlung eine stärkere oder schwächere Allgemeinschwärzung des Films bewirkt.

3. Röntgenographische Gemischanalysen gelangen bereits heute und in Zukunft sicher in steigendem Maße zur Ausführung, teilweise als wertvolle Stütze andersartiger Untersuchungsergebnisse wie vor allem chemisch-analytischer und mikroskopisch-kristalloptischer Natur, dann aber auch, um solchen Befunden erst die volle oder doch eine möglichst große Eindeutigkeit zu geben. Im einzelnen kann es sich darum handeln, einzelne heterogene Systeme als solche zu kennzeichnen, eine Aufgabe, wie sie etwa beim Vergleich von Produkten verschiedener Herstellung oder verschiedener Provenienz bedeutsam wird. Oder aber es sind im Verlauf des Studiums von Reaktionen im oder am festen Zustand (siehe hierzu S. 153) Gemenge mehrerer Kristallarten zu kennzeichnen. Schließlich spielen sie eine wesentliche Rolle bei der physikalisch-chemischen Untersuchung ganzer Systeme. Anwendungsbereiche, in denen die Methode bisher eine besondere Vervollkommnung erfahren hat, sind vor allem: die Untersuchung von Legierungssystemen, die Kennzeichnung der Rohmaterialien der keramischen Industrie, die Charakterisierung von anorganischen Werkstoffen auf ihren Bestand an Kristallarten, wobei Isoliermaterialien, Hartstoffe, Bindemittel wie Zemente, dazu metallische Werkstoffe aller Art bisher als Untersuchungsobjekte im Vordergrund standen.

Röntgenographische Untersuchungen an ganzen Systemen

4. Aus allem, was im Vorangehenden über die Möglichkeit der röntgenographischen Bestimmung von Kristallarten, über die Kennzeichnung von Mischkristallen im speziellen und schließlich über die röntgenometrische

Gemischanalyse ausgeführt wurde, geht hervor, wie sehr röntgenographische Methoden heute unentbehrliches Hilfsmittel bei der physikalisch-chemischen Erkundung *des Aufbaus von Systemen* sind. Sie ergänzen alle andern, diesem Zweck dienenden Verfahren wie die thermische, mikroskopische und chemische Analyse stets wesentlich, ja nicht selten entscheidend. Dabei warten der röntgenographischen Untersuchung im besondern drei Aufgaben:
a) die sichere Unterscheidung bzw. Identifikation der auftretenden Phasen, besonders wenn sich, wie etwa in ternären Systemen, die einzelnen Kristallarten mittels ihrer Röntgeninterferenzen über alle Konzentrationsbereiche sicher verfolgen und bestimmen lassen (im Gegensatz zur mikroskopischen Analyse speziell von Legierungen, der zwar die Feststellung eines Auftretens neuer Phasen leicht gelingt, welche jedoch diese Phasen oft nicht hinreichend sicher den aus den binären Systemen bekannten Kristallarten zuordnen kann),
b) die genaue Festlegung der Grenzen der Existenzgebiete der verschiedenen Kristallarten in den Konzentrations-Temperatur-Diagrammen, und zwar speziell, wenn sich am Aufbau des Systems Mischkristalle beteiligen, und außerdem
c) die Verfolgung von Umwandlungen einzelner Kristallarten im festen Zustand wie etwa Modifikationswechsel, welche sich, durch viele Beispiele erwiesen, sehr oft einer Feststellung durch andere Untersuchungsmittel entziehen, vorab da, wo es sich um enantiotrope Umwandlungen, begleitet von geringen Wärmetönungen, handelt.

Einphasengebiete (also jene Bereiche im Temperatur-Konzentrations-Diagramm, in welchen im Gleichgewichtsfall nur eine einzige Kristallart auftritt) sind durch Röntgendiagramme gekennzeichnet, welche einzig das Interferenzensystem *einer* Kristallart (Röntgeninterferenzen eines einzigen Kristallgitters) enthalten. Die Lage der Linien bleibt unverändert, wenn die zugehörige Kristallart von konstanter Zusammensetzung ist; sie zeigt stetige Verschiebungen in Abhängigkeit von der Zusammensetzung bei Mischkristallbildung der betreffenden Kristallart.

Mehrphasengebiete, also diejenigen Bezirke im Temperatur-Konzentrations-Diagramm, wo im Gleichgewicht mehrere Kristallarten nebeneinander bestehen, liefern Röntgendiagramme, in denen der Zahl koexistierender Phasen entsprechend mehrere Interferenzensysteme einander überlagert erscheinen; das einzelne System mit fester oder veränderlicher Linienlage, je nachdem ob es von einer Kristallart mit konstanter Zusammensetzung oder aber von einer durch Mischkristalle vertretenen Phase herrührt. Parallel mit der thermischen Analyse wird die röntgenographische Untersuchung von den Einphasengebieten zu den zweiphasigen, von diesen zu den dreiphasigen Gebieten usw. bis zu den Bereichen mit maximaler Phasenzahl fortschreiten, dabei zunächst die unären, binären usw. Teilsysteme betrachten, um von ihnen aus an das von *n* Komponenten aufgebaute Gesamtsystem heranzutreten.

Bei jedem Übergang von einem System zum nächst höheren, also bereits, wenn von zwei unären Systemen *A* und *B* zum binären *A, B* übergegangen wird, beansprucht die Frage nach intermediären Verbindungen zwischen den neu zusammentretenden Komponenten, also die Möglichkeit des Auftretens ***neuer Kristallarten*** das besondere Interesse. Der röntgenographische Existenzbeweis neuer Kristallarten kann allgemein als erbracht gelten, wenn

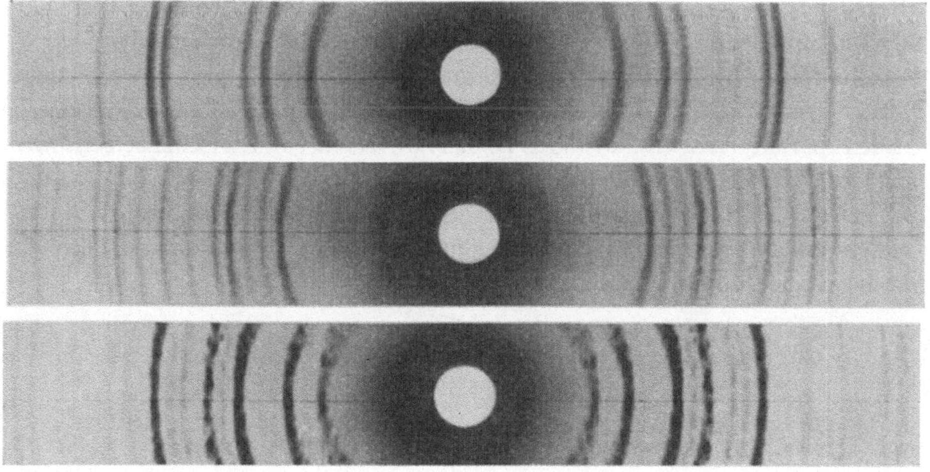

Abb. 44

Röntgenographischer Nachweis einer neuen Kristallart: oben Pulverdiagramm an $Ca(NO_3)_2$; unten Pulverdiagramm an $(NH_4)(NO_3)$ (II); in der Mitte ein neuartiges System von Röntgeninterferenzen, zusammen mit der chemischen Analyse den Nachweis für die Existenz einer intermediären Verbindung, des Doppelsalzes $Ca(NH_4)(NO_3)_3$ erbringend, im besondern noch dadurch gestützt, daß sich das neuartige Interferenzensystem eindeutig einem kubischen Gitter zuordnen läßt.

Röntgenogramme erhalten werden, deren Linienmannigfaltigkeit sich nicht darstellen läßt als Überlagerung von Interferenzensystemen aller an sich möglichen, einfacher zusammengesetzten Kristallarten oder der von diesen ausgehenden Mischkristalle. Im einfachsten Fall eines binären Systems trifft dies stets dann zu, wenn keine Superposition der *A*-Interferenzen mit den *B*-Interferenzen noch eine solche von Interferenzen an Mischkristallen (*A, B*) und (*B, A*) die beobachtete Linienabfolge erklären läßt. In komplexeren Systemen ist der *zwingende* Nachweis neuer Kristallarten nicht immer einfach zu leisten, besonders nicht, wenn eine fragliche neue Kristallart nicht rein, sondern nur als Bestandteil von Phasengemischen herstellbar ist. Auch entstehen Schwierigkeiten, wenn unter einzelnen Kristallarten einfacherer Zusammensetzung und der fraglichen neuen Kristallart enge strukturelle Beziehungen bestehen, also nur geringe Unterschiede zwischen ihren Interferenzensystemen auftreten. Solche Verhältnisse werden oft bei Doppelsalzen, ebenso bei manchen intermediären Verbindungen von Legierungssystemen vorliegen. Je enger eine solche Verwandtschaft ist, um so mehr erweist sich eine Untersuchung an sicher *reinen* Phasen als notwendig. Ja es kann unter Umständen nur der Weg über den *Einkristall* die Gewähr für einen hinreichend sichern Entscheid bieten. Es ist auch nicht zu übersehen, daß sich im Pulverdiagramm untergeordnete Differenzen zwischen Interferenzensystemen einem sichern Nachweis entziehen können (im besondern bei komplizierter gebauten Kristallstrukturen von niedriger Symmetrie), während das Einkristall-Diagramm auch sehr geringfügige Unterschiede im Interferenzverhalten offenbart und nicht selten unmittelbar ihrem Wesen nach charakterisieren läßt (so z. B. das Auftreten von Zwischenschichtlinien in Drehkristall-Aufnahmen, lediglich Reflexe geringer Intensität umfassend, welche sich im entsprechenden Pulverdiagramm nie nachweisen ließen, darüber hinaus aber den direkten Beweis für die Verdoppelung der Translationsperiode in der Drehrichtung abgeben).

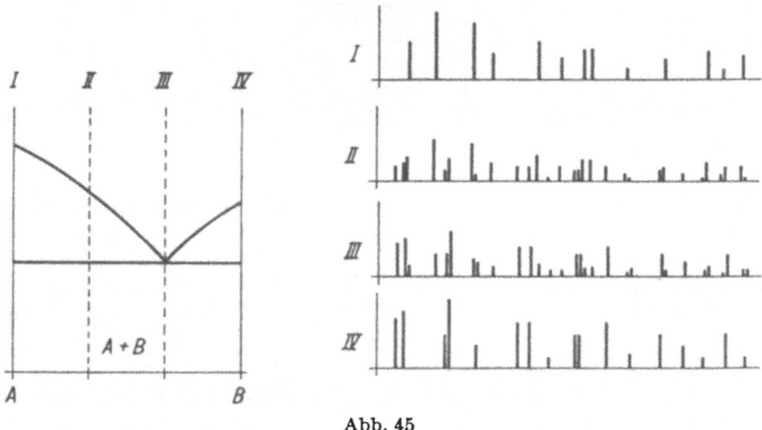

Abb. 45

Röntgendiagramme in einem System A, B ohne Löslichkeit und Verbindungsbildung unter den beiden Komponenten.

In den Abb. 45—48 sind an Hand einiger ausgewählter binärer Systeme die im einzelnen einer röntgenographischen Untersuchung sich bietenden Verhältnisse dargestellt: in Abb. 45 das Verhalten eines binären Systems bei vollkommener Unlöslichkeit der beiden Komponenten, in Abb. 46 das Gegenstück einer zufolge vollständiger Löslichkeit der beiden Bestandteile

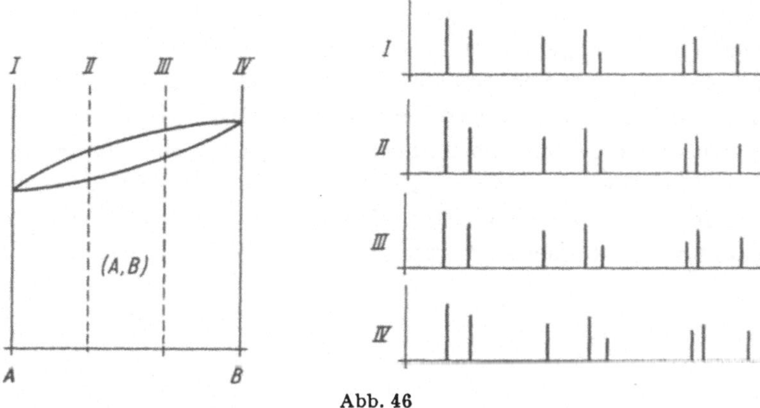

Abb. 46

Röntgendiagramme in einem System A, B bei vollkommener gegenseitiger Löslichkeit der beiden Komponenten (lückenlose Mischkristallbildung zwischen A und B).

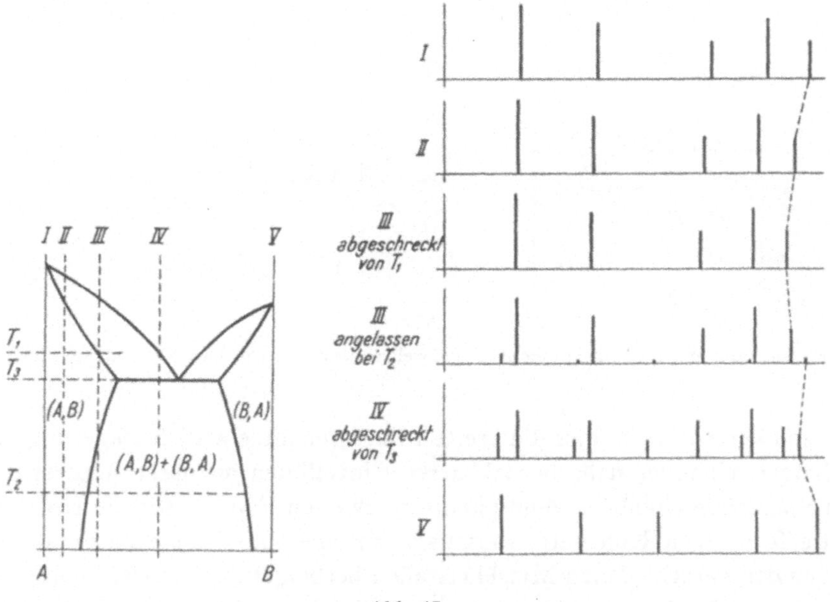

Abb. 47

Röntgendiagramme in einem System A, B bei begrenzter Löslichkeit der Komponenten ineinander (Mischungslücke zwischen A und B).

bestehenden lückenlosen Mischkristallreihe, in Abb. 47 der Fall einer teilweisen Löslichkeit der beiden Komponenten und schließlich in Abb. 48 die Verhältnisse, wie sie mit der Existenz einer intermediären Verbindung zwischen A und B verknüpft sind. Immer dann, wenn in einem System Mischkristalle auftreten, erhält die Röntgenaufnahme an solchen noch eine besondere Bedeutung: nämlich die sicherste Prüfung der betreffenden *Mischkristalle auf ihre Homogenität* zu sein, indem einzig im Fall *homogener* Mischkristalle, also solcher von einheitlicher Zusammensetzung *scharfe* Interferenzlinien sich ergeben, während *inhomogene* Mischkristalle, seien es unter sich gleich geartete, aber in sich inhomogene oder in sich homogene, jedoch unter sich verschieden zusammengesetzte Kristalle, zufolge der gleichzeitig zur Interferenz kommenden Gitterteile von verschiedener Zusammensetzung und damit verschiedenen Gitterkonstanten *verbreiterte, unscharfe* Interfe-

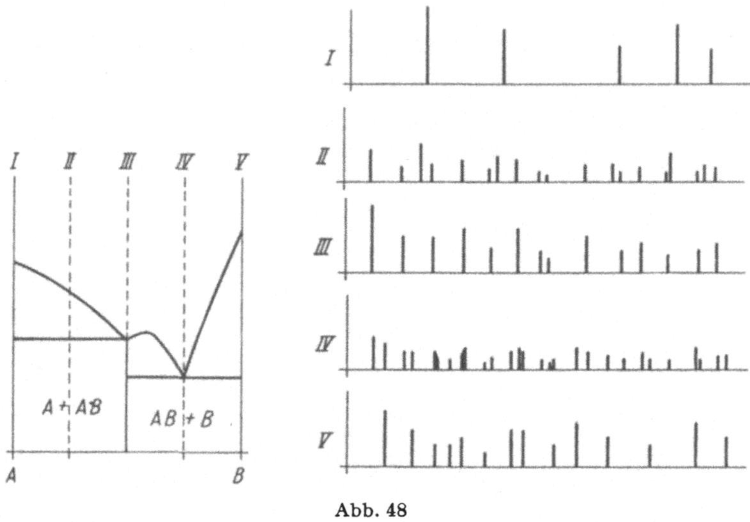

Abb. 48

Röntgendiagramme in einem System A, B, bei welchem eine intermediäre Verbindung AB auftritt.

renzen liefern (es ist hier die breite Interferenzlinie als Überlagerung vieler scharfer, einander nahe benachbarter Einzellinien anzusehen). Erst durch eine passende Glühbehandlung kann im zweiten Fall der für die Homogenität erforderliche Konzentrationsausgleich innerhalb des einzelnen oder zwischen den verschiedenen Mischkristallen herbeigeführt werden, und es sind die dann scharf gewordenen Interferenzlinien anschließend der Beweis für die tatsächlich erreichte Homogenisierung der fraglichen Mischkristalle. — Eine besondere Bedeutung erhält schließlich in Mehrphasengebieten die Möglichkeit, aus den Gitterkonstanten die Zusammensetzung von Mischkristallen zu eruieren, deshalb nämlich, weil auf diesem Wege auch die Zusammensetzung *mehrerlei,* nebeneinander auftretender Mischkristalle sich *einzeln* ermitteln läßt, jede einzelne Sorte von Mischkristallen dementsprechend eindeutig auf ihren besondern Aufbau hin charakterisiert werden kann (siehe Abb. 49).

Die *Abgrenzung der einzelnen Phasengebiete* kann auf röntgenographischem Wege zunächst mit dem Mittel der röntgenographischen Gemischanalyse versucht werden, ist aber zufolge deren geringer Empfindlichkeit nur in groben Zügen möglich. Neu erscheinende Kristallarten lassen sich auf diesem Wege ja erst erkennen, wenn deren Gehalt die röntgenometrische

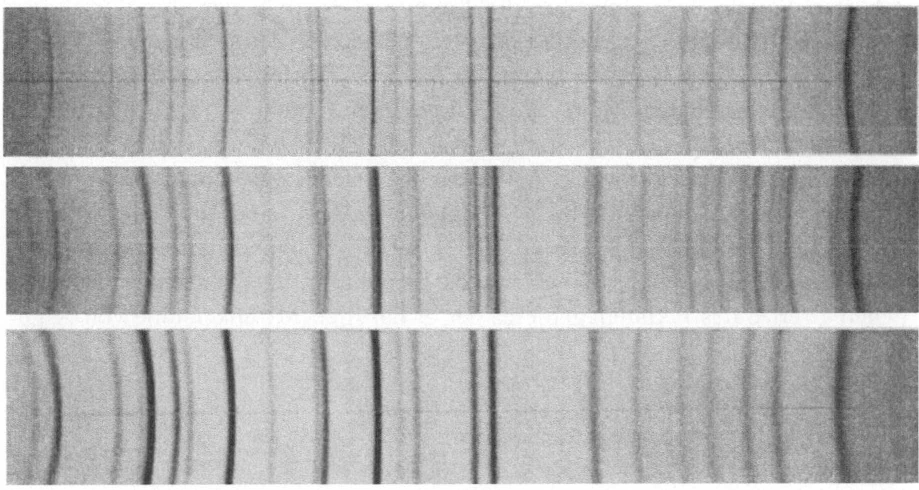

Abb. 49

Nachweis von Mischkristallen in einem Gemenge: in der Mitte Diagramm eines Gemisches aus α-Al_2O_3 und Mischkristallen $(Al, Fe)_2O_3$, darüber das Diagramm des reinen α-Al_2O_3, darunter jenes der fraglichen Mischkristalle $(Al, Fe)_2O_3$, deren Zusammensetzung sich aus der Lage der Interferenzlinien zu 80% Al_2O_3 und 20% Fe_2O_3 berechnet.

Nachweisbarkeitsgrenze überschreitet, indem erst dann ihre Röntgeninterferenzen in den Pulverdiagrammen als neue, zusätzliche Linien wahrzunehmen sind. Zur Festlegung von Grenzlinien in Temperatur-Konzentrations-Diagrammen wird ein solches Vorgehen daher in der Regel wegen seiner geringen Genauigkeit nicht ausreichen können.

Wesentliche Bedeutung fällt jedoch den röntgenographischen Methoden zu, falls es sich darum handelt, hinsichtlich der Temperatur die *Existenzfelder von Mischkristallen* gegenüber jenen andersartiger Mischkristalle oder solchen reiner Verbindungen abzugrenzen. Im einzelnen wird dabei wie folgt verfahren: Um die Lage der Grenze des Phasengebietes bei der Temperatur T_1 zu bestimmen, werden Kristallproben wechselnder Zusammensetzung (nach Abb. 50 etwa solche aus A mit steigendem Gehalt an B) bei der Temperatur T_1 geglüht, hernach abgeschreckt und an ihnen die Gitterkonstanten nach einem der früher (siehe S. 67) angegebenen Präzisions-

Verfahren gemessen. Dabei werden die Proben zufolge ihres wachsenden Gehalts an B bis zu einem bestimmten maximalen Gehalt x_1 sich stetig verändernde (gemäß Abb. 50 abnehmende) Werte ihrer Gitterkonstanten a zeigen, während bei über x_1 liegenden Gehalten an B die für die Konzentration x_1 geltende Gitterkonstante a_1 unverändert erhalten bleibt. Als Funktion der Zusammensetzung aufgetragen zeigt die Gitterkonstante somit bei x_1 einen scharfen Knick, der seinerseits die Lage von x_1, d. h. der für T_1 gültigen Grenzkonzentration genau zu ermitteln gestattet. Entsprechendes Vorgehen bei den weitern Temperaturen T_2, T_3, T_4, ... liefert die analog gearteten Kurven mit ihren bei x_2, x_3, x_4, ... liegenden Knickpunkten, als durch die sämtlichen Knickpunkte gelegten Kurvenzug die Abhängigkeit der Gitterkonstanten der Mischkristalle von deren chemischer Zusammensetzung (hier als Funktion ihres Gehaltes an B). Zugleich ist damit aber auch die zwischen den verschiedenen Temperaturen T_1, T_2, T_3, T_4, ... und den Grenzkonzentrationen x_1, x_2, x_3, x_4, ... bestehende Beziehung, also die Lage der fraglichen Grenze des Existenzgebietes der B-haltigen Mischkristalle von A gegenüber der B-reicheren Phase gefunden und kann als solche im Temperatur-Konzentrations-Diagramm mit hinreichender Genauigkeit eingetragen werden. Derartige Bestimmungen der Löslichkeit im festen Zustand haben sich vor allem bei der Untersuchung von Metall-Systemen mit ihrer sehr häufigen und im Einzelfall oft sehr ausgedehnten, nicht selten lückenlosen Mischkristallbildung eingebürgert. Ihre Genauigkeit hängt ab von der Größe der Variation, welche die Gitterkonstanten als Funktion der Zusammensetzung der Mischkristalle zeigen, ist bei weiter reichender Mischkristall-

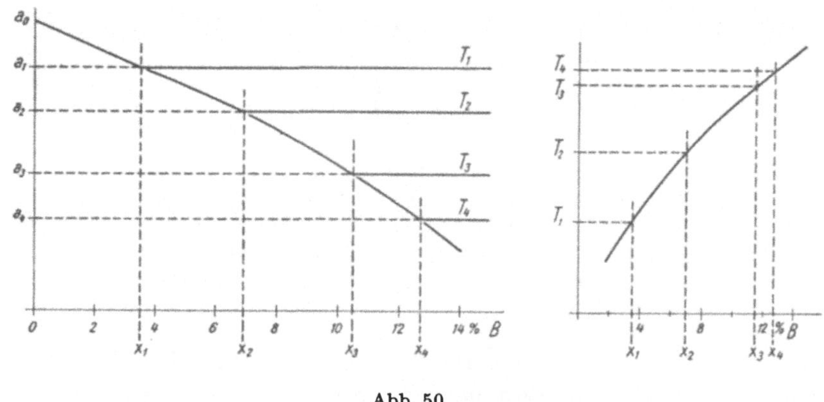

Abb. 50

Bestimmung der Löslichkeitsgrenze an Hand der Gitterkonstanten (links: Verlauf der Gitterkonstante a bei verschieden zusammengesetzten Proben verschiedener Anlaß-Temperaturen T_1 T_2, T_3, T_4; rechts: Verlauf der Löslichkeitsgrenze im T, X-Diagramm).

bildung, also größerer Löslichkeit entschieden größer als bei eng begrenzter Mischbarkeit. Nicht zu kleine Löslichkeit vorausgesetzt ist es auf diesem Wege möglich, Grenzlinien in Zustandsdiagrammen bis auf 0,1% genau festzulegen. Als mögliche Fehlerquellen sind im besondern im Auge zu behalten: nicht vollkommene Homogenität der Proben (bei Anwendung der Rückstrahl-Verfahren muß im speziellen die Probenoberfläche, an welcher die maßgebenden Interferenzen erzeugt werden, gleiche Zusammensetzung wie das Probeninnere besitzen), dazu die Möglichkeit, daß die Gitterkonstanten durch andere Einflüsse als eine verschiedene Zusammensetzung Änderungen erfahren können, so beispielsweise durch vom Abschrecken herrührende innere Spannungen (Eigenspannungen) in den Versuchsstücken.

Die Möglichkeit endlich, mittels röntgenographischer Untersuchungen die physikalisch-chemische Eigenart von Systemen auch hinsichtlich der in oder unter festen Phasen sich abspielenden Umwandlungen und Reaktionen zu erfassen, speziell unter Einbezug allfälliger instabiler Zwischenzustände, sei an dieser Stelle lediglich als solche vermerkt, im übrigen auf die eingehende Behandlung im Kapitel VII (siehe S. 153) verwiesen.

EINIGE FÜR DIE METHODIK DER RÖNTGENOMETRISCHEN GEMISCHANALYSE WESENTLICHE ARBEITEN:

M. E. Nahmias, Analyse cristalline quantitative au moyen des rayons X, Z. Kristallogr. (A) *83* (1932) 329

M. E. Nahmias, Analyse des matières cristallisées au moyen des rayons X, 1936

K. Schäfer, Quantitative Kristall-Röntgenanalyse, Z. Kristallogr. (A) *99* (1938) 142

J. Ch. L. Favejee, Zur Methodik der röntgenographischen Bodenforschung, Z. Kristallogr. (A) *100* (1939) 425

J. Ch. L. Favejee, Quantitative röntgenographische Bodenuntersuchung, Z. Kristallogr. (A) *101* (1939) 259

R. Fricke und E. Gwinner, Über die quantitative Erfassung von unregelmäßigen Gitterstörungen und Beimengungen von amorphem Material bei aktiven Stoffen, Z. physik. Chem. (A) *183* (1938) 165.

BEISPIELE RÖNTGENOMETRISCHER GEMISCHANALYSEN:

L. T. Brownmiller and R. H. Bogue, The x-ray method applied to a study of the constitution of portland cement, Amer. J. Sci. (5) *20* (1930) 241

E. G. Cox and T. H. Goodwin, The quantitative analysis of calcite-aragonite mixtures by x-rays, J. Soc. Chem. Ind. *52* (1933) 172

F. Ebert und E. Cohn, Das System ZrO_2-MgO, Z. anorg. allg. Chem. *213* (1933) 321

(weitere Beispiele enthalten die nachfolgend zitierten Untersuchungen an ganzen Systemen).

BEISPIELE FÜR DIE RÖNTGENOGRAPHISCHE UNTERSUCHUNG VON SYSTEMEN:

A. WESTGREN, G. HÄGG und S. ERIKSSON, Röntgenanalyse der Systeme Kupfer-Antimon und Silber-Antimon, Z. physik. Chem. (B) *4* (1929) 453

E. ÖHMAN, Röntgenographische Untersuchungen über das System Eisen-Mangan, Z. physik. Chem. (B) *8* (1930) 81

G. HÄGG, Röntgenuntersuchungen über die Nitride des Eisens, Z. physik. Chem. (B) *8* (1930) 455

A. J. BRADLEY and A. TAYLOR, An x-ray study of the iron-nickel-aluminium ternary equilibrum diagram, Proc. Royal Soc. London (A) *166* (1938) 353

A. J. BRADLEY and H. LIPSON, An x-ray investigation of slowly cooled copper-nickel-aluminium alloys, Proc. Royal Soc. London (A) *167* (1938) 421

K. LAGERQVIST, S. WALLMARK und A. WESTGREN, Röntgenuntersuchung der Systeme CaO-Al_2O_3 und SrO-Al_2O_3, Z. anorg. allg. Chem. *234* (1937) 1

W. BÜSSEM, C. SCHUSTERIUS und A. UNGEWISS, Über röntgenographische Untersuchungen an den Zweistoffsystemen TiO_2-MgO, ZrO_2-MgO und ZrO_2-TiO_2, Ber. Dtsch. keram. Ges. *18* (1937) 433.

VI. DIE RÖNTGENINTERFERENZEN ALS KENNZEICHEN DES KRISTALLZUSTANDES

1. Selbst wenn zwei Materialproben bei übereinstimmender chemischer Zusammensetzung aus denselben Kristallarten aufgebaut werden, sie also die nämlichen Bestandteile im gleichen Mengenverhältnis enthalten, folgt aus solcher Übereinstimmung noch nicht die *vollkommene* Gleichartigkeit der beiden Proben. Das physikalische und chemische Verhalten eines Stoffes wird nämlich überdies, bald mehr, bald weniger in die Augen springend, durch den *Zustand der Kristalle* und das *Gefüge* beeinflußt. Dazu gehören: *äußere Merkmale* wie die *Größe* und die *Gestalt* der Kristalle, ihre *Anordnung im Haufwerk,* besondere *morphologische Beziehungen* unter den Kristallen wie zwischen ihnen bestehende, gesetzmäßige Verwachsungen, Umhüllungen der einen Kristalle durch anders geartete usw.,
und nicht weniger *innere, mehr individuelle Eigentümlichkeiten* der Kristalle, beispielsweise der vom Idealbild mehr oder weniger stark abweichende *Realbau,* Art und Verteilung mannigfacher *Kristallbaufehler* in mikroskopischer bis atomarer Dimensionierung.
So können z. B. wesentlich verschiedene Kristallgrößen und die daraus folgende, verschieden große Ausdehnung von Kristalloberflächen im Haufwerk oder eine verschieden weitgehende Störung des regelmäßigen Gitterbaus in den Kristallen das chemische Reaktionsvermögen eines Stoffes wie manche seiner physikalischen Eigenschaften entscheidend verändern. Die Qualität der Proben läßt sich daher erst beurteilen, wenn nicht nur die Natur der anwesenden Kristallarten und ihre mengenmäßigen Anteile, sondern auch das Gefüge und der Zustand der verschiedenerlei Kristalle im einzelnen bekannt sind.

Naturgemäß sind röntgenographische Untersuchungen nicht der einzige Weg, um über den Zustand von Kristallen im oben umschriebenen Sinne Aufschluß zu erhalten. Immer können sie jedoch die Bedeutung einer wertvollen Ergänzung anderer Methoden beanspruchen, vor allem der gewöhnlich mikroskopischen, aber auch der ultra- und übermikroskopischen Verfahren. Was bei der mikroskopischen Betrachtung in Reflexion oder Durchsicht als einheitlicher Kristall erscheint, was im Rahmen der kolloidchemischen Trennungsverfahren und im Ultramikroskop die Rolle eines Teilchens spielt, kann sich nämlich, dem Rönteninterferenzversuch unterworfen, als ein durchaus uneinheitliches Gebilde polykristalliner Natur erweisen. Von ähnlicher Nützlichkeit sind röntgenographische Untersuchungen, wenn die Frage nach der besondern Anordnung der Kristalle in einem Haufwerk, nach dessen *texturellen* Eigentümlichkeiten gestellt wird, indem hierbei die Röntgen-Verfahren weit mehr als alle andern Methoden die Analyse am dreidimensionalen Präparat gestatten. Darüber hinaus erhalten röntgenographische Untersuchungen in zweifacher Richtung einzigartige Bedeutung, nämlich dann, wenn keine andern Verfahren, zum mindesten nicht gleich einfach und nicht gleich universell anwendbar, zum Ziele führen:

so einmal überall da, wo *Kristalle submikroskopischer (kolloider) Größe* eine Kennzeichnung ihres Zustands erfahren sollen, und

außerdem stets dann, wenn sich die Frage nach *dem Zustand in submikroskopisch kleinen Bezirken* von an sich beliebig großen Kristallen erhebt, also etwa nach der Vollkommenheit der Ordnung in den Kristallgittern oder deren Beeinträchtigung durch irgendwelche Gitterstörungen gefragt wird.

Wo immer in solcher Weise, mit andern Verfahren kombiniert oder für sich allein, röntgenographische Methoden zum Studium des Kristallzustandes herangezogen werden, ist nicht zu übersehen, daß bei jeder Anwendung des Pulver-Verfahrens stets nur Aussagen über *das mittlere Verhalten vieler Kristalle* (und zwar gemäß S. 25 nur der interferenzfähigen, also nicht aller Kristalle, aber auch nicht eines willkürlichen Teiles derselben) möglich sind. Es erfassen zudem alle Interferenzversuche, ob am polykristallinen Material oder am Einkristall vollzogen, nie molekulare *Einzel*ereignisse, sondern stets ein größeres Gittervolumen (an einem einzigen oder an vielen Kristallen), lassen demzufolge nur dessen *durchschnittlichen* Zustand beurteilen. Dazu kommt weiterhin, daß über eine gewisse Kristallgröße hinaus (ihrerseits bestimmt durch das der verwendeten Röntgenstrahlung eigene Eindringungsvermögen) gleichgültig, ob ein einziger oder viele Kristalle die Interferenzen erzeugen, sich am Interferenzeffekt nur *deren Außenzonen*, nicht aber das Kristallinnere beteiligen, die Interferenzeffekte dementsprechend nur den mittleren Zustand der erstern widerspiegeln. Verschiedene Wahl der zur Beugung gelangenden, monochromatischen Röntgenstrahlung hinsichtlich ihrer Wellenlänge (siehe zuvor S. 33) vermag wohl die Eindringungstiefe der einfallenden Strahlen zu erhöhen, ohne jedoch das dem Interferenzversuch zugängliche Gittervolumen um Größenordnungen zu verschieben; sie hat daher ihre Bedeutung mehr darin, eine Untersuchung des Kristallzustandes in verschieden tief greifenden Außenschichten zu ermöglichen. Bei Pulverpräparaten von einer hinreichend kleinen Kristallgröße ist diese Eigentümlichkeit von keiner besondern Bedeutung, sofern die vollkommene Homogenität des Präparates gewährleistet ist, fällt bei der Beurteilung aller nach den Rückstrahl-Methoden angefertigten Röntgenaufnahmen hingegen stark ins Gewicht: Die in Rückstrahl-Diagrammen faßbaren Beugungserscheinungen rühren ja stets von einer unverhältnismäßig dünnen, *oberflächlichen* Materialschicht her, können dementsprechend immer einzig den Zustand der darin enthaltenen Kristalle charakterisieren, sagen dagegen nichts aus über das Verhalten der Kristalle im Innern des fraglichen Objekts. Analog wie zuvor kann die Stärke der die Interferenzen liefernden Oberflächenschicht durch eine verschiedene Wahl der Wellenlänge des einfallenden Röntgenstrahls in gewissen Grenzen variiert werden, soll sich die Untersuchung auf verschieden tief greifende Oberflächenzonen erstrecken. — Die Aussagen beschränken sich auf die äußersten, gar nur nach einigen Atomschichten messenden Oberflächenzonen, sofern *Elektroneninterferenzen* beurteilt werden, so daß für diese gerade die Untersuchung der

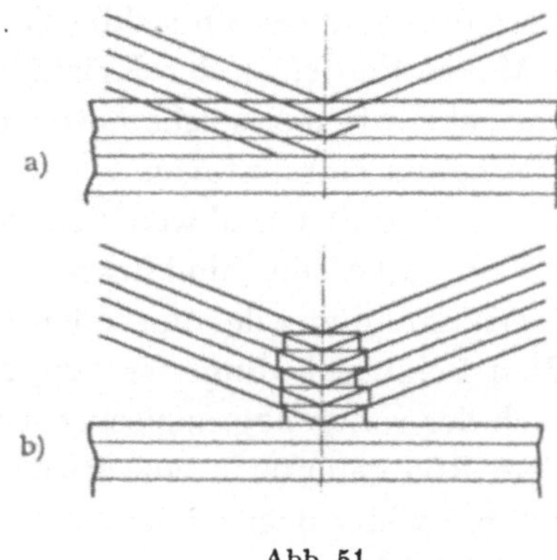

Abb. 51

Schema der Elektronenbeugung an einer submikroskopisch glatten Oberfläche (oben) und an einer submikroskopisch rauhen Oberfläche (unten).

Beschaffenheit der eigentlichen Kristalloberflächen zu einem der hauptsächlichen Anwendungsgebiete wird. Dieser Umstand kann in vielen Fällen die gleichzeitige Prüfung eines Materials mit Röntgen- *und* Elektronenstrahlen wünschbar machen. Im Falle von Elektronenbeugungsversuchen steht hierzu die Versuchsordnung mit streifend auf die Oberfläche einfallendem Primärstrahl im Vordergrund, wobei die Ergebnisse von der Oberflächenbeschaffenheit, im besondern von der submikroskopischen Rauhigkeit der Kristalloberflächen abhängig sind: ist eine Oberfläche durch zahlreiche, regellos orientierte, aus ihr herausragende Blöcke und Zacken von submikroskopischen Dimensionen gekennzeichnet (Abb. 51b), so erfolgt die Beugung der Elektronen an diesen, für sie durchlässigen Blöcken und Zacken, und zwar *ohne* nachweisbaren *Brechungseffekt*. Liegen hingegen, sei es an Einkristallen oder an polykristallinem Material, submikroskopisch glatte Oberflächen vor, so tritt ein *deutlicher Brechungseffekt* auf, der seinerseits beweist, daß eine wirkliche Spiegelung an der eigentlichen Kristalloberfläche stattfindet. Dann zeigen bei vielkristallinen Oberflächen die Elektroneninterferenzen nach kleinern Beugungswinkeln hin eine ausgesprochene Verbreiterung.

Alle den röntgenographischen Verfahren zur Kennzeichnung des Kristallzustandes grundsätzlich auferlegten Beschränkungen erhalten einen besondern Sinn, weil nämlich längst nicht alle Stoffeigenschaften, die physikalischen so wenig wie die chemischen, durch den mittlern (atomaren, mikroskopischen und makroskopischen) Kristallzustand hinreichend bestimmt werden. Für eine ganze Reihe von Eigenschaften, die sog. *störungsempfindlichen,* geben vielmehr nicht die im Mittel bestehenden Verhältnisse, sondern gerade *die Einzelbereiche anomaler Konstitution:* die einzelnen Lockerstellen, die lokalisierten Gitterstörungen, der Mosaikblock des Realkristalls als solcher, die Mikro- und Makro-Baufehler der Kristalle in ihrer Einzelerscheinung (unter ihnen oft alle, oft nur solche besonderer Art) den Ausschlag. Dann kann das Verhalten eines Stoffes in ausgesprochener Weise durch die vom Normalbau am stärksten abweichenden Bezirke, beispielsweise durch die Atome mit der lockersten Bindung an das Gitter, den Mosaikblock mit maximaler Verdrehung aus der normalen Gitterlage, den Einzelkristall mit dem größten Fehlbau bedingt werden, also eben durch alle jene Umstände, welche sich der röntgenographischen Untersuchung entziehen. Lassen sich diese dem Röntgeninterferenzversuch seiner Natur nach anhaftenden Grenzen auch nie völlig überwinden, so gelingt es geschickter Versuchstechnik dennoch, in mehr als einer Beziehung durch besondere Maßnahmen den Anwendungsbereich einzelner röntgenographischer Verfahren zur Charakterisierung des Kristallzustandes erheblich auszuweiten. So lassen sich durch die Entwicklung besonderer *Mikro-Methoden* Röntgeninterferenzen auch an mikroskopisch kleinen Kristallen in ausreichender Intensität erzeugen, und gelingt es dann, Mikro-Kristalle unter Anwendung von Einkristall-Methoden *individuell* zu untersuchen. Ein anderes Verfahren gestattet die Orientierung eines einzelnen Kristalls im polykristallinen Haufwerkverband zu bestimmen und irgend einem Röntgenreflex die vollständige Orientierung des erzeugenden Kristalls zuzuordnen. Handelt es sich um die Untersuchung von Mikro-Kristallen, so wird sich auch stets die Frage aufdrängen, ob nicht der Interferenzversuch mit Röntgenstrahlen durch einen solchen mit Kathodenstrahlen zu ersetzen ist. Genügend feine Ausblendung des primären Strahlenbündels erlaubt nämlich, mittels *Elektronen* noch an Kristallen mit linearen Dimensionen von 0,005 mm Einkristall-Interferenzen zu erzeugen (nach wie vor unter Anwendung sehr kurz bemessener Expositionszeiten). Da der Beugungseffekt mit Elektronenstrahlen sich auf dem Fluoreszenzschirm direkt beobachten läßt, kann überdies durch Verschieben des Präparats eine für die geplante Aufnahme passende Stelle, z. B. ein hinreichend großer Kristall unmittelbar an Hand des Interferenzbildes ausgesucht werden. Oftmals gelingt es so, an ein und demselben Präparat Einkristallaufnahmen wie Diagramme des vielkristallinen Materials anzufertigen.

Im Zusammenhang mit ihrer Anwendung auf Fragen der Chemie werden alle diese der röntgenographischen Untersuchung von Kristallzuständen anhaftenden Einschränkungen das besondere Augenmerk verdienen, wenn Materialproben von *verschiedenem* (physikalischen oder chemischen) Verhalten *übereinstimmende* Interferenzeffekte abgeben. Angesichts derartiger Befunde werden die verschiedenen Gründe, welche sie zur Ursache haben können, besonders zu überprüfen, dabei etwa die folgenden Möglichkeiten in Betracht zu ziehen sein:

a) Die verschiedenen Proben besitzen tatsächlich vollkommen gleichartigen Aufbau: Sie enthalten die gleichen Kristallarten, welche in den einzelnen Proben von der gleichen Zusammensetzung und zudem durchwegs mit gleichem mengenmäßigen Anteil vertreten sind. Es weisen jedoch die Kristalle einer oder mehrerer Kristallarten in den verschiedenen Proben einen zwar unterschiedlichen mittleren Zustand in einer oder mehreren Beziehungen auf, indessen Unterschiede nur von einem Ausmaß, die noch keine wahrnehmbaren Differenzen in den Röntgenogrammen zu veranlassen vermögen. Es hat dann das verschiedene Verhalten der Proben seinen Grund in Unterschieden des durchschnittlichen Kristallzustandes, welche ihrerseits jedoch unter der Grenze einer röntgenometrischen Nachweisbarkeit liegen.

b) Es können die Proben nicht nur wie zuvor hinsichtlich ihres Aufbaus, sondern außerdem in bezug auf den mittlern Zustand aller vorhandenen Kristallarten vollkommen übereinstimmen; das verschiedene Verhalten ist die Folge einer Minderheit anomaler Kristalle (eventuell nur einer einzigen Kristallart oder verschiedenen angehörend) oder einer nur untergeordneten Anzahl sich im Gitter anomal verhaltender Atome (möglicherweise spielen z. B. die an den Kristalloberflächen liegenden Atome eine Sonderrolle oder es haben die Atome im Gebiet der Lockerstellen auf das Gesamtverhalten des Kristalls und damit der ganzen Proben maßgebenden Einfluß).

c) Anderseits besteht natürlich auch die Möglichkeit, daß das verschiedene Verhalten der Proben seine Ursache in zusätzlichen Kristallarten hat, wobei diese in den einzelnen Proben zwar in verschiedener, aber durchwegs so untergeordneter Menge vorhanden sind, daß sie sich einem röntgenometrischen Nachweis entziehen (siehe zuvor S. 75). Auch können einzelnen Proben in verschiedenem Ausmaß amorphe Phasen beigemischt sein, dies möglicherweise in nicht geringem Umfang, indem solche in den Röntgendiagrammen oft nicht auffallen, und zwar besonders, wenn auch die entsprechenden kristallisierten Phasen anwesend sind (siehe S. 44). In beiden Fällen wäre unter solchen Umständen die Feststellung eines verschiedenen Verhaltens bei gleichem Röntgendiagramm auf einen nur scheinbar gleichen Aufbau der einzelnen Proben zurückzuführen (siehe hierzu auch S. 215).

Ganz entsprechende Überlegungen sind am Platze, wenn ein Material sich in einer oder mehreren Eigenschaften verändert hat, ohne daß dessen Röntgeninterferenzen irgendwelche Änderungen erkennen lassen. Dann kann die Veränderung des betreffenden Stoffes ihre Ursache in einer Wandlung des Kristallzustandes haben, welche erst einen Bruchteil der Kristalle einer oder mehrerer Arten erfaßt hat oder aber zwar bereits alle Kristallindividuen betrifft, indessen in einem noch so beschränkten Ausmaß, daß sich hieraus keine veränderten Interferenzerscheinungen ergeben. Schließlich besteht auch hier die Möglichkeit von neu auftretenden, kristallinen oder amorphen Phasen als Ursache der äußerlich wahrzunehmenden Veränderung des Materials oder einzelner seiner Eigenschaften, wobei indessen diese neuen Bestandteile die Grenze einer röntgenometrischen Nachweisbarkeit noch nicht erreicht haben.

2. Allgemein ist es *in den Pulverdiagrammen die besondere Beschaffenheit der Interferenzlinien, in Einkristallaufnahmen das besondere Aussehen der Interferenzflecken,* welche Rückschlüsse auf den Kristallzustand ermöglichen. So können etwa die Linien der Pulveraufnahmen statt einer gleichmäßigen Schwärzung eine Aufspaltung in zahlreiche Einzelinterferenzpunkte (Einzelreflexe) aufweisen, die Linien eine auffallende Verbreiterung oder Verwaschenheit besitzen oder wieder ihre Intensitäten, besonders im Falle der Interferenzen mit großen Beugungswinkeln, anomal geschwächt erscheinen bei einer gleichzeitigen Verstärkung der Untergrundschwärzung usw. Entsprechend können die Interferenzflecken auf Laue-, Drehkristall- oder Goniometer-Aufnahmen statt scharf begrenzter Schwärzungspunkte den Charakter von verwaschenen Reflexen oder Gruppen solcher annehmen; auch kann das Punktdiagramm von kontinuierlich verlaufenden Schwärzungskurven begleitet werden u. ä. m. Sollen solche Sekundärerscheinungen eine Auswertung erfahren, so muß naturgemäß vorerst restlose Klarheit über die Beschaffenheit von Röntgendiagrammen an «normalen» Kristallen bestehen, also der Einfluß aller, das Aussehen der Interferenzlinien und -punkte gleichfalls bestimmenden Faktoren wie Blendenform und -querschnitt, Größe und Gestalt des Brennflecks der Röntgenröhre, Zusammensetzung der verwendeten Röntgenstrahlung u. dgl. mehr hinreichend bekannt sein.

Zur Beschreibung der an Röntgenogrammen hinsichtlich der besondern Beschaffenheit der Interferenzlinien und -punkte wahrnehmbaren Erscheinungen empfiehlt es sich, Veränderungen oder Anomalien in *peripherer Richtung* von solchen in *radialer Richtung* zu unterscheiden: mit einer Verbreiterung von Interferenzpunkten in peripherer Richtung wird z. B. eine Vergrößerung derselben in Richtung der Kurven gleichen Beugungswinkels (also etwa in Richtung der zugehörenden homogenen Interferenzlinie) bezeichnet (Abb. 52), während radiale Veränderungen sich auf die dazu senkrechte Richtung beziehen: Eine radiale Verbreiterung der Interferenzlinien, ein Breiterwerden derselben quer zur Linie bedeutet gleichsam einen «breiteren» Beugungswinkel bzw. ein Intervall solcher Winkel. Außerdem muß bei der Betrachtung der besondern Beschaffenheit von Interferenzlinien und -punkten, gerade mit Rücksicht auf die Nutzbarmachung solcher Untersuchungen für angewandte Fragen, zwischen einer in der Regel mit einfachen Mitteln auskommenden, mehr qualitativen Analyse und der zumeist mit größerem Aufwand verbundenen exakteren, ganz oder halb quantitativen Auswertung unterschieden werden, wobei für den letztern Fall eine Photometrierung der Röntgendiagramme fast ausnahmslos notwendig wird.

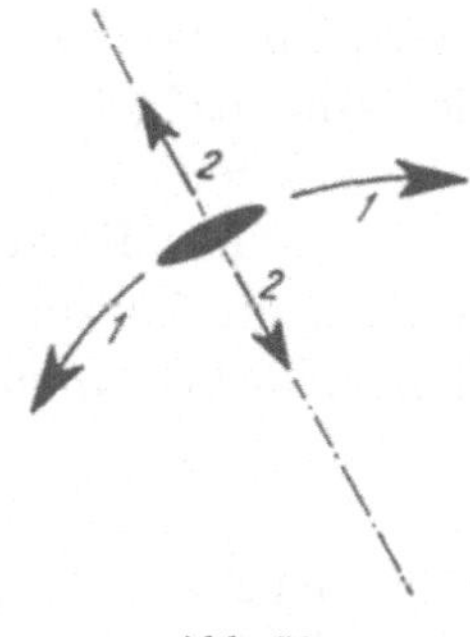

Abb. 52

Radiale und periphere Verbreiterung eines Interferenzpunktes: in Richtung 1⟷1 periphere, in Richtung 2⟷2 radiale Verbreiterung.

Kennzeichnung des Kristallzustandes nach dem Pulver-Verfahren

3. Im Folgenden werden zunächst *die an den Interferenzlinien von Pulverdiagrammen möglichen Erscheinungen* besonderer Beschaffenheit und deren *Bedeutung als Kriterien für verschiedene Kristallzustände* näher betrachtet. Dabei ist stets angenommen, es enthalte das betrachtete Röntgenogramm nur ein einziges Interferenzensystem, so daß die Beschaffenheit von Kristallen nur einerlei Art zu beurteilen ist. Erscheinen in einer Pulveraufnahme in Überlagerung die Interferenzensysteme mehrerer Kristallarten, so ist naturgemäß für *jedes einzelne* Liniensystem die entsprechende Untersuchung, wie sie hier für ein einziges solches erörtert wird, vorzunehmen. Es kann in diesem letztern Fall übrigens gerade eine verschiedene Beschaffenheit der Interferenzlinien deren Zuordnung zu den verschiedenen Interferenzsystemen der einzelnen Kristallarten wesentlich erleichtern, ein Umstand, der nicht selten rechtfertigt, an Gemischen Röntgenogramme sowohl *mit ruhendem als mit bewegtem Präparat* anzufertigen (siehe dazu auch S. 108), dies auch dann, wenn die Kristallbeschaffenheit an sich nicht interessieren sollte.

In Anlehnung an die praktischen Bedürfnisse der Auswertung von Pulverdiagrammen zum Zwecke einer Charakterisierung der Kristallbeschaffenheit werden im Folgenden die dafür maßgebenden Erscheinungen nach Art eines Bestimmungsschlüssels besprochen: Dabei kommen unter A. zunächst die für eine Beurteilung *mikrokristalliner* Kristallarten wesentlichen Kennzeichen der Pulveraufnahmen zur Sprache, anschließend unter B. jene Charakteristika der Pulverdiagramme, die bei *submikroskopischer Kristallgröße* Bedeutung erlangen (siehe S. 113).

A. Bei *ruhendem* Präparat (bei Rückstrahlaufnahmen bei ruhendem Film und fixiertem Objekt) erscheinen *die Interferenzlinien des Pulverdiagramms in einzelne Interferenzpunkte* (Einzelreflexe) aufgespalten (Rückstrahlaufnahmen verhalten sich hierin gleich wie normale Pulverdiagramme). Allgemein folgt hieraus, daß *die mittlere, lineare Kristallgröße über 10^{-4} cm liegt.*

Dabei steht die Größe des einzelnen Interferenzpunktes, gleiche Aufnahmebedingungen vorausgesetzt, zu den Abmessungen des den betreffenden Reflex erzeugenden Kristalls in linearer Beziehung. Bei bekannten Versuchsbedingungen (maßgebend sind vor allem Divergenz des einfallenden Röntgenstrahls, Größe und Form des Brennflecks) ist eine quantitative Bestimmung der Kristallgröße aus den Dimensionen der Interferenzpunkte möglich. Bei der praktischen Anwendung wird zweckmäßig von passenden Eichkurven ausgegangen, die für *bestimmte* Versuchsbedingungen den Zusammenhang zwischen Reflexgröße und linearen Kristalldimensionen ein für allemal festlegen. Oft wird allerdings auch eine bloße Abschätzung der Kristallgröße aus den Abmessungen der Interferenzpunkte genügen (also etwa Aussagen der Form: mittlere Kristallgröße im Bereich 10^{-2} bis 10^{-3} cm). Nicht selten reicht auch der bloße Vergleich verschiedener Präparate und ihre Kennzeichnung in einer Rangfolge der mittlern Kristallgröße aus. Eine spezielle Bedeutung erlangt die *röntgenographische Bestimmung der Kristallgröße im mikroskopischen Gebiet* dann, wenn zu entscheiden ist, ob mikroskopisch einheitlich erscheinende Gebilde faktisch Mikro-Einkristalle sind oder polykristallinen Gemengen entsprechen. Diese Aufgabe stellt sich insbesondere bei isotropen Stoffen, dann aber auch bei Materialien, welche sich einzig im Auflicht untersuchen lassen. So können z. B. gerade bei Metallen mikroskopisch gemessene Korngröße und röntgenographisch sich ergebende Kristallabmessungen wesentlich auseinander gehen: Besitzen bei mikroskopischer Betrachtung sich einheitlich zeigende Körner nämlich einen nur scheinbar monokristallinen Bau, so kann der Röntgeninterferenzversuch beweisen, daß das einzelne Korn tatsächlich eine Gruppe von Kristallen mit allerdings nur wenig verschiedener gegenseitiger Orientierung darstellt (siehe hierzu auch S. 140). Sodann wird eine röntgenographische Messung der mittlern Kristallgröße wesentlich, wenn eine Bestimmung zerstörungsfrei an einem größern Objekt vorzunehmen ist. Sie sagt bei opaken Substanzen überdies mehr aus als der mikroskopische Befund am einzelnen Anschliff, der ja einzig die an der Oberfläche selber gültigen Verhältnisse zu prüfen gestattet, während die Röntgenstrahlen doch ein gewisses Eindringungsvermögen besitzen.

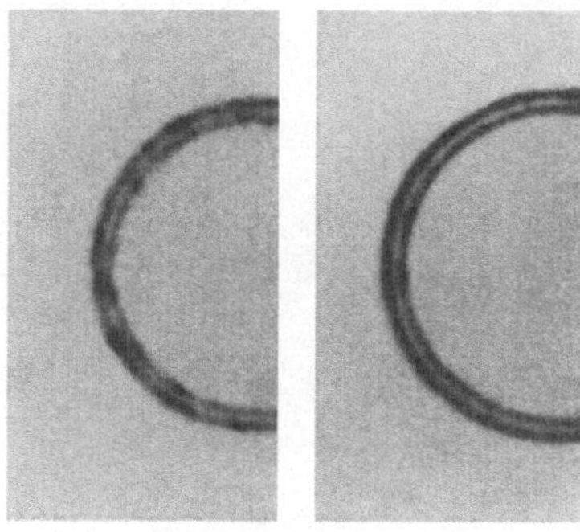

Abb. 53
Infolge der peripheren Verbreiterung der Interferenzpunkte werden die Interferenzlinien mehr und mehr homogen geschwärzt.

Neben der zunächst nur generell betrachteten Größe der Einzelinterferenzpunkte lassen sich eine Reihe weiterer Eigentümlichkeiten zur *nähern Kennzeichnung der Mikro-Kristalle* heranziehen:

a) *Die Schärfe der Interferenzpunkte in peripherer Richtung* (periphere Interferenzpunktbreite), wobei *peripher scharf begrenzte Reflexe* auf einen *normalen Mikro-Bau* bei der überwiegenden Zahl der Kristalle hinweisen, während eine *periphere Verbreiterung der Interferenzpunkte,* ihre in Richtung der zugehörigen Interferenzkurve verlängerte Form und eine in dieser Richtung meistens unscharfe Begrenzung, Anzeichen für einen *gestörten Mikro-Bau* der Kristalle sind. Im letztern Fall liegen dann zumeist zusammenhängende Bereiche aus mehreren, gegeneinander allerdings nur wenig verdrehten Kristallen vor, ihrerseits oft entstanden auf dem Wege einer Zertrümmerung ehemals größerer Kristalle. Dies tritt besonders ausgesprochen bei der Kaltverformung plastischer Stoffe in Erscheinung und ist im speziellen für die ersten Stadien einer bleibenden Formänderung charakteristisch (siehe hierzu Abb. 53 u. 54). Dabei können durch solche oder andere Umstände bewirkt sämtliche Kristalle oder lediglich ein größerer oder kleinerer Bruchteil derselben eine derartige Störung ihres Mikro-Baus aufweisen. Im Falle einer auf mechanischem Weg hervorgegangenen Kristallzertrümmerung und -verdrehung ist letzteres vor allem im Gefolge einer Wechselbeanspruchung (so z. B. im Bereich von

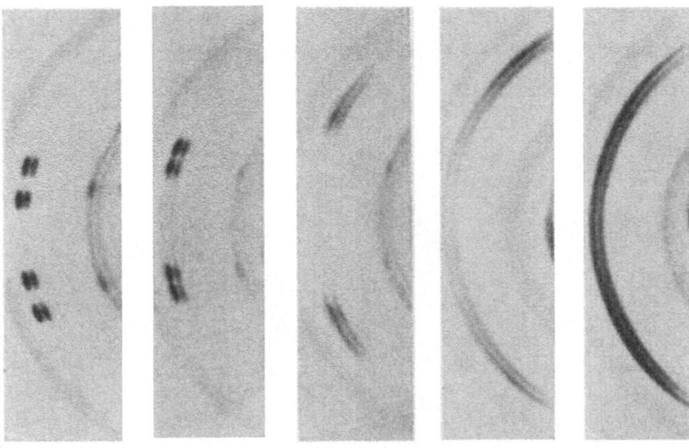

Abb. 54

Fortschreitende periphere Verbreiterung der Interferenzpunkte zufolge zunehmender plastischer Verformung (Rückstrahl-Aufnahmen an Aluminium-Einkristall).

Dauerbrüchen) festzustellen, ersteres dagegen bei einer einmaligen Beanspruchung über der Streckgrenze, sei diese Beanspruchung statischer oder dynamischer Natur. Wenn nur eine Minderheit von Kristallen im Röntgendiagramm einen gestörten Mikro-Bau erkennen läßt, sind Beobachtungen solcher Art mit Sicherheit oftmals nur möglich, wenn *dieselben* Kristalle zuvor oder anschließend (also etwa vor ihrer mechanischen Beanspruchung oder nach erfolgter Ausheilung) vergleichsweise untersucht werden können.

b) *Die Größe der Interferenzpunkte im Einzelnen.* Dabei werden vor allem die Abmessungen der Punkte untereinander verglichen, wobei sich etwa die folgenden Möglichkeiten unterscheiden lassen:

I. es haben praktisch *alle* Interferenzpunkte *unter allen Beugungs-*

winkeln dieselbe Größe: Kennzeichen eines *mikrokristallinen Stoffes* bei weitgehend *einheitlicher Kristallgröße* und im ganzen *isometrischer Gestalt der Einzelkristalle.*

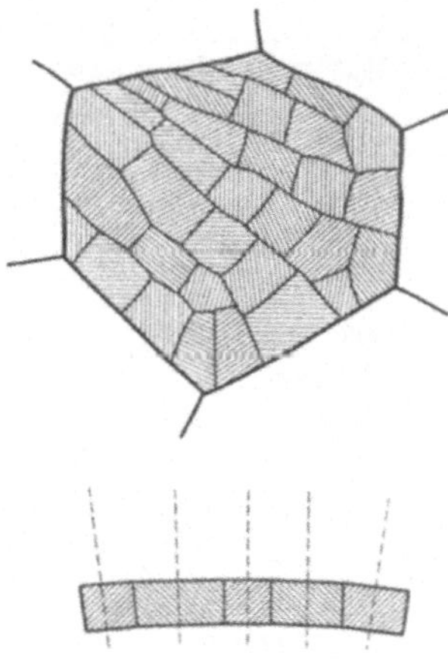

Abb. 55

Aufbau eines zertrümmerten Kristalls, der peripher verbreiterte Reflexe liefert (die Verdrehung der einzelnen Gitterblöcke gegeneinander ist übertrieben stark gezeichnet).

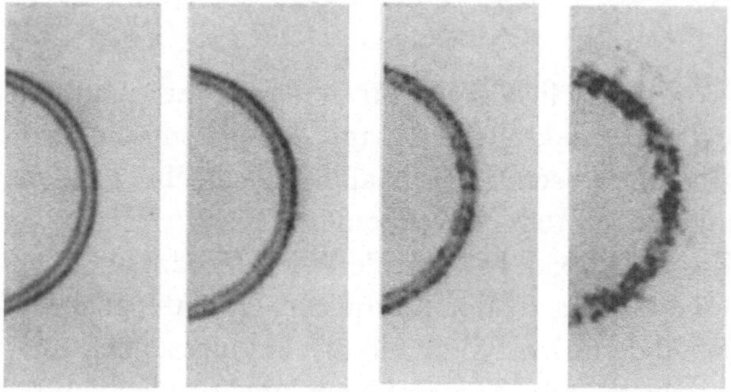

Abb. 56

Aufspaltung der Interferenzlinien in Einzelreflexe bei einer über 10^{-4} cm liegenden Kristallgröße: die von links nach rechts zunehmende Größe der Interferenzpunkte deutet auf im gleichen Sinne ansteigende Größe der Einzelkristalle.

II. es weisen die Interferenzpunkte *unter allen Beugungswinkeln, und zwar unter jedem derselben verschiedene Größe* auf: Kennzeichen eines *mikrokristallinen Stoffes mit* (normalerweise im Bereich 10^{-2} bis 10^{-4} cm) *schwankender Kristallgröße.* Bei besonders extrem wechselnder Kristallgröße kann sich folgende Linienbeschaffenheit einstellen:

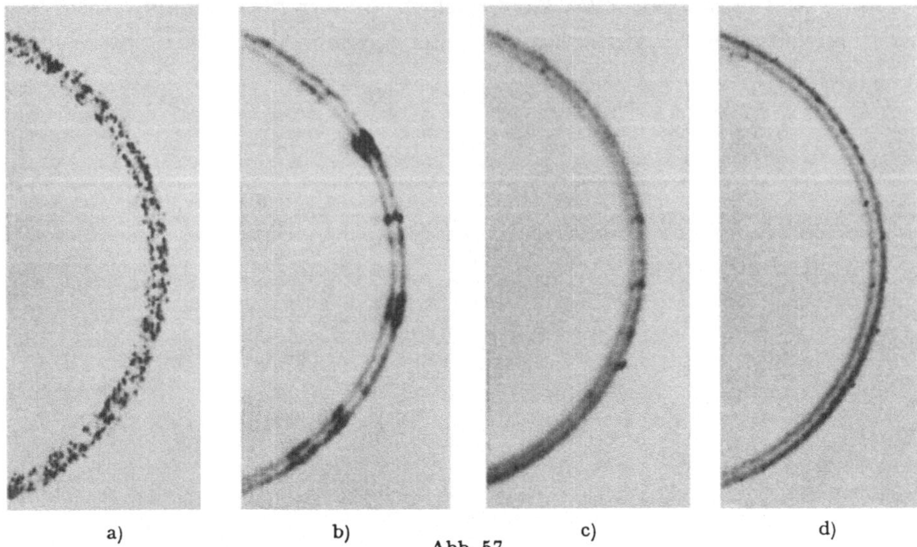

a) b) c) d)

Abb. 57

Kristallgrößenverteilung beurteilt an Hand von Rückstrahldiagrammen:

a) einheitliche Kristallgröße (ca. $5 \cdot 10^{-3}$ cm);

b) stark schwankende Kristallgröße (neben Kristallen von Abmessungen gegen 10^{-1} cm sind solche mit Dimensionen um 10^{-4} cm vorhanden);

c) im Gebiet von 10^{-2} cm bis 10^{-4} cm schwankende Kristallgröße;

d) im Gebiet von 10^{-3} cm bis 10^{-4} cm schwankende Kristallgröße.

auf einer kontinuierlich geschwärzten Interferenzlinie erscheinen einzelne Interferenzpunkte, was besagt, daß neben einer vorzugsweise um 10^{-4} bis 10^{-5} cm messenden Kristallgröße einzelne größere Kristalle mit Abmessungen über 10^{-4} cm vorkommen oder

eine aus Einzelreflexen bestehende «Interferenzkurve» zeigt neben diesen noch einen schwachen, kontinuierlichen Untergrund; dann sind umgekehrt neben dem Gros von über 10^{-4} cm messenden Kristallen in kleinerer Zahl solche mit Abmessungen um 10^{-4} cm und darunter vorhanden.

Allgemein ist unter solchen Verhältnissen zu beachten, daß die Zahl der größern Interferenzpunkte leicht überschätzt, in der Beurteilung der groben Anteile gerne zu hoch gegriffen wird, wie sich denn auf diesem Wege überhaupt nur eine ganz rohe Aussage über die Korngrößenverteilung ergeben kann. Auch hier steht vor allem die vergleichende Untersuchung verschiedener Präparate unter sich im Vordergrund, um auf diese Weise Änderungen der Kristallgröße zufolge verschiedener Behandlung oder Verschiedenheiten derselben im Zusammenhang mit verschiedener Herstellung der einzelnen Proben zu verfolgen. Die Überlegenheit der röntgenographischen Methoden gegenüber der mikroskopischen macht sich bei der Feststellung *erster* Verschiebungen in der Kristallgröße, etwa beim Studium von Prozessen einer Rekristallisation oder Kristallvergröberung besonders geltend.

III. die Interferenzpunkte *vom gleichen Beugungswinkel* sind von praktisch *übereinstimmender Größe,* indessen zeigen die *Reflexe der verschiedenen Beugungswinkel untereinander verglichen verschiedene Abmessungen* (einzelne Interferenzen bestehen somit aus allgemein kleinern, andere Interferenzen aus allgemein größern Interferenzpunkten). Dies kann die Folge *wesentlich verschiedener Abmessungen der*

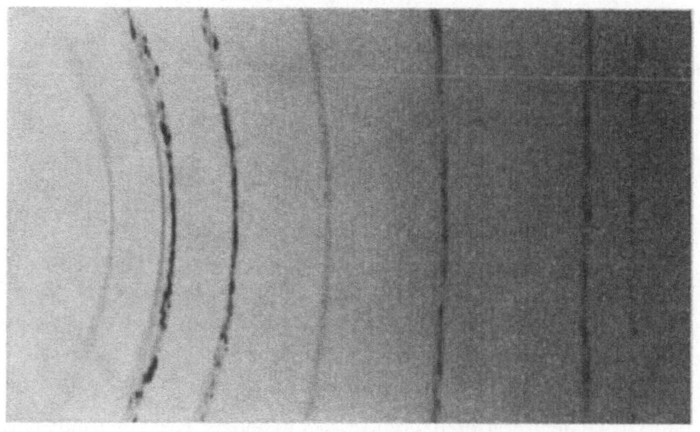

Abb. 58

Zeigen die Interferenzensysteme im Diagramm eines Gemisches verschiedene Linienbeschaffenheit, so kann dadurch die röntgenometrische Gemischanalyse wesentlich erleichtert werden: Überlagerung eines Systems homogen geschwärzter Linien mit einem solchen von in Einzelreflexe aufgespaltenen Interferenzlinien.

Kristalle in verschiedenen Richtungen sein, also das Resultat eines *besondern Habitus der Kristalle* (z. B. ausgesprochen nadeliger oder betont blätteriger Gestalt derselben). Wie Abb. 59 veranschaulicht, ergeben sich unter solchen Umständen je nach der Lage der reflektierenden Netzebenen verschieden große Einzelreflexe und tritt dies vorab dann unverkennbar in Erscheinung, wenn die Größe der Kristalle einigermaßen einheitlich ist. Ein anderes Mittel der Habitusbestimmung an Hand der Röntgeninterferenzen, seinerseits nicht an eine Auflösung der Interferenzlinien in Einzelreflexe gebunden, stützt sich auf die Möglichkeit, Kristalle extremer Form leicht *zu regeln,* und aus den dann im Röntgendiagramm wahrnehmbaren *Orientierungseffekten* die Gestalt der Kristalle zu erschließen (siehe hierzu c), sodann unter B..

c), S. 131). Überdies kann bei Kristallarten von einem hinreichend großen Absorptionsvermögen für die verwendete Röntgenstrahlung das Auftreten bestimmter *Absorptionseffekte* (vorab zu bemerken in einer selektiven Entstellung der Intensität einzelner Interferenzen) Hinweise auf die Kristallform geben, wobei auch dieses Phänomen nicht einzig bei in Einzelreflexen erscheinenden Interferenzen besteht und daher wie das vorangehende unter B. eingehender besprochen werden soll.

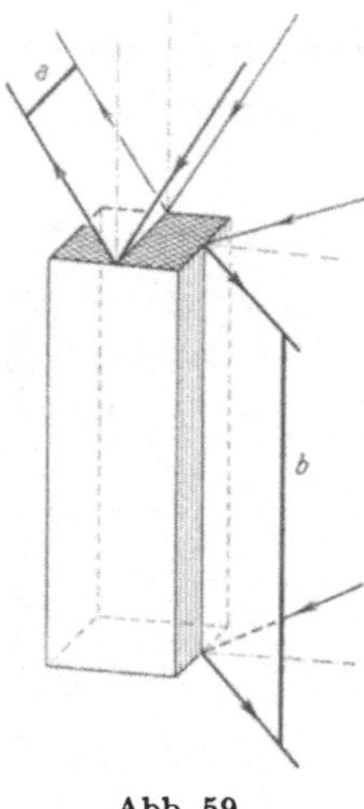

Abb. 59

Kristallhabitus und Größe der Interferenzpunkte: bei nadeliger Kristallgestalt liefern Netzebenen parallel zur Nadelachse verhältnismäßig große, Netzebenen quer zur Nadelachse hingegen relativ kleine Interferenzpunkte ($a < b$).

c) *Die periphere Anordnung der Interferenzpunkte vom gleichen Beugungswinkel* kann *eine völlig unregelmäßige* sein oder aber es bestehen *für die einzelnen Interferenzen individuell liegende Häufungsstellen von Interferenzpunkten.* Ist die letztere Tatsache stets der bündige Beweis für eine *geregelte Anordnung der Mikro-Kristalle* im Kristallhaufwerk, so ist die Feststellung unregelmäßiger Verteilung der Reflexe für die Annahme einer *regellosen Gruppierung* der Kristalle nicht vollkommen ausreichend, indem komplexere Texturen gleichfalls zu einer völlig statistischen Verteilung der Interferenzpunkte führen können. Röntgendiagramme, welche über die texturellen Verhältnisse Aufschluß geben sollen, sind selbstverständlich an Präparaten anzufertigen, deren Herstellung die ursprünglich bestehende Anordnung der Kristalle im Haufwerk in keiner Weise verändert. Umgekehrt wird zum Zwecke einer Habitus-Bestimmung eben die Regelung der Kristalle entsprechend ihren besondern morphologischen Eigentümlichkeiten angestrebt, um aus der bei der Präparat-Herstellung erreichten Orientierung der Kristalle auf deren Gestalt zu schließen. Kristallnadeln stellen sich beispielsweise mit der Nadelachse leicht parallel der Längsrichtung eines mit Vaselin bestrichenen Glasfadens, tafelige Kristalle legen sich mit ihrer Tafelfläche vorzugsweise parallel zur Oberfläche eines solchen Glasfadens, so daß sich in diesen Fällen in der Regel weit leichter orientierte als vollkommen regellose Präparate anfertigen lassen. Aus *der besondern Lage* der unter den verschiedenen Beugungswinkeln auftretenden Häufungsstellen kann die ihnen zugrunde liegende, besondere *Textur* des Kristallhaufwerks geometrisch gekennzeichnet werden (siehe hierzu im einzelnen S. 131). Je geringer die *Ausdehnung der Häufungsstellen,* umso vollkommener ist die Regelung der Kristalle nach bestimmten Richtungen oder Ebenen, während ausgedehntere, entsprechend weniger dichte Häufungsstellen von Interferenzpunkten auf eine größere Streuung der Kristall-Lagen hinweisen, ein Zusammenhang, welcher messend verfolgt eine quantitative Beurteilung der in einer Textur bestehenden *Streuung der Kristall-Lagen* zuläßt.

d) *Radiale Breite der Interferenzpunkte, Dublett-Struktur derselben (Gerlach-Effekt):* Aufnahmen an mikrokristallinen Stoffen, hergestellt mit nicht vollkommen monochromatischer oder gar polychromatischer Röntgenstrahlung (im letztern Fall wird die übliche Pulveraufnahme zum Laue-Diagramm an polykristallinem Material) zeigen unter Umständen eine *radiale* Verbreiterung der Reflexe, dann nämlich, wenn eine Netzebene, zufolge inhomogener Gitterverzerrungen gleichsam verbogen, verschiedene Wellenlängen *gleichzeitig* zu reflektieren vermag, so daß die Interferenzpunkte durch kürzere oder längere Schwärzungsstreifen ersetzt erscheinen, auf welchen sich zumeist ein Schwärzungsmaximum in mehr oder weniger verwaschener Form noch abhebt. Die Erscheinung solcher *Asterismen,* ihrerseits eine kontinuierliche Aneinanderreihung von Reflexen unter stetig veränderlichem Beugungswinkel, ist vor allem deutlich an Einkristall-Aufnahmen und muß dort noch näher betrachtet werden (siehe S. 141). Sie beweist im Pulverdiagramm stets einen *Aufbau der Mikro-Kristalle aus Gitterstücken verschiedener Orientierung* und ist meist die Folge einer Verformung der Kristalle, welche kein unbehindertes Gleiten gestattete.

Wird hingegen streng monochromatische Röntgenstrahlung zur Interferenz gebracht, so kann die Verbiegung der Kristalle bewirken, daß diese in ein und derselben Stellung nicht nur, wie es für den ungestörten Kristall zutrifft, die Wellenlänge λ_{α_1} *oder* λ_{α_2} reflektieren können, sondern sich an den Kristallen in interferenzfähiger Stellung *gleichzeitig* ein Reflex mit λ_{α_1} *und* λ_{α_2}, ein *Dublett* aus einer α_1- und α_2-Interferenz ergibt.

Die Interferenzpunkte erscheinen dann einzeln in Doppelpunkte aufgespalten *(Gerlach-Aufspaltung)*, ein Effekt, der sich übrigens auch bei normalem Kristallbau im Falle einer stärkern Konvergenz des einfallenden Strahlenbündels einstellt. Zeigen die Interferenzpunkte unter bestimmten Versuchsbedingungen normalerweise keine Gerlach-Aufspaltung, so kann aus deren Auftreten unter *besondern* Verhältnissen auf eine *Verbiegung der Kristalle* geschlossen werden, wobei hier bereits sehr kleine Drehungen der Gitterlage in den einzelnen Kornteilen nachweisbar sind (bei geeigneter Aufnahmetechnik solche von einer Größenordnung von einigen Minuten).

Schwankungen der Gitterkonstanten *in* den einzelnen Kristallen oder *unter verschiedenen*, in sich einzeln homogen gebauten Kristallindividuen lassen sich am ruhenden, mit monochromatischer Strahlung untersuchten Präparat nicht oder nur unsicher nachweisen. An und für sich müßten uneinheitliche Gitterkonstanten zu einer Vermehrung der Anzahl der Reflexe und einer Vergrößerung ihrer Streuung in radialer Richtung führen, beides indessen Kriterien, welche einem sichern Nachweis nicht ohne weiteres zugänglich sind. Im übrigen ist dies auch nicht notwendig, da über dieses Kennzeichen des Kristallzustandes die Pulveraufnahme mit *gedrehtem* Präparat oder die Rückstrahl-Aufnahme mit gedrehtem Film oder (und) rotierender Probe weit einfacher Aufschluß geben. Um über diesen Punkt, dann auch über die Frage, ob nicht anomale Werte der Gitterkonstanten bei allen Kristallen bestehen, eine Entscheidung zu treffen, sind somit zwei Aufnahmen am gleichen Präparat erforderlich: eine erste mit ruhendem Präparat, die im besondern dem Nachweis eines mikrokristallinen Stoffes dient, anschließend eine zweite mit *gedrehtem* Präparat, welche *eine Beurteilung der radialen Breite der Interferenzpunkte infolge ihrer Vereinigung zu der nun homogen geschwärzten Linie gestattet.* An solchen Röntgendiagrammen (Pulver- oder Rückstrahl-Aufnahmen) lassen sich im einzelnen folgende Erscheinungen beobachten:

I. *Scharfe* Interferenzlinien, unter größern Beugungswinkeln die *Aufspaltung in das K_α-Dublett* zeigend, sind das Anzeichen für *Kristalle,* welche *in sich und unter sich einheitliche Gitterkonstanten* besitzen, *deren Gitter somit weitgehend frei von Störungen der normalen Gitterordnung* sind, also die für eine *ausgezeichnete Kristallgüte* typischen Merkmale aufweisen.

II. *Mehr oder weniger stark verbreiterte* Interferenzlinien, vor allem bei den Interferenzen mit größern Beugungswinkeln empfindlich nachweisbar, hier nämlich zu einer Beeinträchtigung der Aufspaltung in das K_α - Dublett führend, so daß diese sog. *van Arkel-Aufspaltung nur noch angedeutet oder gar nicht mehr zu erkennen ist.* Solche radiale Verbreiterung im besondern der Interferenzlinien unter hohen Beugungswinkeln beweist, wenn sie in Pulverdiagrammen oder Rückstrahlaufnahmen mikrokristalliner Stoffe wahrgenommen wird, eindeutig, daß *die Gitterkonstanten Schwankungen aufweisen.* Hierbei können die

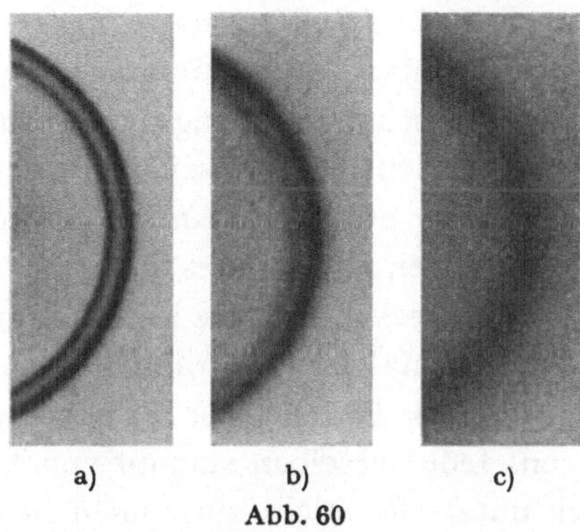

a) b) c)

Abb. 60

Radiale Verbreiterung der Interferenzlinien unter hohen Beugungswinkeln:
a) in das K_α-Dublett aufgespaltene Interferenzlinie (sog. van Arkel-Aufspaltung);
b) die K_α-Dublett-Aufspaltung noch eben erkennen lassende Interferenzlinie;
c) noch stärker verbreiterte Linie: keinerlei Anzeichen der Dublett-Struktur sind mehr festzustellen.

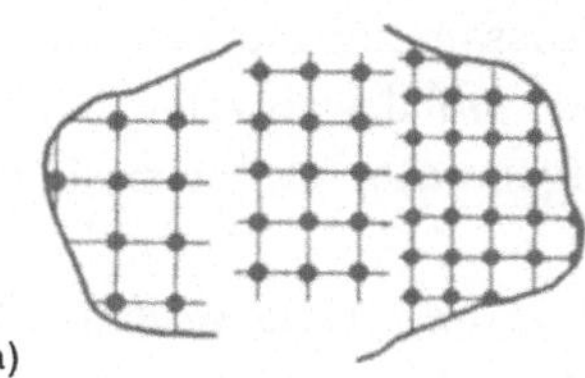

a)

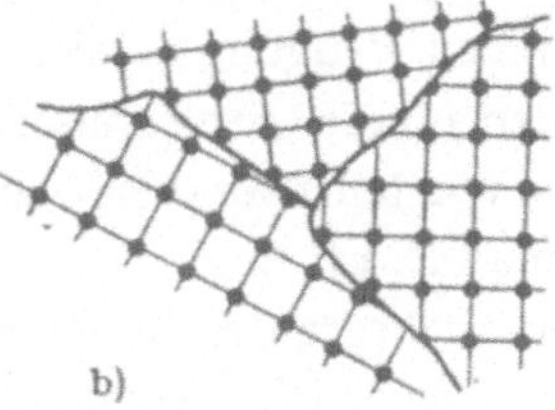

b)

Abb. 61

a) Schwankung der Gitterkonstanten in ein und demselben Kristall; b) Schwankung der Gitterkonstanten unter verschiedenen Kristallen, welche einzeln in sich einheitliche Gitterkonstanten besitzen.

einzelnen Mikro-Kristalle in sich einheitliche Werte der Gitterkonstanten besitzen, untereinander sich dagegen durch verschieden große Gitterdimensionen unterscheiden, oder es schwanken die Gitterkonstanten innerhalb der Mikro-Kristalle selber. Als Ursachen solcher Uneinheitlichkeit der Gitterkonstanten kommen vor allem in Frage:

elastische Verzerrungen des Gitters, hervorgerufen durch Spannungen, welche bei den einzelnen Mikro-Kristallen verschieden groß sind, indessen über Bereiche von rund 500 Å. E. eine angenäherte Konstanz aufweisen, somit die Ursache solcher Schwankungen der Gitterkonstanten sind, welche *langsame Schwankungen im Gitter* genannt werden, aber auch *inhomogene Verzerrungen der Kristallgitter,* Störungen der Gitterordnung, welche in Bereichen *unter* 500 Å.E. *periodische* Schwankungen der Gitterkonstanten bedingen und damit Anlaß *zu raschen Schwankungen im Gitter* geben, und

schließlich führen auch *Verschiedenheiten in der chemischen Zusammensetzung* (wie z. B. Konzentrationsunterschiede in Mischkristallen) ihrerseits gleichfalls zu raschen oder langsamen Schwankungen der Gitterkonstanten. — Eine eindeutige Kennzeichnung der Schwankungen der Gitterkonstanten in bezug auf den *einzelnen* Mikro-Kristall ist nicht immer möglich: Am ehesten gelingt dies noch bei verhältnismäßig groben Kristallaggregaten, welche im Falle in sich einheitlicher, unter sich jedoch verschiedener Kristalle Rückstrahlaufnahmen ergeben, bei denen *aus mehreren diskreten Einzellinien zusammengesetzte Interferenzen* erhalten werden. Jede derselben stammt von einem einzelnen Kristall, fallen jedoch unter sich nicht zusammen infolge der etwas verschiedenen Werte der Gitterkonstanten unter den verschiedenen Kristallen. Pulverdiagramme an grobkristallinen Proben lassen sich unter Umständen als Überlagerung mehrerer (gleichzeitig aufgefangener) Drehkristall-Aufnahmen um verschiedene Drehrichtungen deuten, so daß die Möglichkeit besteht, über die Beschaffenheit der *Einzel*reflexe unter hohen Beugungswinkeln eine Aussage zu machen und damit zu beurteilen, ob die Gitterkonstanten *innerhalb* des einzelnen Kristalls einheitliche Werte haben oder Schwankungen unterworfen sind (im Einzelnen gemäß S. 141).

Indem mehrere der für eine Linienverbreiterung in Frage kommenden Ursachen auch gleichzeitig nebeneinander bestehen können (z. B. uneinheitlich zusammengesetzte Mischkristalle etwa zusätzlich eine inhomogene elastische Verzerrung des Gitters aufweisen), stößt die *eindeutige* Kennzeichnung der Ursache der beobachteten Linienverbreiterung oftmals auf Schwierigkeiten. Dann bedarf die röntgenographische Untersuchung der Ergänzung durch anderweitig mögliche Beobachtungen über den Kristallzustand (z. B. magnetische Untersuchungen), um den Anteil an langsamen und raschen Schwankungen der Gitterkonstanten abschätzen zu können.

e) *Verschiebungen der Interferenzpunkte in radialer Richtung, anomale Beugungswinkel,* in der Regel mit Sicherheit einzig am Diagramm mit gedrehtem Präparat (Film) festzustellen: Eine Verschiebung der Interferenzlinien äußert sich nach kleinern Beugungswinkeln hin, wenn eine

Gitteraufweitung zu einer vergrößerten Elementarzelle führt, nach größern Beugungswinkeln, wenn zufolge einer *Gitterschrumpfung* die Gittermaschen kleinere Abmessungen angenommen haben. Die Erscheinung bezieht sich durchwegs auf eine allgemeine, *in allen und bei allen Kristallen einheitliche Änderung der Gitterkonstanten.* Sie kann hervorgerufen sein, durch eine *elastische Verzerrung des Gitters,* welcher ein über den ganzen Aufnahmebereich konstanter Spannungszustand zugrunde liegt (vorstellbar ist ein solcher Spannungszustand allgemein nur an einem zusammenhängenden Stück eines Kristallhaufwerks),
oder die Linienverschiebung ist die Folge irgendwelcher Atomeinlagerungen, Atomsubstitutionen oder des Auftretens von Leerstellen in den Kristallen, welche dennoch unter sich *und* in sich homogene Beschaffenheit zeigen (im Einzelnen gemäß S. 63).
Auch hier kann eine eindeutige Eruierung der Ursache auf Schwierigkeiten stoßen, weil eben auch in diesem Falle beide eine Veränderung der Gitterkonstanten bewirkenden Umstände gleichzeitig verwirklicht sein können. Sollen allfällige Linienverschiebungen zu einer *Bestimmung von innern elastischen Spannungen* herangezogen werden *(röntgenographische Spannungsmessung),* so müssen naturgemäß örtliche Schwankungen der chemischen Zusammensetzung über ähnlich bemesssene Bereiche ausgeschlossen sein, genau so, wie die Ermittlung der Zusammensetzung von Mischkristallen an Hand der Messung ihrer Gitterkonstanten einen von innern elastischen Spannungen freien Zustand, im besondern die Abwesenheit von Eigenspannungen infolge ungleichmäßiger Abkühlung der Proben voraussetzt (siehe hierzu bereits S. 91).

f) *Veränderungen der Interferenz-Intensitäten* werden sich allgemein gleichfalls sicherer am Diagramm mit gedrehter Probe (Film) wahrnehmen lassen. Es ergeben sich hierfür im einzelnen dieselben Verhältnisse wie im Falle von Röntgenogrammen, welche bereits bei ruhendem Präparat kontinuierlich geschwärzte Interferenzlinien aufweisen, so daß auf B., b) (S. 124) verwiesen werden kann.

B. Bei *ruhendem* Präparat (bei Rückstrahl-Aufnahmen bei ruhendem Film und fixiertem Objekt) erscheinen die Interferenzlinien des Pulverdiagramms als *homogen geschwärzte Linien.* Dies ist allgemein das Kennzeichen dafür, daß die *mittlere, lineare Kristallgröße um 10^{-4} cm oder darunter* liegt.

Auch hier gestatten weitere Eigentümlichkeiten (im besondern die Linienbreite, die genaue Linienlage, die Intensitätsverteilung in peripherer Richtung, die Intensität der Linien und deren Abfall mit steigender Ordnung der Interferenzen) eine nähere Kennzeichnung des durchschnittlichen Kristallzustandes. Eine solche ist hier besonders wertvoll, weil eine mikroskopische Beurteilung der Erscheinungen bei der herrschenden Kleinheit der Kristalle sehr bald nicht mehr möglich ist.

a) *Die Breite der Interferenzlinien im allgemeinen und ihre Abhängigkeit vom Beugungswinkel und der Wellenlänge der Röntgenstrahlung im besondern* führt zu folgenden Aussagen:

I. Falls *alle Interferenzlinien scharf* sind, sie eine sog. echte, vom Kristallzustand herrührende Verbreiterung nicht aufweisen, ihre Breite vielmehr durch die besondern Versuchsbedingungen (wie Größe und Form des Brennflecks, Querschnitt der Blende, Divergenz des Strahlenbündels) allein bestimmt wird, dementsprechend auch *die Interferenzen unter höhern Beugungswinkeln in das K_α-Dublett aufspalten* (sog. *van Arkel-Aufspaltung),* so liegen *Kristalle mit linearen Abmessungen im Bereich 10^{-4} cm bis 10^{-5} cm* vor bei einer *praktisch vollkommenen Gitterordnung,* einer *normalen Kristallgüte.*

II. Weisen die *Interferenzlinien dagegen allgemein eine Verbreiterung* auf, ist dementsprechend die *van Arkel-Aufspaltung nur noch angedeutet vorhanden oder gar vollständig verschwunden,* so sind als Ursache derart verbreiterter Linien die folgenden Möglichkeiten zu prüfen:

Kristalle von einer mittlern Größe um 10^{-4} bis 10^{-5} cm, indessen bestehen in den einzelnen Kristallen oder zwischen ihnen Schwankungen der Gitterkonstanten,

Kristalle von einer mittlern Größe unter 10^{-5} cm, indem eine Kristallgröße unter 10^{-5} cm eine mit abnehmenden Kristalldimensionen wachsende Verbreiterung der Interferenzen zur Folge hat,

schließlich eine Kombination der beiden Erscheinungen, Kristalle von uneinheitlichen Gitterkonstanten *und* von einer unter 10^{-5} cm betragenden mittlern Größe.

Eine Unterscheidung zwischen den beiden ersten Möglichkeiten, eine Trennung in die beiden Anteile im Falle deren Kombination und darüber hinaus eine Messung der Kristallgröße im Gebiet der kolloiden Dimensionen sowie die Ermittlung der Gitterkonstantenschwankungen setzt eine Bestimmung der Linienbreite für die verschiedenen Interferenzen voraus. In der Regel erheischt dies die Anwendung von Photometern, um gestützt hierauf im besondern die Abhängigkeit der Breite der Interferenzlinien von deren Beugungswinkeln abzuklären. Im Einzelnen gilt nämlich:

α) Bei einer *Linienverbreiterung zufolge Schwankungen der Gitterkonstanten: Langsam schwankende* Gitterkonstanten äußern sich bei den hier interessierenden Kristallgrößen vor allem darin, daß der einzelne Kristall zwar in sich einheitliche Gitterdimensionen besitzt, verschiedene Kristalle untereinander jedoch verschieden große Gitterkonstanten aufweisen; sie bewirken eine Linienverbreiterung, welche proportional zu tg ϑ verläuft. Aber auch *rascher schwankende, periodisch veränderliche* Gitterkonstanten, verbunden mit einer in-

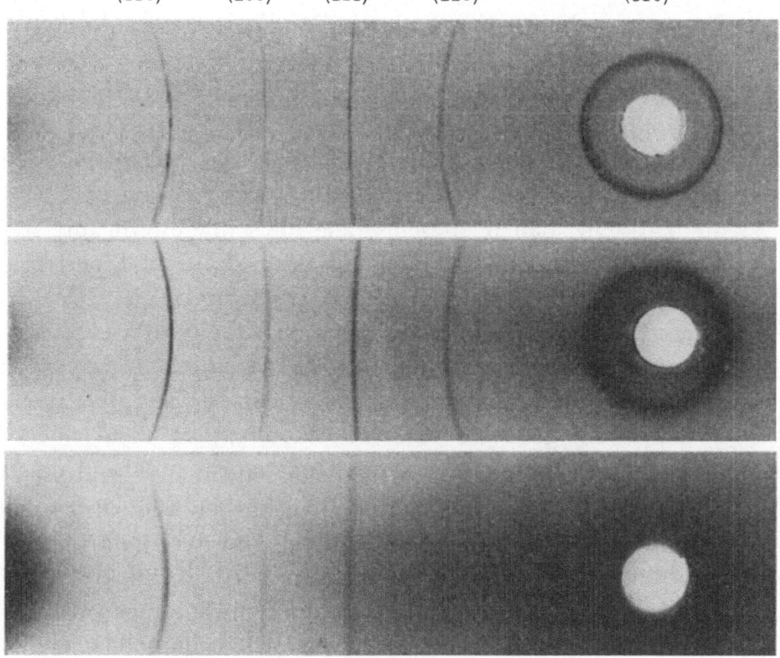

Abb. 62

Kristallzustand und Beschaffenheit der Interferenzlinien:
oben: Elektrolyteisen nach Anlassen, die K_α-Aufspaltung der Interferenz (310) deutet auf eine vollkommene Gitterordnung;
in der Mitte: Feilspäne von Elektrolyteisen mit stark verbreiterter (310)-Linie ohne Anzeichen einer Dublett-Aufspaltung;
unten: Martensit mit stark verbreiterten und in der Intensität herabgesetzten Interferenzen, dies im besondern unter größern Beugungswinkeln, so daß hier die (310)-Linie überhaupt nicht mehr zu erkennen ist.

homogenen Verzerrung des einzelnen Kristalls selber, können eine Verbreiterung der Linien mit derselben Abhängigkeit von der steigenden Ordnung einer Interferenz hervorrufen, wenn dabei (wie etwa bei einer einfachen Verbiegung der Kristalle) die Periode der Gitterkonstantenänderung ungefähr der doppelten Kristallgröße entspricht. Es wird zudem der Charakter der Linienverbreiterung nicht wesentlich verändert, wenn solchen Störungen weitere von noch kleinerer Periodizität überlagert erscheinen, solange die Amplituden dieser letztern sehr viel kleiner sind als jene der Grundstörung mit der Kristallgröße als halber Periode. Für den Beugungswinkel Null selber den Wert Null annehmend und mit wachsendem Beugungswinkel gleich von Anfang an relativ rasch ansteigend ist die durch Gitterkonstantenschwankungen verursachte Linienverbreiterung (die sog. Verzerrungsbreite der Linien) überdies von der Wellenlänge der verwendeten Röntgenstrahlung unabhängig: Interferenzen, welche sich bei der Beugung von verschieden langwelligem Röntgenlicht unter ähnlichen Beugungswinkeln ergeben, zeigen dementsprechend ungefähr gleiches Ausmaß der Verbreiterung, wenn diese auf uneinheitlicher Größe der Gitterkonstanten beruht. Dieser Umstand und die Tatsache, daß in diesem Falle die Linienbreite mit steigendem Beugungswinkel verhältnismäßig stark zunimmt (erheblich stärker als im Falle einer unter 10^{-5} cm liegenden Kristallgröße), lassen oft ohne quantitative Ausmessung der Linienbreiten eine beobachtete Linienverbreiterung als Folge von Gitterkonstantenschwankungen erklären, ganz abgesehen davon, daß derart bedingte Linienverbreiterungen ein gewisses Ausmaß offensichtlich nicht überschreiten, sehr stark verbreiterte Interferenzen dementsprechend nie allein auf uneinheitliche Gitterkonstanten zurückgehen können, so daß an deren Zustandekommen stets auch noch eine Kristallgröße unter 10^{-5} cm zum mindesten mitbeteiligt sein wird. Kann eine festgestellte Verbreiterung der Interferenzen auf Schwankungen der Gitterkonstanten zurückgeführt werden, was sich vollkommen eindeutig naturgemäß immer dann ergibt, wenn die Linien noch einzelne zusätzliche Interferenzpunkte aufweisen (Übergang zu Fall A., b) II.), so ist damit die besondere Ursache dieser Störung der idealen Gitterordnung noch nicht geklärt. Wiederum sind hierfür mehrere Möglichkeiten denkbar, im wesentlichen wie zuvor:

Schwankungen der chemischen Zusammensetzung unter den Kristallen,

elastische Verzerrungen der Kristalle in einem verschieden großen Ausmaß (dann bestimmt die Elastizitätsgrenze des Materials die größtmögliche Linienverbreiterung)

und schließlich inhomogene Verzerrungen des Gitters im einzelnen Kristall selber, auch diese wieder gegeben durch besondere Spannungszustände oder durch uneinheitliche chemische Zusammensetzung der Kristallindividuen in sich.

β) Bei einer *Linienverbreiterung zufolge einer unter 10^{-5} cm lie-*

genden, mittlern Kristallgröße: Hier ergibt sich im Gegensatz zu α) eine Zunahme der Linienbreite proportional mit $1/\cos\vartheta$. Für den Beugungswinkel Null selber von Null verschieden und mit wachsendem Beugungswinkel zunächst mäßig, dann rasch ansteigend ist diese Verbreiterung der Interferenzlinien zufolge Teilchenkleinheit (sog. Teilchengrößenbreite der Linien) außerdem von der Wellenlänge der zur Beugung kommenden Röntgenstrahlung abhängig, und zwar so, daß ihr Ausmaß der Größe der Wellenlänge proportional geht. Nicht

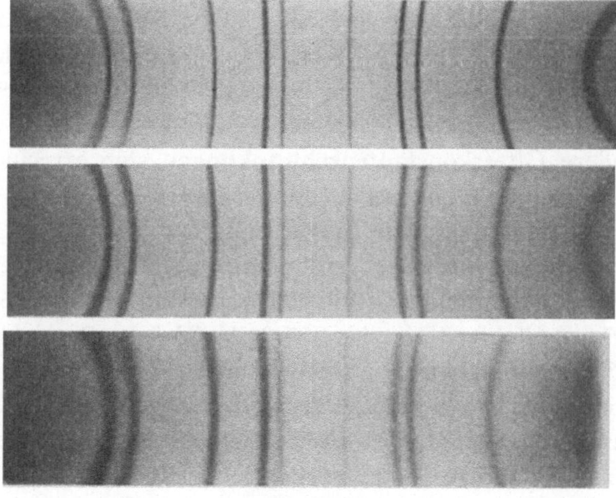

Abb. 63
Radiale Verbreiterung der Interferenzlinien zufolge Teilchenkleinheit und Gitterkonstantenschwankungen:
oben: Goldpulver mit Einzelkristallen von linearen Abmessungen um 10^{-4} cm und vollkommener Gitterordnung;
in der Mitte: dasselbe Pulver nach beträchtlicher, plastischer Verformung der Kristalle;
unten: kolloidales Gold mit Einzelkristallen von linearen Abmessungen um 10^{-6} bis 10^{-7} cm.

selten kann gestützt hierauf bereits eine qualitative Betrachtung der Linienbreiten eine unter 10^{-5} cm liegende Kristallgröße als Ursache der Linienverbreiterung eindeutig nachweisen: so etwa, wenn auch Interferenzlinien unter kleinen Beugungswinkeln und nicht allein solche unter den höhern eine namhafte Verbreiterung aufweisen. Sodann, wenn Interferenzen, unter ähnlichen Beugungswinkeln, jedoch mit verschieden langwelliger Röntgenstrahlung am gleichen Präparat erhalten, eine verschiedene Linienbreite besitzen. Besonders deutlich ist letzteres zu beobachten, wenn zwei Interferenzen unter *hohen* Beugungswinkeln verglichen werden: die eine (nämlich die mit kurzwelliger Strahlung entstandene) zeigt dann die Aufspaltung in das K_α - Dublett, wogegen die mit der langwelligen Strahlung erzeugte als verwaschene Linie ohne jede Anzeichen einer Dublett-Aufspaltung erscheint. Dazu kommt, daß die durch sehr kleine Kristalldimensionen bedingte Linienverbreiterung wesentlich größeres Ausmaß annehmen kann als die zufolge Gitterkonstantenschwankungen sich einstellende Linienverbreiterung (siehe S. 114). Dies wird nicht zuletzt durch den Umstand mitbestimmt, daß auch noch sehr kleine Kristalle, etwa solche, die erst drei bis fünf Netzebenen umfassen, bereits auf ihre Breite vermeßbare Röntgeninterferenzen liefern. Auf Kristallgrößen unter 10^{-5} cm als eigentliche oder doch mindestens als weitere Ursache einer festgestellten Linienverbreiterung wird ferner zu schließen sein, wenn bei Interferenzen niedrigerer Ordnung größere Gitterkonstantenschwankungen sich errechnen würden als bei solchen von höherer Ordnung.

Eine photometrische Ausmessung der Breite verschiedener Interferenzen gestattet, bei einer zufolge Kristallabmessungen unter 10^{-5} cm auftretenden Linienverbreiterung die linearen Dimensionen solcher kolloider Kristalle, *Kristallgrößen im Bereich von 10^{-5} cm bis 10^{-7} cm zu bestimmen,* außerdem durch eine Ermittlung der Kristalldimensionen in verschiedenen Richtungen *den Kristallhabitus zu kennzeichnen.* Für eine solche röntgenographische Bestimmung von Größe und Form submikroskopisch kleiner Kristalle (röntgenographische Teilchengrößenbestimmungen) ist eine genaue Berücksichtigung der Absorptionsverhältnisse notwendig und nicht immer auf einen der beiden Grenzfälle (vollständiger Absorption oder völliger Absorptionsfreiheit) beziehbar. Eine experimentelle Ausschaltung der Absorptionseffekte, übrigens auch der Kenntnis der genauen Präparatdurchmesser, sodann eine größere Freiheit in der Wahl der Versuchsbedingungen wird erreicht, wenn die auf ihre Kristallgröße zu untersuchende Substanz mit einem Vergleichsstoff von Kristalldimensionen über 10^{-4} cm gemischt und von diesem Gemenge ein Pulverdiagramm angefertigt wird (hierbei sind die Anteile der beiden Kristallarten so zu bemessen, daß beiderlei Interferenzensysteme etwa die gleiche Gesamtintensität aufweisen). Nach photometrischer Bestimmung der Linienbreiten von beiderlei Interferenzen wird die Halbwertsbreite der Interferenzlinien des auf die Kristallgröße zu prüfenden Stoffes mit derjenigen der scharfen Linien der Standardsubstanz in Beziehung gebracht, um so die *echte* Verbreiterung der Interferenzen der fraglichen Kristallart zufolge ihrer kolloidalen Kristallgröße zu ermitteln, welche dann ihrerseits mit den

Kristalldimensionen in direktem Zusammenhang steht. Kurventafeln, welche bei röntgenographischen Teilchengrößenbestimmungen wertvolle Hilfe bedeuten, finden sich in den für die praktische Verwertung der Methode vor allem bedeutsamen Arbeiten von R. BRILL, F. W. JONES (Verfahren unter Anwendung eines Eichstoffes) und A. KOCHENDÖRFER (Herleitung allgemeiner Reduktionsformeln, um aus den beobachteten Linienbreiten die wahren, physikalischen Linienbreiten zu berechnen). Davon ausgehend, daß eine Interferenz an der Netzebene (*hkl*) einzig über die Ausdehnung der Kristalle in Richtung der Netzebenennormalen zu (*hkl*) Aufschluß geben kann, ist unmittelbar einzusehen, wie aus den Linienbreiten der verschiedenen Interferenzen Rückschlüsse auf die mittlere *Kristallform* und

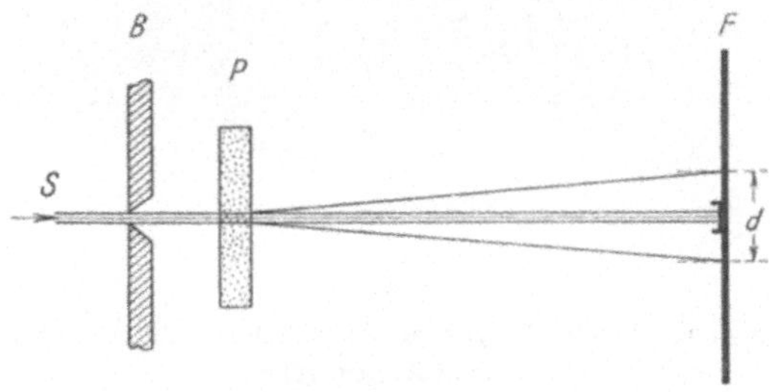

Abb. 64

Schema der Versuchsanordnung zur Untersuchung der Kleinwinkelstreuung: *S* der streng monochromatische Primärstrahl, *B* die Blende, *P* das Präparat, *F* der Film. *d* bezeichnet den Durchmesser des um den Eintritt des Primärstrahls erzeugten Schwärzungsbereiches. Der Primärstrahl selber wird durch eine Bleimaske abgefangen.

damit auch auf den Habitus submikroskopisch kleiner Kristalle möglich werden (ausgenommen kubische Kristallarten, wo allgemein eine eindeutige Ermittlung der Teilchenform nicht gelingt). Röntgenometrisch ausgeführte Teilchengrößenbestimmungen liefern wie im Bereich mikroskopischer Kristallgröße ebenso im submikroskopischen Gebiet stets die *Dimensionen der in sich einheitlich gebauten kleinsten Teilchen,* also der *die Primärteilchen bildenden, einzelnen Kristalle.* Sie sagen nichts aus über eine fortgesetzte Aggregierung dieser zu *Teilchen höherer Ordnung* (Sekundärteilchen usw.). Es ist aus diesem Grunde gerade eine Kombination röntgenographischer Teilchengrößenbestimmungen mit andern Verfahren einer Messung der Teilchendimensionen (ultramikroskopische und übermikroskopische Messungen, Viskositätsmessungen, Messungen von Strömungsdoppelbrechung oder Trübungseffekten) von besonderem Interesse, weil auf diese Weise das Verhältnis der Primärteilchen zu den Sekundärteilchen am einfachsten seine Klärung erfährt. Größe, oft auch die Gestalt der *selbständigen* Partikeln (damit der Zerteilungsgrad eines Stoffes) können allerdings auch unter Heranziehung der Röntgenstrahlen ermittelt werden, und zwar dadurch, daß die Verbreiterung, welche der Primärstrahl selber beim Durchtritt durch das Präparat erfährt, die sogenannte *Kleinwinkelstreuung,* gemessen wird (siehe Abb. 64 und 65). Bei Stoffen aus genügend großen Molekülen (z. B. bei gewissen Proteinen) gelingt auf diesem Weg gar die Mes-

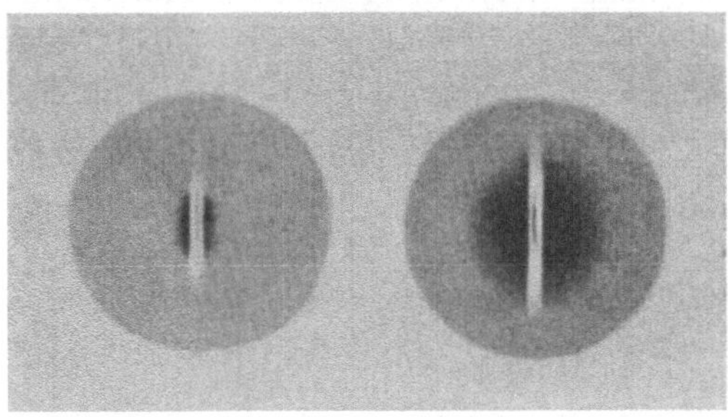

Abb. 65

Kleinwinkelstreuung an Kohlenstoff: links vor Aktivierung, rechts nach Aktivierung der Kohle (nach A. Guinier).

sung der *Größe der Moleküle* selber, bei bekanntem Volumen eines Moleküls dazu die Kennzeichnung seiner Gestalt.

Schließlich gestatten röntgenographische Messungen nicht nur die Abmessungen «freier Einzelteilchen» kristalliner Natur zu ermitteln, sondern es kann die Breite der Interferenzlinien auch zu einer *Bestimmung der mittlern Größe der Mosaikblöcke von Realkristallen* als der in sich kohärenten Gitterstücke von Einkristallen verwendet werden, hier im besondern, um den Realbau von unter verschiedenen Bedingungen entstandenen Kristallen vergleichend zu untersuchen (siehe hierzu auch S. 145).

Im allgemeinen Fall wird eine *Linienverbreiterung aus beiden Ursachen* (zufolge Kleinheit der Kristalle *und* wegen der ihnen anhaftenden Gitterverzerrungen) bei Kristallarten von submikroskopisch kleiner Ausbildung der Einzelkristalle die Regel sein. Um dann eine *Trennung* in Teilchengrößenverbreiterung und Verbreiterung zufolge Gitterverzerrungen vorzunehmen, hieraus gleichzeitig die bestehende mittlere Teilchengröße *und* das durchschnittliche Ausmaß der Gitterkonstantenschwankungen zu bestimmen, wird wie folgt verfahren: Nach Ermittlung der physikalischen Linienbreiten b durch Reduktion der beobachteten Linienbreiten werden die Größen $b \cdot \cos\vartheta$ und $b/\mathrm{tg}\,\vartheta$ in ihrer Abhängigkeit vom Beugungswinkel ϑ aufgetragen. Wird für $b \cdot \cos\vartheta$ eine Parallele zur Abszissenachse erhalten (Abb. 66 a), ist also $b \cdot \cos\vartheta$ konstant, so geht die festgestellte Linienverbreiterung einzig auf Teilchenkleinheit zurück *(reine Teilchengrößenverbreiterung)*, während $b \cdot \cos\vartheta$ mit wachsendem Beugungswinkel ansteigt, falls zusätzlich eine Linienverbreiterung zufolge Gitterverzerrung besteht. Verläuft andererseits die Kurve $b/\mathrm{tg}\,\vartheta$ der Abszissenachse parallel, wie es

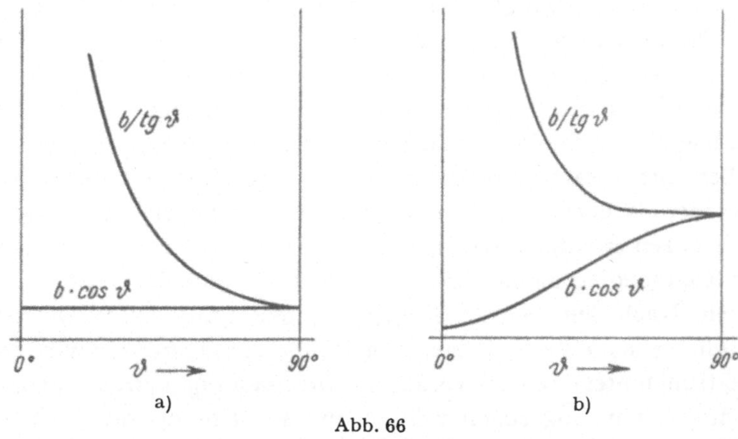

Abb. 66

Winkelabhängigkeit der physikalischen Linienbreite vom Beugungswinkel: a) im Falle einer reinen Teilchengrößenverbreiterung (Durchmesser der Teilchen $1 \cdot 10^{-5}$ cm); b) bei einer Linienverbreiterung zufolge Gitterverzerrung und Teilchengröße (Schwankung der Gitterkonstanten $\delta a/a = 0{,}07\,\%$, Teilchendurchmesser $1{,}18 \cdot 10^{-5}$ cm) (nach A. Kochendörfer).

unter größern ϑ-Werten zutreffen kann, so besagt dies, daß im Bereich der letzten Interferenzen deren physikalische Breite vorwiegend oder gar vollständig durch die Gitterverzerrungen bestimmt wird (Abb. 66 b). Die zwischen der physikalischen Linienbreite und der mittlern Teilchengröße einerseits, zwischen der physikalischen Linienbreite und der durchschnittlichen Schwankung der Gitterkonstanten andererseits bestehenden, verhältnismäßig einfachen Beziehungen gestatten schließlich, aus den im Einzelfall vorliegenden b-Werten die ihm zukommende mittlere Kristallgröße *und* mittlere Schwankung der Gitterkonstanten anzugeben und dazu unter Umständen noch eine Ermittlung der durchschnittlichen Kristallform vorzunehmen. Die solchen Bestimmungen anhaftenden Fehler werden zu etwa 30 % veranschlagt für den Fall einer getrennten Bestimmung von Teilchengrößen- und Verzerrungseffekten, zu 10—20 %, wenn es sich darum handelt anzugeben, welche Unterschiede zwischen zwei Proben hinsichtlich beider Erscheinungen zusammen bestehen. Zur Bestätigung der erhaltenen Resultate empfiehlt es sich, Präparate nicht nur im Anlieferungszustand, sondern außerdem nach einer geeigneten thermischen Behandlung, die zur Behebung der Gitterverzerrungen, jedoch noch nicht zu einer Veränderung der Kristallgröße führt, zu untersuchen, da dann an der nachbehandelten Probe eine reine Teilchengrößenverbreiterung vorliegen wird.

Analog den Röntgeninterferenzen zeigen auch die *Elektroneninterferenzen* bei abnehmender Größe der beugenden Kristalle eine radiale Verbreiterung, zufolge ihrer rund 50mal kleineren Wellenlänge und den daraus sich ergebenden wesentlich kleineren Beugungswinkeln indessen erst bei einer beträchtlich geringeren Kristallgröße als die Röntgeninterferenzlinien. Allgemein lassen die Beugungsringe der Elektronendiagramme eine *Verbreiterung* nur wahrnehmen, wenn sie an Kristallen mit linearen Abmessungen *unter 20 Å. E.* entstehen, während bei einer darüber liegenden Kristallgröße stets scharfe Elektroneninterferenzen erhalten werden, also auch in jenem Bereich, wo die Linien der Röntgendiagramme bereits eine deutliche radiale Verbreiterung besitzen. Nach den gleichen Regeln der quantitativen Auswertung zugänglich wie die Verbreiterung der Röntgeninterferenzen wird jene der Elektroneninterferenzen vorab zur *Bestimmung extrem kleiner Teilchengrößen* herangezogen werden, um so mehr als die unter solchen Bedingungen erhältlichen Röntgendiagramme die verbreiterten Interferenzen zufolge der gleichzeitig beträchtlich angestiegenen, diffusen Streustrahlung oft nur noch undeutlich erkennen lassen (siehe bereits S. 45). Ein Vergleich von Röntgendiagrammen mit an denselben Präparaten angefertigten Elektronenbeugungsaufnahmen erlaubt oftmals, gestützt auf das vorstehend Gesagte, eine *qualitative* Teilchengrößenbestimmung vorzunehmen, indem beispielsweise scharfe Elektroneninterferenzen bei gleichzeitig verbreiterten Röntgeninterferenzlinien für eine mittlere Kristallgröße im Bereich von rund 100 Å. E. sprechen. Dabei hat ein solches Vorgehen allerdings zur Voraussetzung, daß die Teilchengröße nicht übermäßig große Schwankungen aufweist. Trifft solches zu, so wird die Beschaffenheit der Röntgeninterferenzen in erster Linie durch die größten Teilchen, jene der Elektroneninterferenzen vor allem durch die kleinsten Kristalle bestimmt, und es können dann verschiedene Präparate in den beiderlei Diagrammen ein nicht übereinstimmendes Verhalten zeigen (an der Probe mit den relativ schärfsten Elektroneninterferenzen ist nicht unbedingt das Röntgendiagramm mit der kleinsten radialen Linienbreite zu erwarten).

III. Eine Mittelstellung zwischen den beiden vorstehend behandelten Fällen I. und II. nehmen Röntgendiagramme ein, bei welchen *ledig-*

lich ein Teil der Interferenzlinien eine Verbreiterung zeigt, somit *neben scharfen Linien verbreiterte Linien auftreten.* Die derartige Interferenzen ergebenden Kristalle besitzen offensichtlich in den einen Richtungen unter 10^{-4} cm liegende Abmessungen, in andern dagegen eine 10^{-4} cm übersteigende Kristallgröße. Sie sind daher im allgemeinen von extrem gearteter Form, also zum Beispiel von ausgesprochen nadeliger oder tafelförmiger Gestalt. Bei einem nach (001) blätterigen Habitus wird die Interferenz (001) wesentlich stärker verbreitern als etwa

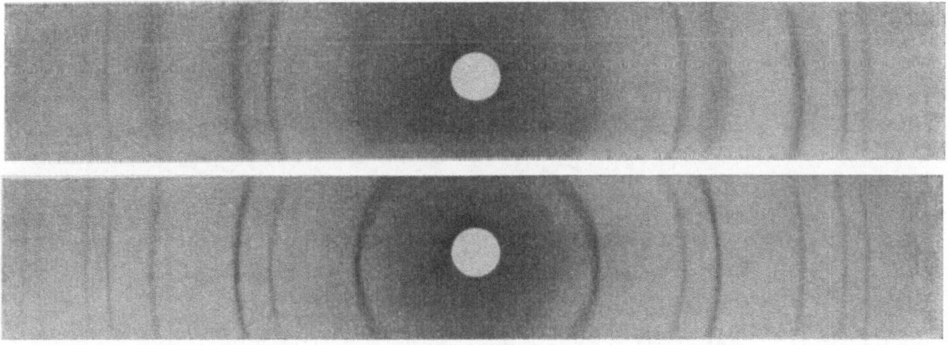

Abb. 67
Selektive radiale Verbreiterung von Interferenzlinien bei extrem laminarer Beschaffenheit der Kristallindividuen (oben). Darunter zum Vergleich die Interferenzen derselben Kristallart ($Ni(OH)_2$) bei weniger ausgesprochen laminarem Habitus.
(Die beiden Präparate wurden dem Verfasser liebenswürdigerweise von Herrn Prof. Dr. W. FEITKNECHT zur Verfügung gestellt).

die Interferenz (100), indem die Verbreiterung der Reflexe umgekehrt proportional der Anzahl hintereinander liegender Netzebenen ausfällt. Netzebenen zwischen (100) und (001) werden je nach ihrer speziellen Lage unter solchen Umständen eine mehr oder weniger große Schärfe, als Ganzes eine mittlere Breite erkennen lassen. Solche *selektive Linienverbreiterung* ist oftmals auch das einfachste Mittel, um gewisse *typische Störungsformen* von Kristallstrukturen unmittelbar nachzuweisen. Bisher besonders gut bekannt sind sie im Falle laminar gebauter Kristalle mit Schichtstrukturen:
So ist etwa für die sog. «Arnfelt-Struktur» (Abb. 68) kennzeichnend, daß hier einzig die Pyramiden-Interferenzen verbreitert erscheinen, Prismen- und Basis-Interferenzen hingegen scharf bleiben (die Ausrichtung der Kristalle nach der Basis in regelmäßiger Abfolge ergibt auch für diese die Möglichkeit zu einem scharfen Reflex, während für die Prismenflächen diese Bedingung bereits durch die Abmessungen

des Einzelkristalls erfüllt ist). Ohne eine solche Parallelrichtung der Kristalle nach ihrer Blättchenebene oder auch bereits beim Fehlen einer periodischen Abfolge in Richtung der Blättchennormalen, werden einzig an den Netzebenen senkrecht zur Blättchenebene scharfe Linien erhalten, während dann neben den Pyramiden-Reflexen auch die Basis-Interferenzen verbreitert sind.

Oder es kann die normale Ordnung einer Netzstruktur (wie z. B. bei Graphit) dadurch in typischer Weise gestört werden, daß neben den

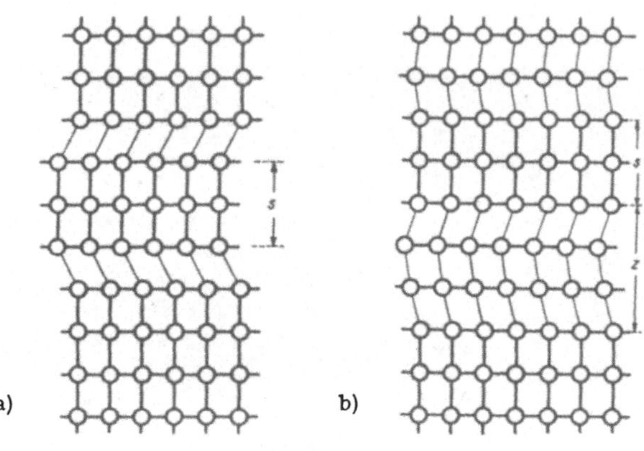

Abb. 68

Schematische Darstellung von gestörten Schichtstrukturen:
a) sog. Arnfelt-Struktur, bei welcher einander parallel gestellte, in sich normal gebaute Schichtpakete von wechselnder Dicke *s* gegeneinander willkürlich verschoben sind;
b) zwischen in sich normal gebaute Schichtpakete wechselnder Dicke *s* sind Schichten ohne eigentliche Gitterordnung (röntgenamorphe Zwischenschichten) von gleichfalls wechselnder Dicke *z* eingeschaltet (nach W. FEITKNECHT).

Netzen normaler Stellung (etwa neben Netzen in den Stellungen *A* und *B* der Abb. 69) noch einzelne Netze in einer dritten Position *C* sich am Aufbau eines Kristalls beteiligen, so daß an Stelle einer Netzstruktur ... *ABABABABAB* ... beispielsweise eine solche von der Art ... *ABABABCABABCABAB* ... sich ergibt. Daneben kann allerdings die Netzebenenabfolge *ABC* in periodischer Wiederholung in der Form ... *ABCABCABCABC* ... auch zu einer selbständigen Kristallart, zu einer neuen Modifikation des fraglichen Stoffes führen, ihrerseits gegenüber der ersten Kristallart mit der Bauart ... *ABAB ABABAB* ... durch ein anderes Interferenzensystem ausgezeichnet, so daß dann schließlich eine scheinbar homogene Substanz einen recht komplexen Aufbau besitzen kann. Sie kann zunächst ein Gemenge aus zwei verschiedenen Modifikationen darstellen, überdies aber neben den Kristallen mit normalem Bau (nämlich solchen vom Typus ... *ABAB*

ABAB ... und andern vom Bauschema ... *ABCABCABC* ...) noch Kristalle mit gestörten Strukturen enthalten, die einen von der Art ... *ABABCABAB* ..., die andern von der Form ... *ABCABCAB ABCABC* ... Im Röntgendiagramm erscheinen dann neben dem Interferenzensystem der Kristallart ... *ABABABAB* ... zusätzliche Linien, nämlich die Interferenzen der Kristallart ... *ABCABCABC* ..., und es zeigen außerdem die beiden Interferenzensysteme die Erscheinung einer selektiven Verbreiterung ihrer Linien.

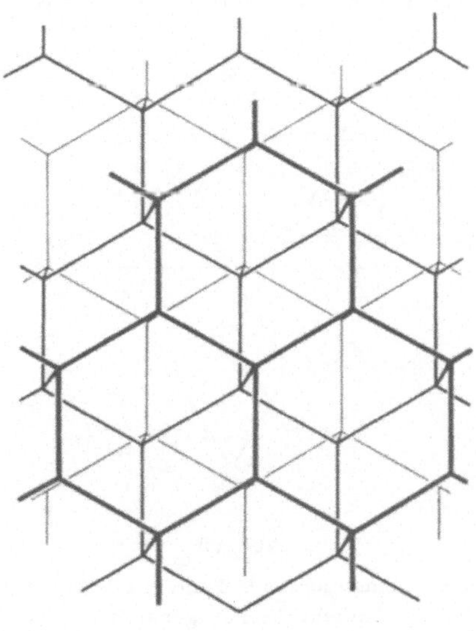

Abb. 69

Lagebeziehungen unter den Netzen *A*, *B* und *C*: *A* dick, *B* mittelstark, *C* dünn ausgezogen.

In ganz ähnlicher Weise können auch gitterhaft struierte Atomverbände mit Gitterstörungen von besonderem Typus behaftet sein, was sich auch hier im Röntgendiagramm in einer Verbreiterung einzelner Interferenzen äußert bei gleichzeitig voller Schärfe anderer Linien (Reflexe): Nachgewiesen ist derartiges etwa bei Strukturen vom Typus der hexagonal dichtesten Packung, die ihrerseits als Abfolge von zentrierten Sechseck-Netzen in zweierlei Stellungen *1* und *2* (Abb. 70) gekennzeichnet ist. Entgegen der Normalordnung einer solchen Struktur können einzelne Sechseck-Netze statt der Lagen *1* oder *2* die Position *3* einnehmen, damit einen Aufbau von der Art ... *1 2 1 2 1 2 3 2 3 2 1 2* ... statt der normalen Abfolge ... *1 2 1 2 1 2 1 2 1 2* ... ergebend. Dabei ist auch hier eine regelmäßige Kombination der Netzebenen *1*, *2* und *3*, und zwar als ... *1 2 3 1 2 3 1 2 3* ... möglich, was wie im vorangehenden Fall wieder auf eine neue Modifikation führt, nämlich auf die kubisch dichteste Packung in der Form des allseits flächenzentrierten Würfelgitters. Das Ausmaß der Verbreiterung der auf diesen Störungstyp empfindlichen Interferenzen läßt eine Fehlerwahrscheinlichkeit berechnen, welche besagt, wieviele «falsch eingestellte» Netzebenen im Durchschnitt auf eine in normaler Lage *1* oder *2* entfallen. Manche dieser Strukturen mit derartigen Störungserscheinungen leiten zu den im Rahmen der polymorphen Umwandlungen zu betrachtenden Wechselstrukturen (siehe S. 171) über. Schließ-

Abb. 70

Lagebeziehungen unter den Atomschichten 1, 2 und 3: 1 dicke, 2 mittelstarke, 3 dünne Kreise. Die Abfolge ... 1, 2, 1, 2, ... entspricht der hexagonal dichtesten Kugelpackung, die Abfolge ... 1, 2, 3, 1, 2, 3, ... der kubisch dichtesten Kugelpackung.

lich ist anzumerken, daß nicht allein als Folge eines besondern Kristallhabitus oder gesetzmäßiger Störungen des kristallstrukturellen Baus, sondern auch im Zusammenhang mit einer wesentlichen bleibenden Formänderung eines Kristallhaufwerks dessen Interferenzlinien eine von Linie zu Linie verschieden große Verbreiterung erfahren können.

b) Veränderung der Intensitäten aller oder einzelner Interferenzen (Intensitätsschwächung, vermehrte diffuse Streustrahlung, Überstrukturlinien).

I. Falls eine *Reduktion der Interferenz-Intensitäten* gefunden wird, die *umso größer* ausfällt, *je größer der Beugungswinkel* der Interferenz ist, was im besondern *zum Zurücktreten, ja völligen Verschwinden der Linien unter größern Beugungswinkeln* führt, so bedeutet dies, daß die zugehörigen *Kristalle mit wesentlichen und zwar unregelmäßigen Gitterstörungen* behaftet sind. Im Gitter herrscht *ein Zustand*

Abb. 71
Röntgendiagramm mit dem Kennzeichen unregelmäßiger Gitteraufrauhung: anomal rascher Abfall der Interferenz-Intensitäten mit steigendem Beugungswinkel.

erhöhter Unordnung, etwa so, wie er sich aus einer verstärkten Wärmebewegung ergeben würde. Auch für diese Form der Gitterstörungen mit statistisch regellosen (unter sich jedoch nicht völlig unabhängigen) Verlagerungen der Atome aus ihren Normalplätzen bestehen als ihr zugrunde liegende Ursache verschiedene Möglichkeiten:
so etwa im Gitter statistisch verteilte Leerstellen oder in eine Kristallstruktur in ebensolcher Weise zusätzlich eingelagerte Atome,
sodann im Kristallgitter zufolge einer Bildung von Substitutionsmischkristallen anwesende Fremdatome mit ihrer mehr oder weniger stark gestörten Nachbarschaft,
überdies irgendwelche im Gitter statistisch auftretende Störstellen, beispielsweise von der Art der mit einer plastischen Verformung der Kristalle verbundenen Gitterversetzungen oder -verhakungen.

Sehr oft läßt bereits eine bloß qualitative Betrachtung der Pulverdiagramme die Feststellung eines derartigen, *anomal steilen* Abfalls der Interferenz-Intensitäten machen und gestützt hierauf eine unverhältnismäßig *starke Aufrauhung des Kristallgitters* unmittelbar nachweisen. Dabei ist neben dem Fehlen von Linien unter hohen Beugungswinkeln gleichzeitig immer eine auffallend starke Untergrundschwärzung der Filme wahrzunehmen. Sie rührt ihrerseits her von der mit einer solchen Störung der Gitterordnung stets verbundenen *Verstärkung der diffusen Streustrahlung.* Qualitatives Vergleichen von Röntgendiagrammen reicht in solchen Fällen aus, um verschiedene Präparate unter sich auf die Beeinträchtigung der Güte ihrer Kristalle durch unregelmäßige Gitterstörungen dieser Art relativ zueinander zu kennzeichnen. Im besondern gilt dies, wenn zum Vergleich auch Proben derselben Kristallart mit praktisch vollkommenem Gitterbau zur Verfügung stehen. Es ist dann gegeben, die Präparate speziell auf die bei ihnen noch eben erkennbare «letzte» Interferenz zu prüfen, wobei diese mit zunehmender Rauhigkeit des Gitters nach immer kleinern Beugungswinkeln rücken wird. — Allgemein sind Kristallzustände solcher Art

einmal die Folge einer weitreichenden, plastischen Verformung, hier im besondern auf den Gitterstörungen in der Umgebung der Gleitebenen beruhend,
zudem sind sie anzutreffen bei abgeschreckten Materialproben oder wieder bei solchen, deren Kristalle sich bei einer verhältnismäßig tiefen Temperatur, also relativ geringer Beweglichkeit der Atome sehr rasch bildeten, damit das Kennzeichen mancher Fällungen, welchen dementsprechend ein anomal hoher Energieinhalt (Lösungswärme) und daher eine besondere Aktivität eigen ist,
schließlich sind sie nicht selten zu beobachten bei Mischkristallen, hier z. B. die Folge der um die substituierten Atome bestehenden Störungen des Normalzustandes eines Kristallgitters (Abb. 72),

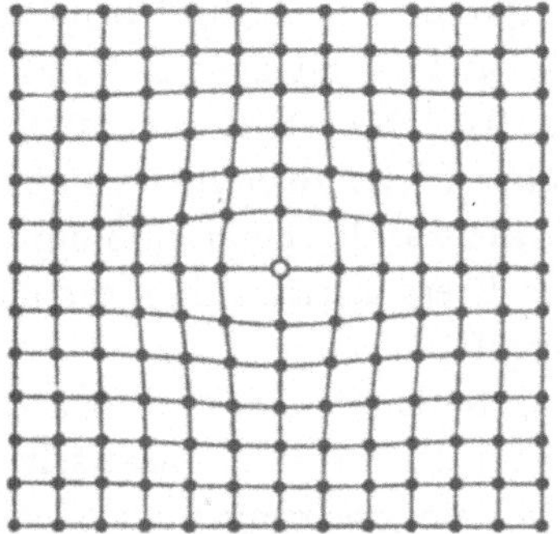

Abb. 72

Schematische Darstellung der Gitterstörung um ein Fremdatom in einem Substitutionsmischkristall.

und ebenso oftmals da, wo eine Umwandlung oder Reaktion im festen Zustand zur Ausscheidung einer neuen Kristallart führt.
Quantitative Messungen des Intensitätsabfalls an in dieser Weise gestörten Kristallgittern (ausgeführt unter ionometrischer Registrierung der Intensitäten der Interferenzen, aber auch vorzunehmen durch Photometrierung normaler Pulverdiagramme) gestatten den durchschnittlichen Störungsgrad der Gitterordnung zu charakterisieren, und zwar durch eine Bestimmung der *mittleren Störungsamplitude* der regellosen Atomverlagerungen aus den normalen Gitterplätzen. Deren Größe wurde an plastisch verformten Metallen und an aktiven Metalloxyden übereinstimmend von der Größenordnung einiger Hundertstel bis über ein Zehntel Å. E. gefunden (pyrophores Eisen ergab eine mittlere Störungsamplitude von 0,06 Å. E., Eisenfeilspäne ein solche von 0,12 Å. E.). Einem solchen Zustand erhöhter Aufrauhung des Kristallgitters läßt

sich als Kennzeichen auch jene Temperatur zuordnen, bei welcher die Wärmebewegung den regelmäßig angeordneten Gitterpartikeln jene mittlere Amplitude der Verrückung aus der Gleichgewichtslage erteilen würde, wie sie hier zufolge eines Fehlbaus des Kristalls besteht. Der letztere kann dann als das eingefrorene Abbild der Wärmebewegung bei dieser erhöhten Temperatur angesehen werden. Gleich wie die thermisch erzeugte Unordnung im Kristallgitter ist er nicht völlig identisch mit einer vollkommen regellosen Verlagerung der Atome, indem jede eintretende Verschiebung eines Atoms aus seiner Normallage auf jene der Nachbaratome einen Einfluß ausübt, somit auch hier die Atomverrückungen unter sich nicht völlig unabhängig voneinander sind. Überdies gelingt es, allerdings einzig unter Zuhilfenahme besonders empfindlicher Methoden, auch die Zunahme der diffusen Streustrahlung quantitativ zu verfolgen und kann auf solche Weise das Beobachtungsmaterial über diesen Typus recht häufiger Gitterstörungen noch erweitert werden.

II. Wird eine *Reduktion der Interferenz-Intensitäten* festgestellt, welche die Interferenzen *unter allen Beugungswinkeln,* sowohl niedrigeren wie höheren *gleichmäßig* trifft, erscheint das *Interferenzensystem derart als Ganzes mit verminderter Intensität,* so befindet sich die betreffende Phase offensichtlich *nur teilweise in kristallisierter Form und ist daneben noch in amorpher Ausbildung* vorhanden. Auf die Möglichkeit, diese Erscheinung zur Bestimmung des Gehalts an amorphem Material neben kristallinem zu verwerten, ist bereits auf S. 81 hingewiesen worden. Auch in diesem Falle wird übrigens parallel zur allgemeinen Schwächung der Linien-Intensitäten eine wesentliche Zunahme der diffusen Streustrahlung gefunden, was sich wiederum in einer anomal starken Untergrundschwärzung äußert.

Außer derartigen Fällen, wo kristallisierte und amorphe Anteile in getrennten Phasen nebeneinander auftreten, ist jedoch auch deren Vereinigung innerhalb ein und derselben Phase möglich, etwa in Form einer Einlagerung amorpher Zwischenschichten in Schichtstrukturen (siehe S.122), im Auftreten vagabundierender Gitterbestandteile, sodann darin, daß nur ein Teil der Atome einer Kristallstruktur raumgitterartig gruppiert, die übrigen Atome in diesem starren Träger eines Kristallgebäudes statistisch verteilt sind und zudem, einer eingelagerten Flüssigkeit vergleichbar, eine erhöhte Beweglichkeit im Gitter besitzen. Von allen diesen Erscheinungen wird in Kapitel VII nochmals die Rede sein. Überdies muß in diesem Zusammenhang erneut auf die bereits S. 48 im Einzelnen charakterisierten gemischten, aus kristallisierten und amorph-festen (pseudoamorphen, parakristallinen und echt amorphen) Bereichen bestehenden Phasen hingewiesen werden. Hinweise auf die Möglichkeit, derart konstituierte Festkörper auf röntgenographischem Wege näher zu kennzeichnen, wurden bereits S. 83 gegeben.

III. Neben diesen Möglichkeiten einer allgemeinen Schwächung der Interferenz-Intensitäten kann eine Herabsetzung der Intensität *nur* bei *einzelnen* Interferenzlinien auftreten, *eine selektive Reduktion der Interferenz-Intensitäten,* unter Umständen gar der *Ausfall einer Reihe von Interferenzen* wahrzunehmen sein. Solche Verhältnisse können sich ergeben, wenn *Kristalle nur nach einer oder zwei Richtungen merkliche Dimensionen* erreichen, *in den andern dagegen «molekular» klein* sind, so daß in diesen letztern und ihnen benachbarten Richtungen die Anzahl hintereinander liegender Netzebenen zur Erzeugung von Kristallinterferenzen nicht ausreicht. Stoffe mit Schichtstrukturen liefern bei solcher, praktisch nur zweidimensionaler Ausbildung der Kristalle von extrem laminarer Gestalt, wenn sie keine Regelung nach der Blättchenebene aufweisen, keine Interferenzen an der zu den Schichten parallel laufenden Netzebene (zumeist als Basisfläche gewählt) noch an den dazu wenig geneigten Netzebenen (in der Regel Pyramidenflächen), sondern nur Linien, welche von Netzebenen senkrecht zu den Schichten herrühren (in hexagonaler Aufstellung mit den Schichten parallel (001) also keine Basis- und Pyramiden-Reflexe, sondern einzig Interferenzen in der Prismenzone $(hk0)$). Was bei weniger extrem geartetem Habitus zur selektiven Linienverbreiterung führt (siehe S. 121), kann so schließlich zum Linienausfall Anlaß geben.

Aber auch *besondere Formen periodisch gearteter Störungen in Kristallgittern* können zu einer selektiven Herabsetzung einzelner Interferenz-Intensitäten, ja zum gänzlichen Verschwinden einzelner Linien der Pulverdiagramme führen, so beispielsweise bei Schichtstrukturen die periodisch erfolgende Einlagerung amorph oder doch entschieden stark ungeordneter Zwischenschichten zwischen Pakete mit in sich normaler Gitterordnung. Wo endlich Umwandlungen oder chemische Reaktionen in Kristallen einen nur geringfügigen Umbau ihrer Strukturen bewirken, im besondern, wenn Phasen mit geordneter Atomverteilung in solche mit ungeordneter Atomgruppierung übergehen, wobei sämtliche oder nur ein Teil der Atome erfaßt wird, ist gleichfalls die Erscheinung eines Ausfalls einzelner Interferenzen zu beobachten. Ihrerseits ist dies das Kennzeichen dafür, daß die ungeordnete Atomanordnung sich hinsichtlich ihrer Periodizität mit einer kleineren Elementarzelle beschreiben läßt als die Struktur mit geordneter Atomverteilung. Im übrigen leitet der Fall bereits zu dem Phänomen der Umwandlung einer Kristallart in eine andere über und wird daher im Zusammenhang mit den im kristallisierten Zustand möglichen Umwandlungen und chemischen Reaktionen des nähern zu betrachten sein (siehe S. 165).

Selektive Schwächung von Interferenzen kann sich außerdem zufolge bestimmter *Absorptionseffekte* einstellen, was gleichfalls mit der Kristallgestalt zusammenhängen kann, jedoch nicht nur bei submikroskopisch kleinen, sondern auch bei größern Kristallen möglich ist. Optimale Bedingungen für die Beugung der einfallenden Röntgenstrahlen bieten, wie Abb. 73 erkennen läßt, stets die Netzebenen, welche den Umgrenzungsflächen der Kristalle (den äußern Kristallflächen) parallel laufen, und jene, welche den Kristallflächen nahestehen, im Gegensatz zu den Netzebenen, die zur Kristalloberfläche stark geneigt

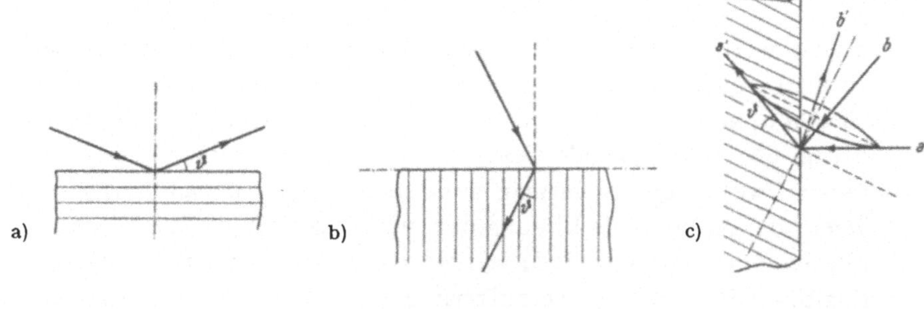

Abb. 73

Selektive Schwächung von Interferenzen zufolge eines bestimmten Kristallhabitus: im ersten Fall (a) fällt der Interferenzstrahl in jeder Stellung des Kristalls nach außen; im zweiten Fall (b) umgekehrt bei jeder Kristallstellung ins Kristallinnere, während der Fall (c) eine Mittelstellung einnimmt: hier fällt der Strahl $b \to b'$ außerhalb, der Strahl $a \to a'$ innerhalb des Kristalls. Bei (b) ist maximale Schwächung, bei (c) partielle Schwächung der Interferenz-Intensität zu erwarten.

sind, weil hier der an ihnen abgebeugte Strahl in den Kristall hineinreflektiert und von diesem absorbiert wird. Sind alle zur Interferenz kommenden Kristalle von gleichem Habitus, so folgt hieraus eine Verstärkung der einen und im besondern *eine Schwächung der andern Interferenzlinien je nach der Lage der sie erzeugenden Netzebenen zu den äußern Kristallflächen*. Besonders deutlich ist diese Entstellung der Interferenz-Intensitäten wahrzunehmen, falls die fragliche Kristallart für die verwendete Röntgenstrahlung ein merkliches Absorptionsvermögen besitzt. Bedeutsam wird sie für eine *Bestimmung der Kristallform bei linearen Kristallgrößen über* 10^{-6} *cm*, weil hier eine Habitusbestimmung auf Grund einer selektiven Linienverbreiterung dahinfällt. Der sichere Nachweis derartiger Absorptionseffekte als besonderer Ausdruck des Kristallhabitus kann nicht immer dadurch er-

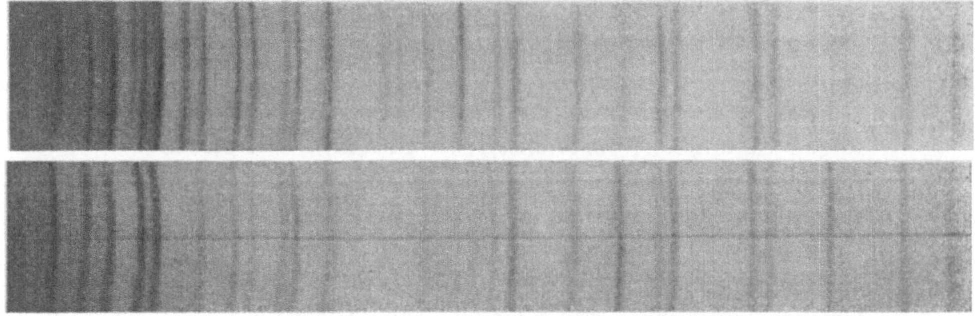

Abb. 74

Unterschiede in den Interferenz-Intensitäten zufolge verschiedenen Kristallhabitus (synthetischer und natürlicher Wollastonit, β-$CaO \cdot SiO_2$).

bracht werden, daß die durch Pulverisierung feinkörniger gemachte Probe vergleichsweise untersucht wird: Kristalle mit einer ausgesprochenen Spaltbarkeit werden nämlich auch nach dem Pulverisieren wiederum übereinstimmende Gestalt, die gleiche wie zuvor oder eine andere aufweisen und es vermag erst eine besondere Behandlung wie Anätzen oder Anlösen die Bildung unregelmäßiger Kristallgestalten zu erreichen. Im Gegensatz dazu werden Kristallarten ohne hervorragende Spaltbarkeit nach ihrer Zerpulverung auf feineres Korn Interferenzen mit normaler Intensitätsabfolge liefern, so daß sich hier geeignete Standardproben verhältnismäßig leicht herstellen lassen.

Selektives Ausfallen von einzelnen Interferenzen ist gleichfalls bei *Elektronenbeugungsdiagrammen* eine typische Erscheinung: Sie hat ihren Grund hier darin, daß submikroskopisch glatte Kristalloberflächen keine scharfen und hinreichend intensiven Elektroneninterferenzen zu liefern vermögen, indem an solchen Flächen spiegelnde Reflexion der Elektronen verbunden mit nennenswertem Brechungseffekt erfolgt (siehe bereits S. 95). Sind nun die Kristalle von submikroskopisch glatten und rauhen Flächen begrenzt, so werden in ihrem Elektronendiagramm die den *glatten Flächen zugehörigen Interferenzen fehlen* oder doch stark zurücktreten, dementsprechend *nur Interferenzen von rauhen Flächen* wahrzunehmen sein. Dabei lehrt die Erfahrung, daß Spaltflächen sehr oft (aber nicht immer) zu den glatten Flächen zählen, ihre Interferenzlinien in der Elektronenbeugungsaufnahme daher erst auftreten, wenn die Kristalle als Ganzes für die Elektronen durchlässig sind, also lineare Abmessungen unter 10^{-5}, bei höheren Atomgewichten gar unter 10^{-6} cm besitzen. Den Röntgenbefund ergänzend, lassen derartige Beugungsversuche mit schnellen Elektronen insbesondere den *submikroskopischen Rauhigkeitsgrad* verschiedener Kristallflächen beurteilen und zwar auch bei bloß mikroskopischer oder noch kleinerer Größe des einzelnen Kristallindividuums.

IV. Das *Auftreten «neuer» Interferenzen,* sog. *Überstrukturlinien,* ist allgemein ein Beweis dafür, daß die Periodizität in der regelmäßigen Atomanordnung einer Kristallstruktur nach größern Abständen (Identitätsperioden) erfolgt als zuvor, *die Elementarzelle* durch Verdoppelung (Vervielfachung) einer oder mehrerer ihrer Kantenlängen *eine Vervielfachung erfahren* hat. Sie ist, wo bis jetzt beobachtet, mit tiefer greifenden Wandlungen einer Kristallart als bloßen Änderungen ihres Zustandes verbunden, im besondern mit dem Übergang einer ungeordneten Phase in eine geordnete, und ist daher wie ihr Gegenstück, das Ausfallen von Interferenzen zufolge von Umwandlungen der Kristallarten, im Zusammenhang mit dem Übergang einer Kristallart in eine andere näher zu erörtern (siehe S. 165).

c) *Ungleiche Intensität* der Interferenzlinien *in peripherer Richtung* äußert sich darin, daß die Linien aus *Segmenten erhöhter und solchen verminderter Schwärzung* bestehen, unter Umständen gar vollkommen *in einzelne Sicheln aufgespalten* erscheinen, wobei die Lage der Sicheln bei den einzelnen Linien teilweise verschieden, teilweise dieselbe ist. Solche Linienbeschaffenheit besagt, daß die Kristalle im Haufwerk nicht alle

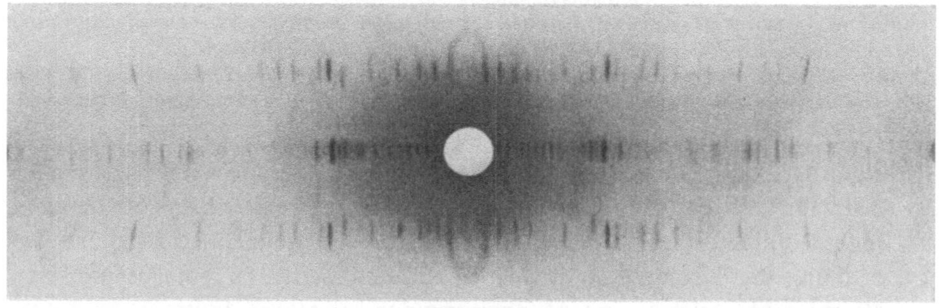

Abb. 75

Faserdiagramm an Hornblendeasbest mit vollkommener Regelung der Fasern und unbeeinträchtigtem Gitterbau; vergleiche damit Abb. 76.

möglichen Lagen einnehmen (oder doch nicht mehr in allen möglichen Lagen mit gleicher Häufigkeit auftreten), sondern sich auf gewisse Positionen beschränken (oder diese doch bevorzugen), die Kristalle dementsprechend *im Haufwerk nicht regellos angeordnet sind,* sondern diesem letztern eine *bestimmte Regelung der Kristalle,* eine *besondere Textur*

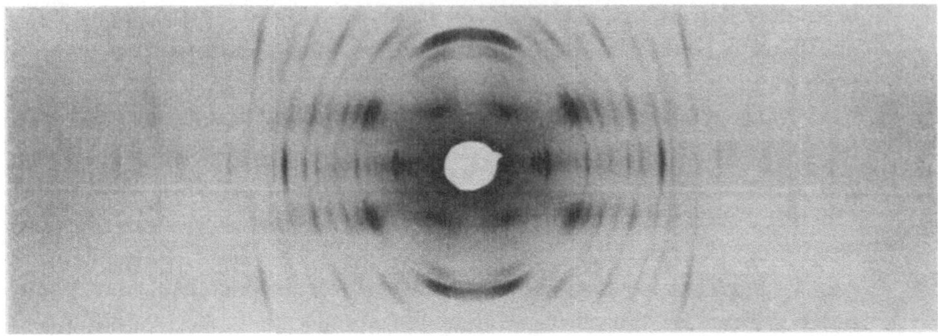

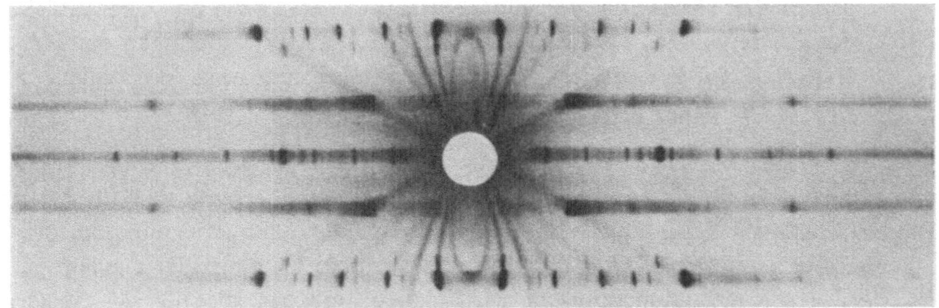

Abb. 76

Faserdiagramme an Chrysotilasbesten:
oben: mit verhältnismäßig starker Streuung der Fasern um die bevorzugten Lagen, indessen mit weitgehend vollkommenem Gitterbau der Einzelfaser;
unten: geringere Streuung um die Vorzugslagen, jedoch mit beträchtlicher Störung des Gitterbaus (in den kontinuierlichen Schwärzungslinien in Richtung der Schichtlinien zum Ausdruck kommend).

eigen ist. Dabei ist jedoch auch hier wie bereits zuvor (siehe S.106) bedeutsam, daß peripher gleichmäßig intensive Linien zwar notwendiges, indessen nicht hinreichendes Kriterium für die vollkommen regellose Anordnung der Kristalle sind, weil es nämlich Texturen, sog. pseudostatistische gibt, welche keine Aufspaltung der Interferenzlinien in Segmente bedingen (deren Lagemannigfaltigkeit der Kristalle wirkt sich im Interferenzversuch gleich aus wie eine gleichmäßige Besetzung aller überhaupt nur denkbaren Kristall-Lagen). Anzahl und besondere Gruppierung der Segmente erlauben, die geometrische Eigenart einer Textur näher zu kennzeichnen, zumeist so, daß angegeben wird, welche Stellung bestimmte Lageelemente am Einzelkristall (Kristallachsen oder -flächen) gegenüber morphologisch auffallenden Bezugsrichtungen wie Faserachsen, Filmebenen, Walzebenen und -richtungen einnehmen: also etwa mit welcher Kristallachse die einzelnen Kristalle der Faserachse parallel gestellt sind, mit welcher Kristallfläche die Kristalle der Ebene des von ihnen gebildeten Films parallel laufen usw. Bei jeder Interferenzlinie entspricht jedem Segment erhöhter Schwärzung (jeder Sichel) eine bevorzugte Stellung der diese Interferenz erzeugenden Netzebene: die Gesamtheit der Sicheln auf einer Linie ist daher ein Abbild der von der zugehörigen Netzebene eingenommenen Vorzugslagen. Die Kombination der für die verschiedenen Netzebenen unmittelbar anzugebenden Lagemannigfaltigkeiten führt zur Kenntnis der von den Kristallen als solchen eingenommenen Lagemannigfaltigkeit. Die Orientierung dieser letztern relativ zu dem charakteristischen Bezugselement am Haufwerk ergibt die oben umschriebene geometrische Darstellung der vorliegenden Textur. Dabei sind wo immer möglich mehrere Röntgendiagramme mit verschiedener Lage des einfallenden Strahls zu dem am Haufwerk auffallenden Lageelement anzufertigen, also nicht nur Aufnahmen mit zur Faserachse senkrecht einfallendem Primärstrahl, sondern auch solche mit zum letztern schief gestellter Faser, Aufnahmen sowohl mit zur Walzebene senkrechtem als auch ihr parallel laufendem Primärstrahl usw. Jedes Diagramm hat dann die entsprechende Deutung als eine Abbildung der von den Kristallen realisierten Lagemannigfaltigkeit zu erfahren. Selbstverständlich sind alle Präparate in eindeutiger Orientierung zu den morphologischen Bezugselementen des Haufwerks anzufertigen, auch darf mit der Zubereitung der Proben keinerlei Störung der im Haufwerk bestehenden Kristallregelung verbunden sein. — Während den Röntgendiagrammen die der einzelnen Netzebene zufallende Lagemannigfaltigkeit eindeutig zu entnehmen ist, braucht jedoch die weitere Interpretation des Röntgenbefundes nicht notwendig nur in *einer* Form möglich zu sein. In einzelnen Fällen kann sich vielmehr ein und dieselbe Lagemannigfaltigkeit der reflektierenden Netzebenen durch verschieden geartete Texturen beschreiben lassen, ist überdies auch die Erscheinung einer graduell verschieden ausgeprägten, bald mehr, bald weniger ausgesprochenen Regelung eines Kristallhaufwerks nicht immer eindeutig zu begründen.

Unter Umständen ist eine Aufspaltung in Segmente *nicht bei allen*, sondern *einzig bei einem Teil* der Interferenzlinien festzustellen, so daß dann nebeneinander peripher homogen geschwärzte und in Sicheln aufgespaltene Linien erscheinen. Solche *partielle* Segmentaufspaltung ist das Anzeichen einer *Vororientierung* der Einzelkristalle, wie sie oftmals als Übergang zwischen regelloser und geregelter Kristallanordnung angetroffen wird. Es sind dann die Kristalle erst mit einer bestimmten *Fläche* einer bevorzugten Richtung (etwa der Dehnungsrichtung oder einer Richtung ausgezeichneten Wachstums) parallel gestellt, im übrigen aber in ihrer Lagemannigfaltigkeit noch unbeschränkt. Um zu einer vollständigen

Regelung der Kristalle zu gelangen, hat zusätzlich eine Drehung der vororientierten Netzebenen einzutreten, wodurch sich dann in allen Kristallen eine bestimmte Richtung in der fraglichen Netzebene parallel der Vorzugsrichtung des Haufwerks einstellt. Im Falle mechanisch erzeugter Texturen kann in der Tat durch Anwendung einer größern Dehnung häufig dieser Übergang des partiell orientierten Kristallaggregats in das total geregelte in allen Einzelheiten verfolgt werden.

Besonders verbreitete Texturen sind:

einfache Fasertextur, bei welcher sämtliche Kristalle mit einer bestimmten Richtung der Faserachse parallel liegen, somit bei senkrecht zur Faserachse einfallendem Primärstrahl ein Röntgendiagramm erhalten

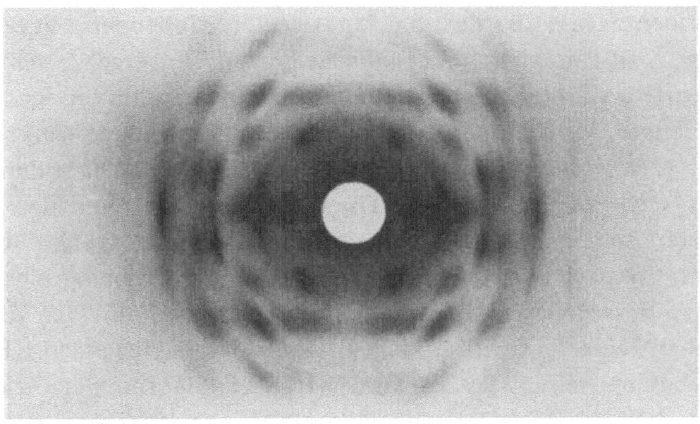

Abb. 77

Faserdiagramm an einer organischen Faser (Ramie).

wird, welches grundsätzlich mit der Drehkristall-Aufnahme an einem einzelnen Kristall, hergestellt mit der Faserachse als Drehachse, übereinstimmt: im letztern werden von ein und demselben Kristall sukzessive nacheinander alle Lagen eingenommen, in denen sich die einzelnen Kristalle der einfachen Faser gleichzeitig nebeneinander vorfinden (sog. *Faserdiagramm);*

Spiralfasertexturen, ihrerseits dadurch gekennzeichnet, daß hier die sämtlichen Kristalle eine bestimmte kristallographische Richtung in bestimmter Neigung zur Faserachse (statt wie zuvor parallel zu derselben) aufweisen;

Ringfasertexturen als Sonderfall der Spiralfasern, indem hier die Kristalle mit der ausgezeichneten Richtung senkrecht auf der Faserachse stehen.

In *Filmen* kann etwa, insofern es sich um solche vom Charakter eines Kristallhaufwerks handelt (siehe über Filme anderer Art S. 52), eine Ausrichtung der Kristalle durch Parallellagerung nach einer bestimmten Fläche (meist der Blättchenebene der hierfür im besondern in Betracht fallenden laminar entwickelten Kristallarten mit Schichtstrukturen) vorliegen, wobei die einzelnen Kristallindividuen gegeneinander beliebige Verdrehungen um die Normale der fraglichen Fläche aufweisen können, im Gegensatz zu den *Walztexturen,* wo nicht nur eine Regelung der Kristalle durch Einstellen einer bestimmten Fläche parallel zur Walzebene besteht, sondern außerdem eine bestimmte Richtung aller Kristalle der Walzrichtung parallel gerichtet erscheint.

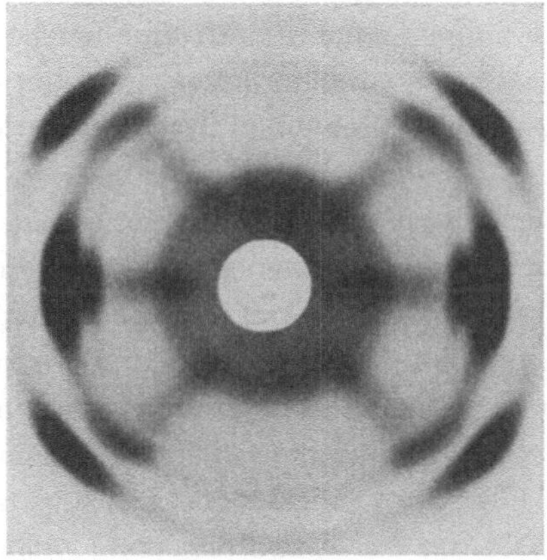

Abb. 78

Röntgendiagramm mit dem Anzeichen einer Walztextur (Aluminiumfolie senkrecht zur Folienebene durchstrahlt).

Nicht immer ist nur eine einzige Regelung wirksam, sondern es können mehrere gleichzeitig nebeneinander verwirklicht sein: So stellen die sog. *mehrfachen* Fasertexturen eine Überlagerung mehrerer einfacher Fasertexturen dar, indem dann eine erste Gruppe von Kristallen mit einer ersten Richtung, eine zweite Gruppe von Kristallen mit einer andern Richtung usw. parallel zur Faserachse stehen.

Sehr oft sind die in realen Kristallhaufwerken anzutreffenden Texturen nur Annäherungen an die oben genannten und ähnliche «Idealtexturen». Auch darüber vermag die Beschaffenheit der Interferenzlinien einen Anhalt zu geben: zunächst läßt die Schwärzungsdifferenz zwischen den in der Intensität verstärkten Segmenten und den hierin geschwächten beurteilen, welcher Anteil der Kristalle sich in geregelter Lage befindet:

Verschwindet nämlich die Interferenzlinie zwischen den Sicheln vollkommen, so daß diese allein übrig bleiben, so erfaßt die Regelung praktisch sämtliche Kristalle. Weist hingegen die Linie längs ihres ganzen Umfanges eine gewisse Intensität auf und erscheinen die Sicheln dieser bloß als zusätzliche Verstärkung überlagert, so ist offensichtlich nur ein Teil der Kristalle in der bevorzugten Lagerung vorhanden, wogegen sich der Rest entweder in regelloser Anordnung oder in einer pseudostatistischen Textur befindet. Dazu ist die Länge der Segmente ein Maß für die *Streuung der Kristall-Lagen* um die durch eine Textur vorgeschriebenen Vorzugspositionen der Kristalle: kurze Segmente weisen auf eine vollkommenere Einstellung der Einzelkristalle mit ihren Achsen oder Flächen nach den morphologisch ausgezeichneten Richtungen oder Ebenen im Haufwerk, während lange Segmente auf eine beträchtliche Streuung der Kristalle um die Ideallage schließen lassen; ja es kann aus der Länge der Segmente das Ausmaß der bestehenden Streuung gar quantitativ bestimmt werden.

Geregelte Haufwerke sind oft die Folge einer plastischen Verformung von polykristallinem Material oder aber eines besonders ablaufenden Kristallisationsprozesses, wenn nicht eines entsprechend gearteten natürlichen Wachstums von Kristallen organischer oder anorganischer Zusammensetzung, schließlich sind sie auch bekannt geworden als Ergebnis topochemischer Reaktionen. Dabei kann es sich bald um ein geregeltes Kristallwachstum oder den Übergang einer regellosen Kristallanordnung in eine geregelte handeln, bald um die Wandlung einer primären Textur in eine anders geartete, um eine *Umregelung* eines Kristallhaufwerks.

Ganz entsprechend den Röntgenaufnahmen können auch mit *Elektronen* angefertigte *Beugungsdiagramme* in einzelne Sicheln aufgespaltene Interferenzlinien aufweisen. Auch hier sind sie das Kennzeichen geregelter Kristallaggregate. Elektronenbeugungsversuche werden röntgenographische Untersuchungen gleichfalls vor allem dann ergänzen, unter Umständen sogar ersetzen, wenn nach der Anordnung der Kristalle in extrem dünnen Schichten, beispielsweise erhalten durch Aufdampfen oder Niederschlagen von Kristallarten auf feste Oberflächen, gefragt wird. Abtasten des Präparats unter gleichzeitiger Beobachtung des Interferenzbildes auf dem Leuchtschirm gestattet hier im besondern, die texturellen Verhältnisse über ein größeres Flächenelement einer vergleichenden Betrachtung zu unterziehen.

d) *Verschiebungen der Interferenzlinien,* so daß diese statt unter ihren normalen Beugungswinkeln unter «zu kleinen» oder «zu großen» Winkeln erscheinen; auch hier (wie oben S. 110) handelt es sich um das Anzeichen einer *Gitteraufweitung* oder einer *Gitterschrumpfung,* im einzelnen völlig übereinstimmend mit dem unter A. e) (S. 110) Ausgeführten.

Alle in der vorstehenden Übersicht angegebenen Erscheinungen einer besondern Linienbeschaffenheit in Pulverdiagrammen treten nicht nur einzeln für sich auf, sondern werden daneben auch in mannigfachen Kombinationen angetroffen: So können etwa sehr kleine Kristalle von ausgesprochenem, speziellem Habitus mit wesentlichen Störungen der normalen Gitterordnung in geregelter Anordnung ein Kristallhaufwerk aufbauen, so daß an diesem ein Röntgenogramm mit allgemein verbreiterten Linien, *dazu* mit einem anomal steilen Abfall ihrer Intensitäten *und* einer Aufspaltung in Segmente, mit einem charakteristischen Ausfallen einzelner Interferenzen und endlich mit einer starken Untergrundschwärzung erhalten wird. Im Hinblick auf die besondere Mannigfaltigkeit, welche den Gitterstörungen eigen ist, und in Anbetracht der besondern Bedeutung, welche hier der röntgenographischen Untersuchung unbestritten zufällt, mag eine zusammenfassende Übersicht über die Haupttypen und besondern röntgenographischen Kennzeichen der Gitterstörungen (Tabelle III) gegeben erscheinen. In diesem Zusammenhang sei angefügt, daß mit anomal kleiner Kristallgröße häufig eine Veränderung der Gitterkonstanten Hand in Hand geht, oft nur in einer Richtung (bei Graphit zum Beispiel nur in Richtung der c-Achse), oft in einer allgemeinen Aufweitung des Gitters sich auswirkend wie etwa bei vielen topochemisch hergestellten, aktiven Oxyden. Und schließlich sei nicht vergessen, daß es sich bei manchen der vorstehend erörterten, besondern Kristallzustände noch um erste, von einem gewissen Schematisieren nicht freie Deutungen handelt, so daß das *individuelle* Bild der anomalen Zustände einer Kristallart darin nur unvollkommen zum Ausdruck kommen kann.

TABELLE III

Haupttypen von Gitterstörungen und ihre röntgenographische Kennzeichen

(nach U. Dehlinger, R. Fricke, A. Kochendörfer u. a.)

Gitterdehnungen oder Gitterschrumpfungen	Verschiebungen der Interferenzlinien zu kleinern oder größern Beugungswinkeln, unter Umständen verbunden mit einer Aufspaltung der Linien, wenn sich die Symmetrie des Gitters ändert.
Schwankungen der Gitterkonstanten zwischen Bereichen über 500 Å.E. mittlerer Größe	Verbreiterung der Interferenzlinien ohne Veränderung ihrer Intensitäten, unter niedrigen Beugungswinkeln sehr klein, unter den höchst möglichen Beugungswinkeln sehr groß ausfallend.

Schwankungen der Gitterkonstanten von periodischem Charakter innerhalb von Bereichen unter 500 Å.E. mittlerer Größe	Verbreiterung der Interferenzlinien ohne mer' liche Veränderung ihrer Intensitäten, wie zuvc unter kleinen Beugungswinkeln sehr klein, ur ter den höchst möglichen Beugungswinkeln seh groß ausfallend.
Unregelmäßige («wärmeschwingungsähnliche») Gitterstörungen unter statistischer Verlagerung der Atome (Aufrauhung des Gitters)	Zunehmende Schwächung der Interferenz-Intensitäten mit wachsendem Beugungswinke ohne nennenswerte Verbreiterung der Linien jedoch mit gleichzeitig verstärkter, diffuser Streustrahlung.
Beimengung von amorphem Material (bevorzugt interkristallin erfolgend)	Gleichmäßige Herabsetzung der Intensität aller Interferenzen unter Verstärkung der diffusen Streustrahlung.
Besondere Störungstypen (vor allem von Schichtgittern bekannt)	Selektive Verbreiterung einzelner Interferenzlinien und (oder) selektiver Abfall einzelner Interferenz-Intensitäten, Auftreten kontinuierlicher Schwärzungslinien bei Einkristall-Aufnahmen.

Kennzeichnung des Kristallzustandes mittels Einkristall-Methoden

4. Die hinsichtlich einer *besondern Beschaffenheit* an den *Interferenzflecken von Laue-Aufnahmen, Drehkristall- und Goniometer-Diagrammen,* allgemein an Einkristall-Aufnahmen wahrnehmbaren Erscheinungen stehen in mehr als einer Beziehung den an den Linien der Pulverdiagramme festzustellenden so nahe, daß hier eine kurz gefaßte Darstellung genügen kann. Auf eine planmäßige Behandlung verzichtend mögen diejenigen Fälle besonders herausgehoben werden, welche in der Praxis röntgenographischer Untersuchungen im Zusammenhang mit Fragestellungen aus der Chemie die Hauptrolle spielen.

A. *Orientierung von Einkristallen* bedarf der Anwendung röntgenographischer Verfahren vor allem dann, wenn es sich um Kristalle ohne äußere Flächenbegrenzung handelt, eine Orientierung zerstörungsfrei erfolgen soll, die Größe des «Einkristalls» eine Anwendung kristalloptischer Methoden verbietet oder aber besondere Umstände (isotrope Kristallarten, Orientierung einer wirteligen Kristallplatte senkrecht zur Wirtelachse usw.) eine solche grundsätzlich ausschließen. Zu diesem Zweck eignet sich vor allem das Laue-Verfahren: Die Symmetrie der Laue-Aufnahme gewährt Einblick in die Symmetrieverhältnisse des fraglichen Kristalls in Richtung des einfallenden Strahls. Das Ergebnis der Bestimmung ist allerdings nicht für jede Kristallklasse, sondern einzig für die elf Laue-Gruppen verschieden.

Wird die Durchstrahlungsrichtung so getroffen, daß sie parallel einem Symmetrie-Element des Kristalls läuft, so zeigt das entstehende Interferenzmuster eine entsprechend symmetrische Anordnung der Interferenzpunkte, so daß aus symmetrisch beschaffenen Laue-Diagrammen sich unmittelbar Lage und Art der Symmetrie-Elemente im Kristall angeben lassen. Entweder wird dabei vom Kristall unter fortgesetzter schrittweiser Änderung seiner Lage zum einfallenden Strahl eine Reihe von Laue-Bildern

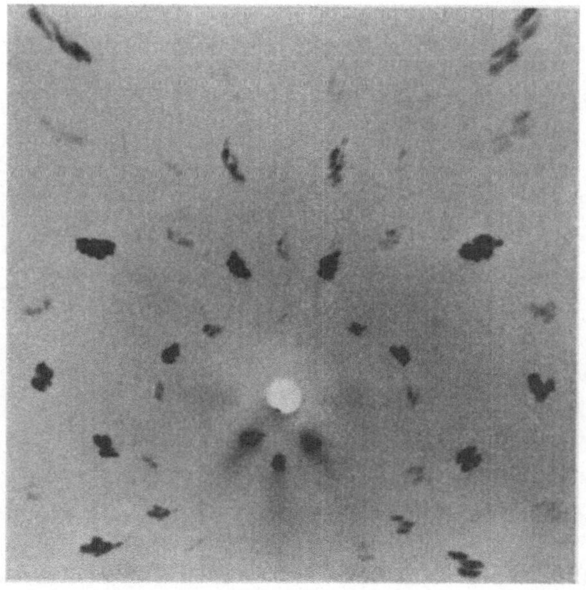

Abb. 79

Laue-Aufnahme an einem scheinbaren Einkristall, aufgebaut aus wenig verschieden orientierten Teilindividuen, von denen jede Aufnahme mehrere zugleich erfaßt (Fall [b] von Abb. 81; Lithiumfluorid).

hergestellt, bis ein symmetrisches Laue-Diagramm resultiert und dann diese Lage des Kristalls mit äußern Kennzeichen des Kristallstücks in Beziehung gebracht, oder aber es wird an den zunächst erhaltenen, unsymmetrischen Laue-Aufnahmen unmittelbar eine Lagebestimmung der bekannten Richtung des einfallenden Strahls zu den Symmetrie-Elementen des Kristalls vorgenommen durch Umzeichnen des Interferenzmusters in eine stereographische Projektion und Umwälzen der letztern in eine symmetrische Gruppierung der Interferenzpunkte. Die Orientierung von Einkristallen erweist sich vor allem notwendig, wenn an ihnen sich abspielende, physikalische oder chemische Vorgänge mit Rücksicht auf die *Anisotropie* der Kristalle untersucht werden sollen, ferner stets dann, wenn eine *optimale Ausnützung richtungsabhängiger Kristalleigenschaften* angestrebt wird.

B. *Aufspaltung der Interferenzpunkte in Gruppen solcher,* eine Erscheinung, welche darauf beruht, daß oft auch äußerlich homogene und fehlerfreie Kristalle tatsächlich einen komplexen *Aufbau aus Teilindividuen* besitzen. Diese letztern können dabei einzeln makroskopische, mit der Größe des scheinbaren Einkristalls vergleichbare Dimensionen oder wesentlich kleinere Abmessungen aufweisen. Werden, genügende Größe dieser Teil-

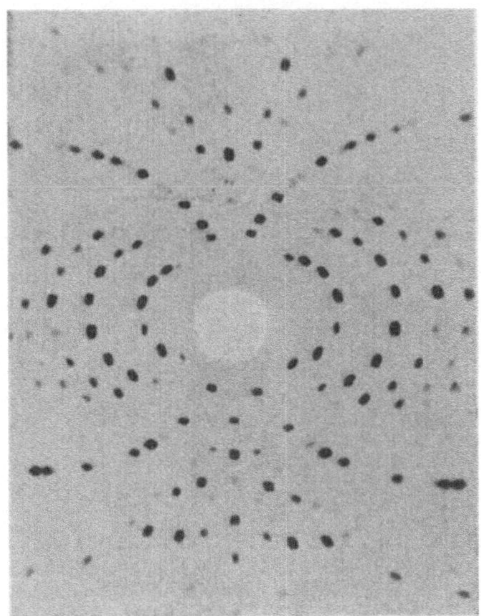
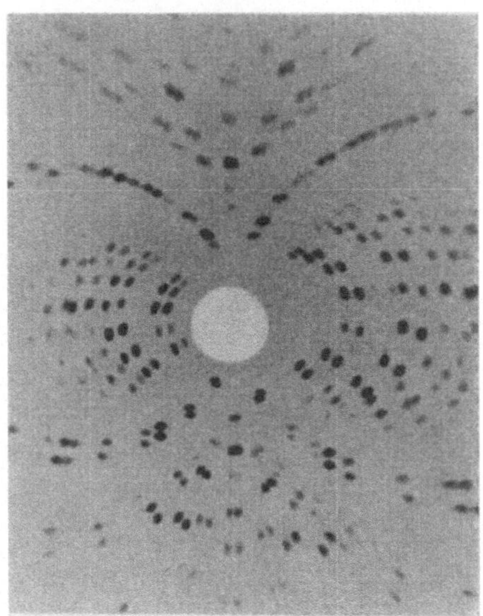

Abb. 80

Laue-Aufnahmen an einem scheinbaren Einkristall, wobei jedes Diagramm ein einziges Teilindividuum erfaßt (Fall [a] der Abb. 81). Links: Aufnahme bei einer bestimmten Kristallstellung; rechts: auf dem gleichen Film dazu das Diagramm aufgenommen, das sich nach einer Parallelververschiebung des Kristalls ergibt. Die Aufnahme rechts erscheint als Überlagerung von zwei einfachen Interferenzmustern von der Art der Aufnahme links. Die beiden Teilindividuen sind um 2,5° gegeneinander verdreht (Quarz).

individuen vorausgesetzt, Laue-Diagramme an *einzelnen* unter ihnen aufgenommen, so enthalten diese nach wie vor scharfe Interferenzpunkte, indessen in einer von Teilindividuum zu Teilindividuum etwas wechselnder Anordnung entsprechend den unter diesen bestehenden, gegenseitigen Verdrehungen (siehe Abb. 80). Falls sich am Zustandekommen einer Laue-Aufnahme dagegen *mehrere* Teilindividuen gleichzeitig beteiligen, treten an Stelle der einzelnen Interferenzpunkte Gruppen solcher (Abb. 79) und es ist, was zuvor in verschiedenen Diagrammen erschienen ist, jetzt in einem einzigen

Laue-Bild vereinigt. Auch hier gibt die Größe der Aufspaltung ein Maß für die zwischen den einzelnen Teilindividuen bestehenden Lageunterschiede, die Zahl der Punkte, in welche der normalerweise allein vorhandene Interferenzfleck sich aufteilt, einen Hinweis auf die Zahl der vom Primärstrahl getroffenen Teilindividuen (es können dann je nach der gewählten Blendengröße entsprechend einem verschiedenen Querschnitt des einfallenden Strahlenbündels Aufspaltungen in eine größere oder kleinere Zahl von Punkten erhalten werden).

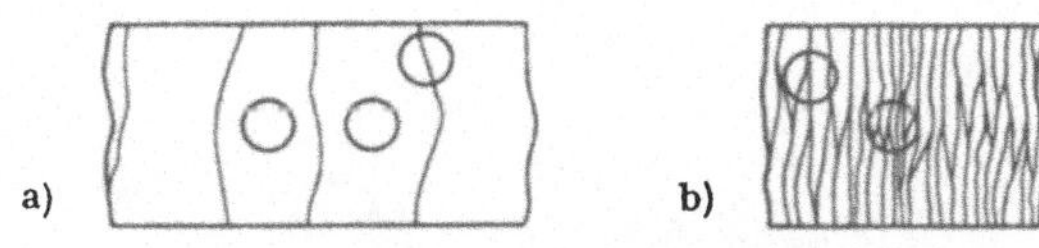

Abb. 81

Aufbau von scheinbaren Einkristallen aus Teilindividuen und ihre röntgenographische Untersuchung (Kreise = angestrahlter Bereich);
links: jede Aufnahme erfaßt ein einzelnes Teilindividuum, eventuell deren zwei (Abb. 80);
rechts: jede Aufnahme erfaßt eine größere Zahl von Teilindividuen (Abb. 79).

C. *Periphere und radiale Verbreiterung der Interferenzpunkte:* Was unter A) auf S. 100 für die Verbreiterung der Einzelinterferenzpunkte in Pulverdiagrammen erörtert wurde, kann sich in ganz derselben Manier auch bei den Interferenzflecken der Einkristall-Aufnahmen einstellen: Gleichfalls hier ist eine periphere Verbreiterung der Interferenzpunkte (Abb. 54) und eine solche in radialer Richtung von der Form der *Asterismen* (Abb. 82) das *Anzeichen eines gestörten Kristallbaus,* wie er im einzelnen bereits S. 101 und 107 erläutert wurde, auch beim Einkristall die Folge einer plastischen Verformung des Kristalls oder besonderer Wachstumsbedingungen, während die unter höhern Beugungswinkeln wahrnehmbare radiale Verbreiterung der Interferenzflecken, mit einer Beeinträchtigung oder einem völligen Verschwinden ihrer Aufspaltung in das K_α-Dublett verbunden, auf *Gitterkonstantenschwankungen* hinweist, ihrerseits durch die nämlichen Umstände hervorgerufen, wie sie für den Fall polykristallinen Materials S. 109 ihre eingehende Behandlung fanden.

D. Auch *Verschiebungen der Interferenzflecken,* bedingt durch anomale Beugungswinkel zufolge abweichender Werte der Gitterkonstanten, lassen sich im besondern an Drehkristall-Aufnahmen feststellen, und zwar in speziell empfindlicher Weise, wenn diese nach der asymmetrischen Methode angefertigt werden. Aus Präzisionsmessungen der Gitterkonstanten (siehe S. 67) ist auch bei Einkristallen nach dem früher angegebenen Weg (S. 65) die Bestimmung ihrer besondern chemischen Zusammensetzung möglich. In einzelnen Fällen, anscheinend vor allem bei komplexer gebauten Verbindungen sind mittels Präzisionsaufnahmen auch *geringe Schwankungen der Gitterkonstanten von Kristall zu Kristall* gefunden worden, deren Ursache noch nicht völlig geklärt, indessen nicht in einer verschiedenen Reinheit der Kristalle zu suchen ist.

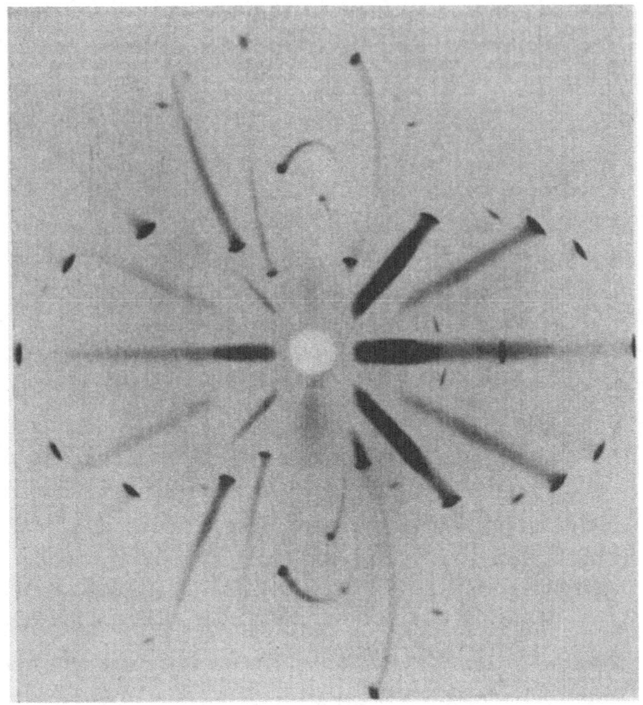

Abb. 82

Asterismus in Laue-Aufnahme zufolge plastischer Verformung des Kristalls (Steinsalz unter Wasser gebogen).

E. Hinsichtlich der *Intensität der Interferenzflecken* bestehende Anomalien decken sich gleichfalls mit den analogen Erscheinungen an den Interferenzlinien der Pulverdiagramme. Ein der Einkristall-Aufnahme allein eigentümliches, neuartiges Phänomen liegt hingegen im Auftreten von *kontinuierlichen Schwärzungskurven neben scharfen Einzelreflexen* vor, wobei diese Kurvenzüge in der Drehkristall-Aufnahme mit den Schichtlinien des Systems der Interferenzpunkte in Beziehung stehen. Ähnliches gilt bei den Goniometer-Aufnahmen, während sie in den Laue-Diagrammen als kontinuierliche Zonenkreise erscheinen. Im besondern in Verbindung mit Umwandlungsprozessen, die in Kristallen auftreten, sind diese Erscheinungen

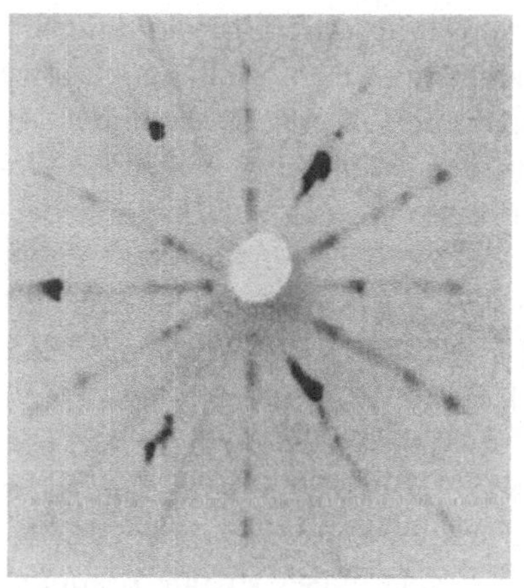

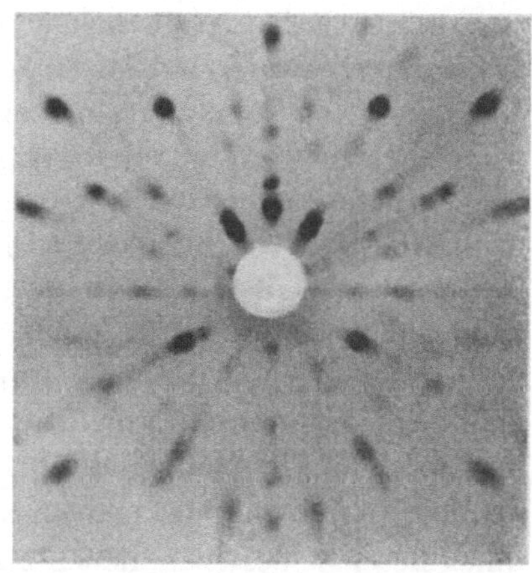

a) Abb. 83 b)

Kontinuierliche Schwärzungslinien in Einkristall-Diagrammen: Laue-Aufnahmen an Kristallarten mit Schichtstrukturen ([a] Glimmer, [b] Chlorit, letzterer nach Erhitzen auf 200°), wobei hier die Schwärzungsstreifen auf eine Störung der Periodizität in der Richtung senkrecht zu den Schichten deuten (Übergang eines symmetriegerecht gebauten Schichtpakets in ein geregeltes Aggregat zweidimensionaler Kristalle); siehe auch Abb. 76 (S. 132).

dann das Anzeichen von *Überstrukturen,* welche sich in größerem Ausmaß *erst nach einer oder zwei Richtungen* entwickelt haben, sich im letztern Fall also z. B. erst über zweidimensionale Schichten von sehr geringer Dicke erstrecken. Derartige ein- oder zweidimensionale Überstrukturen sind nur an Hand von Einkristall-Aufnahmen ausfindig zu machen (im Gegensatz zu dreidimensionalen, siehe S. 131 und 165), weil sie im Pulverdiagramm einzig Anlaß zu einer mehr oder weniger ausgeprägten, kontinuierlichen Schwärzung geben, die in der Untergrundschwärzung verloren geht. Nachweisbar werden sie jedoch bei polykristallinem Material, wenn dieses zufolge einer geregelten Textur ein ausgesprochenes Faserdiagramm liefert und streng monochromatische Strahlung zur Interferenz gebracht wird. Falls die Schwärzungskurven in Einkristall-Diagrammen ungleichmäßige Intensität zeigen, auf ihnen mehr oder weniger scharfe Intensitätsmaxima erkennbar werden, so deutet dies auf eine zunehmende Ausdehnung mindestens eines Teils der Überstrukturbereiche in den zunächst «vernachlässigten» Richtungen, also etwa auf eine bereits größere Dicke wenigstens eines Teils der Überstrukturschichten. Wo schließlich kontinuierliche Schwärzungskurven als *einziger* Interferenzeffekt *allein* auftreten, im übrigen von grundsätzlich gleichem Verlauf und in derselben Anordnung wie zuvor, muß auf einen *Aufbau der Kristalle aus eindimensionalen Ketten oder zweidimensionalen Schichten,* welche *unter sich unregelmäßige Zwischenräume* besitzen, geschlossen werden. Auch solche Verhältnisse können mit Umwandlungserscheinungen von Kristallarten im Zusammenhang stehen, stellen sich etwa ein, wenn der Übergang einer ersten Modifikation in eine zweite über gewisse Schichten zwar vollständig erfolgt, in den dazwischen liegenden Bezirken indessen ganz oder teilweise gehemmt wurde (so z. B. beim Übergang von Tridymit in Cristobalit, wobei dann «zweidimensionale» Cristobalit-Kristalle entstehen). In andern Fällen kann im Auftreten der Schwärzungslinien statt der Interferenzflecken oder neben solchen ein der Anlage nach *fehlerhafter Kristallbau* zum Ausdruck kommen, so etwa in der Form, daß in einer Kettenstruktur die einzelnen Ketten einander zwar parallel stehen, jedoch in der Längsrichtung gegeneinander verschoben sind, oder aber daß in Faserstoffen neben ausgesprochen kristallinen Anteilen «parakristalline» Bereiche bestehen, denen zwar noch die gleiche Faserperiode zukommt wie den vollkommen geordneten Kristallen, die indessen fibrillär bis fast zu molekularen Dimensionen herunter aufgespaltene Faseranteile darstellen. Unter Umständen können die Schwärzungskurven schließlich mit besondern konstitutionellen Verhältnissen einer Kristallart zusammenhängen, dann z. B. durch eine wechselnde Breite kettenartiger Atomverbände bedingt sein (so z. B. im Falle der Chrysotil-Asbeste). Siehe dazu auch die allgemeinen Erörterungen über gemischt kristallisierte und amorph-feste Phasen auf S. 49.

Ein weiterer, besonderer Interferenzeffekt an Einkristall-Aufnahmen besteht im Auftreten *zusätzlicher Interferenzflecke;* er ist vor allem in Laue-Diagrammen wahrzunehmen, welche bei *erhöhter* Temperatur unter Verwendung weitgehend oder vollkommen monochromatischer Strahlung von einer nicht zu großen Wellenlänge (z. B. *Cu*- oder *Ag*-*K*-Strahlung) aufgenommen werden. Allgemein ist für sie *eine wesentliche Unschärfe* charakteristisch *(diffuse Interferenzen),* teils sind diese Interferenzen auffallend temperatur-, aber nicht störungsabhängig, teils offensichtlich sehr störungsempfindlich, dazu jedoch ziemlich temperaturunabhängig. Derartige zusätzliche, diffuse Interferenzen machen sich in der Regel erst bei verhältnismäßig stark exponierten Aufnahmen bemerkbar, erscheinen dann ihrerseits zum mindesten ungefähr in der Anordnung, welche dem Interferenzmuster einer Schwenkaufnahme des Kristalls mit der Kristallstellung zur Laue-Aufnahme als Mittellage entspricht. Bei gewöhnlicher Temperatur ist die Erscheinung bereits bei vielen Kristallarten in nennenswertem Ausmaß nachweisbar (bei tiefer schmelzenden entschieden stärker als bei solchen mit höhern Schmelzpunkten), nimmt überdies mit steigender Temperatur an Intensität allgemein stark zu. Allgemein beweist sie, daß die Netzebenen nicht nur unter den durch die Bragg'sche Gleichung bestimmten Beugungswinkeln, sondern auch in dazu benachbarten Lagen reflexionsfähig sind, dies in einem Ausmaß, das durch die Wärmebewegung der Atome in einer Kristallstruktur bestimmt wird. Es darf in diesem (heute noch nicht in allen Teilen restlos geklärten) Phänomen eines der aussichtsreichsten Mittel gesehen werden, um näher in den Mechanismus der thermischen Bewegungen in Kristallgittern einzudringen und damit vermehrten Einblick in den *dynamischen* Zustand einer Kristallstruktur zu gewinnen.

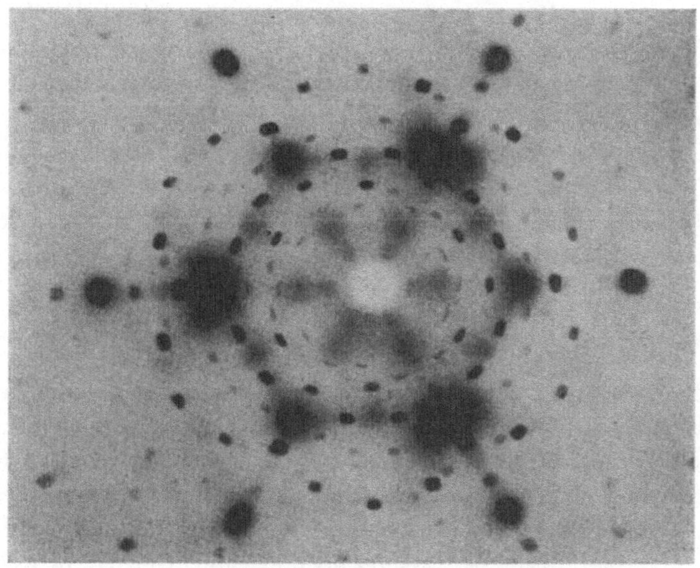

Abb. 84

Laue-Diagramm an Benzil ($C_6H_5COCOC_6H_5$), welches neben den kleinen, scharf begrenzten Interferenzpunkten gewöhnlicher Art noch größere zusätzliche, diffuse Reflexe erkennen läßt. (nach K. Lonsdale und H. Smith).

Schließlich ist anzumerken, daß Röntgeninterferenzversuche das bisher einzige experimentelle Mittel zur Erkundung der *submikroskopischen Kristallgüte* von Einkristallen darstellen: Ein Vergleich der tatsächlich beobachteten (bei solchen Untersuchungen zumeist absolut gemessenen) Interferenz-Intensitäten und der Winkelbereiche, unter welchen im Falle der verschiedenen Interferenzen Reflexion stattfindet, mit den aus den theoretischen Reflexionsformeln für den Idealkristall berechneten Werten ergibt zwischen diesen in den meisten Fällen erhebliche Abweichungen. Diese haben ihren Grund allgemein darin, daß ideal gebaute Kristallindividuen verhältnismäßig selten, Kristalle mit submikroskopischen Baufehlern dagegen die Regel sind. Dabei wird dem *Idealkristall* mit einem lückenlos zusammenhängenden, einheitlichen Gitter der *ideale Mosaikkristall* (als ideal unvollkommener Kristall) gegenübergestellt, wobei für den letztern ein Aufbau aus Gitterblöcken von einer linearen Größe im Bereich von 10^{-5} bis 10^{-6} cm, welche gegeneinander etwas verschoben und zudem um geringe Winkelbeträge verdreht sind, kennzeichnend ist (diese Blöcke sind zu klein, um im Mikroskop noch aufgelöst zu werden, andererseits im Allgemeinen zu groß, um bereits eine Teilchengrößenverbreiterung der Röntgenreflexe [siehe S. 118] hervorzurufen). Die Mehrzahl der Kristalle besitzt einen Realbau, der sich zwischen diesen beiden Grenzfällen des Idealkristalls und des idealen Mosaikkristalls bewegt und zudem je nach den Entstehungsbedingungen der Kristalle beträchtlichen Schwankungen unterworfen sein kann (so zeigen beispielsweise aus dem Schmelzfluß erhaltene Steinsalz-Kristalle einen nahezu idealen Aufbau im Gegensatz zu natürlichen Kristallindividuen und ist für rekristallisierte Aluminium-Kristalle eine wesentlich ausgesprochenere Mosaikstruktur kennzeichnend als für aus der Schmelze gezüchtete *Al*-Kristalle von nahezu idealer Kristallgüte).

Kennzeichnung des Kristallzustandes mit Elektroneninterferenzen

5. In Ergänzung zu den bereits erfolgten Hinweisen auf die Bedeutung der *Elektroneninterferenzen* zur Kennzeichnung des submikroskopischen Rauhigkeitsgrades (S. 130), der Kristallgröße im besondern bei feinstkristallinen Stoffen (S. 120) und schließlich der texturellen Verhältnisse, letztere speziell im Hinblick auf die Regelung der Kristalle in dünnen Schichten (S. 136), mag hier zusammenfassend noch erwähnt werden, in welcher Beziehung vor allem Elektronenbeugungsversuche zur Charakterisierung des Kristallzustandes beitragen können:
einmal vor allem, um den *Zustand der äußersten Kristalloberfläche* im Sinne der S. 39 gemachten Angaben beurteilen zu können, diesen in Abhängigkeit von der Kristallbildung, dann aber auch im Zusammenhang mit an der Oberfläche sich abspielenden, physikalischen oder chemischen Vorgängen zu verfolgen, so etwa die sich zufolge einer mechanischen Bearbeitung der Oberfläche einstellenden Veränderungen derselben festzustellen. Dabei sind solche Untersuchungen sowohl an Einkristallen als auch an vielkristallinem Material, hier auch, wenn dieses in massiver Form vorliegt, möglich. Primär stellt sich naturgemäß stets die Frage, ob an der Oberfläche überhaupt die grundsätzlich gleichen strukturellen Verhältnisse wie im Kristallinnern bestehen (siehe S.171), das Besondere der Kristalloberfläche also lediglich in einem speziellen Zustand *desselben* Gitters und nicht im Auftreten einer andern Struktur (also einer andern Kristallart) begründet ist. Besonderes Interesse werden die an der Oberfläche stets vorhandenen Gitterstörungen beanspruchen, außerdem die Frage nach *der atomaren Besetzung der äußer-*

sten Netzebenen eines Kristalls. Besonders aussichtsreich ist mittels der Elektronenbeugung diese Frage im Falle von Molekülverbindungen mit langen Kettenmolekülen zu beantworten, wo die Eindringungstiefe des Elektronenstrahls die Moleküllänge nicht erreicht (je nachdem, ob dann die äußersten Atomlagen von schwereren, stärker streuenden oder leichteren Atomen eingenommen werden, ergibt sich ein verschiedener Intensitätsabfall mit wachsender Reflexordnung). Eine charakteristische Aufspaltung der Interferenzflecken von an Einkristallen gewonnenen Elektronenbeugungsaufnahmen (sog. *Stacheleffekt*) läßt außerdem feststellen, *welche Kristallflächen* die Oberfläche einer Folie oder eines streifend bestrahlten Kristalls zusammensetzen (es kann z. B. eine (110)-Fläche dicht mit kleinen Pyramiden (Oktaedern) (111) besetzt sein und gelingt es dann, aus der besondern Art des Aufspaltens der Interferenzpunkte Form und kristallographische Natur dieser Vorsprünge und ihrer Begrenzungselemente anzugeben); andere Phänomene wie zusätzliche Interferenzen und kontinuierliche Schwärzungslinien von charakteristischem Verlauf ermöglichen im besondern eine Kennzeichnung der oberflächlichen Gitterstörungen (zusätzliche Reflexe deuten auf periodisch geartete, Schwärzungslinien auf unperiodische Anomalien des Gitters).

Ein weiterer Vorteil des Beugungsversuchs mit Elektronen ergibt sich aus der Möglichkeit einer direkten Beobachtung der Interferenzen auf dem Leuchtschirm bzw. aus den außerordentlich kurzen Expositionszeiten. Dies erlaubt *Veränderungen des Kristallzustandes, auch* wenn sie sich *in verhältnismäßig kurzen Zeiten* ereignen, *zu verfolgen,* handle es sich z. B. um mit einer Veränderung der Kristallgröße verbundene Prozesse, um eigentliche Wachstumsvorgänge, um Verschiebungen in den texturellen Eigentümlichkeiten eines Kristallhaufwerks, um Lösungsprozesse unter Mischkristallbildung oder aber um bereits tiefer greifende Umwandlungserscheinungen an einer Kristallstruktur wie etwa beim Übergang einer ungeordneten Atomverteilung in eine geordnete.

FÜR RÖNTGENOGRAPHISCHE UNTERSUCHUNGEN DES KRISTALLZUSTANDES WESENTLICHE ARBEITEN UND EINIGE BEISPIELE SOLCHER UNTERSUCHUNGEN:

Neben den S. 41 genannten, allgemeinen Darstellungen sind zu erwähnen:
Röntgenoskopie und Elektronoskopie kolloider und verwandter Systeme (mit Beiträgen von E. Schiebold, R. Brill, R. Fricke, F. Halle, W. T. Astbury, U. Hofmann, E. Saupe, F. Wever, E. Rupp und J. J. Trillat), Z. Kolloidchem. *69* (1934) 264.

Röntgenographische Kennzeichnung des Kristallzustandes bei polykristallinem Material:

O. Kratky, Über die Untersuchung von mikroskopischen Kristallen mit Röntgenstrahlen, Z. Kristallogr. (A) *73* (1930) 567 und *76* (1930) 261, 517
(Entwicklung einer Sondermethode, die Untersuchung von Kristallen mit Abmessungen von der Größenordnung 1 bis 10μ zulassend).

O. Lohrmann und E. Osswald, Röntgenographisches Verfahren zur Bestimmung der Orientierung einzelner Kristallite im Haufwerk, Z. Kristallogr. (A) *103* (1940) 111
(Verfahren zur Untersuchung einzelner Kristalle oder Kristallgruppen im Verband des Haufwerks).

K. Becker, Der röntgenographische Nachweis von Kornwachstum und Vergütung in Wolframdrähten mittels des Debye-Scherrer-Verfahrens, Z. Physik *42* (1927) 226
(Kennzeichnung des Gerlach- und van Arkel-Effekts und seiner Bedeutung für Untersuchungen des Kristallzustandes).

Zum Thema der röntgenographischen Bestimmung elastischer Spannungen siehe neben R. Glocker, Materialprüfung mit Röntgenstrahlen, 2. Auflage, 1936, im besondern Band *6* der Erg. techn. Röntgenkde mit Beiträgen von A. Thum, E. Siebel, F. Wever, R. Glocker und O. Schaaber, E. Lehr, M. v. Schwarz, L. Föppl, M. Widemann u. a.

E. Brandenberger und P. de Haller, Untersuchungen über Tropfenschlagerosion, Schweiz. Archiv *10* (1944) 331 und 379
(Beispiel für die Heranziehung der peripheren und radialen Interferenzbreiten zur Kennzeichnung der Kristallzertrümmerung).

Zur Frage der röntgenographischen Untersuchung von Gitterstörungen:

J. Hengstenberg, Intensitätsmessungen von deformierten Kristallen und Mischkristallen, Erg. techn. Röntgenkde *2* (1931) 139
(Beispiel für die Verwendung der Interferenz-Intensitäten zur Charakterisierung von Gitterstörungen.)

R. Brill und M. Renninger, Röntgenographische Bestimmung von Gitterstörungen, Erg. techn. Röntgenkde *6* (1938) 141
(Überblick über Grundlagen und Möglichkeiten einer röntgenographischen Untersuchung von Gitterstörungen).

R. Fricke, Röntgenuntersuchung von Gitterstörungen, Z. Elektrochem. *46* (1940) 491
(Überblick über solche Untersuchungen mit besonderer Rücksicht auf chemische Fragen).

R. Fricke, O. Lohrmann und W. Wolf, Über die Gitterstörungen, Teilchengrößen und den Wärmeinhalt von pyrophorem Eisen, Z. physik. Chem. (B) *37* (1937) 60
(Beispiel einer der zahlreichen Untersuchungen von R. Fricke und Mitarbeitern über die röntgenographische Kennzeichnung aktiver Zustände).

R. Fricke, Eigenschaften und Auswirkungen aktiver fester Stoffe und Oberflächenchemie, Naturw. *31* (1943) 469
(Übersicht über die Ergebnisse röntgenographischer Untersuchungen an aktiven Stoffen).

W. A. WOOD, New x-ray evidence on the nature of the structural changes in cold-worked metals, Nature *151* (1943) 585
(Unterscheidung zwischen Linienverbreiterung durch Teilchengröße und durch Gitterverzerrung durch Aufnahmen mit verschiedener Röntgenstrahlung).

Zur Frage der röntgenographischen Bestimmung von Größe und Form submikroskopisch kleiner Kristalle:

R. BRILL, Über röntgenographische Bestimmung von Größe und Form submikroskopischer Kristalle, Erg. techn. Röntgenkde *2* (1931) 115
(Übersicht über die röntgenographische Teilchengrößen- und -formbestimmung).

F. W. JONES, The measurements of particle size by the x-ray method, Proc. Royal Soc. (A) *166* (1938) 16
(Röntgenographische Teilchengrößenbestimmung unter Verwendung eines Eichstoffes bekannter Kristallgröße).

U. HOFMANN und F. SINKEL, Über die Bildung des elementaren Kohlenstoffs aus Zuckerkohle, Z. anorg. allg. Chem. *245* (1940) 85
(Beispiel für eine Anwendung röntgenographischer Teilchengrößenbestimmung).

D. BEISCHER, Bestimmung der Kristallgröße in Metalloxyd-Rauchen aus Röntgen- und Elektronenbeugungsdiagrammen und aus Elektronenmikroskopbildern, Z. Elektrochem. *44* (1938) 375
(Beispiel für Teilchengrößenbestimmungen nach verschiedenen Methoden).

M. v. ARDENNE und U. HOFMANN, Elektronenmikroskopische und röntgenographische Untersuchung über die Struktur von Rußen, Z. physik. Chem. (B) *50* (1941) 1

R. FRICKE, TH. SCHOON und W. SCHRÖDER, Eine gleichzeitige röntgenographische und elektronenmikroskopische Verfolgung der thermischen Umwandlungsreihe γ-FeOOH—γ-Fe_2O_3—α-Fe_2O_3, Z. physik. Chem. (B) *51* (1941) 13
(Beispiele kombinierter Teilchengrößen- und Teilchenform-Bestimmungen mittels Elektronenmikroskop und Röntgendiagramm).

A. BERGER, Über kolloides Nickelhydroxyd, Z. Kolloidchem. *103* (1943) 185 und *104* (1943) 24
(Beispiel röntgenographischer Teilchengrößenmessung und Vergleich ihrer Ergebnisse mit andern Teilchengrößenbestimmungen).

J. HENGSTENBERG und H. MARK, Über Form und Größe der Mizelle von Zellulose und Kautschuk, Z. Kristallogr. (A) *69* (1929) 271
(Beispiel für die Anwendung röntgenographischer Teilchengrößen- und -formbestimmung auf organische Faserstoffe).

J. BÖHM, Röntgenuntersuchungen an anorganischen Kolloiden, Z. Kolloidchem. *42* (1927) 276
(Beispiel für die qualitative röntgenographische Teilchengrößenbestimmung beim Studium von Alterungsvorgängen an Kolloiden).

A. KOCHENDÖRFER, Die Bestimmung von Teilchengrößen und Gitterverzerrungen in kristallinen Stoffen aus der Breite der Röntgenlinien, Z. Kristallogr. (A) *105* (1944) 393
(Grundlagen für die getrennte Bestimmung von Teilchengröße und Ausmaß der Gitterkonstantenschwankungen nebst experimentellen Hinweisen und einer Anwendung auf Carbonyleisen).

U. DEHLINGER und A. KOCHENDÖRFER, Linienverbreiterung von verformten Metallen, Z. Kristallogr. (A) *101* (1939) 134
(Beispiel für die Bestimmung von Teilchengröße und Gitterkonstantenänderung).

Zur Verwertung der Kleinwinkelstreuung als Mittel der Kennzeichnung von Größe und Form der selbständigen Partikeln:

A. GUINIER, Détermination de la taille des particules submicroscopiques par les rayons X, J. Chim. Physique *40* (1943) 133
(Übersicht über die Grundlagen und Anwendung der Kleinwinkelstreuung zur Ermittlung der Gestalt kleiner Partikeln).

R. HOSEMANN, Neues röntgenographisches Verfahren zur Bestimmung des submikroskopischen Feinbaues eines Stoffes, Z. Physik *114* (1939) 133
(Untersuchung an Zellulose und verwandten Verbindungen mittels der Kleinwinkelstreuung).

I. FANKUCHEN and M. SCHNEIDER, Low angle x-ray scattering from chrysotiles, Journ. Amer. Chem. Soc. *66* (1944) 500
(Beispiel für die Ermittlung des Durchmessers der Fibrillen eines Faserstoffes auf Grund der Kleinwinkelstreuung).

J. BÖHM und F. GANTNER, Über den Einfluß des Kristallhabitus auf das Debye-Scherrer-Diagramm, Z. Kristallogr. (A) *69* (1928) 17
(Selektive Linienverbreiterung, Absorptions- und Orientierungseffekte als Kriterien für den Kristallhabitus).

E. HOSCHEK und W. KLEMM, Vanadinselenide, Z. anorg. allg. Chem. *242* (1939) 49
(Beispiel für die Auswirkung des Kristallhabitus in der Beschaffenheit der Interferenzlinien).

J. BÖHM, Röntgenographische Untersuchung der mikrokristallinen Eisenhydroxydminerale, Z. Kristallogr. (A) *68* (1928) 567
(Beispiel röntgenographischer Textur- und Habitus-Untersuchung).

W. FEITKNECHT, Laminardisperse Hydroxyde und basische Salze zweiwertiger Metalle, Z. Kolloidchem. *92* (1940) 257, *93* (1940) 66
(Beispiel für die röntgenographische Kennzeichnung von Teilchengröße und -form sowie von Gitterstörungen im Rahmen systematischer präparativer Untersuchungen).

O. S. EDWARDS and H. LIPSON, Imperfections in the structure of cobalt: I. Experimental work and proposed structure, Proc. Royal Soc. (A) *180* (1942) 268, dazu die theoretische Abhandlung von A. J. C. WILSON, ibid. 277.
(Beispiel der röntgenographischen Kennzeichnung eines speziellen Typus von Gitterstörungen).

Über Texturuntersuchungen mittels der Röntgendiagramme siehe die Übersicht bei R. GLOCKER, Materialprüfung mit Röntgenstrahlen, 2. Auflage 1936, sodann G. L. CLARK, Applied x-rays, 3rd edition 1940, überdies im speziellen Hinblick auf organische Faserstoffe: K. H. MEYER und H. MARK, Hochpolymere Chemie, Band I und II, 2. Auflage 1940, W. T. ASTBURY, Textile fibres under the x-rays 1940.

Beispiele für die Untersuchung partiell geregelter Haufwerke sind:

R. PRILL, Über Beziehungen zwischen der Struktur der Polyamide und der des Seidenfibroins, Z. physik. Chem. (B) *53* (1943) 61 und

B. Baule, O. Kratky und R. Teer, Der übermolekulare Aufbau der Hydratcellulose, Z. physik. Chem. (B) *50* (1941) 255.

Röntgenographische Kennzeichnung des Kristallzustandes von Einkristallen:

E. Schiebold und G. Sachs, Graphische Bestimmung der Gitterorientierung von Kristallen mit Hilfe des Laue-Verfahrens, Z. Kristallogr. (A) *63* (1926) 34

F. Stäblein und H. Schlechtweg, Laue-Rückstrahl-Aufnahmen an Einkristallen als Hilfsmittel zur Orientierungsbestimmung, Erg. techn. Röntgenkde *6* (1938) 177
(Zwei Beispiele für die röntgenographische Orientierung von Einkristallen).

J. Leonhardt, Die morphologischen und strukturellen Verhältnisse des Meteoreisens im Zusammenhang mit ihrem Entwicklungsgang, N. Jahrb. Mineralog. (A) BB *58* (1928) 153
(Beispiel für die Verwertung von Asterismus-Erscheinungen zur Kennzeichnung des Kristallzustandes).

F. Laves, Zweidimensionale Überstrukturen, Z. Kristallogr. (A) *90* (1935) 279
(Beispiel für das Auftreten von Schwärzungslinien in Drehkristall- und Laue-Aufnahmen als Anzeichen zweidimensionaler Überstrukturen).

W. Nieuwenkamp, Zweidimensionale Cristobalitkristalle, Z. Kristallogr. (A) *90* (1935) 377
(Beispiel für den Nachweis von Schwärzungslinien in Drehkristall- und Laue-Diagrammen als Kennzeichen zweidimensionaler Umwandlungsprodukte).

St. B. Hendricks, Variable structures and continuous scattering of x-rays from layer silicate structures, Phys. Review *57* (1940) 448
(Nachweis von Schwärzungslinien in Einkristallaufnahmen als Anzeichen anomal gebauter Schichtstrukturen).

C. D. West, Diffraction of x-rays by a linear crystal grating of AgCN, Z. Kristallogr. *90* (1935) 555
(Beispiel für die analoge Erscheinung in einer Kettenstruktur).

E. Sauter, Beiträge zur Röntgenographie und Morphologie der Cellulose I und II, Z. physik. Chem. (B) *35* (1937) 83 und 117.
(Beispiel für die Untersuchung von Faserstoffen mit parakristallinem Anteil).

G. D. Preston, Anomalous reflexions in x-ray pattern, Proc. Royal Soc. (A) *179* (1941) 1,

K. Lonsdale and H. Smith, An experimental study of diffuse reflexion by single crystals, ibid. 8,

K. Lonsdale, Extra reflexions from the two types of diamond, ibid. 315,

J. Laval, Etude expérimentale de la diffusion des rayons X par les cristaux, Bull. Soc. franç. Minéralog. *62* (1939) 137.
(Beispiele von Untersuchungen über diffuse Zusatzreflexe in Einkristall-Diagrammen).

R. W. James, The intensities of x-ray spectra and the imperfections of crystals, Z. Kristallogr. (A) *89* (1934) 295

M. Renninger, Studien über die Röntgenreflexion an Steinsalz und den Realbau von Steinsalz, Z. Kristallogr. (A) *89* (1934) 344

F. Gisen, Über das verschiedenartige Verhalten von Schmelzfluß- und Rekri-

stallisations-Einkristallen aus Aluminium verschiedenen Reinheitsgrades, Z. Metallkde *27* (1935) 256
(Beispiele für die Kennzeichnung der submikroskopischen Kristallgüte von Einkristallen an Hand der Interferenz-Intensitäten und der Halbwertsbreite der Röntgenreflexe).

Zur Untersuchung des Kristallzustandes mit Elektroneninterferenzen:

H. Boersch, Beugungsversuche mit sehr feinen Elektronenstrahlen, Z. Phys. *116* (1940) 469
(Nachweis der Möglichkeit, mittels sehr feinem Primärstrahl noch an Mikrokristallen Einkristall-Diagramme zu erzeugen).

R. Brill, Über Teilchengrößenbestimmungen mit Elektronenstrahlen, Z. Kristallogr. (A) *87* (1934) 275
(Grundlagen der Messung submikroskopischer Kristallgrößen aus der radialen Breite der Beugungsringe von Elektronendiagrammen; siehe hierzu auch den Beitrag desselben Autors in Z. Kolloidchem. *69* (1934) 264).

F. Trendelenburg, Elektronen- und Röntgeninterferenzen an Graphiten und andern Stoffen vom Schichtengittertyp, Erg. techn. Röntgenkde *4* (1934) 80
(Beispiel der Benützung eines selektiven Ausfallens von Elektroneninterferenzen zur Kennzeichnung des submikroskopischen Rauhigkeitsgrades verschiedener Kristallflächen an polykristallinen Proben).

J. J. Trillat und H. Hirsch, Elektronenbeugung an Einkristallen, Z. Phys. *75* (1932) 784
(Beispiel für Texturuntersuchungen an Metallfolien und die Verfolgung von Änderungen des Kristallzustandes zufolge mechanischer Beanspruchung und Anlassen mittels Elektroneninterferenzen).

G. I. Finch and H. Wilman, The study of surface structure by electron diffraction, Erg. exakt. Naturwiss. *16* (1937) 353

H. Raether, Elektroneninterferenzen an mechanisch bearbeiteten Oberflächen, Z. Phys. *86* (1933) 82

W. Boas und E. Schmid, Über die Struktur der Oberfläche geschliffener Metallkristalle, Naturwiss. *20* (1932) 316
(Beispiele für die Untersuchung des Zustandes von Kristalloberflächen, in den beiden erstgenannten Arbeiten vorgenommen mit Elektronen-, in der letzterwähnten Arbeit ausgeführt mit Röntgeninterferenzen).

P. A. Thiessen und Th. Schoon, Elektronenbeugung an natürlichen Flächen organischer Einkristalle, Z. physik. Chem. (B) *36* (1937) 216
(Beispiel der Ermittlung der atomaren Besetzung der äußersten Netzebenen).

G. Menzer, Die Ursache des Fleckenreichtums der Elektronenaufnahmen geätzter Kristalle, Ann. Phys. (5) *36* (1939) 239

G. Menzer, Über die Struktur dünner Nickel- und Silberschichten, Z. Kristallogr. (A) *99* (1938) 410
(Beispiele für die Auswertung der Aufspaltung der Interferenzflecken von Elektronenbeugungsaufnahmen zur morphologischen Charakterisierung von Kristalloberflächen, siehe hierzu vor allem auch die bisher erschöpfendste Darstellung im Buch M. von Laue, Materiewellen und ihre Interferenzen, das bereits S. 42 genannt wurde).

VII. DIE RÖNTGENINTERFERENZEN ALS MITTEL ZUR ANALYSE VON UMWANDLUNGEN UND CHEMISCHEN REAKTIONEN IM FESTEN ZUSTAND

1. In den vorangehenden Kapiteln sind die Möglichkeiten erörtert worden, mittels der Röntgeninterferenzen zwischen amorphen und kristallisierten Phasen zu unterscheiden, Kristallarten, einzeln oder zu mehreren in einem Gemenge vereinigt, als solche zu bestimmen und gegebenenfalls näher zu charakterisieren, ferner den Zustand der Kristalle allseitig zu kennzeichnen. Alle diese den röntgenographischen Verfahren zugänglichen Aufgaben stellen sich beim Studium von Umwandlungen und chemischen Reaktionen im festen Zustand nicht mehr einzeln, sondern zu einem Ganzen vereinigt. Nicht mehr das Verhalten einer einzelnen Probe oder schließlich einer einzigen Kristallart, sondern die Beziehungen und Wechselwirkungen zwischen verschiedenen Kristallarten sind jetzt Gegenstand des Interesses, das sich nicht allein den aus Umwandlungen und chemischen Reaktionen hervorgehenden Produkten, sondern ebenso sehr dem Ablauf der Umwandlungen und Reaktionen selber zuzuwenden hat. Aus naheliegenden Gründen werden hierbei im Hinblick auf eine Anwendung röntgenographischer Methoden alle jene Vorgänge im Vordergrund stehen, an denen sich *beidseitig* als Ausgangsstoffe wie als Produkte kristallisierte Phasen, eine einzige oder deren mehrere, beteiligen. Dabei sind:

Umwandlungen bzw. Reaktionen I. Ordnung jene Prozesse, bei denen *eine* Kristallart ergibt:

- eine andere Kristallart,
- zwei oder mehrere Kristallarten,
- eine andere Kristallart (oder mehrere solche) + ein Gas,
- eine andere Kristallart (oder mehrere solche) + eine Flüssigkeit,

Reaktionen II. Ordnung dagegen jene Vorgänge, in deren Ablauf sich ergeben:

a) aus einer Kristallart + einem Gas:
   - eine Kristallart (oder mehrere solche),
   - eine Kristallart (oder mehrere solche) + ein Gas;

b) aus einer Kristallart + einer Flüssigkeit:
   - eine Kristallart (oder mehrere solche),
   - eine Kristallart (oder mehrere solche) + ein Gas,
   - eine Kristallart (oder mehrere solche) + eine Flüssigkeit;

c) aus zwei Kristallarten:
eine neue Kristallart (oder mehrere solche),
eine neue Kristallart (oder mehrere solche) + ein Gas.

Je nach der besondern Natur dieser Prozesse wird es sich bei ihnen bald um eigentliche Vorgänge *im* festen Zustand handeln, die sich mindestens *innerhalb einer* festen Phase abspielen, bald eher um Reaktionen *am* festen Zustand, das heißt um Grenzflächenvorgänge oder ausgesprochen topochemisch geartete Prozesse.

Mit ihren vielseitigen Beiträgen zu Untersuchungen von Umwandlungen und chemischen Reaktionen im festen Zustand haben die röntgenographischen Methoden mehr und mehr zu neuartigen Vorstellungen über das Wesen von Umwandlungen und Reaktionen im festen Zustand, überdies zu einer vertieften Auffassung der Reaktionsfähigkeit fester Stoffe geführt. Gerade dies hat die Erforschung solcher Vorgänge im letzten Jahrzehnt außerordentlich intensiviert. Die hier gebotene Darstellung kann diese allgemeinen Erkenntnisse nur mittelbar berühren; sie verweist im Zusatz S.159 auf bereits bestehende, allgemeine Behandlungen des Gegenstandes und will unserer Zielsetzung entsprechend vor allem aufzeigen, zu welchen Zwecken beim Studium von Umwandlungen und Reaktionen im festen Zustand sinngemäß nach röntgenographischen Verfahren gegriffen wird, wie im einzelnen zu verfahren ist und was von deren Anwendung (den besondern Umständen Rechnung tragend) erwartet werden darf. Diesem Gesichtspunkt, unter dem alles folgende stehen wird, kommt am meisten eine Betrachtung der verschiedenen Reaktionstypen in der nachstehenden Gliederung entgegen:

I. Sog. *polymorphe Umwandlungen* als Umwandlungen einer Kristallart in eine andere, denen anhangsweise auch die Umwandlung einer amorph-festen Phase in eine kristallisierte zugezählt werden darf;

II. Reaktionen zwischen einerKristallart und einem Gas (oder einer Flüssigkeit) unter Bildung einer andern Kristallart (oder von mehreren solchen). Dazu gehören im besondern die sog. *Anlaufvorgänge* und deren Umkehrung: der Zerfall einer Kristallart in eine andere Kristallart und ein Gas (oder eine Flüssigkeit);

III. der Zerfall einer Kristallart in mehrere andere Kristallarten, d. h. alle *Ausscheidungs- und Entmischungsprozesse;*

IV. Reaktionen zwischen zwei (eventuell noch mehr) Kristallarten unter Bildung einer oder mehrerer neuer Kristallarten (sog. *Pulverreaktionen),* schließlich auch Reaktionen zwischen mehreren Kristallarten bei gleichzeitiger Abspaltung eines Gases.

Zur Darstellung kommen Fälle, wie sie unter Heranziehung röntgenographischer Methoden bereits untersucht wurden und über deren Ergebnisse genügend Erfahrungen vorliegen. Unbesehen der besondern Natur des interessierenden Prozesses wird es sich bei röntgenographischen Untersuchungen an Umwandlungen und Reaktionen im festen Zustand allgemein darum handeln, folgende Fragen zu entscheiden oder zu deren Lösung beizutragen:

a) Kennzeichnung der aus einer Umwandlung oder Reaktion neu entstehenden Phasen durch Identifikation mit bekannten Kristallarten oder Charakterisierung der Produkte als neue Kristallarten,

b) Feststellung von Veränderungen des Zustandes der primär vorhandenen Kristallarten vor Eintritt und im Verlauf der Reaktion (Umwandlung) und Entsprechendes für die aus dem Umsatz hervorgehenden, neuen Kristallarten, wobei sowohl eine Untersuchung von Veränderungen des Kristallzustandes während der Reaktion (Umwandlung) als auch im Anschluß an dieselbe in Frage kommt. Dazu gehören z. B. Verschiebungen in der Kristallgröße zufolge eines Zerfalls der Kristalle, Größe und Gestalt der «letzten» Kristallreste, Art der Keimbildung, Größe und Gestalt der ersten Kristallkeime, Wachstum derselben, Störungen des Kristallbaus als Reaktionsvorbereitung (Gitterauflockerung) oder als unmittelbares Ergebnis der Reaktion, Abbau von Kristallfehlern (Gitterverfestigung) im Verlauf einer anschließenden thermischen Behandlung,

c) Nachweis von besondern Beziehungen unter den Kristallarten der Ausgangsphasen mit jenen in den Reaktionsprodukten,

d) Analyse des Ablaufs von Reaktionen und Umwandlungen. Gefragt wird dabei, ob diese unmittelbar erfolgen, aus den primären Kristallarten ohne Vermittlung durch Zwischenphasen oder Zwischenzustände die neuen Kristallarten entstehen oder ob die Reaktion (Umwandlung) über Zwischenphasen oder -zustände führt. Weitere sich ergebende Fragen sind: Ist der Reaktion (Umwandlung) ein steter Ablauf oder ein solcher in diskreten Stufen eigen? Vollzieht sie sich als einphasiger Prozeß, so daß während des ganzen Vorgangs stets nur eine einzige Kristallart auftritt, oder hat sie den Charakter eines n-phasigen Vorganges, wobei gleichzeitig nebeneinander mindestens zwei Kristallarten erscheinen? (es muß dabei beachtet werden, daß die Antwort auf die letzte Frage nicht auch die Beantwortung der vorangehenden bedeutet). Ist eine Reaktion (Umwandlung) als gekoppelter Prozeß zu betrachten und welches ist unter solchen Umständen der zeitliche Ablauf der einzelnen Teilvorgänge wie etwa von Gitterformänderungen, Ordnungsprozessen, Diffusionsvorgängen usw.?

Angesichts dieser generell sich stellenden Aufgaben mögen zum voraus die besondern Grenzen ihrer röntgenographischen Bearbeitung genannt werden: Es können für den Nachweis neuer Phasen und von Zwischenphasen röntgenometrische Untersuchungen verhältnismäßig wenig empfindlich sein (siehe S. 76), so daß das *erste* Erscheinen neuer Kristallarten nicht immer zu erkennen ist, auch letzte Reste noch vorhandener Phasen im Röntgendiagramm nicht mehr zum Ausdruck kommen (im besondern gültig für sog. versteckte Phasen, siehe S. 78 und 210). Möglicherweise werden Zwischenphasen an Hand der röntgenographischen Befunde übersehen, sei es zufolge einer sehr geringen Haltbarkeit, so daß ein Nachweis die Herstellung ausreichend exponierter Röntgenogramme innert entsprechend kurzer Zeiten voraussetzt, sei es wegen ihres röntgenamorphen Charakters oder doch weitgehend herabgesetzten Interferenzvermögens. In ganz entsprechender Weise, wie es S. 97 erörtert wurde, muß die Feststellung völlig unveränderter Röntgendiagramme bewertet werden: trotz eines sich noch gleich gebliebenen Interferenzverhaltens kann eine Reaktion (Umwandlung) an einer Minderheit von Kristallen bereits recht weit fortgeschritten sein oder aber schon an allen Kristallen, indessen erst in einem noch nicht nachweisbaren Ausmaß eingesetzt haben. Alle diese einer jeden röntgenographischen Untersuchung von Reaktionen (Umwandlungen) anhaftenden, oft stärker, oft weniger ins Gewicht fallenden Einschränkungen verlangen, daß röntgenographische Versuche stets in engster Verbindung mit andern einschlägigen Untersuchungsmethoden (chemisch-analytischen, mikroskopisch-optischen, magnetischen, elektrischen usw.) zur Durchführung gelangen (Beispiele hierfür siehe S. 212), ganz abgesehen von den der Untersuchung vorangehenden Testversuchen (z. B. die Nachweisbarkeit neu entstehender Kristallarten betreffend). Besondere Bedeutung können parallel ausgeführte Elektronenbeugungsversuche erlangen, im Speziellen dann, wenn nur geringe Zeit haltbare Phasen durch ihr Interferenzverhalten charakterisiert werden sollen, außerdem, wenn die neu gebildeten Kristallarten in noch so geringer Menge, z. B. in derart dünnen Schichten vorliegen, daß noch keine Röntgeninterferenzen ausreichender Intensität erhalten werden. Muß schließlich zu besondern Maßnahmen gegriffen werden, um eine röntgenographische Untersuchung zu ermöglichen, wie etwa zu einer Anreicherung von Neubildungen, so ist im Einzelfall abzuklären, ob ein solches Vorgehen keine Entstellung des Versuchsresultates in sich schließt, genau so, wie unter Umständen die Möglichkeit einer photochemischen Beeinflussung der zu untersuchenden Präparate durch die Bestrahlung mit Röntgenlicht im Auge zu behalten ist.

Wenn auch beim Studium von Umwandlungen und Reaktionen im festen Zustand die Pulvermethode eine besondere Rolle spielt, ja nicht selten das einzig anwendbare Verfahren darstellt (Pulverreaktionen), lassen sich hierfür, sehr oft mit besonderem Vorteil und in gewissem Zusammenhang gar allein zum Ziele führend, doch auch alle Einkristall-Methoden heranziehen. In beiden Fällen muß die Einhaltung übereinstimmender Versuchsbedingungen (siehe S. 82) gewährleistet sein, handelt es sich doch stets darum, Serien von Röntgendiagrammen herzustellen und einer vergleichenden Analyse zu unterziehen. Diesem Zwecke dienen besonders konstruierte Aufnahmekammern (Verschiebekammern), welche in einfacher Weise reihenmäßig Röntgenaufnahmen anfertigen lasssen. Unter speziellen Umständen können den Versuchen auch einzelne Formen von Röntgengoniometern dienstbar gemacht werden (auf dem sich bewegenden Film werden dann sukzessive hintereinander die Interferenzen der reagierenden Substanz aufgenommen). Während es sehr häufig genügen wird, die Röntgendiagramme an abgeschreckten Proben bei normaler Temperatur anzufertigen, indem sich durch Abschrecken der Zustand bei einer höhern Temperatur «einfrieren» und erhalten läßt, wird in andern Fällen die Herstellung der Röntgenogramme bei der erhöhten Reaktionstemperatur selber notwendig, nämlich stets dann, wenn ein Abgehen von der Versuchstemperatur eine Veränderung des Präparats nach sich zieht. Besteht die Möglichkeit, daß sich Reaktionsprodukte unter Luftzutritt durch Oxydation, Hydratisierung oder Karbonatisierung umwandeln, so hat naturgemäß die Herstellung des Präparats und die anschließende Röntgenaufnahme unter entsprechenden Schutzmaßnahmen gegen solche Einflüsse zu erfolgen (siehe S. 31).

ALLGEMEINE DARSTELLUNGEN ÜBER REAKTIONEN UND UMWANDLUNGEN IM FESTEN ZUSTAND:

U. Dehlinger, Gitteraufbau metallischer Systeme, in: Handbuch der Metallphysik, Band I, 1. Teil, 1935.

U. Dehlinger, Chemische Physik der Metalle und Legierungen, Physik und Chemie in Einzeldarstellungen, Band III, 1939.

C. H. Desch, The chemistry of solids, 1934.

K. Fischbeck, Reaktionsgeschwindigkeit in heterogenen Systemen (unter besonderer Berücksichtigung des Umsatzes mit festen Körpern), in: Der Chemie-Ingenieur, Band III, 1. Teil, 242—359, 1937.

J. A. Hedvall, Reaktionsfähigkeit fester Stoffe, 1938.

W. Jost, Diffusion und chemische Reaktion in festen Stoffen, Die chemische Reaktion, Band II, 1937.

Umwandlung einer Kristallart in eine andere (polymorphe Umwandlungen) und der Übergang amorpher Phasen in kristallisierte

2. Polymorphe Umwandlungen setzen voraus, daß ein Stoff in mehreren Modifikationen (siehe S. 54) existiert, Umwandlungen aus dem amorphfesten in den kristallisierten Zustand, daß sich zwischen den letztern und den echt flüssigen Zwischenzustände von fester Erscheinungsform einschieben oder ein nur im festen Zustand realisierbarer Stoff neben seiner geordnet-kristallisierten Form noch in einer ungeordnet-amorphen auftreten kann (siehe S. 48). Beiderlei Umwandlungen ist gemeinsam, daß es bei

ihnen *ohne* chemischen Umsatz (ohne Wechsel in der chemischen Zusammensetzung) zu einer mehr oder weniger weit greifenden Änderung des atomaren Bauplans und damit zu einer Wandlung der Konstitution kommt. Je nachdem werden solche Umwandlungen bald eher einem Wechsel des Aggregatszustandes parallel zu setzen sein oder aber, sofern sie mit einer grundlegenden Veränderung der Konstitution verbunden sind, eigentlichen chemischen Reaktionen entsprechen.

Der Nachweis eines Modifikationswechsels (entsprechendes gilt vom Übergang einer amorphen in eine kristallisierte Phase) stützt sich grundsätzlich auf die Feststellung einer *diskontinuierlichen* Änderung (einer Unstetigkeit mit oder ohne Sprung, Abb. 88) aller oder bloß einzelner Eigenschaften des fraglichen Stoffes. Die Umwandlung einer ersten Modifikation in eine andere (des amorphen Zustandes in den kristallisierten) wird in der Regel durch eine passende Veränderung der Zustandsbedingungen (zumeist durch Erhöhung oder Erniedrigung der Temperatur) herbeigeführt, insofern sie sich nicht bereits unter gewöhnlichen Verhältnissen im Laufe der Zeit, also durch bloßes *Altern* einstellt. Eine solche Umwandlung erfolgt in den einen Fällen bloß einsinnig (*monotrope* Umwandlungen), bei den andern, den *enantiotropen* Umwandlungen dagegen verläuft der Umwandlungsprozeß reversibel und läßt sich daher in beiden Richtungen beliebig wiederholen. Besitzen bei Zimmertemperatur nicht stabile Modifikationen eine hinreichend große Haltbarkeit, lassen sich z. B. Hochtemperatur-Modifikationen auf Zimmertemperatur abschrecken und auf dieser einige Stunden halten, ohne daß ihre Umwandlung in die Tieftemperatur-Modifikation eintritt, so kann die Feststellung einer Polymorphie und im besondern der Nachweis des stattgehabten Modifikationswechsels durch Röntgenaufnahmen unter gewöhnlichen Versuchsbedingungen erbracht werden. Trifft solches nicht zu oder soll außerdem der Eintritt einer Umwandlung in Abhängigkeit von den Zustandsvariabeln verfolgt werden, so ergibt sich die Notwendigkeit, auch die Röntgendiagramme unter den veränderten Zustandsbedingungen, unter erhöhter oder erniedrigter Temperatur, im Vakuum oder unter erhöhtem Druck (siehe Zusatz von S. 41) anzufertigen: Dabei werden (etwa unter schrittweise veränderter Temperatur) serienmäßig Röntgenogramme aufgenommen, um an ihnen die Abhängigkeit des Interferenzverhaltens von der Temperatur, im Besondern ein diskontinuierlich erfolgender Wechsel in demselben festzustellen. Umwandlungen, welche sich unter einer bestimmten Temperatur, bei einem gegebenen Umwandlungspunkt abspielen, erheischen eine Untersuchung des Interferenzverhaltens in der nähern Umgebung dieser Umwandlungstemperatur. Es können sich aber auch Umwandlungsprozesse über ein größeres Temperaturintervall hinziehen und zwar nicht allein zufolge Hystereseerscheinungen, sondern deshalb, weil über einen größern Temperaturbereich zwei Kristallarten nebeneinander stabil sind, was dann naturgemäß in einem entsprechenden Ausmaß die Ausdehnung des röntgenographisch zu überprüfenden Temperaturgebietes verlangt.

Ein Modifikationswechsel wird im Röntgeninterferenzversuch faßbar sein, wenn sich die verschiedenen Modifikationen eines Stoffes in ihrem Interferenzverhalten in einem nachweisbaren Maß unterscheiden. *Röntgenographisch ununterscheidbare* Modifikationen liegen vor, wenn bei übereinstimmendem Interferenzverhalten für andere Stoffeigenschaften ein diskontinuierlicher Wechsel feststeht oder das Interferenzverhalten sich nur stetig ändert, andere Eigenschaften hingegen gleichzeitig eine unstetige Veränderung erfahren (hierhier gehören z. B. die Umwandlungen α-*Fe* $\rightleftharpoons$ β-*Fe*, α-*FeS* $\rightleftharpoons$ β-*FeS*, zahlreiche Umwandlungen bei Ammoniumverbindungen wie der Übergang von $(NH_4)(NO_3)$ (V) in $(NH_4)(NO_3)$ (V') usw., sodann auch die Umwandlung einer ersten amorphen Modifikation in eine zweite, wenn deren mehrere existieren wie im Falle von metallischem Arsen). Allgemein gilt für derartige, eine Veränderung der Interferenzeffekte nicht in sich schließende Umwandlungen, daß hier einer diskontinuierlichen Veränderung anderer Stoffeigenschaften keine röntgenographisch faßbare Wandlung der kristallstrukturellen Verhältnisse parallel geht. In andern Fällen wieder finden sich an den bei der Umwandlung angefertigten Röntgendiagrammen wohl Anzeichen einer Veränderung des Kristallzustandes, aber nicht auch der Kristallstruktur, so etwa die für einen Zerfall der Kristallindividuen in ein Mosaik kleiner Gitterblöcke typischen Erscheinungen, was dann die fragliche Umwandlung als bloße Pseudoumwandlung bewerten läßt. Alles folgende wird sich jedoch mit dem Übergang von *röntgenographisch unterscheidbaren* Modifikationen ineinander befassen, also mit jenen Umwandlungsprozessen, mit welchen eine unzweifelhaft wahrnehmbare, *diskontinuierliche* Veränderung des Röntgeninterferenzverhaltens verbunden ist. Wie bei jeder andern Eigenschaft eines Stoffes lassen sich im Zusammenhang mit einer Variation der Zustandsbedingungen auch an den Interferenzeffekten neben unstetig sich einstellenden Veränderungen *kontinuierlich* ablaufende beobachten, so etwa die mit einer Temperatursteigerung verbundene, stetige Verschiebung der Interferenzlinien oder -punkte, die Folge der durch die thermische Ausdehnung bewirkten Veränderung der Gitterkonstanten (siehe S. 68). Alle mit einer stetigen Variation der Zustandsgrößen kontinuierlich erfolgenden Veränderungen des Interferenzverhaltens sind mit Zustandsänderungen im Rahmen ein und derselben Kristallart in Beziehung zu setzen, also mit den Erscheinungen, welche Kapitel VI zum Gegenstand hatte. Dabei darf allerdings nicht übersehen werden, daß auch beim Röntgeninterferenzversuch die sichere Trennung zwischen kontinuierlicher und diskontinuierlicher Veränderung oft Schwierigkeiten bereitet, weil auch hier die zahlreichen Übergangserscheinungen zwischen sog. physikalischem und chemischem Geschehen zum Ausdruck kommen. Je auffälliger die mit einer Umwandlung verknüpften Veränderungen des Röntgendiagramms sind, umso sicherer wird ihr diskontinuierlicher Charakter erkennbar sein. Wo jedoch in Verbindung mit einer Umwandlung das Interferenzverhalten sich nur unbedeutend ändert, die fraglichen Kristallarten oder doch eine der beiden zufolge eines besondern Zustandes ein herabgesetztes Interferenzvermögen besitzt, wird ein unstetiger Wechsel des Röntgendiagramms von einer kontinuierlichen Veränderung desselben nur vage zu unterscheiden, damit der sichere Nachweis einer polymorphen Umwandlung unter Umständen sehr beeinträchtigt sein. Immerhin bleibt anzumerken, daß röntgenographische Verfahren zu den *empfindlichsten* Methoden zur Feststellung derartiger Umwandlungen gehören, dadurch besonders belegt, daß seit ihrer Einführung sich die Zahl der als polymorph zu betrachtenden Stoffe außerordentlich erhöht hat.

Der Nachweis eines diskontinuierlich ändernden Interferenzverhaltens wird sich wiederum auf eine vergleichende Analyse von Lage und Intensität der verschiedenen Röntgeninterferenzen stützen. Sie hat dabei zu beachten, daß auch bei den Interferenzeffekten bloß knickartige Diskontinuitäten, also Unstetigkeiten ohne Sprung möglich sind. Im Falle der Interferenzlage besagt dies, daß sich bei der Umwandlung selber die Gitterkonstanten nicht sprunghaft verändern, sondern bloß ihre Abhängigkeit von der Temperatur beim Umwandlungspunkt eine solche Veränderung erfährt. Dabei können sich in dieser Beziehung die einzelnen Gitterkonstanten verschieden verhalten; es ändert sich etwa die c-Achse eines hexagonalen Gitters bei der Umwandlung diskontinuierlich, während für die Gitterkonstante in der a-Richtung lediglich eine Unstetigkeit in ihrer Temperaturabhängigkeit gefunden wird (Abb. 88). Dies und völlig analoge Verhältnisse bei den Interferenz-Intensitäten beweisen die Notwendigkeit, bei Umwandlungen ohne sprunghafte Veränderungen im Interferenzverhalten am Umwandlungspunkt nicht nur Röntgendiagramme in dessen unmittelbarer Nähe aufzunehmen, sondern solche über ein größeres Temperaturgebiet herzustellen, um dadurch über die Abhängigkeit des Interferenzverhaltens von der Temperatur unter und über dem Umwandlungspunkt Aufschluß zu bekommen.

An Einzelerscheinungen lassen sich in Röntgendiagrammen (Pulveraufnahmen oder Einkristall-Diagrammen) im Zusammenhang mit polymorphen Umwandlungen folgende wahrnehmen:

A. Das *Interferenzensystem bleibt als solches von der Umwandlung unberührt,* indem *vor und nach der Umwandlung* ein zum mindesten *ähnliches*

System von Röntgeninterferenzen mit unveränderter Abfolge der Linien nach ihrer ungefähren Lage und ihrer Intensitätsabstufung erhalten wird. Es lassen sich dann die Interferenzen des Röntgendiagramms vor der Umwandlung jenem nach der Umwandlung (bis auf höchstens verschwindende Ausnahmen untergeordneter Interferenzen) unzweideutig zuordnen: Alles in allem ist dies das Anzeichen dafür, daß sich die fragliche polymorphe Umwandlung *ohne eine Veränderung des Strukturtypus* (siehe S. 54) vollzieht.

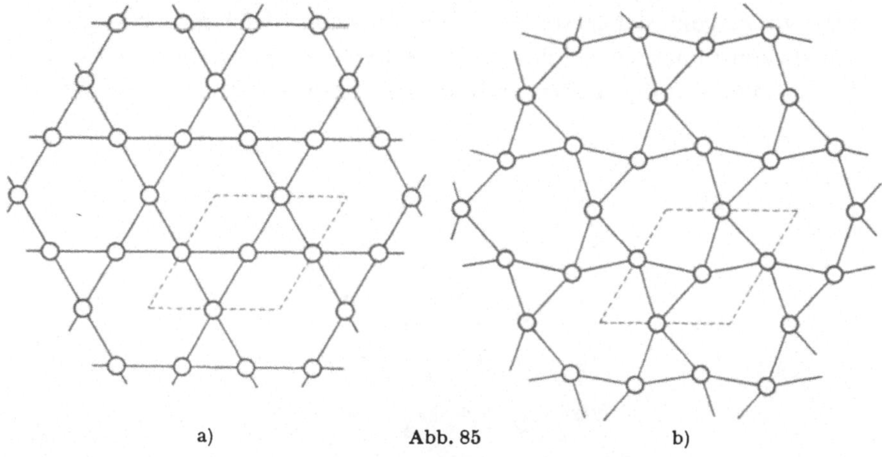

a) Abb. 85 b)

Schema einer homöotypen Umwandlung:
a) die höher symmetrische Kristallart mit den Atomen in den Lagen ($\frac{1}{2}00$), ($0\frac{1}{2}0$), ($\frac{1}{2}\frac{1}{2}0$);
b) die niedriger symmetrische Kristallart mit den Atomen in den Lagen ($x00$), ($0x0$), ($-x$, $-x$, 0), wobei x mit der Temperatur sich verändert. Vor Erreichen der Umwandlungstemperatur nähert sich x dem Wert $\frac{1}{2}$, um dann in der Regel während der Umwandlung diesen ausgezeichneten Wert sprunghaft anzunehmen.

Beide Kristallarten, die primär vorhandene und die neu entstandene gehören demselben Strukturtyp an, stehen dementsprechend zueinander im Verhältnis der *Homöotypie* (mit dem Wechsel der Modifikation sind lediglich untergeordnete Veränderungen der Konstitution verbunden). Die hier im ganzen geringfügigen Veränderungen des Interferenzverhaltens zufolge der Umwandlung äußern sich etwa wie folgt (was hier getrennt aufgezählt wird, kann für sich allein oder in Kombination auftreten, wobei letzteres häufiger zutrifft):

a) Im Zusammenhang mit der Umwandlung ist ein *sprunghafter Wechsel der Interferenz-Intensitäten* wahrzunehmen, in seinem Ausmaß von Interferenz zu Interferenz verschieden, unter Umständen einzelne von ihnen besonders empfindlich treffend, ohne jedoch den allgemeinen Verlauf der Intensitäten zu verändern: allgemein begründet in einer *diskontinuierlichen Veränderung der Atomanordnung einer Kristallstruktur in beschränktem Umfang* (stets unter Beibehaltung des Strukturtypus, oft nur einen Teil der Atome betreffend). Hierher gehören z. B. folgende Erscheinungen:

Einschnappen gewisser Atome einer Struktur in der Symmetrie nach ausgezeichnete Punktlagen (Punktlagen mit einer geringern Anzahl von Freiheitsgraden und von einer entsprechend höhern Symmetriebedingung), wobei dem eigentlichen Umwandlungsakt sehr oft eine «vorbereitende» Lageverschiebung aller oder eines Teils der Atome in der fraglichen Richtung vorausgeht, der letzte Sprung in die neue Gleichgewichtslage indessen diskontinuierlich erfolgt (nicht selten stehen nämlich durch solche Umwandlung miteinander verbundene Modifikationen zueinander im

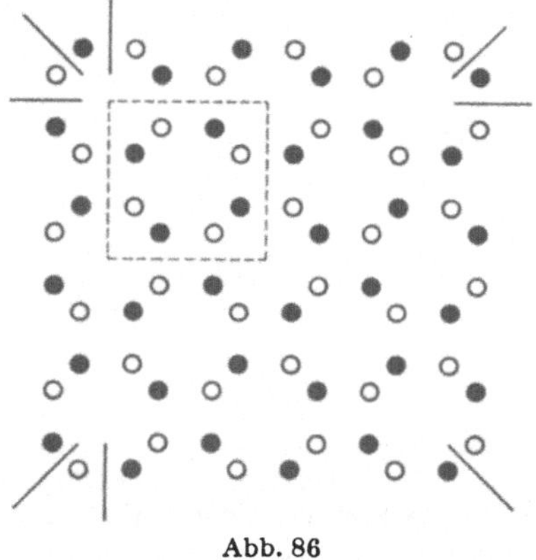

Abb. 86

Schema einer Unterstruktur mit Ordnung der Atome innerhalb eines Gitterkomplexes (nach F. Laves). Die Elementarzelle (gestrichelt markiert) erfährt keine Änderung, wohl aber ändert sich die Symmetrie der Struktur: so gehen zufolge der Ordnung der Atome die Spiegelebenen, deren Spuren am Rand der Abbildung eingetragen sind, verloren.

Verhältnis von Pseudosymmetrie und Symmetrie, die Tieftemperatur-Form ist hier zumeist ein noch pseudosymmetrisches Abbild der höher symmetrischen Hochtemperatur-Modifikation);

Übergang einer Kristallart mit geordneter (ungeordneter) Atomverteilung in eine solche mit ungeordneter (geordneter) Atomgruppierung, falls der Ordnungsprozeß keine Veränderung der Translationsgruppe zur Folge hat, er zur Ausbildung einer *Unterstruktur* (Abb. 86) führt oder umgekehrt eine solche in eine statistisch ungeordnete Atomverteilung übergeht;

Beginn der Rotation oder Einsetzen von gerichteten Schwingungen gewisser Bauelemente einer Kristallstruktur (Radikalen oder Molekülen) bei gleichzeitig sich nur wenig verändernder Schwerpunktsanordnung;

Eintritt einer erhöhten Beweglichkeit für einen Teil der Atome, sei es, daß diese vor der Umwandlung eindeutig fixierte Lagen einnehmen und nach derselben über mehrere Gitterstellen statistisch verteilt erscheinen (Abb. 87), oder daß eine bereits «bewegliche» Atomsorte der Struktur im Verein mit der Umwandlung eine größere Beweglichkeit erhält, indem die Zahl der von ihr in statistischer Verteilung eingenommenen Gitterplätze nach der Umwandlung eine größere ist.

b) Die Umwandlung äußert sich im Röntgendiagramm in einem *sprunghaften Wechsel der Lage der Interferenzen* (wiederum bei grundsätzlich unverändertem Interferenzensystem). Dies ist das Kriterium für eine *diskontinuierliche Änderung der Gitterkonstanten*, zumeist verbunden mit

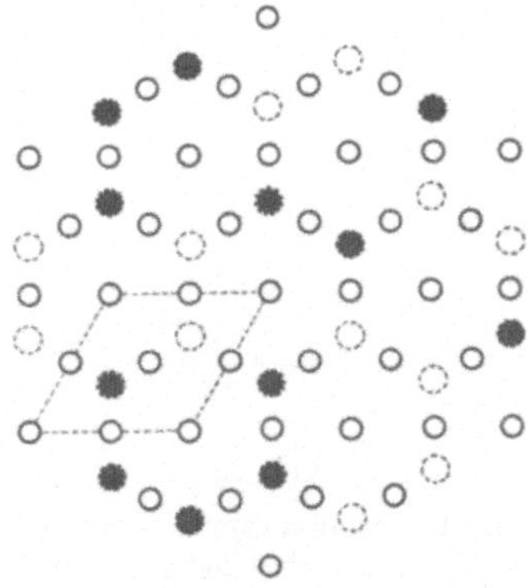

Abb. 87

Zweidimensionales Schema einer Kristallstruktur mit einer beweglichen Atomart: Während die Atome *B* (leere Kreise) feste Plätze besetzen, erscheinen die Atome *A* (volle Kreise) in wechselnder Verteilung über die mit gestrichelten Kreisen markierten Gitterplätze, von denen sie die Hälfte einnehmen.

einer Gestaltsänderung der Gittermaschen, indessen ohne Veränderung deren Symmetrie (also ohne Wechsel der Translationsgruppe), indem im Rahmen des dieser eigenen Spielraumes die Gitterkonstanten sich in den einzelnen Achsenrichtungen verschieden ändern (bei einem tetragonalen Gitter die Konstante a eine andere relative Änderung erfährt als die Gitterkonstante c, wobei die diskontinuierliche Änderung des Volumens der Elementarzelle oft verhältnismäßig klein ausfällt, wie das Beispiel der Abb. 88 belegt).

c) Die Umwandlung findet im Röntgendiagramm ihren Ausdruck darin, daß wie zuvor die Interferenzen sprunghaft *ihre Lage ändern, dazu aber eine Aufspaltung erfahren* oder umgekehrt bei der Umwandlung ein *Zusammenfallen mehrerer, zuvor benachbarter Interferenzen* eintritt. Solches Verhalten beim Umwandlungsprozeß beweist wiederum eine *sprunghafte Änderung der Gitterkonstanten,* jetzt aber von solcher Art, daß die Elementarzellen *unter Wechsel ihrer Symmetrie* (also unter einem Wechsel des Gittersystems) ihre Gestalt ändern und zwar: im Falle einer *Aufspaltung* der Interferenzen im Sinne eines *Symmetrieabbaus,* beim *Zusammenfallen* von Interferenzen umgekehrt in Richtung einer *Symmetrieerhöhung,* im einzelnen bestimmt durch den Grad der Symmetrieände-

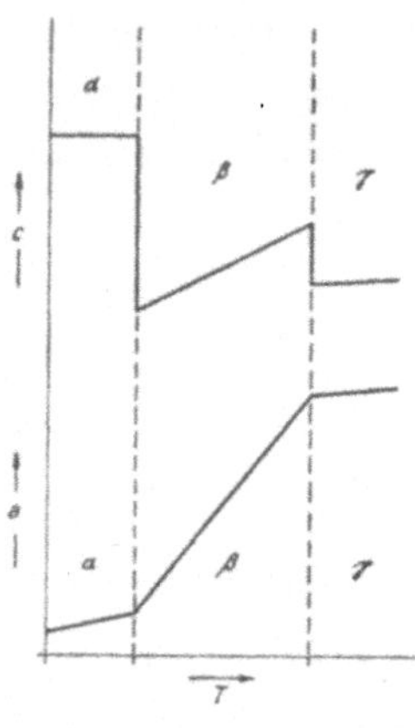

Abb. 88

Verhalten der Gitterkonstanten am Umwandlungspunkt: der Gang der Gitterkonstanten *a* zeigt an den Umwandlungspunkten $\alpha \rightleftharpoons \beta$ und $\beta \rightleftharpoons \gamma$ lediglich knickartige Unstetigkeiten, während die zweite Gitterkonstante *c* an beiden Umwandlungspunkten eine sprunghafte Änderung erfährt (solche Verhältnisse bestehen beispielsweise bei der polymorphen Umwandlung des FeS).

rung (so spaltet die Interferenz (100) einer kubischen Modifikation beim Übergang in eine tetragonale in eine Doppellinie (100) und (001) auf, beim Übergang in eine orthorhombische Modifikation dagegen in drei Interferenzen, nämlich (100), (010) und (001)). Bewirkt die Umwandlung das Zusammenfallen von Interferenzen, so erfolgt zumeist vor der Umwandlung eine vorbereitende Annäherung der fraglichen Reflexe (Linien). Es wird die Struktur also zunehmend «pseudohöhersymmetrisch», während jedoch das vollkommene Koinzidieren (der Übergang in die höhere Symmetrie) sich sprunghaft ereignet (es gibt jedoch auch den Fall eines völlig stetig ablaufenden Zusammenfallens von Interferenzen, so daß hinsichtlich der Lage der Interferenzen eine Diskontinuität nicht wahrgenommen werden kann).

d) Lage und Intensität der Interferenzen lassen im Zusammenhang mit der Umwandlung keine diskontinuierlichen Verschiebungen erkennen; eine Untersuchung der *Temperaturabhängigkeit von Lage und Intensität der Interferenzen* ergibt jedoch für diese eine *Diskontinuität* am Umwandlungspunkt. Dann besitzen die beiden Modifikationen bei der Umwandlungstemperatur übereinstimmende Gitterkonstanten, aber es ändern sich diese letztern mit verschiedenem Gefälle, je nachdem ob eine Erhöhung oder Erniedrigung der Temperatur vom Umwandlungspunkt ausgehend vorgenommen wird (Abb. 88).

e) Der Eintritt der Umwandlung ist mit einem *sprunghaft erfolgenden Auftreten neuer, zusätzlicher Interferenzen* von im ganzen untergeordneter Intensität und zudem in gesetzmäßiger Lagebeziehung zu den bereits vorhandenen Interferenzen verbunden oder es *fallen* zufolge der Umwandlung in bestimmter Weise eine Reihe von *Interferenzen aus:* Hier ist vorab der Fall bedeutsam, wo die zusätzlich erscheinenden Reflexe (Linien) den Charakter von *Überstruktur-Interferenzen* haben, relativ zu den ursprünglich vorhandenen etwa die Lage jener Interferenzen einnehmen, welche bei einem einfachen Gitter gegenüber einem zentrierten zusätzlich auftreten (also etwa der Interferenzen (100), (110), (210), (211), (221) usw., die bei einem einfachen Würfelgitter erscheinen, während sie bei einem allseits flächenzentrierten Würfelgitter ausgelöscht sind). In derartigen Überstruktur-Interferenzen äußern sich vor allem Umwand-

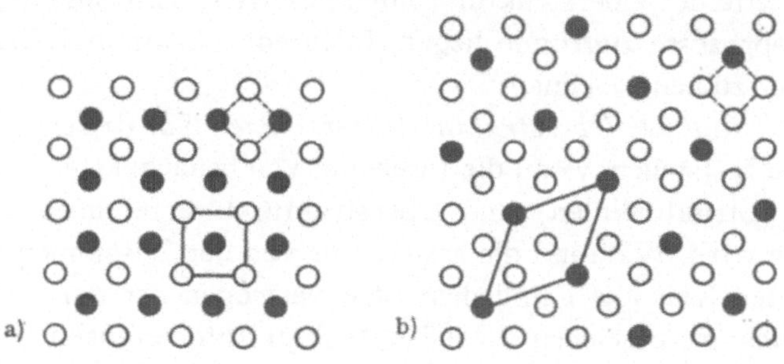

Abb. 89

Typen von Überstrukturen:
a) Übergang in die geordnete Phase ohne Änderung des Gittersystems (beide Anordnungen gehören dem gleichen Gittersystem an, besitzen aber verschieden große Elementarzellen);
b) Übergang in die geordnete Phase unter Änderung des Gittersystems. — In beiden Fällen ist die Elementarmasche der ungeordneten Atomverteilung gestrichelt, die der geordneten ausgezogen eingetragen.

lungserscheinungen, welche in einem *Übergang* einer Kristallart mit *ungeordneter Atomverteilung* in eine solche mit *geordneter Atomverteilung*, das heißt in der Ausbildung von *Überstrukturen* bestehen und es bedeutet der entsprechende Ausfall von Interferenzen umgekehrt, daß eine geordnete Phase in eine ungeordnete übergeht. Die solchen Ordnungsprozessen entspringende Vergrößerung der Elementarzellen kann sich dabei als Wechsel der Translationsgruppe beschreiben lassen (Übergang eines zentrierten Gitters in ein einfaches) oder aber eine Vervielfachung der Zelle, dann mit oder ohne Änderung des Gittersystems darstellen (Abb. 89). Zunächst an metallischen Phasen aufgefunden haben sich derartige Übergänge von geordneten Phasen in ungeordnete als allgemein möglich erwiesen, wobei jedoch folgendes zu beachten ist: Nicht jeder Ordnungsprozeß führt notwendigerweise auf Überstrukturlinien, sondern es sind auch die Atomverteilung ordnende Vorgänge denkbar, welche lediglich eine Verschiebung in den Intensitäten der bereits anwesenden Interferenzen, also kein Auftreten neuer Reflexe bewirken, dann nämlich, wenn die Regelung der Atomverteilung keine Veränderung der Translationsgruppe nach sich zieht (Ausbildung einer sog. *Unterstruktur*) oder wenn erst ein- oder zweidimensionale Überstrukturen (siehe S. 143) sich einstellen. Aber auch die Umkehr, das Verschwinden der Überstruktur-Interferenzen braucht nicht unbedingt die Entstehung von Phasen mit völlig ungeordneter Atomverteilung zu bedeuten, indem Überstruktur-Interferenzen auch ausfallen, wenn die Bereiche zusammenhängender Ordnung sehr klein werden und in bestimmter Abfolge zueinander sich vorfinden. — Die Natur der Überstruktur-Interferenzen, im besondern ihre Intensität und die radiale Breite der Überstruktur-Linien gestatten, Umwandlungen, denen Ordnungsprozesse zugrunde liegen, in ihrem Ablauf und Ergebnis wie folgt näher zu kennzeichnen:

I. Die *Intensität der Überstruktur-Interferenzen* läßt den erreichten *Ordnungsgrad* feststellen, wozu die Intensität von benachbarten Normalinterferenzen (Strukturlinien) und Überstruktur-Interferenzen miteinander verglichen wird. Während die erstere nur von der Zusammensetzung der betreffenden Kristallart und dem Streuvermögen der darin enthaltenen Atome abhängt, erreichen die Überstruktur-Interferenzen je nach dem eingetretenen Ordnungsgrad verschieden hohe Intensität. Ihre maximale Stärke wird bei vollkommener Ordnung in der Atomverteilung zu erwarten sein, eine geringere im Falle einer nur teilweise geordneten Phase, die Intensität Null schließlich bei völlig ungeordneter Atomverteilung.

II. Aus einer *Verbreiterung der Überstrukturlinien* in *radialer* Richtung (siehe S. 112) bei gleichzeitig scharfen Strukturlinien läßt sich die *Größe der Bereiche mit kohärenter Ordnung,* die dann unter 10^{-5} cm liegt, ermitteln, sodann die Natur der mit einer *teilweisen* Ordnung verknüpften *Gitterstörungen* beurteilen. Selektives Verbreitern von Überstrukturlinien weist auf eine in verschiedenen Richtungen verschieden große Entwicklung der in sich zusammenhängenden Überstrukturbereiche. Quantitativ verfolgt, ermöglicht dies eine Bestimmung der mittlern Gestalt der Bezirke kohärenter Ordnung. Scharf ausgebildete Überstrukturlinien besagen allgemein, daß der Ordnungsprozeß auf Gebiete von einheitlicher Überstruktur geführt hat, die sich im Durchschnitt über mehr als 10^{-5} cm erstrecken.

III. Eine *Aufspaltung der Überstruktur-Interferenzen* (in sog. *komplexe Überstruktur-Interferenzen)* ist endlich das Anzeichen einer gesetzmäßig *periodischen* Abfolge von Bereichen einer bestimmten inneren Ordnung, von sog. komplexen Überstrukturen.

Dazu kommt, daß Überstruktur-Interferenzen häufig zunächst eine nur geringe Intensität aufweisen, überdies stark verbreitert sind und erst allmählich an Intensität und Schärfe zunehmen. Bei solchem Verhalten läßt sich der Ablauf der mit einem Ordnungsprozeß verknüpften Umwand-

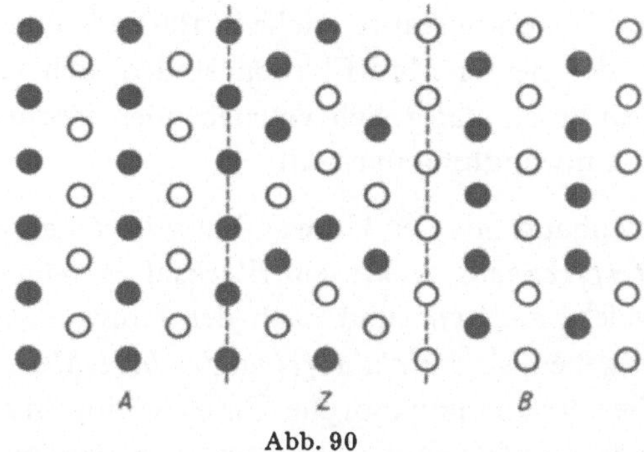

Abb. 90

Verschiedenphasige Gebiete beim Übergang eines ungeordneten in einen geordneten Mischkristall: A bezeichnet ein in sich homogenes Gebiet mit B-Atomen in den Zentren der Maschen, B ein ebensolches Gebiet mit Atomen A in den Maschenmitten, Z ein Zwischengebiet mit ungeordneter Atomverteilung.

lung im Einzelnen verfolgen und im Besondern das Auftreten von *Zwischenzuständen* mit bloß teilweise geordneter Atomverteilung feststellen. Gleichzeitig ausgeführte Elektronenbeugungsversuche lassen unter Umständen das Auftreten von Überstruktur-Interferenzen bereits erkennen, wenn solche den Röntgendiagrammen noch fehlen, sind dann für den Nachweis der einsetzenden Ordnungsprozesse entschieden empfindlicher als das röntgenographische Verfahren.

Wo im Zusammenhang mit polymorphen Umwandlungen vom Charakter einer Homöotypie mehrere der vorerwähnten Erscheinungen sich im Röntgendiagramm bemerkbar machen, also etwa Überstruktur-Interferenzen auftreten und gleichzeitig alle Interferenzen eine Lageverschiebung erfahren, ist deren gegenseitige zeitliche Abfolge von besonderem Interesse: so kann die Lageverschiebung unverhältnismäßig rasch und vollständig sich einstellen, wogegen die Überstruktur-Interferenzen später erscheinen und ihre endgültige Intensität und Schärfe erst allmählich erreichen. Beides zusammen ist der Beweis dafür, daß die mit der Umwandlung verbundene Gitterformänderung dem Ordnungsprozeß weit vorauseilt, die betreffende Umwandlung offensichtlich aus zwei *Teilvorgängen* mit wesentlich verschiedener Geschwindigkeit besteht. Ob in solchen Fällen der Elektronenbeugungsversuch das gleiche Ergebnis liefert, auch hier die Überstruktur-Interferenzen deutlich später als die Linienverschiebung erscheinen, ist natürlich von besonderem Interesse. — Oder aber es ist eine Lageverschiebung der Linien im Pulverdiagramm infolge einer Umwandlung mit einer radialen Verbreiterung derselben verbunden und es erhalten die Interferenzen erst nach einer gewissen Zeit oder nach einer entsprechenden Anlaßbehandlung ihre ursprüngliche Schärfe zurück: dann führt die Umwandlung offenbar über Zustände mit uneinheitlicher Gitterkonstante (siehe S. 109), die endgültigen Werte der Gitterkonstanten der neuen Modifikation stellen sich erst allmählich ein, was das Anzeichen einer *stetig* sich vollziehenden Formänderung des Gitters während der Umwandlung darstellt.

B. Im Zusammenhang mit der Umwandlung ist eine *grundsätzliche Veränderung des Interferenzensystems,* ein *Wechsel desselben* festzustellen, die *Interferenzen,* welche sich vor und nach der Umwandlung *an den beiden Modifikationen* ergeben, sind *nicht aufeinander beziehbar.* Bei solchem Interferenzverhalten besteht die polymorphe Umwandlung in einer *Veränderung des Strukturtypus:* Es gehören die Strukturen der beiden Kristallarten, der zunächst vorhandenen und der aus der Umwandlung hervorgehenden, hier zwei verschiedenen Strukturtypen an; die Polymorphie hat dementsprechend den besondern Charakter einer *Heterotypie.* Ein Wechsel des Strukturtypus wird zwar stets eine tiefer greifende Änderung in der Konstitution bedeuten als eine Umwandlung im Rahmen einer Homöotypie. Es braucht dies indessen nicht immer einem vollständigen Konstitutionswechsel unter Veränderung der Koordinationsverhältnisse unter den Atomen zu entsprechen, so beispielsweise, wenn die beiden Modifikationen zueinander im Verhältnis von *Strukturisomeren* stehen, somit verschiedenen Strukturtypen zugehören, indessen gleiche Koordinationsverhältnisse unter ihren Atomen besitzen. Ebenso kann bei Molekülverbindungen der Wechsel des Strukturtypus lediglich in einer andern Gruppierung derselben oder doch nur untergeordnet veränderter, molekularer Atomkonfigurationen beruhen. Das Ausmaß des konstitutionellen Umbaus einer Kristallart bei Anlaß einer heterotypen Umwandlung (verhältnismäßig geringe Konstitutionsveränderung beim Übergang von *α-Co* in *β-Co,* größere bei der Umwandlung *α-Fe* → *γ-Fe,* noch ausgesprochenere beim Übergang Diamant → Graphit; bei Molekülverbindungen entsprechend: bloße Änderung der Molekülanordnung, begleitet von einer größern oder kleinern Veränderung der zwischenmolekularen Kräfte, oder aber Verschiebungen in der Atomkonfiguration des Moleküls selber, unter Umständen bis zu einer eigentlichen Lagerungsisomerie reichend) kann einem bloßen Vergleich der Röntgendiagramme vor und nach der Umwandlung nicht unmittelbar entnommen werden, sondern läßt sich einzig auf Grund von eigentlichen Kristallstrukturbestimmungen an den beiden Modifikationen (siehe hierzu Kapitel VIII) beurteilen.

Die Kennzeichnung des einer polymorphen Umwandlung zugrunde liegenden Ausgangszustandes und des aus ihr sich ergebenden Endzustandes reichen für sich allein noch nicht aus, um den *realen Mechanismus einer Umwandlung* aufzuklären. Einsicht in den Umwandlungsmechanismus selber vermögen erst ergänzende Untersuchungen zu verschaffen, welche im Besondern die Lagebeziehungen zwischen den beiden an der Umwandlung beteiligten Kristallgitter festzustellen haben. Um in solcher Weise *die Lage des neugebildeten Gitters in bezug auf das primär vorhanden gewesene* zu fixieren, empfiehlt sich vor allem ein Studium der polymorphen Umwandlung von *Einkristallen* mittels der Röntgeninterferenzen. Hierzu wird zweckmäßig das Drehkristall- oder Laue-Verfahren herangezogen; oftmals ist auch bereits an Hand von Faserdiagrammen eine Untersuchung möglich. Nie ist mit einem bloß geometrischen Vergleich der Kristallstrukturen beider Modifikationen auszukommen, weil es nämlich zumeist mehrere Möglichkeiten einer *formal* einleuchtenden Beschreibung des Übergangs der einen Struktur in die andere gibt. Zugleich gestattet der Interferenzversuch am sich umwandelnden Einkristall zu entscheiden, ob der Umwandlungsprozeß sich einphasig oder zweiphasig vollzieht, ob eine stetige Umwandlung oder ein wachstumsmäßig ablaufender Umwandlungsvorgang vorliegt. Die im Zusammenhang mit polymorphen Umwandlungen *an Einkristall-Diagrammen* wahrnehmbaren Erscheinungen sind die folgenden:

A. Das Diagramm des primär vorliegenden Einkristalls der α-Phase geht zufolge der Umwandlung *in das Interferenzmuster eines Einkristalls der β-Phase* über (oder erweist sich als das Interferenzbild einer Gruppe von β-Kristallen in gesetzmäßiger Lage zum ursprünglichen α-Kristall). Unter solchen Verhältnissen hat die Umwandlung den Charakter eines *stetig verlaufenden Übergangs,* wobei im Laufe der Umwandlung unter homogener, gleichzeitiger Verrückung aller Atome vom α-Gitter ausgehend kontinuierlich aufeinanderfolgende Zwischenzustände durchlaufen werden, bis die Symmetrie der neuen Form, das Gitter der β-Phase, erreicht ist. In *jedem* Zeitpunkt der Umwandlung ist dann nur ein *einziges* Kristallgitter, nur eine *einzige* Phase vorhanden *(einphasige Umwandlung),* die Umwandlung besteht in einem kontinuierlichen, geometrisch stetigen Übergang des α-Kristalls in den β-Kristall *(stetige Umwandlung)* und führt *stets* zu einem β-Kristall, welcher sich gegenüber dem α-Kristall *in gesetzmäßiger Orientierung* befindet. Aus den darin sich äußernden Lagebeziehungen zwischen dem neuen und dem alten Gitter kann die *geometrische* Natur des Umwandlungsmechanismus im Einzelnen erschlossen werden. An solchen sind möglich: Formänderungen am dreidimensionalen Gitter als solchem, z. B. bestehend in einer Kontraktion des Gitters in der einen, in einer Aufweitung desselben in den beiden andern Richtungen, oder aber Umklappvorgänge, ihrerseits beruhend auf einem Abgleiten in sich unverändert bleibender Netzebenen des α-Gitters in bestimmter Richtung, schließlich auch Formänderungen durch entsprechende Verschiebungen von Atomketten, allgemein also Strukturumwandlungen, bei denen mindestens eindimensionale, kristalline Konfigurationen als solche erhalten bleiben. Entsprechend den zwischen beiden Strukturen bestehenden Symmetriebeziehungen kann für einen solchen Umwandlungsmechanismus möglicherweise eine Mehrzahl unter sich gleichwertiger Möglichkeiten bestehen, so daß der α-Kristall bei der Umwandlung in *mehrere* β-Lagen, also in eine zum α-Kristall und in sich gesetzmäßig orientierte *Gruppe* von β-Kristallen aufspaltet.

B. Mit einsetzender Umwandlung eines Einkristalls der α-Phase treten zu den von diesem herrührenden Reflexen neue, zusätzliche Interferenzeffekte: *Neben den Interferenzpunkten des α-Kristalls* sind entweder zahlreiche *Einzelinterferenzpunkte oder* homogen geschwärzte *Interferenzlinien der β-Phase* vorhanden, das Röntgendiagramm zeigt die *Interferenzen an zwei verschiedenen Gittern nebeneinander.* Daraus folgt, daß die fragliche Umwandlung eine Um- und Neukristallisation in sich schließt, in deren Verlauf das Gitter des α-Kristalls völlig abgetragen (zerstört) und aus seinen Bausteinen an zahlreichen verschiedenen Punkten (Keimen) einsetzend das neue Gitter der β-Phase aufgebaut wird. Während der Umwandlung sind dann stets zwei Kristallarten und zwar beide in ihrem Endzustand nebeneinander vorhanden, zunächst allein (als Einkristall) die α-Phase, dann von einer bestimmten Temperatur an erste Keime der β-Phase, welche sich zunehmend auf Kosten des α-Kristalls vergrößern, bis bei vollendeter Umwandlung nur noch Kristalle der β-Phase anwesend sind *(zweiphasige Umwandlung, wachstumsmäßige Umwandlung).* Die Kristalle der neu entstehenden Phase können dabei zum Gitter des α-Kristalls eine beliebige Orientierung einnehmen, als Gesamtheit somit völlig regellose Anordnung aufweisen (keine Aufspaltung der β-Linien in Sicheln) oder es entstehen die β-Keime in gesetzmäßiger Orientierung zum α-Gitter (β-Interferenzen in Sicheln aufgespalten), es kommt zur Ausbildung einer *Umwandlungstextur.* Deren nähere Analyse erlaubt, die orientierte Keimbildung im einzelnen zu

SAMMLUNG

Wissenschaft und Kultur

Die Sammlung «Wissenschaft und Kultur», deren erste Bände soeben erscheinen, wird allgemein verständliche Darstellungen aus verschiedenen Gebieten der Wissenschaft enthalten. Sie will keineswegs die Fachwissenschaften popularisieren und etwa für den Laien besonders zurechtgemachten Wissensstoff vermitteln. Vielmehr soll dem gebildeten Leser Wissenschaft in belletristischer Form geboten werden, wobei nicht so sehr spezielle Fachgegenstände erörtert werden, sondern die Wissenschaft selber als Bestandteil unserer Kultur betrachtet wird.

Die einzelnen Bände behandeln ihr Gebiet historisch oder philosophisch, und zwar von einem allgemein kulturell interessierten Gesichtspunkte aus; sie berühren auch naturphilosophische Grenzfragen.

Der Verlag möchte mit dieser Sammlung einem weiteren Leserkreis Einblick in das Ideengut der Wissenschaft gewähren. *Bitte wenden!*

VERLAG BIRKHÄUSER BASEL

BAND I

Die mathematische Denkweise

Von ANDREAS SPEISER. 2. Auflage. 124 Seiten mit 11 Figuren und 9 Tafeln. In Ganzleinen gebunden Fr. 14.50.

Über Symmetrie und Ornamentik – Die Naturphilosophie von Dante – Proklus Diadochus über die Mathematik – Goethes Farbenlehre – Über die Astrologie – Kepler und die Lehre von der Weltharmonie – Notenbeispiele.

BAND II

Die Entwicklungsgeschichte der Chemie

Von H. E. FIERZ-DAVID. 466 Seiten mit 106 Abbildungen und 4 Schrifttafeln. In Ganzleinen gebunden Fr. 21.50.

Über die Ursprünge der Chemie – Chemie und Alchemie der Alten – Chemie und Alchemie der Übergangszeit – Von Boyle zu Lavoisier – Wandlungen im Begriff der Elemente – Die Experimentalchemie und ihre Probleme – Einfluß räumlicher und physikalischer Anschauungen auf die Chemie – Ordnung und Aufbau der Elemente – Die moderne angewandte Chemie – Anhang: Die chemische Analyse; Entdeckungsgeschichte der Elemente; Literaturnachweis.

IN VORBEREITUNG:

BAND III

Geburt und Tod der Sonne. Von G. GAMOW. Aus dem Englischen übersetzt von E. V. D. PAHLEN.

BAND IV

Aufbau des Weltalls. Von E. V. D. PAHLEN.

charakterisieren und ihre besondere Ursache abzuklären (gesetzmäßige Aufwachsung der β-Keime auf das α-Gitter oder orientierter Zerfall des α-Kristalls). Zweiphasige Umwandlungen an Einkristallen lassen oftmals unzweifelhaft deren allmähliche Ausbreitung von außen gegen das Kristallinnere verfolgen: Nachdem die Kristalloberfläche bereits keine Anzeichen von Interferenzen der α-Phase mehr liefert, kann durch Entfernung der Oberflächenschicht erneut ein gemischtes Interferenzmuster oder gar das des noch

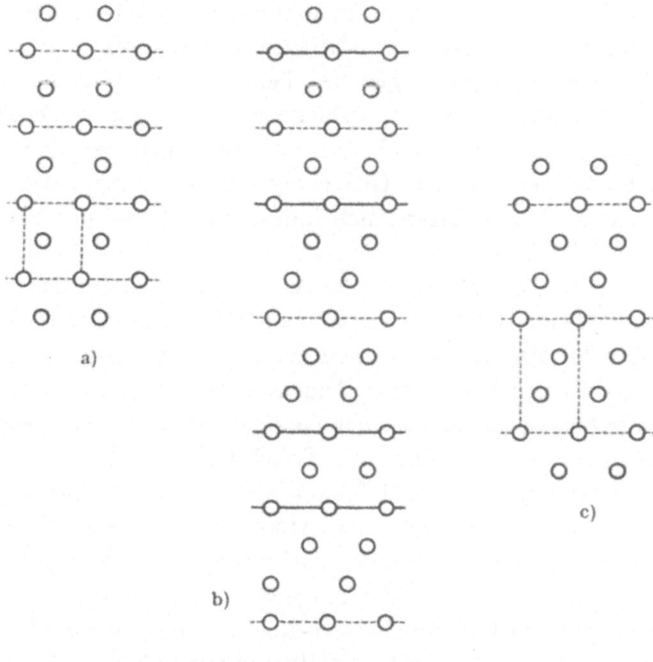

Abb. 91

Zweidimensionales Schema einer Wechselstruktur:
a) Atomanordnung in der α-Modifikation;
b) Wechselstruktur mit Paketen aus der α- und der β-Form;
c) Atomanordnung in der β-Modifikation.

unveränderten α-Kristalls erhalten werden. Bei Zimmertemperatur nicht stabile Modifikationen können als Einkristalle bereits eine Oberflächenschicht aus der unter gewöhnlichen Verhältnissen stabilen Modifikation nachweisen lassen. Dies ist aus naheliegenden Gründen zumeist mittels Elektronenbeugungsversuchen sicherer als an Hand der Röntgeninterferenzen, ja nicht selten überhaupt nur auf diesem Wege festzustellen.

In diesen Zusammenhang gehören außerdem Zwischenzustände, eventuell gar selbständige Modifikationen, welche als *Wechselstrukturen* bezeichnet werden und das Baumotiv der Strukturen zweier Modifikationen in *einem* Kristall vereinigt enthalten: So erscheinen im Falle von Schichtstrukturen in unregelmäßiger Abfolge Schichtpakete vom Charakter der α-Modifikation und solche von der Art der β-Modifikation, dabei ein Röntgendiagramm erzeugend, welches nur einen Teil der Interferenzen der α-Form, ebenso *nur teilweise* die Interferenzen der β-Modifikation enthält, indem es nämlich einzig die den beiden Modifikationen gemeinsamen Linien aufweist. Die Dicke der in sich homogenen Gitterteile kann schwanken, damit auch der Anteil der beiden Modifikationen an verschiedenen Kristallen verschieden groß sein, bald die α-, bald die β-Modifikation vorherrschen oder ein Kristall die beiden Formen zu ungefähr gleichen Teilen enthalten. Eine röntgenographische Unterscheidung dieser verschiedenen Fälle von Wechselstrukturen ist nur möglich, wenn die Wechselstrukturen gegenüber den homogenen Strukturen etwas verschiedene Gitterkonstanten besitzen, was aber nicht allgemein zutrifft. Sicher lassen sich indessen an Hand der Röntgeninterferenzen Wechselstrukturen stets von einem Gemenge aus α- und β-Kristallen trennen, indem das letztere in seinem Röntgenogramm das *vollständige* Interferenzensystem sowohl der α- als der β-Modifikation und nicht bloß die den beiden Modifikationen gemeinsamen Interferenzen zeigt. Aus diesen letztern wird naturgemäß jene Elementarzelle abgeleitet, welche sich ergibt, wenn die beiden Gitter zu einer *einzigen* Struktur *ineinander* gestellt würden. Sehr oft wird diese nur einen Bruchteil des Volumens der Zelle des α- bzw. β-Gitters umfassen, so daß dann die Anzahl der Atome pro Gittermasche für alle oder einen Teil der Atome nicht ganzzahlig auszufallen braucht. Auf die Beziehungen der Wechselstrukturen zu gewissen Typen von Gitterstörungen ist bereits S. 124 hingewiesen worden.

Röntgenographische Untersuchungen über die polymorphe Umwandlung von Einkristallen haben in einzelnen Fällen überdies bewiesen, wie sehr solche Prozesse einen *individuellen* Charakter tragen können: Es kann z. B. der Zerfall der Kristallart am Umwandlungspunkt in ein Gemenge von Kristallen der α-Phase bei äußerlich gewahrter Kristallform erfolgen. Bei der Rückumwandlung der entstandenen α-Kristalle in die β-Phase kann ein verschiedenes Ergebnis erzielt werden je nachdem, wie weit die α-Phase über die Umwandlungstemperatur erhitzt worden war. Überschreiten einer eindeutig definierbaren Temperatur hat das Entstehen eines regellosen Haufwerks von β-Kristallen zur Folge, während eine Erhitzung unter der fraglichen Temperatur das erneute Entstehen eines β-Kristalls in angenähert gleicher Orientierung, wenn auch mit gesetzmäßigen Baufehlern behaftet zuläßt. Schließlich erfolgt die Umwandlung $\beta \rightarrow \alpha$ am Einkristall bei einer andern Temperatur als die Umwandlung $\alpha \rightarrow \beta$. Hierbei können die Abkühlungskurven deutliche Haltepunkte zeigen, wiewohl röntgenographisch nur ein Zerfall des offensichtlich verspannten Kristalls, indessen kein Modifikationswechsel gefunden wird. Dazu kommt, daß mittels Röntgeninterferenzversuchen sich *neuartige Umwandlungstypen* nachweisen ließen, welche ihrem Wesen nach das unmittelbare Abbild der Konstitution der fraglichen Kristallarten darstellen. So wurden im Besondern an kettenförmig struierten Molekülverbindungen röntgenographisch selektive Verbreiterungen einzelner Reflexe bis zum Aussehen von Flüssigkeitsinterferenzen konstatiert und das Auftreten von zunehmend stärker werdenden Nebenreflexen neben dem Verschwinden der entsprechenden Hauptreflexe. Beides ist hier auf das Einsetzen von Rotation und gerichteter Schwingung des kettenartig gebauten Molekülanteils zurückzuführen, so daß von einem eindimensionalen Schmelzen des kettenförmigen Säurerestes im Kristallgitter des Salzes gesprochen werden kann.

Umwandlungen amorpher Phasen in kristallisierte haben, seit sie sich an Hand der Röntgeninterferenzen im Einzelnen verfolgen lassen, auf den verschiedensten Gebieten Bedeutung erlangt. So bei Untersuchungen darüber, wie sich Gele in kristallisierte Phasen umwandeln, beim Studium über Ausflockungs- und Entglasungsvorgänge, über das Wesen der Verglimmung, die Natur sog. metamikter Kristallarten und nicht zuletzt bei der Aufklärung jener Prozesse, bei denen unter dem Einfluß einer mechanischen Beanspruchung ein amorpher Stoff in den kristallisierten Zustand übergeht und die dabei entstehenden Kristalle gleichzeitig eine Regelung zu einer Faserstruktur erfahren. Der Konstitution amorpher Phasen (siehe S. 46) und deren Beziehungen zum Bau der Kristallverbindungen entsprechend sind an den vorgenannten Umwandlungen amorpher Stoffe in den kristallisierten Zustand neben eigentlichen Kristallisationsprozessen unzweifelhaft auch Vorgänge beteiligt, welche sich als Orientierungs- und Ausrichtvorgänge von in den amorphen Phasen bereits bestehenden oder doch vorgebildeten, kristallinen Atomkonfigurationen auffassen lassen (siehe hierzu Abb. 25, S. 50).

BEISPIELE RÖNTGENOGRAPHISCHER UNTERSUCHUNGEN ÜBER UMWANDLUNGEN:

H. Haraldsen, Über die Hochtemperaturumwandlungen der Eisen(II)sulfidmischkristalle, Z. anorg. allg. Chem. *246* (1941) 195
(Beispiel für das Verhalten der Gitterkonstanten an Umwandlungspunkten).

F. C. Kracek, E. Posnjak and S. B. Hendricks, Gradual transition in sodium nitrate II. The structure at various temperatures and its bearing on molecular rotation, J. Amer. Chem. Soc. *53* (1931) 3339
(Beispiel für eine polymorphe Umwandlung, welche auf dem Einsetzen rotatorischer Bewegungen von Atomgruppen, hier der (NO_3)-Radikale, beruht).

A. Eucken, Rotation von Molekeln und Ionengruppen in Kristallen, Z. Elektrochem. *45* (1939) 126
(Übersicht über das Rotationsphänomen und seinen experimentellen Nachweis).

L.W. Strock, Kristallstruktur des Hochtemperatur-Jodsilbers α-AgJ, Z. physik. Chem. (B) *25* (1934) 441
(Beispiel einer Kristallstrukturuntersuchung, welche für eine Atomsorte, hier die Ag^+, eine statistische Verteilung über verschiedene Punktlagen ergibt).

J. A. A. Ketelaar, Strukturbestimmung der komplexen Quecksilberverbindungen Ag_2HgJ_4 und Cu_2HgJ_4, Z. Kristallogr. (A) *80* (1931) 190 und
Die Kristallstruktur der Hochtemperaturmodifikationen von Ag_2HgJ_4 und Cu_2HgJ_4, Z. Kristallogr. (A) *87* (1934) 436
(Beispiel der röntgenographischen Untersuchung einer polymorphen Umwandlung, welche mit dem Übergang einer pseudokubischen in eine kubische Symmetrie verbunden ist und überdies in der Hochtemperatur-Modifikation für die einen Atome (hier die Kationen Ag^+ und Hg^{2+}) eine erhöhte Beweglichkeit in Form einer statistischen Besetzung einer höherzähligen Punktlage ergibt).

A. Müller, An x-ray investigation of normal paraffins near their melting points, Proc. Royal Soc. (A) *138* (1932) 514,
(Beispiel für die röntgenographische Untersuchung polymorpher Umwandlungen verwandter Kristallarten und den Nachweis dabei bestehender Unterschiede zwischen den verschiedenen Verbindungen).

F. Laves, Übergang zwischen Ordnung und Unordnung in Ionenkristallen, Z. Elektrochem. *45* (1939) 2
(Übersicht und Systematik der im Reich der anorganischen Verbindungen bekannten Fehlordnungen).

G. Borelius, Übergang zwischen Ordnung und Unordnung in metallischen Phasen, Z. Elektrochem. *45* (1939) 16
(Überblick über die bisher gefundenen Überstrukturen unter Nennung weiterer Literatur).

A. J. Bradley and A. H. Jay, The formation of superlattices in alloys of iron and aluminium, Proc. Royal Soc. (A) *136* (1932) 210
(Beispiel für die Bestimmung des Ordnungsgrades aus der Intensität der Überstruktur-Interferenzen).

N. W. Ageew und D. N. Shoyket, Untersuchungen über molekulare feste Lösungen im System Kupfer-Gold, Ann. Phys. (5) *23* (1935) 90
(Beispiel für die Bestimmung des Ordnungsgrades aus der Intensität der Überstruktur-Interferenzen).

F. F. Barblan, Untersuchungen zur Kristallchemie von Fe_2O_3 und TiO_2 sowie ihrer Alkaliverbindungen, Schweiz. Mineralog. Petrogr. Mitt. *23* (1943) 295
(Beispiel für die röntgenographische Untersuchung von Ordnungsprozessen in nichtmetallischen Kristallarten).

C. Sykes and F. W. Jones, The atomic rearrangement process in the copper-gold alloy Cu_3Al, Proc. Royal Soc. (A) *157* (1936) 213 und

F. W. Jones and C. Sykes, Atomic rearrangement in the copper-gold alloy Cu_3Al, Proc. Royal Soc. (A) *166* (1938) 376
(Beispiel für die röntgenographische Kennzeichnung der aus Ordnungspro-

zessen hervorgehenden Kristallarten hinsichtlich der Größe der zusammenhängend geordneten Bereiche).

A. J. C. Wilson, The reflexion of x-rays from the " anti-phase " nuclei of $AuCu_3$, Proc. Royal Soc. (A) *181* (1943) 360
(Grundlagen für die röntgenographische Kennzeichnung der mit dem Ablauf von Ordnungsprozessen verbundenen Kristallzustände).

C. H. Johansson und J. O. Linde, Röntgenographische und elektrische Untersuchungen des Kupfer-Gold-Sytems, Ann. Phys. (5) *25* (1936) 1
(Beispiel für den röntgenographischen Nachweis und die röntgenographische Charakterisierung von komplexen Überstrukturen).

U. Dehlinger und L. Graf, Über Umwandlungen von festen Metallphasen I. Die tetragonale Gold-Kupfer-Legierung AuCu, Z. Phys. *64* (1930) 359
(Beispiel für die röntgenographische Untersuchung einer einphasig verlaufenden Umwandlung, zugleich erstmalige röntgenographische Kennzeichnung der aus Ordnungsprozessen sich ergebenden Zwischenzustände).

L. Graf, Kinetik und Mechanismus der allotropen Umwandlung im System Kupfer-Palladium, Physik. Z. S. *36* (1935) 489
(Beispiel für die röntgenographische Untersuchung einer zweiphasig verlaufenden Umwandlung).

J. M. Bijvoet und W. Nieuwenkamp, Die Wechselstruktur von $CdBr_2$, Z. Kristallogr. (A) *86* (1933) 468
(Beispiel für das Interferenzverhalten einer Wechselstruktur und die röntgenographische Unterscheidung einer solchen von den beiden ihr zugrunde liegenden Modifikationen).

H. Lipson and A. R. Stokes, The structure of graphite, Proc. Royal Soc. (A) *181* (1942) 101
(Beispiel der röntgenographischen Untersuchung komplex polymorpher Kristallarten).

W. Borchert, Über die Mannigfaltigkeit polymorpher Umwandlungsvorgänge am KNO_3 in ihrer gegenseitigen Bedingtheit, Z. Kristallogr. (A) *95* (1936) 28
(Beispiel für die röntgenographische Erfassung der individuellen Eigentümlichkeiten einer Umwandlung unter besonderer Heranziehung des Laue-Verfahrens).

P. A. Thiessen und E. Ehrlich, Auffindung und Charakterisierung eines neuen Typus von Umwandlungen an Alkalisalzen höherer Fettsäuren, Z. physik. Chem. (A) *165* (1933) 453
(ein zweites Beispiel für die röntgenographische Erforschung der besondern Eigenart eines Umwandlungsvorganges, hier unter Verwendung des Faserdiagramms).

An Untersuchungen mit Elektronenstrahlen seien beispielhaft erwähnt:

P. A. Thiessen und Th. Schoon, Elektronenbeugung an natürlichen Flächen organischer Einkristalle, Z. physik. Chem. (B) *36* (1937) 216
(Nachweis einer oberflächlichen Umwandlung von Einkristallen).

O. Eisenhut und E. Kaupp, Untersuchungen von Gold-Kupfer-Legierungen mittels Beugung schneller Elektronen, Z. Elektrochem. *37* (1931) 466
(Beispiel für die Untersuchung von Ordnungsprozessen in Mischkristallen an Hand des Nachweises von Überstruktur-Interferenzen in Elektronenbeugungsaufnahmen).

Anlauf-Vorgänge und verwandte Prozesse

3. Reaktion einer Kristallart mit einem Gas (oder *einer Flüssigkeit) zu einer andern Kristallart* (oder mehreren solchen) und deren Umkehrung: *Zerfall einer Kristallart in eine andere* (oder mehrere solche) *und ein Gas* (oder *eine Flüssigkeit).*

Im ersten Sinne ablaufend gehören etwa hierher:
zahlreiche sog. *Anlaufvorgänge* wie Oxydationen, Nitrierungen, Zementierungen, Hydrierungen usw.,
die Bildung mannigfacher *Additionsverbindungen* wie vor allem Hydrate, Ammine und dergleichen vom Charakter von *Einlagerungsverbindungen*, dann aber auch von Verbindungen wie Hydroxyden, Karbonaten usw.,
mannigfache *Austauschreaktionen* an Salzen ($AgCl + Br \rightarrow AgBr + Cl$), sodann die als *Basenaustausch* bezeichneten Phänomene,
aber auch komplexer geartete Reaktionen zwischen kristallisierten Phasen und Gasen oder Flüssigkeiten wie etwa $3\,Si + 2\,CO \rightarrow 2\,SiC + SiO_2$
und schließlich alle diejenigen Prozesse, welche sich aus der Umkehr der zuvor aufgezählten ergeben. Für das folgende wird zunächst vorausgesetzt, daß die fragliche Reaktion eine «reine» Kristallart betrifft, um anschließend die besondern Erscheinungen, welche sich bei entsprechenden Vorgängen an Mischkristallen einstellen, getrennt zu betrachten (siehe S. 196).

Allgemein müssen bei chemischen Reaktionen des vorstehenden Typus Röntgendiagramme, die nach verschieden weit fortgeschrittener Reaktion an der kristallisierten Phase aufgenommen werden, auf eingetretene Veränderungen unter gleichzeitiger chemisch-analytischer Kennzeichnung der Reaktionsproben geprüft werden. Sehr oft wird es physikalisch-chemischen Messungen bereits gelingen, den interessierenden Vorgang hinsichtlich seines Ablaufs als stetig verlaufenden oder diskontinuierlichen, d. h. über diskrete Stufen sich vollziehenden Prozeß zu kennzeichnen (Abb. 92 oder 93). Da es aber auch Fälle gibt, wo pseudostöchiometrische Verhältnisse einen stufenweisen Charakter vortäuschen oder umgekehrt ein regelmäßiger Reaktionsverlauf einen einheitlichen Vorgang vermuten läßt, die Reaktion tatsächlich jedoch einen diskontinuierlichen Ablauf nimmt, hat unabhängig vom Ergebnis der physikalisch-chemischen Untersuchung stets eine völlig unvoreingenommene, röntgenographische Überprüfung der Natur der fraglichen Reaktion zu erfolgen. *Diskontinuierlicher Reaktionsverlauf* wird nur dann als gesichert gelten dürfen, wenn sich an Hand verschieden beschaffener Interferenzensysteme, welche *sprunghaft* erscheinen, gegebenenfalls auch *nebeneinander* auftreten, diskrete Reaktionsstufen unzweifelhaft nachweisen lassen. Da die röntgenographische Bearbeitung der hierher gehörenden Reaktionen stets *beide* Möglichkeiten, die eines stetigen Ablaufs wie jene eines diskontinuierlichen Fortschreitens im Auge zu behalten hat, sollen im Folgenden auch eine Reihe ausgesprochen kontinuierlich sich abspielender Vorgänge wie Lösungs- und Quellungsprozesse in die Betrachtung einbezogen werden, um so mehr als diese in mannigfacher Beziehung zu den eigentlichen chemischen Reaktionen stehen. Überdies stellen sie oft die letztern vorbereitende Vorgänge dar und bilden die aus ihnen hervorgehenden Zustände Vorstufen und Zwischenstadien der spätern Reaktionsprodukte.

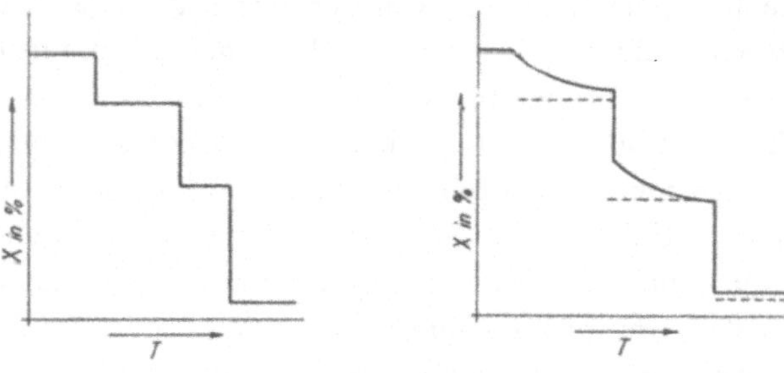

Abb. 92

Beispiele von stufenweise verlaufenden Reaktionen mit verschieden großen Homogenitätsbereichen der einzelnen Reaktionsstufen.

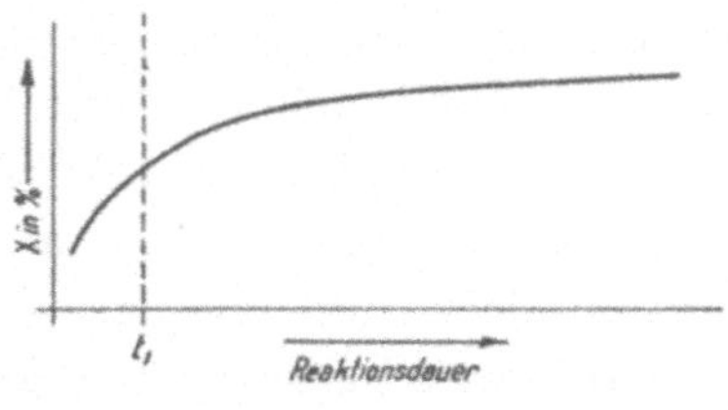

Abb. 93

Beispiel eines pseudostetigen Reaktionsablaufs (z. B. Acetylierung natürlicher Ramiefasern): Trotz der stetig verlaufenden Reaktionsganges zeigt das Interferenzverhalten eine ausgesprochene Diskontinuität, indem bis t_1 nur die Interferenzen der ursprünglichen Kristallart mit allerdings deutlich abnehmender Intensität wahrzunehmen sind, von t_1 an unvermittelt die Linien der neuen Kristallart erscheinen, ihrerseits bei längerer Reaktionsdauer stetig an Intensität zunehmen, während die Intensität des ursprünglichen Interferenzensystems umgekehrt mehr und mehr sinkt.

Nach einer hinreichenden Kennzeichnung des Kristallzustandes in der zur Reaktion gelangenden, kristallisierten Phase können in den Röntgendiagrammen an den nach verschiedener Reaktionsdauer bei verschiedenen Reaktionstemperaturen erhaltenen Produkte die folgenden Erscheinungen hinsichtlich des Interferenzverhaltens im Zusammenhang mit der interessierenden Reaktion festgestellt werden:

A. *Lage und Intensität aller Interferenzen* bleiben *unverändert:* Dann kann bei polykristallinem Material die Aufnahme der gasförmigen oder flüssigen Phase *interkristallin* erfolgen, im Falle von Faserstoffen (im besondern vom Typus organischer Faserstoffe) *intermizellar* als mizellare Oberflächenreaktion. Es können aber auch Moleküle des Gases (der Flüssigkeit) in Hohlräume der Struktur der reagierenden Kristallart eintreten und dort in der Rolle *vagabundierender Gitterbestandteile* verbleiben (so bei manchen Hydraten mit zeolithischer Bindung des Wassers, bei der Einlagerung von NH_3 und andern Molekülen, auch wesentlich größern, in Silikaten vom Zeolith-Typus, sodann von der Art der Ultramarine). Aus der Tatsache, daß ein Einbau solcher zusätzlicher Bauelemente in Kristallstrukturen zu keinen oder doch nicht zu nennenswerten Veränderungen im Interferenzverhalten Anlaß gibt, darf nicht ohne weiteres geschlossen werden, daß diese eingelagerten Bestandteile im fraglichen Kristallgitter keine festen Plätze einnehmen. Solches kann nur dann als erwiesen gelten, wenn die Menge der aufgenommenen Moleküle und deren Streuvermögen tatsächlich ausreichen würden, um im Falle einer fixierten Lage in der Struktur nachweisbare Verschiebungen der Interferenz-Intensitäten hervorzurufen. Gleich der Aufnahme führt auch die Entfernung der zusätzlich eingebauten Gitterbestandteile oder der interkristallin (intermicellar) eingelagerten Teilchen zu keinen Veränderungen des Röntgendiagramms. Im Falle solcher «Reaktionen» fähiger Kristallhaufwerke kann allerdings die Aufnahme an Fremdstoffen texturelle Veränderungen im polykristallinen Material nach sich ziehen, indem z. B. Faserstoffe im Zusammenhang mit derartigen Vorgängen ihre Fasertextur einbüßen, die Interferenzen dann zwar nicht mehr die Sichel-Aufspaltung, indessen nach wie vor die nämliche Lage und Intensitätsabfolge zeigen. Besonderes Interesse verdienen röntgenographische Befunde der vorstehenden Art in jenen Fällen, bei denen der Ablauf der Reaktion im Lichte physikalisch-chemischer Messungen als ein stufenweiser erscheint, es sich jedoch nur um *pseudostöchiometrische* Verhältnisse, um einen bloß scheinbar sich schrittweise vollziehenden Prozeß handeln kann. Gerade die Existenz solcher Erscheinungen legt es nahe, die physikalisch-chemische Prüfung derartiger Vorgänge *stets* durch eine röntgenographische Untersuchung zu ergänzen, bevor die Natur einer Reaktion endgültig festgelegt wird.

B. Die *Lage aller oder nur eines Teils der Interferenzen verschiebt sich* in *stetiger* Abhängigkeit vom (zunehmenden oder sinkenden) Gehalt der Kristalle an der mit ihnen zur Reaktion kommenden Gas(Flüssigkeits)phase. Dies bedeutet, daß mit der Aufnahme (oder Abgabe) der als Gas oder Flüssigkeit an die Kristalle herantretenden Moleküle (Atome) eine *kontinuierliche Aufweitung* (oder Schrumpfung) des Gitters erfolgt. In den einen Fällen werden alle Kanten der Gittermaschen hiervon in gleicher Weise betroffen, in andern in verschiedener Weise, wobei einzelne unter ihnen eventuell überhaupt nicht verändert werden. Je nach der Art der dadurch bewirkten Gitterformänderung, liegt eine allseitige (dreidimensionale), eine nur zweidimensionale oder bloß eindimensionale *Quellung* vor. Der letzte Fall ist vorab bei Schichtstrukturen verwirklicht, der zweit genannte bei Kettenstrukturen. Der stetigen Lageveränderung der Interferenzen entsprechend ist während des *ganzen* Ablaufs der Reaktion *nur ein einziges* Interferenzsystem vorhanden, und es bleibt im Falle von Einkristall-Aufnahmen das Interferenzmuster von den Lageverschiebungen abgesehen als solches erhalten, was dann im besondern beweist, daß sich der fragliche Prozeß in einer *einzigen* festen Phase abspielt. Damit steht in Übereinstimmung, daß auch die Umkehr der Reaktion zu keinen Veränderungen des Röntgendiagramms führt, nach ihrer Vollendung das Interferenzbild des Ausgangszustandes wiederkehrt. So wie Einkristalle zufolge solcher Vorgänge ihren Zusammenhalt nicht verlieren, zeigt auch die Röntgenaufnahme an vielkristallinem Material keinerlei Hinweise auf eine mit der Reaktion verbundene Kornzertrümmerung. Unter Umständen sind mit den Lageverschiebungen der Interferenzen gewisse Änderungen der Intensität einzelner Linien (Reflexe) verknüpft. Einerseits sind diese unzweifelhaft abhängig vom Streuvermögen der in den Kristall tretenden Atome, andererseits lassen sie sich auf diese Weise nicht immer vollständig begründen, so daß dann offensichtlich auch innere Deformationen einer Kristallstruktur im Zusammenhang mit der ihren Gittermaschen widerfahrenden Dehnung oder Kontraktion mitspielen. Mit hierher gehört endlich die Möglichkeit, daß mit fortschreitender Reaktion einzelne Überstrukturlinien auftreten können, die ihrerseits das Anzeichen dafür sind, daß ein geordneter Einbau stattfindet, wobei eine Wiederholung des Baumotivs nach größern Perioden erfolgt als im ursprünglichen Kristallgitter.

Solches Interferenzverhalten beweist bei dem hier betrachteten Reaktionstyp allgemein, daß *unter stetiger Größen-, eventuell auch Formänderung der Gittermaschen* eine sicher *stets intrakristalline* (intramicellare) *Stoffaufnahme durch die reagierenden Kristalle* erfolgt, oft im Sinne einer zusätzlichen Atomeinlagerung, oft in Richtung eines Atomaustauschs zwischen Kristall und flüssiger oder gasförmiger Phase. Dabei werden in *lückenloser* Abfolge alle nur denkbaren Zwischenzustände durchlaufen oder es gibt an solchen mindestens so viele, daß sie sich an Hand des Röntgendiagramms voneinander nur schwierig oder überhaupt nicht unterscheiden lassen. Der fortschreitenden Reaktion wird oftmals (vorab in einer Verbreiterung der Interferenzen zum Ausdruck kommend) eine zunehmende Störung der Gitterordnung im reagierenden Kristall parallel gehen und kann möglicherweise auch nach Rückbildung der ursprünglichen Kristallart erhalten bleiben. Mag in einzelnen Fällen zufolge der Reaktion auch der Kristallzusammenhang als solcher eine Einbuße erfahren, ja ganz verloren gehen, so bleiben doch die dem Kristall zugrunde liegenden, kristallinen Konfigurationen, etwa die Atomnetze oder -ketten als solche in ihrem Aufbau von der Reaktion vollkommen unberührt. Dies ist im Röntgendiagramm daran nachzuweisen, daß gewisse Interferenzen nach Lage und Intensität keinerlei Veränderungen erfahren (bei Netzstrukturen etwa die an den Netzebenen senkrecht zu den Atomschichten entstehenden Interferenzen). Sehr oft finden Reaktionen dieser Art bei einer scharf definierten Grenze (gegeben in der maximalen Stoffaufnahme durch den Kristall) ihr Ende, werden dann gerne von einer zweiten Reaktion von andersartigem Charakter abgelöst, was im Röntgendiagramm im Auftreten eines neuen Interferenzensystems seinen besondern Ausdruck findet.

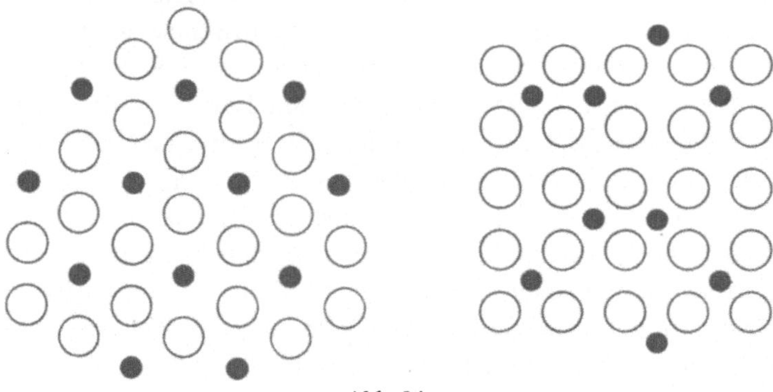

Abb. 94

Links geordnete, rechts ungeordnete Einlagerung von zusätzlichen Atomen (kleine volle Kreise) in eine Kristallstruktur.

Vorgänge, verbunden mit Veränderungen des Interferenzverhaltens der soeben geschilderten Art, sind etwa: die Aufnahme von Gasen in Metallen unter zumeist dreidimensionaler Gitteraufweitung. Letztere kann unter Umständen ein recht erhebliches Ausmaß annehmen, ohne dabei immer reversibel zu verlaufen (*Zr* vermag bis 40 At. % Sauerstoff unter einer bis 1,5% reichenden Gitteraufweitung, bis 20 At. % Stickstoff aufzunehmen; erst bei höhern Gehalten kommt es zur Bildung von Oxyden bzw. Nitriden, im Gegensatz zu Thorium, wo bei der Reaktion mit diesen beiden Gasen unmittelbar die Bildung einer Oberflächenschicht aus ThO_2 bzw. ThN einsetzt). Ob in solchen Fällen Einlagerung oder Substitution im Gitter der reagierenden Kristalle erfolgt, läßt sich auf dem früher angegebenen Wege (S. 68) aus einem Vergleich der Gitterkonstanten mit der Dichte entscheiden. Sodann gehören hierher die als isomorpher Anlauf und als Basenaustausch gekennzeichneten Prozesse, letztere vor allem in großer Mannigfaltigkeit bekannt an Zeolithen und Ultramarinen. Sie stellen oft lediglich einen Kationenwechsel im völlig unveränderten Strukturgerüst dar oder es geht der Kationenaustausch mit einer gewissen innern Deformation der Struktur vor sich, letzteres im besondern, wenn die Zahl der eintretenden Kationen nicht jener der ausgetauschten (wie beim Ersatz von Ba^{2+} durch $2\,K^{+}$) entspricht. Auch in diesen zweiten Fällen ist die allseitige Ausweitung oder Schrumpfung des Gitters die Regel im Gegensatz zu Kristallarten mit Kettenstrukturen (Faserstoffen), wo unter Erhaltung der Kettenperiode (oder höchstens einer Verdoppelung oder Vervielfachung derselben) das Gitter in nurmehr zwei Richtungen seine Gestalt ändert. Infolge solchen intramizellaren Quellens von Faserstoffen (permutoider Quellung ohne Reaktion) wird häufig nach vorangegangener Verbreiterung ein völliges Verschwinden der Interferenzen beobachtet, wobei nach durchgeführter Entquellung die Interferenzen im wesentlichen wieder dieselbe Lage bei gleicher Intensität wie vor der Behandlung aufweisen, oftmals allerdings eine gewisse Verbreiterung der Linien zurückbleibt. Bloß eindimensionale Gitteraufweitung ist vor allem für Schichtstrukturen charakteristisch: Bei einer solchen eindimensionalen Quellung zeigen dann die Interferenzen an den Netzebenen parallel zu den Schichten eine kontinuierliche Verschiebung nach kleinern Beugungswinkeln entsprechend ihrem sich zufolge der Einlagerung von Atomen zwischen die einzelnen Schichten stetig vergrößernden Abstand. Diese Lageveränderung der (001)-Linien (Schichtebene senkrecht zur c-Achse angenommen) ist in ihrem Ausmaß zunächst vom Raumbedürfnis der eingebauten Gas- oder Flüssigkeitsatome(moleküle) abhängig und dazu eine stetige Funktion des Gehalts der Kristalle an interlaminar aufgenommenen Fremdatomen. Möglicherweise überlagern sich mehrere verschiedene Einlagerungsprozesse solcher Art: So ist dies der Fall beim Einbau von O-Atomen in Graphit unter Bildung von Graphitoxyd, welches seinerseits unter weiterer Quellung in beträchtlichem Ausmaß Wassermoleküle aufnehmen kann. Dabei bleiben die Interferenzen an den Netzebenen ($hk0$) (Netzebenen senkrecht zu den Schichten) entweder völlig unverändert oder erleiden einzig eine sehr geringfügige Verschiebung, was beweist, daß die Netze der Kohlenstoffatome im Zusammenhang mit der Entstehung des Graphitoxyds keinerlei Veränderungen erfahren, sich gleichsam als Ganzes an der Reaktion beteiligen.

C. Im Verlauf der Reaktion zeigen die Röntgeninterferenzen *einmal oder mehrmals sprunghaft erfolgende Veränderungen nach Lage und Intensität. Zwischen* dem sich dadurch ergebenden *neuen Interferenzensystem* und dem *ursprünglich vorhandenen* bleiben indessen *systematische Beziehungen* bestehen. Wenn im Ganzen auch eine weiter reichende Veränderung des Interferenzverhaltens als im Fall B. festgestellt wird, so ist doch das zwischen B. und C. maßgebende Kriterium folgendes: im erstern Fall stellen sich die Änderungen in den Röntgendiagrammen mit fortschreitender Reaktion völlig stetig ein, wogegen sie bei den jetzt zu betrachtenden Reaktionen *sprunghaft* auftreten. Im Verlauf der Reaktion löst ein Interferenzensystem diskontinuierlich das andere ab; unter Umständen werden gar *zwei verschiedene Interferenzensysteme nebeneinander* im gleichen Diagramm erscheinen. Im Einzelnen können zwischen den Röntgenogrammen vor und nach der Reaktion beispielsweise die folgenden Unterschiede bestehen:

a) Bei grundsätzlich weitgehend übereinstimmenden Interferenzensystemen fehlen im Röntgendiagramm der ursprünglichen Kristallart gegenüber jenem des Reaktionsproduktes einzelne wenige Linien (Reflexe), und zwar durchwegs solche untergeordneter Intensität. Dabei lassen sich diese kritischen Interferenzen jedoch nicht als Überstruktur-Interferenzen des ursprünglichen Gitters auffassen. Allgemein besagt ein solches Interferenzverhalten über die mit ihm verbundene Reaktion, daß der Einbau der mit dem Kristall in Reaktion tretenden Atome (Moleküle) wohl *diskontinuierlich erfolgende,* indessen *im ganzen nur geringfügige Änderungen* der primär vorhandenen *Kristallstruktur* nach sich zieht, der *Strukturtyp* als solcher unzweifelhaft *erhalten* bleibt. Einkristall-Diagramme, im Besondern Laue-Aufnahmen, lassen dann vor und nach der Reaktion praktisch dasselbe Interferenzmuster erkennen, indessen am umgewandelten Kristall zumeist mit sehr ausgesprochenen Asterismen (was allerdings nicht für eine nur mäßig geänderte Kristallstruktur völlig stichhaltig ist, siehe S. 191). Beispiele für Reaktionen solcher Art sind einzelne Übergänge zwischen benachbarten Hydratstufen (z. B. der Prozeß $CaSO_4$ (Halbanhydrit) + $^1/_2\, H_2O \rightarrow CaSO_4 \cdot {}^1/_2\, H_2O$, sodann auch die Überführung gewisser niedriger Oxydstufen in höhere oder in gemischte Oxyhydroxyde).

b) In den Röntgendiagrammen von Kristallarten mit Schichtstrukturen sind besonders häufig die folgenden Erscheinungen anzutreffen: es erfahren vor allem die Interferenzen an den Netzebenen parallel zu den Schichten eine auffallende Verschiebung. Sie ist in ihrer Art ganz ähnlich, wie unter B. (S. 181) bereits geschildert wurde, erfolgt indessen jetzt diskontinuierlich, indem das Ausmaß der Linienverschiebung hier sprunghaft mit dem Gehalt an aufgenommenen Fremdbestandteilen wechselt und zwar in Übereinstimmung mit den chemisch-analytisch festzustellenden Reaktionsstufen. Für die sich im Laufe einer Reaktion solcher Art einstellenden Netzebenen-Abstände parallel zu den Schichten ergeben sich dann oft charakteristische Beziehungen, die ihrerseits für die

Beurteilung des Reaktionsmechanismus von ganz besonderer Bedeutung sind: So kann zum Beispiel bei der höchsten Stufe, welche die Reaktion mit dem Gas (der Flüssigkeit) X erreichen läßt, der Abstand der Netzebenen parallel zu den Schichten statt seines ursprünglichen Wertes d den Wert d_0^X annehmen, bei der nächst niedrigern Reaktionsstufe $d_0^X + d$, bei der folgenden $d_0^X + 2d$, dann $d_0^X + 3d$, $d_0^X + 4d$ usw. betragen, während die entsprechende Reaktion mit einer andern Flüssigkeit (einem andern Gas) Y von der höchsten Reaktionsstufe zu den niedrigeren übergehend auf Netzebenabstände d_0^Y, $d_0^Y + d$, $d_0^Y + 2d$, $d_0^Y + 3d$, $d_0^Y + 4d$ usw. führt. Hieraus wird bereits wahrscheinlich und durch eine Betrachtung der Intensitäten der fraglichen Interferenzen vollends bewiesen, daß die verschiedenen Stufen solcher Reaktionen einen Aufbau nach

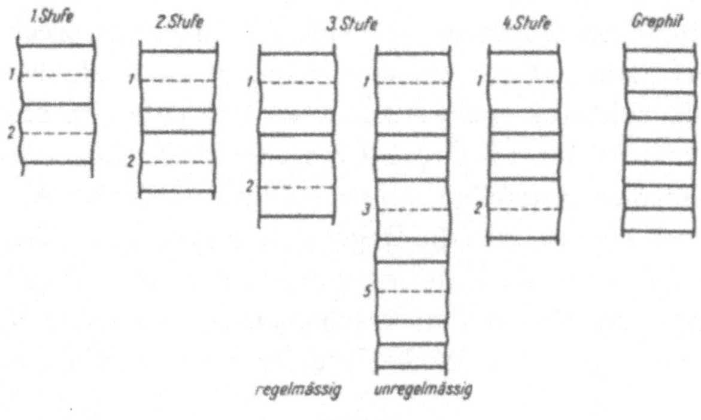

Abb. 95

Schematische Darstellung des Aufbaus der verschiedenen Reaktionsstufen bei Kristallreaktionen an Graphit. Die dicken Linien markieren die Netze der Kohlenstoffatome, die gestrichelten Linien die zwischen diese eingelagerten Schichten. Für die 3. Stufe sind einander die Fälle regelmäßiger und unregelmäßiger Schichtabfolge gegenübergestellt. Nur die letztere könnte sich aus der 2. Stufe durch Austreten einzelner Schichten ergeben.

dem in Abb. 95 dargestellten Schema besitzen, somit eine *regelmäßige* Einlagerung von mit Fremdatomen (molekülen) besetzten Schichten stattfindet (der Fall einer unregelmäßigen oder gar nur statistischen Einlagerung würde zunächst die Beziehungen unter den Abständen der parallel zu den Schichten liegenden Netzebenen nur schwer verstehen lassen, ist aber zudem durch eine andere Intensitätsverteilung bei den an diesen Netzebenen entstehenden Interferenzen gekennzeichnet). Dabei muß im Besondern auffallen, daß etwa die zweite Stufe nicht dadurch in die dritte übergeht, daß *einzelne* der Fremdschichten austreten oder die einzelne Fremdschicht eine lockerere Besetzung erhält, sondern es findet ein vollkommener Umbau, verbunden mit der Entfernung *aller* Fremdschichten und einem völligen Neueinbau derselben mit einer der neuen Reaktionsstufe entsprechenden Periodizität bei regelmäßiger Verteilung der Fremdschichten statt (Abb. 95). Bei einzelnen Reaktionsstufen kann mit der Vergrößerung des Abstandes der Schichten eine Verdrehung derselben gegeneinander gekoppelt sein und ist nicht selten die Ursache charakteristischer Polymorphie-Erscheinungen bei einzelnen der Reaktionsprodukte. Neben diesem allgemein typischen Verhalten der Netzebenen parallel zu den Schichten der reagierenden Kristallart lassen sich im Zusammenhang mit derartigen chemischen Vorgängen noch eine Reihe weiterer Interferenzeffekte wahrnehmen, welche vom individuellen Charakter des fraglichen Prozesses entschieden mitbestimmt werden: So können sich den vollkommen oder doch weitgehend unverändert bleibenden Interferenzen an den Netzebenen senkrecht zu den Schichten der ursprünglichen Kristallart zusätzliche Interferenzen überlagern, nämlich diejenigen, welche die eingebaute Fremdsubstanz für sich an ihren entsprechenden Netzebenen liefert (zumeist zeigen dann nämlich auch die Fremdstoffe in ihren Kristallstrukturen einen Aufbau aus Schichten, so etwa das in der hier betrachteten Weise mit Graphit reagierende $FeCl_3$). Einkristall-Aufnahmen lassen hier feststellen, ob es zu einem orientierten Einbau von Fremdschichten kommt, was die Regel sein dürfte. In andern Fällen (beispielsweise bei den aus der Reaktion von Graphit mit Säuren hervorgehenden Graphitsäureverbindungen) erscheinen in den Röntgendiagrammen der Reaktionsprodukte zusätzliche Interferenzen, welche sich auf das ur-

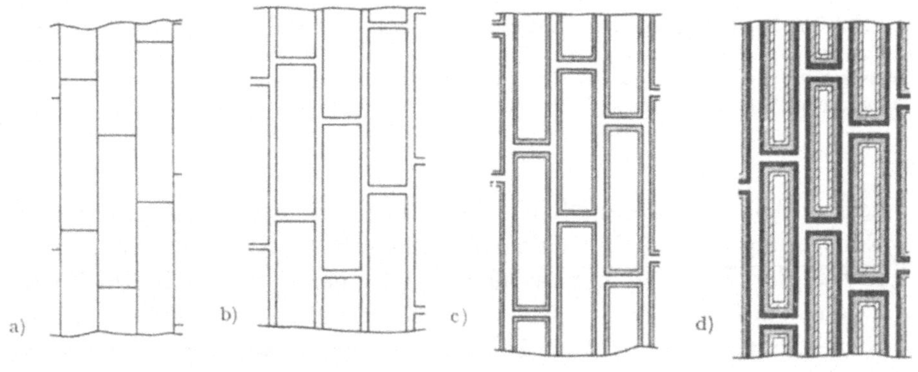

Abb. 96

Schematische Darstellung von Reaktionstypen, wie sie bei Faserstoffen häufig sind:
a) Ausgangszustand (die Rechtecke markieren die Mizellen);
b) intermizellare Quellung;
c) mizellare Oberflächenreaktion (gestrichelt die umgesetzte Mizellenoberfläche);
d) heterogene Mizellarreaktion in fortgeschrittenem Stadium: dunkel = umgesetzte Mizellenoberfläche, dicht schraffiert = umgesetztes Mizelleninneres, locker schraffiert = in Reaktion begriffenes Mizelleninneres, hell = noch unberührtes Mizelleninneres.

sprüngliche Gitter bezogen als Überstruktur-Interferenzen erweisen. Sie haben dabei oft nicht den Charakter scharfer Reflexe, sondern von kürzern oder längern Schwärzungslinien (siehe S. 142). Daraus folgt dann, daß die Anordnung der eingelagerten Fremdmoleküle (Säuremoleküle) in den von ihnen gebildeten Fremdschichten nicht vollkommen periodisch beschaffen, ihre Gruppierung innerhalb der Schichten offenbar viel stärker gestört ist als senkrecht zu den Schichten, ganz abgesehen von einer nur lückenhaften Besetzung der Fremdschichten. Welches auch immer die besondere Art dieser Zusatzinterferenzen sein mag, stets bleibt das an den Netzebenen senkrecht zu den Schichten des reagierenden Kristalls zustande kommende System von Interferenzen als solches erhalten, damit erneut beweisend, daß bei solchen chemischen Prozessen der innere Aufbau der Schichten des ursprünglichen Kristalls überhaupt keine oder doch höchstens nur unwesentliche Veränderungen erfährt. Neben den bereits genannten Reaktionen von diesem Typus an Graphit, der die Eigentümlichkeit besitzt, mit Gasen und Flüssigkeiten (Schmelzen) sowohl in stetig ablaufende als auch in diskontinuierlich erfolgende Reaktionen zu treten, fallen auch eine Reihe von Hydratisierungs- bzw. Entwässerungsprozesse von Silikaten mit Schichtstrukturen hierher, worunter der Fall des Montmorillonits besonderes Interesse erweckt hat.

c) Im Falle von Kettenstrukturen lassen sich bei diesem Reaktionstyp im Röntgendiagramm im Besondern folgende Beobachtungen machen: Trotz der Reaktion wird keine Veränderung des Schichtlinienabstandes in Richtung der Ketten(Faser)achse beobachtet, höchstens kommt es zur Ausbildung von Zwischenschichtlinien, was besagt, daß auch bei den Derivaten der reagierenden Kristallart Faserperiode und Textur erhalten bleiben, die erstere einzig unter Umständen eine Vervielfachung erfährt. Die Interferenzpunkte des Faserdiagramms zeigen jedoch sprunghafte Veränderungen nach Lage und Intensität, was ein Kriterium zur Unterscheidung der verschiedenen Reaktionsstadien und -stufen liefert. Spielen sich an Kettenstrukturen chemische Prozesse mit Interferenzeffekten dieser Art ab, so bleiben die kettenartigen Atomkonfigurationen als solche von der fraglichen Reaktion offensichtlich unberührt. Es verändert sich indessen ihr Zusammenhang unter dem Einfluß der angreifenden Agentien in sprunghafter Weise (so z. B. bei der innermizellaren Quellung mit Reaktion an organischen Faserstoffen, wie sie besonders eingehend an Cellulose und ihren Derivaten studiert worden ist), oder aber es spalten sich Mehrfach-Ketten zu einfachen Ketten auf (Abb. 97), wobei die Größe der Kettenperiode gleich bleibt, jedoch eine Neuordnung der Ketten bei zwar unverändert bleibender Richtung der Kettenachsen erfolgt.

Reaktionen, wie sie im vorstehenden beschrieben wurden, sind mit hinreichender Sicherheit von den unter B. behandelten Prozessen nicht immer leicht zu unterscheiden. Im besondern muß im Auge behalten werden, daß physikalisch-chemische und analytische Messungen hierzu keineswegs bindende Aussagen zu liefern vermögen: Kann auf der einen Seite ein stufenweiser Reaktionsablauf einen diskontinuierlichen Charakter des Vorganges bloß vortäuschen (pseudostöchiometrische Verhältnisse), so ist es andererseits möglich, daß trotz stetigen Reaktionskurven die Röntgendiagramme

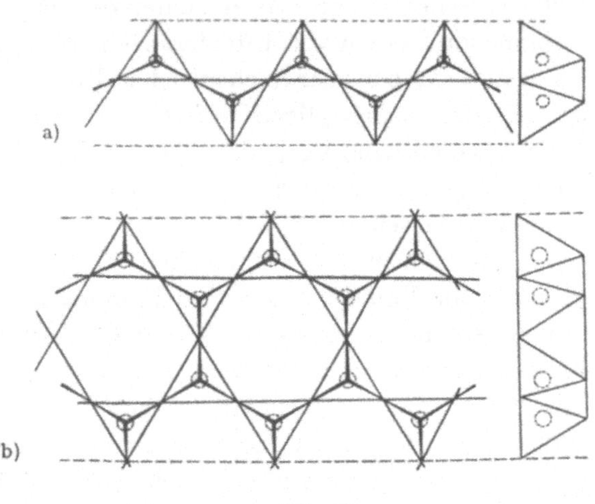

Abb. 97

Einfache und doppelte Radikalketten:
a) einfache Kette aus (SiO_4)-Gruppen mit Si:O = 1:3; b) Doppelkette aus (SiO_4)-Gruppen mit Si:O = 4:11 (beide Ketten von oben und im Querschnitt gesehen, gestrichelte Kreise Si-Atome).

sprunghafte Veränderungen zeigen und damit die Existenz unzweifelhaft diskreter Reaktionsstufen nachweisen. Legt diese Tatsache allgemein nahe, Studien an chemischen Reaktionen am festen Zustand durch röntgenographische Untersuchungen zu ergänzen, solche außerdem womöglich nicht allein an polykristallinem Material, sondern auch an Einkristallen auszuführen, so darf nicht unerwähnt bleiben, daß unter Umständen auch der röntgenographische Entscheid zwischen stetigem oder diskontinuierlichem Reaktionsverlauf sich schwierig gestaltet. Allgemein liegt der sicherste Beweis für die sprunghafte Natur einer Reaktion in Röntgendiagrammen, welche einander überlagert, die Interferenzensysteme von zwei verschiedenen Reaktionsstufen erkennen lassen und damit unzweifelhaft die Existenz von zwei verschiedenen festen Phasen nebeneinander nachweisen. Bei der nahen strukturellen Verwandtschaft, welche die einzelnen Reaktionsprodukte unter sich verbindet, werden hierzu oft besondere Versuchsbedingungen notwendig sein, um durch die Wahl einer möglichst langwelligen Röntgenstrahlung und möglichst großer Kameraradien eine optimale Aufspaltung allfällig zusammenfallender Interferenzen zu erzwingen. Ohne solche Maßnahmen können nicht nur Doppel- (oder gar Mehrfach-) Linien leicht übersehen werden, sondern es kann eine Verschiebung der Konzentration der verschiedenen Phasen und die daraus folgende Verlagerung der Intensität der Interferenzen ein stetiges Wandern der Interferenzen im Lauf der Re-

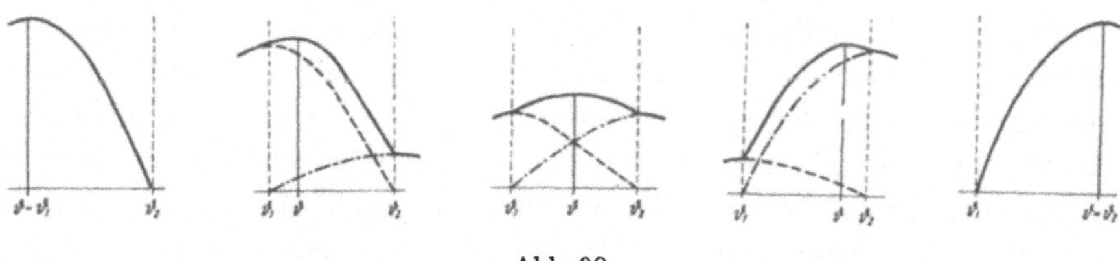

Abb. 98

Schema der scheinbaren Wanderung einer Interferenzlinie vom Beugungswinkel ϑ_1 zum Beugungswinkel ϑ_2, hervorgerufen durch Überlagerung zweier benachbarter Linien, wobei die Intensität der Linie ϑ_1 stetig abnimmt, jene der Linie ϑ_2 stetig ansteigt.

aktion vortäuschen (Abb. 98), bei Anwesenheit einer größern Zahl von Verbindungen sogar scheinbare Netzebenenverschiebungen im Betrage mehrerer Å. E. ergeben. Bei alledem bleiben die in der Natur der Sache liegenden Schwierigkeiten bestehen, die ihrerseits darauf beruhen, daß sich die realen Vorgänge stets nur unvollkommen mit idealisierten Vorstellungen beschreiben lassen, im besondern wenn ihnen, wie manchen der hier betrachteten, der Charakter ausgesprochener Grenzfälle und Übergangserscheinungen eigen ist.

Für den hier interessierenden Reaktionstyp, gegeben in der Vereinigung einer ersten Kristallart mit einer flüssigen oder gasförmigen Phase zu einer zweiten Kristallart oder dem umgekehrt verlaufenden Zerfallsprozeß, ist es im Besondern kennzeichnend, daß sehr viele ihm angehörende Reaktionen eigentliche *Kristallreaktionen* darstellen: dabei kommt es zur *Bildung einer neuen Kristallart, ohne daß die primär vorhandenen Kristalle im Verlauf der Reaktion zerfallen würden, der Kristall tritt als Ganzes in Reaktion mit einer flüssigen oder gasförmigen Phase,* die seiner Konstitution zugrundeliegenden Atomverbände bleiben als solche von der Reaktion unberührt oder erleiden einzig untergeordnete, ihren Zusammenhang nicht berührende Veränderungen. Es entspricht diesem besondern Wesen der Kristallreaktionen, daß sie sich, ob stetig oder diskontinuierlich ablaufend, *auf Kristallverbindungen beschränken,* an Molekülverbindungen dagegen nicht auftreten. Das Gegenstück zu den Kristallreaktionen bilden die *Keimreaktionen:* Sie sind ihrerseits dadurch gekennzeichnet, daß hier die Reaktion über einen *vollkommenen Zerfall der ursprünglichen Gitterordnung* führt. In ihrem Verlauf werden *Stadien* mit vollkommener oder doch weitgehender *atomarer Unordnung durchschritten; erst hieraus* bilden sich dann *Keime der neuen Kristallart* (oder mehrerer solcher), welche wiederum durch eine Anordnung der Atome in Raumgittern ausgezeichnet sind. Im Verlauf der Reaktion wird die *Anzahl der Keime der neuen Kristallart und deren Größe* auf Kosten der primär vorhandenen, mehr und mehr zerfallenden Kristallart (Kristallarten) *zunehmen,* bis die Reaktion mit dem völligen Verschwinden der urspünglichen Kristallarten ihr Ende findet. Wie sich im Vollzug einer Keimreaktion die *beiden Teilvorgänge:* Zerfall der primären Kristallarten und Bildung der Keime der neuen Kristallarten einander überlagern, mit welchen Geschwindigkeiten die beiden Einzelprozesse verlaufen, bestimmt den individuellen Charakter einer Keimreaktion, die auch über *röntgenamorphe, metastabile Zwischenzustände* verlaufen kann. Obgleich das Verhältnis der Kristallreaktionen zu den Keimreaktionen in manchem jenem zwischen stetigen Umwandlungen und Keimumwandlungen gleicht, so ist trotzdem die Analogie keine vollständige: *nur die stetigen Kristallreaktionen* haben nämlich *einphasigen Charakter,* indem sich allein bei ihnen an der Reaktion nur eine einzige feste Phase beteiligt, während sowohl *bei den diskontinuierlich ablaufenden Kristallreaktionen* als auch bei den *Keimreaktionen* grundsätzlich *zwei oder noch mehr Kristallarten nebeneinander* erscheinen (amorphe Zwischenzustände beträchtlicher Haltbarkeit können allerdings bewirken, daß auch hier in jedem Reaktionsstadium nur eine einzige Kristallart anwesend ist). Den *sichern* Entscheid darüber, ob eine Kristallreaktion oder eine Keimreaktion vorliegt, vermögen allein *Versuche an Einkristallen* zu fällen, wobei diese im besondern den Nachweis zu leisten haben, daß während der Reaktion *der einheitliche Gitterbau dauernd* erhalten bleibt. Daß der reagierende Kristall seine äußere Gestalt beibehält, reicht für die Bewertung einer Reaktion als Kristallreaktion nicht aus, da auch bei einem Zerfall des ursprünglichen Gitters der Einkristall seine *äußere* Erscheinung bewahren kann (das Reaktionsprodukt stellt dann keinen Einkristall mehr dar, sondern bloß noch eine *Pseudo- oder Paramorphose* nach einem solchen). Dabei ist es selbst mit röntgenographischen Mitteln nicht immer möglich, völlig eindeutig zwischen einem tatsächlich erhalten gebliebenen Einkristall und einer Pseudo(Para)morphose nach einem solchen zu unterscheiden: relativ zum ursprünglichen Einkristall gesetzmäßig orientierte Haufwerke der neu entstandenen Kristalle sind in besonderem Maß geeignet, Kristallreaktionen vorzutäuschen. Dann ist dem Umstand, ob die Röntgenreflexe nach der Reaktion ihre volle Schärfe bewahrt haben oder aber eine charakteristische Verwaschenheit zeigen, besondere Beachtung zu schenken, weil dies die Frage nach der Natur der fraglichen Reaktion *am ehesten* beantworten läßt. Als bloß *scheinbare Kristallreaktionen* haben sich, gestützt auf solche Untersuchungen, beispielsweise die Entwässerung von Brucit ($Mg(OH)_2$) zu Magnesiumoxyd, dann auch die Umwandlung von $KFeS_2$ in $CuFeS_2$ erwiesen.

Während die Tatsache, daß zufolge einer Reaktion das an der reagierenden Kristallart erhaltene *Röntgendiagramm sich nicht von Grund auf ändert*, ebenso gut *mit einer Kristallreaktion oder einer Keimreaktion verträglich* ist, weist umgekehrt der Befund eines sich im Zusammenhang mit der Reaktion *vollkommen verändernden Interferenzverhaltens* eindeutig auf eine *Keimreaktion*. Wo immer im folgenden solche Veränderungen der Röntgenogramme angeführt werden, handelt es sich stets um eine Keimreaktion. Keimreaktionen sind im übrigen der im Nachstehenden bei weitem dominierende Reaktionstypus ganz unabhängig davon, welche speziellen Phasen sich an den fraglichen Prozessen beteiligen.

D. Mit der Reaktion ist eine *vollkommene* oder doch sehr weitgehende *Veränderung des Interferenzensystems* verbunden: das ursprünglich vorhandene System von Interferenzen wird mehr und mehr durch ein neuartiges Interferenzensystem (möglicherweise auch durch eine Superposition mehrerer solcher) ersetzt. Hieraus ergibt sich, daß die Reaktion zwischen dem Kristall und der gasförmigen oder flüssigen Phase einen *vollständigen Umbau der ursprünglich vorhandenen Kristallstruktur* zur Folge hat, bei umgekehrtem Ablauf der Reaktion der Austritt eines Teils der Atome aus der Struktur *deren vollkommenen Zerfall unter Neuordnung der verbleibenden Atome zu einer anders gearteten Struktur* bedingt. Ob dabei das primäre Kristallgitter unmittelbar zum Einsturz kommt, wenn einzelne Atome dieses verlassen, oder ob es mit vermindertem Atombestand noch eine gewisse Haltbarkeit aufweist, entscheidet, ob der zur neuen stabilen Kristallart führenden Keimreaktion eine Kristallreaktion vorangeht, bei welcher die primäre Kristallart zunächst in eine ihr noch ähnlich gebaute, metastabile Phase übergeht oder ob der Prozeß sofort als die endgültige Keimreaktion einsetzt. Im erstern Fall kann dann in den ersten Reaktionsstadien ein Interferenzverhalten gemäß A., B. oder C. bestehen und erst bei weiter fortgeschrittener Reaktion die vollkommene Veränderung des Röntgendiagramms eintreten, während im zweiten Fall mit Beginn der Reaktion Anzeichen der Interferenzen von neuen Kristallarten wahrzunehmen sind und das ursprüngliche Interferenzensystem an Intensität einbüßt. Besondere Umstände können den sichern Entscheid zwischen den beiden Möglichkeiten erschweren, so etwa, wenn die Keime der neuen Kristallarten ein nur geringes Interferenzvermögen besitzen, demzufolge das Röntgenogramm in den Anfängen der Reaktion sich gemäß A. zu verhalten scheint, oder auch, wenn die Individuen der neuen Kristallart sich in orientierter Lage zum Ausgangskristall bilden, was selbst während längerer Reaktionsdauer ein Verhalten nach B. vortäuschen kann. Dazu kommt, daß metastabile Zustände von sehr kurzer Lebensdauer sich einem röntgenographischen Nachweis ohnehin entziehen werden, weil die Belichtungszeit dann die Dauer der Haltbarkeit der Zwischenphasen bei weitem übersteigen wird. Es sind ferner Zwischenzustände denkbar, bei welchen wohl eine Auflösung des Kristalls in seine ein- oder zweidimensionalen Atomverbände stattgefunden hat, die Atomketten oder -schichten aber als solche noch erhalten bleiben und entsprechend ihrem stärkern Zusammenhalt erst bei gesteigerter Intensität der Reaktion (z. B. bei höherer Reaktionstemperatur) zerfallen. Unter diesen Umständen werden zwar die ursprünglichen Interferenzen mit dem Einsetzen der Reaktion bald verschwinden, indessen an ihre Stelle zunächst keine neuen Interferenzen treten, so daß Zwischenstadien der Reaktion Röntgendiagramme ohne jede Anzeichen von Kristallinterferenzen ergeben (röntgenamorphe Zwischenzustände).

Dem Versuch, Reaktionen dieser Art röntgenographisch zu verfolgen, bleiben im besondern die folgenden Aufgaben vorbehalten:

a) *Bestimmung der im Reaktionsprodukt enthaltenen, neuen Kristallarten.* Dies ist naturgemäß dann von spezieller Bedeutung, wenn zwischen den zur Reaktion kommenden Phasen mehrere verschiedene, neue Kristallarten möglich sind (im Falle von Oxydationsprozessen etwa verschiedene Oxydationsstufen), sodann wenn die Menge des anfallenden Reaktionsproduktes (mindestens während der ersten Reaktionsstadien) für eine anderweitige Kennzeichnung der entstandenen Verbindungen nicht ausreicht und die Erstkristalle zufolge ihrer Kleinheit auch eine mikroskopische Charakterisierung nicht zulassen.

b) Dabei werden sich solche Untersuchungen *nicht allein dem endgültigen* Reaktionsprodukt, sondern *ebensosehr den Zwischenbildungen* zu widmen haben, um festzustellen, ob die primär entstehenden, neuen Phasen mit den endgültig sich einstellenden bereits übereinstimmen oder ob die Reaktion über bestimmte *Zwischenphasen* verläuft (Oxydationsvorgänge setzen in der Regel mit der Bildung des niedrigsten Oxydes ein, aus dem sich dann sekundär die höhern Oxyde ergeben; primär entstehen z. B. Cu_2O und FeO, hieraus erst CuO bzw. Fe_3O_4 und Fe_2O_3). Sind die Reaktionsprodukte ihrerseits polymorph, so bildet sich oft als erstes nicht die stabile Modifikation, sondern eine instabile, die sich in der Folge bei größerer Dicke der Reaktionsschicht in die stabile Form umwandelt. In andern Fällen wird als primäres Reaktionsprodukt eine amorphe Phase gefunden, welche erst allmählich in den kristallisierten Zustand übergeht.

Im besondern diese letztern Feststellungen sind allgemein einzig an Hand der Röntgendiagramme, nie auf Grund bloß chemisch-analytischer Untersuchung, zufolge der mäßigen Größe der Erstkristalle aber auch recht selten auf mikroskopisch-optischem Wege möglich.

Planmäßige Studien über derartige Reaktionen müssen diese unter verschiedenen Bedingungen (z. B. unter Variation der Reaktionstemperatur, mit verschiedenen Konzentrationen der angreifenden Agentien) abspielen lassen. Im Zusammenhang damit hat die anschließende röntgenographische Analyse der Reaktionsprodukte deren Natur *in Abhängigkeit von den Reaktionsbedingungen* festzulegen und damit an der *Abgrenzung der Bildungsbereiche* der verschiedenen Kristallarten mitzuwirken. Bei der Untersuchung von Überzügen, die sich unter dem Einfluß einer flüssigen oder gasförmigen Phase an der Oberfläche einer festen bilden, empfiehlt es sich, bei zonenartigem Aufbau des Reaktionsprodukts die Röntgendiagramme an den einzelnen Reaktionsschichten getrennt aufzunehmen, um diese hinsichtlich ihres Aufbaus einzeln zu kennzeichnen. Dann wird die Frage besonderes Interesse erheischen, ob die verschiedenen Zonen unter sich durch Übergänge in Form von Gemengen mehrerer Kristallarten oder durch das Auftreten von Mischkristallen miteinander verbunden sind oder ob sie gegeneinander scharfe Grenzen aufweisen. Besitzen die Kristallarten des Reaktionsproduktes breite Homogenitätsbereiche, wie dies in typischer Weise von einzelnen Oxyden bekannt ist, so erhält die Frage naturgemäß eine besondere Bedeutung. Aber auch an «frei» entstehenden Reaktionsprodukten aus mehreren Kristallarten verdienen morphologische Beziehungen unter den letztern die besondere Aufmerksamkeit, weil sich aus solchen wesentliche Befunde zur Abklärung des Reaktionsmechanismus ergeben können. Kombinierte mikroskopische und röntgenographische Untersuchung ist hierbei besonders aufschlußreich, vor allem wenn die eine Kristallart als Überzug die andere umhüllt.

c) *Kennzeichnung der mit Reaktionsbeginn an den primären Kristallen sich einstellenden Veränderungen* ist röntgenographisch besonders an Hand von Aufnahmen an zur Reaktion gebrachten Einkristallen vorzunehmen. Dabei gestatten Drehkristall-Aufnahmen vorab das Verhalten der Reflexe unter hohen Beugungswinkeln zu erkunden. Häufig läßt sich eine radiale Verbreiterung derselben bis zum völligen Verschwinden der K_α-Aufspaltung feststellen, wodurch nachgewiesen wird, daß zu Anfang der Reaktion uneinheitliche Netzebenenabstände im Ausgangskristall auftreten, lange bevor das Röntgendiagramm Anzeichen neu gebildeter Kristallarten erkennen läßt. In den Laue-Diagrammen kommt die fortschreitende Reaktion vor allem in Asterismus-Erscheinungen zum Ausdruck: Zunächst können diese noch von den punktförmigen Reflexen des Ausgangs-

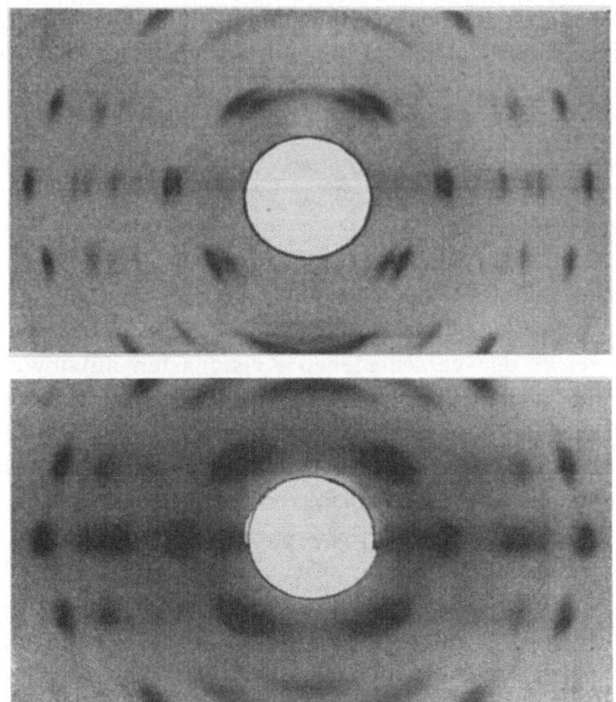

Abb. 99

Verschwinden der K_α-Dublett-Aufspaltung zufolge Zersetzung einer Kristallart als erstes Anzeichen der einsetzenden Reaktion:
oben: Ausgangszustand mit aufgespaltenen Einzelreflexen; unten: verbreiterte Einzelreflexe nach eingetretener Reaktion (Verwitterung von $Na_3PO_4 \cdot 12\,H_2O$).

gitters begleitet sein; später erreichen die Asterismen eine maximale Länge und Intensität, dann oft den einzig erkennbaren Interferenzeffekt ausmachend. In der Folge nehmen sie an Stärke wieder ab und schrumpfen mehr und mehr zusammen, bis sie völlig verschwinden. Um zu entscheiden, welches Gitter im einzelnen Reaktionsstadium die Asterismuserscheinung erzeugt, sind Aufnahmen mit halbmonochromatischer Strahlung zu empfehlen, auf welchen dann die K_α- und K_β-Reflexe als deutliche Verstärkungen der Asterismuskurven hervortreten und durch ihre Indizierung die Bestimmung des beugenden Kristallgitters ermöglichen. Sehr oft kann nämlich der Form des Asterismus das ihm zugrunde liegende Gitter nicht entnommen werden, im besondern dann nicht, wenn die Keime der neuen Kristallart sich in gesetzmäßiger Orientierung zum alten Gitter bilden. Die Lage der monochromatischen Reflexe vermag auch darüber einen Anhalt zu geben, ob der Asterismus auf eine Regelung der Kristalle der neuen Phase zurückgeht oder seinen Grund in sehr kleiner Größe ihrer Keime oder in einer gesetzmäßigen Deformation der ersten, neu entstandenen Kristalle hat. Aber auch Pulveraufnahmen können oftmals wertvolle Hinweise über das Verhalten der reagierenden Kristalle vermitteln: Verbreiterung aller Linien deutet dabei auf einen mit der Reaktion verbundenen Kornzerfall; selektives Verbreitern und gar Verschwinden einzelner Linien bei gleichzeitig fortbestehender Schärfe anderer Interferenzen beweist, daß der Angriff die primär vorhandenen Kristalle in den einen Richtungen stärker abbaut als in andern, so daß die sich ergebenden Kristalltrümmer eine charakteristische Gestalt erhalten. So sind bei Kristallarten mit Schichtstrukturen oft praktisch nur noch zweidimensionale Bruchstücke vorhanden.

d) *Feststellung von Beziehungen zwischen den primär vorhandenen Kristallen und den aus ihnen sich im Laufe der Reaktion neu bildenden Kristallen,* Untersuchung von *Veränderungen,* welche die *neu entstehenden Kristalle bei fortschreitender Reaktion oder im Anschluß an diese* erfahren. Hierher gehört vor allem die Erscheinung, daß die das Reaktionsprodukt aufbauenden Kristalle *in gesetzmäßiger Orientierung zum Ausgangskristall* sich befinden, aus einer zur Reaktion gelangenden, *geregelten* Kristallgruppe *wiederum eine geregelte* Masse von Kristallen entsteht, wobei die beiden Texturen, jene vor der Reaktion und diejenige nach vollendeter Reaktion zueinander in charakteristischer Beziehung stehen. Besonders verbreitet ist das Phänomen, daß als Überzüge erscheinende Reaktionsprodukte ihre Kristalle *in bestimmter Regelung zum Mutterkristall* der Unterlage enthalten. Dieser sog. *orientierte Anlauf* ist besonders deutlich bei Versuchen an Einkristallen nachzuweisen, wobei ganze Einkristalle, aus solchen herausgearbeitete Zylinderchen bestimmter Orientierung oder bloß einzelne Einkristallflächen, natürlich gewachsene oder künstlich angeschliffene der fraglichen Reaktion ausgesetzt werden. Im besondern können dabei gefunden werden: charakteristische Beziehungen hinsichtlich der Gitterabstände, Besetzungsdichte und Anordnung zwischen den beim Kristall des Reaktionsprodukts und beim Ausgangskristall als Verwachsungsebenen wirkenden Netzebenen, deutliche Abhängigkeit der sich ergebenden Regelung von den Reaktionsbedingungen, und zwar allgemein in dem Sinne, daß bei langsamer Reaktion oder zu Beginn derselben sich geregelte Reaktionsprodukte ergeben, während rasch ablaufende Reaktion oder fortgeschrittenere Reaktionsstadien regellose Anordnung der neu entstehenden Kristalle liefern. Indem ein orientiertes oder ungeregeltes Absetzen der Kristalle im Reaktionsprodukt zufolge ihrer Richtungsabhängigkeit die Diffusionsgeschwindigkeit maßgebend beeinflussen kann, erhält dieser Umstand einen oft für den ganzen Reaktionsverlauf bestimmenden Einfluß. Wo in orientiert sich bildenden Kristallen die der Verwachsung dienenden Netzebenenmaschen der Größe nach nicht vollkommen mit denen des primären Kristalls übereinstimmen, kann es zu einer gesetzmäßigen Deformation des Gitters in den neu entstehenden Keimen kommen, um die erforderliche Übereinstimmung der Maschengröße in der gemeinsamen Verwachsungsebene zu erzwingen. Beim Interferenzversuch führt dies auf eine selektive Verschiebung der Linien eines Pulverdiagramms oder zur Ausbildung sehr ausgesprochener Asterismen in Laue-Aufnahmen. Ein solcher gestörter Kristallbau kann erhalten bleiben, selbst wenn die Reaktion zufolge Verschwindens der reagierenden Kristallart beendet ist und läßt sich oft erst durch eine anschließende thermische Behandlung des Reaktionsprodukts bei wesentlich höheren Temperaturen beheben. In andern Fällen, wo nämlich reagierender und neu entstehender Kristall unter sich im Verhältnis der Isomorphie stehen *(isomorpher Anlauf)*, zeigt das Röntgendiagramm zunächst jeden Reflex des Mutterkristalls von einem solchen des Tochterkristalls begleitet, dazwischen unter Umständen eine erste Andeutung einer Mischkristallphase, welche sich im Laufe der Zeit oder erst nach Anlassen zunehmend auf Kosten der beiden Einzelreflexe verstärkt.

Für Reaktionen dieser Art, im besondern dann, wenn sie zur Bildung von Überzügen aus den neuen Kristallarten auf den Individuen der primär vorhandenen führen, ist bereits mehrfach mit besonderm Erfolg neben den röntgenographischen Verfahren auch die *Elektronenbeugung* herangezogen worden. Im einzelnen stellen sich ihr dieselben Aufgaben, wie sie soeben für die röntgenographische Untersuchung angegeben wurden. Sie wird der letztern vor allem in der Kennzeichnung der *erst gebildeten Reaktionsschichten*, speziell, wenn deren Dicke erst einige Atomabstände beträgt, entschieden überlegen sein. So wird mit Vorliebe dort auf den Elektronenbeugungsversuch gegriffen, wo das Röntgendiagramm Anzeichen neu entstandener Kristallarten *noch nicht* aufweist, also eine Beurteilung der ersten Reaktionsstadien ermöglicht werden soll.

E. Anhangsweise mögen noch einige *besondere Interferenzeffekte*, wie sie sich im Zusammenhang mit Vorgängen zwischen einer festen und einer flüssigen Phase einstellen können, Erwähnung finden: So die Tatsache, daß sich die Aufnahme einer Flüssigkeit durch polykristallines Material im Röntgendiagramm darin äußern kann, daß an diesem jetzt neben den im wesentlichen unverändert gebliebenen Linien der primären Kristallart *die Interferenzen der in den kristallisierten Zustand übergetretenen Flüssigkeit* erscheinen. *Die Absorption der Flüssigkeit hat deren Erstarrung zur kristallisierten Phase* bedingt (an mit H_2O getränkten Stärkemizellen werden so bis zu

Temperaturen von 90° neben den Stärke-Interferenzen die Linien des Eis-Gitters gefunden). Überdies lassen sich hierher die *mit der Färbung von Stoffen,* im besondern der Färbung von Fasern verbundenen Erscheinungen im Röntgendiagramm rechnen: Während in solchen Fällen zum Teil das Röntgenogramm die Überlagerung der Interferenzensysteme des zu färbenden Materials und des Farbstoffes erkennen läßt, zeigt es in andern Fällen keinerlei Veränderungen infolge der vorgenommenen Färbung. Dann ist offenbar die färbende Substanz in molekularem oder nahezu molekularem Dispersitätsgrad in dem zu färbenden Material eingelagert oder es ist zur Bildung einer chemischen Verbindung zwischen beiden gekommen, was sich mit voller Bestimmtheit allerdings nur behaupten läßt, wenn die Interferenzen des ungefärbten Stoffes ihrerseits im Zusammenhang mit der Färbung eine Veränderung erkennen lassen. Auch hier vermögen stöchiometrische Beziehungen, die sich in der Farbstoffaufnahme ergeben können, nichts Bündiges auszusagen; solche sind nämlich auch von Färbungsprozessen bekannt, wo das Röntgendiagramm unzweifelhafte Farbstoff-Interferenzen zeigt, die Existenz einer Verbindung zwischen Farbstoff und zu färbendem Material sicher ausgeschlossen ist. Wo gefärbte Stoffe Interferenzen der Farbstoff-Kristalle liefern, kann aus diesen überdies entnommen werden, ob der Einbau der letztern regellos oder geregelt erfolgt, sodann inwiefern eine mechanische Behandlung, zum Beispiel ein Strecken der Fasern eine Verbesserung der Orientierung der Farbstoff-Kristalle herbeiführt. Färbungsversuche mit kolloiden Lösungen können schließlich zu einer *Vermessung der submikroskopischen Hohlräume in polykristallinen Materialien* herangezogen werden: es werden zu diesem Zweck in den fraglichen Stoffen kolloide Metallniederschläge erzeugt und an diesen die Größe der entstandenen Kristalle auf röntgenographischem Wege (siehe S.116) bestimmt, woraus sich die Mindestdimension der submikroskopischen Hohlräume beurteilen läßt. Auch bei solchen Versuchen kann es, wenn nicht isometrische Kristallindividuen vorliegen, zur orientierten Einlagerung kommen, so daß dann das Röntgendiagramm die Interferenzen des Metallniederschlags mit deutlicher Sichelaufspaltung zeigt. Endlich ist in diesem Zusammenhang auf das Phänomen der *anomalen Mischkristalle* hinzuweisen, das in seinem Wesen zwar noch nicht vollkommen geklärt ist und unzweifelhaft fallweise manche individuellen Züge aufweist: Hierbei sind oft trotz eines *beachtlichen* Gehaltes an einer Komponente B (Gastkomponente) in der Kristallart A im Röntgenogramm anomaler Mischkristalle *einzig* die Interferenzen der Kristallart A wahrzunehmen, und zwar unabhängig vom Gehalt an der Gastkomponente *ohne* sichere Anzeichen einer Linienverschiebung, sondern höchstens mit den für eine Störung der normalen Gitterordnung typischen Anzeichen behaftet.

Nicht immer wird eine Reaktion vom hier betrachteten Typus von Erscheinungen im Röntgendiagramm begleitet sein, welche sich *als Ganzes* auf einen der zuvor behandelten Fälle A bis E beziehen lassen. Nicht selten sind vielmehr *Kombinationen* der dort geschilderten Verhältnisse zu erwarten, in Übereinstimmung mit der Tatsache, daß chemischen Reaktionen, welche die Konstitution eines Stoffes von Grund auf verändern, häufig vorbereitende Prozesse wie Lösungs- und Quellungsvorgänge, oft aber auch bereits chemische Veränderungen, Vorstufen der endgültigen Reaktion, vorangehen. Dazu tritt, daß die Umkehr von Reaktionen der hier interessierenden Art sich oftmals anders abspielt als die entsprechende Primärreaktion. Es sind dies Verhältnisse, wie sie etwa für den mizellarheterogenen Reaktionstyp besonders charakteristisch sind und dort bei der Irreversibilität der Celluloseumsetzungen eine spezielle Bedeutung erlangen.

Schließlich sind besondere Erscheinungen möglich, wenn an Stelle reiner Kristallarten *Mischkristalle* mit einer gasförmigen oder flüssigen Phase in Reaktion treten, indem dann die verschiedenen Komponenten des Mischkristalls mit den angreifenden Agentien in verschiedener Weise reagieren können: Beschränkt sich beispielsweise die Reaktion auf die Komponente B des Mischkristalls (A, B) und bleibt die Komponente A von der Reaktion unberührt, so kommt es (eventuell *unter* dem vom eigentlichen Reaktionsprodukt gebildeten Überzug) zur Ausbildung einer Schicht aus reinem A oder aus Mischkristallen mit variabelm B-Gehalt, im einzelnen sich nach den besondern Versuchsbedingungen (Natur der einwirkenden Phase, Reaktionstemperatur, Zusammensetzung des ursprünglichen Mischkristalls) richtend. Die Natur dieser auf den Mischkristallen sich entwickelnden Oberflächenzonen läßt sich an Hand von Röntgendiagrammen in einfacher Weise kennzeichnen: reine A-Schichten liefern die Interferenzen des A-Gitters (eventuell begleitet von Interferenzen des Reaktionsprodukts und von jenen des primären Mischkristalls), während Mischkristalle mit variabelm B-Gehalt typisch verbreiterte Reflexe (Linien) ergeben, wobei die Verbreiterung *einseitig* in Richtung nach den Interferenzen von reinem A verläuft, eventuell bis zu diesen selbst reicht, so daß offenbar Mischkristalle mit abnehmendem Anteil an B bis zu reinen A-Kristallen sich vorfinden.

Ein besonderes Ziel der röntgenographischen Untersuchungen in Anwendung auf chemische Reaktionen zwischen einer kristallisierten und einer flüssigen oder gasförmigen Phase wird stets in einer möglichst eingehenden *Charakterisierung der mit solchen Reaktionen verbundenen Diffusionsprozesse* liegen: Zunächst ist an Hand der besondern Natur der neu entstehenden Kristalle der *Diffusionsvorgang als solcher* näher zu kennzeichnen: sei es als *Selbstdiffusion,* sei es als *Fremddiffusion,* hier im speziellen als *Einlagerungs-* oder *Austauschdiffusion.* Dazu reicht in der Regel eine Kennzeichnung der im Reaktionsprodukt enthaltenen Kristalle nach den S. 68 angeführten Grundsätzen (die genaue Bestimmung der Gitterkonstanten und der Dichten voraussetzend) aus. Wird überdies die Zusammensetzung der sich aus der Reaktion ergebenden Phasen im Verlauf der Reaktion fortgesetzt verfolgt, parallel dazu eine Messung von Dichte und Gitterkonstante vorgenommen, so kann hieraus die Diffusionsgeschwindigkeit ermittelt werden. Liegt eine reine Austauschdiffusion vor, die sich in der Bildung von gewöhnlichen Substitutionsmischkristallen äußert, so genügt bereits die Bestimmung der Gitterkonstanten allein, um die Größe von *Diffusionskoeffizienten* anzugeben. Allgemein ist dies möglich bei einer Dicke der Reaktionsschichten von 10^{-4} cm an, und gelingt eine Messung von Diffusionskoeffizienten bis zur Grenze von 10^{-15} cm. Werden Oberflächenschichten von 0,01 bis 0,001 mm Stärke nach erfolgter röntgenographischer Untersuchung sukzessive entfernt, so kann auf diese Weise die einem bestimmten Reaktionsstadium entsprechende Konzentrationskurve über größere Schichtdicken aufgenommen werden. Dies ist häufig deshalb besonders aufschlußreich, weil sich daraus Rückschlüsse auf die im Laufe der Reaktion wandernden Atomsorten ergeben.

Indem gerade Reaktionen der betrachteten Art sehr oft die einer Kristallart eigene *Konstitution* in besonderer Deutlichkeit widerspiegeln, kann die röntgenographische Untersuchung dieser Reaktionen im Zusammenhang mit Konstitutionsaufklärungen besondern Wert erhalten, ja sich sehr oft zu diesem Zweck allein hinreichend rechtfertigen. Solches gilt etwa, wenn die Rolle des H_2O-Anteils an einer Kristallstruktur näher zu kennzeichnen ist, wofür eine Prüfung der Beziehungen der verschiedenen Entwässerungsstufen an Hand ihrer Röntgendiagramme sich ausgezeichnet eignet. Dabei läßt sich nicht selten nachweisen, daß sich am Aufbau ein und derselben Struktur H_2O in ganz verschiedener Weise beteiligt. Überdies können Austauschreaktionen, welche den Kationenbestand in geeigneter Weise verändern, wertvolle Unterlagen für die Bestimmung der von den betreffenden Kationen in einer Struktur eingenommenen Plätze verschaffen (siehe S. 225).

BEISPIELE RÖNTGENOGRAPHISCHER UNTERSUCHUNGEN VON REAKTIONEN ZWISCHEN EINER KRISTALLART UND EINER GASFÖRMIGEN ODER FLÜSSIGEN PHASE ZU ANDERN KRISTALLARTEN UND IHRER UMKEHRUNG:

Über die derart verlaufenden Reaktionen bei Silikaten siehe die sehr vollständige Übersicht mit Nennung zahlreicher Originalarbeiten bei
W. Eitel, Physikalische Chemie der Silikate, 2. Auflage, 1941.

W. H. Taylor, The structure of analcite ($NaAlSi_2O_6 \cdot H_2O$), Z. Kristallogr. (A) *74* (1930) 1

(Beispiel für die Untersuchung eines Entwässerungsvorgangs und des Basenaustausches mittels der Röntgeninterferenzen).

W. H. TAYLOR, An x-ray examination of substituted edingtonite, Mineralog. Mag. *24* (1935) 208
(Beispiel für die röntgenographische Untersuchung von Basenaustausch in Zeolithen).

Über die stetig oder diskontinuierlich ablaufenden Kristallreaktionen des Graphit sei der zusammenfassende Bericht:

U. HOFMANN, Graphit und Graphitverbindungen, Erg. exakte Naturw. *18* (1939) 229
genannt neben den folgenden Einzeluntersuchungen:

W. RÜDORFF, Über die Lösung von Brom im Kristallgitter des Graphits, Bromgraphit, Z. anorg. allg. Chem. *245* (1941) 383
(als Beispiel für die röntgenographische Untersuchung einer stetig verlaufenden Graphitreaktion),

W. RÜDORFF, Kristallstruktur der Säureverbindungen des Graphits, Z. phys. Chem. (B) *45* (1939) 42 und

W. RÜDORFF und H. SCHULZ, Über die Einlagerung von Ferrichlorid in das Gitter von Graphit, Z. anorg. allg. Chem. *245* (1940) 121
(als Beispiele von röntgenographischen Untersuchungen von diskontinuierlich ablaufenden Kristallreaktionen an Graphit).

W. F. BRADLEY, R. E. GRIM and G. L. CLARK, A study of the behaviour of montmorillonite upon wetting, Z. Kristallogr. (A) *97* (1937) 216
(Beispiel für die röntgenographische Untersuchung einer diskontinuierlichen Kristallreaktion an einem Silikat).

L. TSCHEISCHWILI, W. BÜSSEM und W. WEYL, Über den Metakaolin, Ber. Deutsche keram. Ges. *20* (1939) 249.

H. O'DANIEL, $KFeS_2$ und $CuFeS_2$, Z. Kristallogr. (A) *86* (1933) 192
(Beispiel für röntgenographische Untersuchungen an einer scheinbaren Kristallreaktion).

Von den sehr zahlreichen Untersuchungen über Reaktionen an organischen Faserstoffen sei einzig der Bericht genannt:

K. HESS und C. TROGUS, Die Bedeutung der Röntgenstrahlen für die Untersuchung der Cellulose und ihrer Derivate unter besonderer Berücksichtigung des Reaktionsverlaufes, Erg. techn. Röntgenkde *4* (1934) 21,
sodann die mit zahlreichen Diagrammreproduktionen ausgestattete Darstellung

W. T. ASTBURY, Textile fibres under the x-rays, 1940 und

K. HESS und H. KIESSIG, Über Langperiodeninterferenzen und micellaren Faserfeinbau bei vollsynthetischen Fasern (Polyamide und Polyester), Z. physik. Chem. (B) *193* (1944) 196.

E. THILO, Chemische Untersuchungen an Silikaten, IX: Die Umwandlung von Tremolit in Diopsid beim Erhitzen, Z. Kristallogr. (A) *101* (1939) 345
(Beispiel der röntgenographischen Untersuchung des Umbaus von kettenförmigen Atomverbänden in Silikaten).

F. PFISTER, Untersuchungen über die Einwirkung von Kohlenstoffoxyden auf Silicium bei höhern Temperaturen, Diss. E.T.H., 1945.

R. M. BOZORTH, Structure of a protective coating of iron oxides, J. Amer. Chem. Soc. *49* (1927) 969

(Beispiel für die röntgenographische Untersuchung eines zonar gebauten Reaktionsprodukts).

W. BÜSSEM und F. KÖRBERICH, Die Entwässerung des Brucits, Z.physik. Chem. (B) *17* (1932) 310
(Beispiel für eine sehr eingehende Untersuchung eines Dehydratationsvorganges unter Bildung eines orientierten Reaktionsproduktes aus gestörten Kristallen).

G. L. CLARK and S. T. GROSS, Some of the higher hydrates of trisodium phosphate Na_3PO_4 and trisodium vanadinate Na_3VO_4, Z. Kristallogr. (A) *98* (1937) 107
(Beispiel für die röntgenographische Untersuchung eines Entwässerungsprozesses, der zunächst auf geregelte Reaktionsprodukte führt, welche zunehmend ihre Textur verlieren).

G. M. SCHWAB, Kristallorientierung in Anlaufschichten, Z. physik. Chem. (B) *51* (1942) 245
(Beispiel für die röntgenographische Untersuchung von Anlaufvorgängen unter besonderer Berücksichtigung der Erscheinung eines orientierten Anlaufens).

N. H. KOLKMEIJER und J. C. L. FAVEJEE, Die Struktur der Wasserhülle der Stärkemizellen, Z. Kristallogr. (A) *88* (1934) 226
(Beispiel für die röntgenographische Untersuchung eines Adsorptionsvorganges einer flüssigen Phase, der zur Abscheidung der letztern in kristallisierter Form führt).

L. GRAF, Korrosionsgefüge, Korrosionsmechanismus und die Tammann'schen Resistenzgrenzen. Röntgenographische Untersuchungen an Gold-Kupfer-Einkristallen, Metallwirtsch. *11* (1932) 77 und 91
(Beispiel für die röntgenographische Untersuchung von Reaktionen eines Mischkristalls mit flüssigen und gasförmigen Phasen, zugleich beispielgebend für die röntgenographische Verfolgung von Korrosionsprozessen).

A. FREY-WYSSLING, Über die röntgenometrische Vermessung der submikroskopischen Räume in Gerüstsubstanzen, Protoplasma *27* (1937) 372
(Beispiel für die röntgenographische Bestimmung der Größe innerer Hohlräume durch röntgenographische Teilchengrößenbestimmung der darin niedergeschlagenen Metalle).

R. HOSEMANN, Röntgenographische Untersuchung des hochdispersen Verteilungszustandes in einem Faserstoff, Z. Elektrochem. *46* (1940) 535.

Von Untersuchungen an anomalen Mischkristallen seien erwähnt:

A. NEUHAUS, Über die Gastkomponenten der anomalen Mischkristalle vom Typus des Eisensalmiaks, Z. Kristallogr. (A) *98* (1938) 118

A. NEUHAUS, Verwachsungsgesetz und Mischungsmechanismus der anomalen Mischkristalle vom Typus des Eisensalmiaks, Z. Kristallogr. (A) *97* (1937) 28

E. GRUNER und H. SIEG, Natur und Aufbau des Eisensalmiaks, Z. anorg. allg. Chem. *229* (1936) 175.

Schließlich als Beispiel einer Untersuchung mittels Elektronenstrahlen:

P. A. THIESSEN und H. SCHÜTZA, Zusammenhänge zwischen dem Feinbau von Kristallflächen und der Struktur der auf ihnen entstehenden Reaktionsschichten, Z. anorg. allg. Chem. *233* (1937) 35
(zugleich ein Beispiel für die Kombination röntgenographischer Untersuchungen mit Elektronenbeugungsversuchen).

Zerfall einer Kristallart in zwei andere Kristallarten

4. Neben dem Zerfall einer festen Verbindung in zwei feste Komponenten ist dies vor allem der Reaktionstyp, wie er allgemein den *Ausscheidungs- und Entmischungsprozessen* zugrunde liegt. Solche Vorgänge ergeben sich, wenn ein (zumeist bei höherer Temperatur entstandener) Mischkristall (A, B) zufolge der Überschreitung der Löslichkeitsgrenze von B in A (oder umgekehrt) eine Umwandlung erfährt, und zwar in dem Sinne, daß der Kristall (A, B) B-ärmer oder gar völlig B-frei wird, unter gleichzeitiger Abscheidung von reinem B, von vorwiegend B und nur wenig A enthaltenden Mischkristallen oder einer intermediären Verbindung $A_m B_n$. Mit besonderer Rücksicht auf die Ausscheidungsprozesse lassen sich für deren Ablauf die folgenden röntgenographischen Kriterien aufstellen:

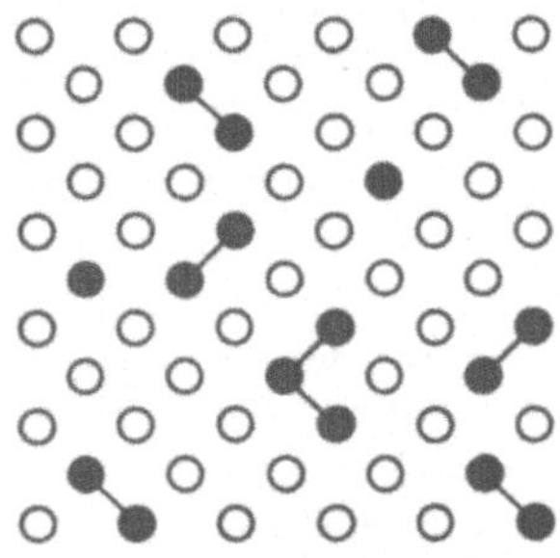

Abb. 100

Schema der Bildung von B-Komplexen in einem Mischkristall (A, B) als die Ausscheidung einleitender Prozeß (leere Kreise: A-Atome, volle Kreise: B-Atome).

A. Das Röntgendiagramm läßt *keine Verschiebungen der Interferenzlagen* erkennen, lediglich die *Intensität* und die *Breite der Linien* (Reflexe) erfahren *geringfügige Veränderungen* (und zwar beide eine kleine Zunahme) bei gleichzeitiger Verminderung der diffusen Streustrahlung. Dies gilt als Anzeichen *einer ersten Umgruppierung der B-Atome im Mischkristall (A, B)*, ohne daß diese den Mischkristall bereits verlassen würden: Es treten jetzt erst die zuvor vollkommen statistisch verteilt gewesenen B-Atome zu Gruppen solcher (zunächst zu Paaren, dann zu höherzähligen Komplexen) zusammen. Innerhalb des Gitters des Mischkristalls hat sich eine *Zusammenballung jener Atomsorte* ereignet, deren Konzentration unter den veränderten Zustandsbedingungen die jetzt geltende Löslichkeitsgrenze übersteigt.

B. Im Verlauf des Ausscheidungsvorganges *verschieben sich die Röntgeninterferenzen allmählich,* nicht selten unter einer gewissen Verbreiterung.

Darin liegt das Kennzeichen für einen *stetigen Ablauf der Ausscheidung,* wobei ein solcher über einen kontinuierlich an B verarmenden Mischkristall führt, der während des Vorganges in sich homogen bleibt *(mikroskopisch homogene Ausscheidung).* Diagramme an Einkristallen können dabei lediglich eine Verlagerung des Interferenzmusters zeigen, als Beweis dafür, daß der Gitterzusammenhang zufolge des Ausscheidungsvorganges keine Unterbrechung erlitten hat. In andern Fällen treten an Stelle der Einzelreflexe speziell in den letzten Stadien der Ausscheidung mehr und mehr homogen geschwärzte Linien, was auf einen mit dem Ausscheidungsprozeß verbundenen Zerfall des sich umwandelnden Kristalls hinweist. Im erstern Fall vollzieht sich der Übergang des primären Mischkristalls (A, B) in den Kristall A oder einen B-ärmern Mischkristall nach Art einer Kristallreaktion, während die gleichzeitige Bildung der andern Phase, handle es sich um reines B, einen auf der B-Seite liegenden Mischkristall oder eine intermediäre Kristallart $A_m B_n$, stets den Charakter einer Keimreaktion aufweist. Andernfalls sind beide Teilvorgänge als Keimreaktionen zu bewerten: die Bildung der beiden neuen Kristallarten kann dann mit einer vollkommenen Neukristallisation verbunden sein. Oft können Anzeichen der andern neuen Phase im Röntgendiagramm nicht gefunden werden, selbst nicht bei einer bereits beträchtlichen Verschiebung der ursprünglichen Interferenzlinien, im besondern nicht in Pulverdiagrammen, wenn diese unter den üblichen Versuchsbedingungen aufgenommen werden. Ein Nachweis dieser zweiten, neu entstehenden Kristallart gelingt dagegen weit eher in Röntgenogrammen, hergestellt mit streng monochromatischer Röntgenstrahlung, sodann auch an Hand von Einkristall-Aufnahmen. Hierbei werden als erster Interferenzeffekt, herrührend von der neuen Kristallart, kontinuierliche Schwärzungslinien (siehe S. 142) bemerkt, zunächst sich stetig über größere Strecken ausdehnend, dann allmählich eine typische Aufspaltung aufweisend. Ob es sich dabei bereits um streng zweiphasiges Material handelt oder ob sich in dieser Erscheinung die im Gitter des Mischkristalls noch eben erträglichen, maximalen Zusammenballungen der B-Atome äußern, wie sie den letzten Zustand des noch einphasigen Kristalls kennzeichnen, ist noch umstritten. Glühen der fraglichen Präparate bei hinreichend hoher Temperatur macht oft auch für gewöhnliche Pulveraufnahmen die Interferenzen der ausgeschiedenen Kristallart nachweisbar, weil durch Vergröberung und Ausheilung der Kristalle ihr Interferenzvermögen so weit erhöht wird, daß nach einer solchen Nachbehandlung die neu gebildete Kristallart die röntgenometrische Nachweisbarkeit erreicht. — Überdies dürfen für das Studium der Ausscheidungsprozesse Versuche, welche die *Kleinwinkelstreuung* des Primärstrahls in den verschiedenen Stadien der Ausscheidung verfolgen, ein besonderes Interesse beanspruchen. Sie gestatten nicht allein die fortschreitende Bildung und Ausdehnung von Fremdatom-Komplexen im zerfallenden Mischkristall, sondern dazu die Orientierung dieser Komplexe relativ zum ursprünglichen Gitter festzustellen, falls die Untersuchung an Einkristallen vorgenommen wird.

C. Im Verlauf der Ausscheidung erscheinen im Röntgendiagramm *nebeneinander das Interferenzensystem des ursprünglichen Mischkristalls und jenes der einen nach vollendeter Ausscheidung sich daraus ergebenden Kristallart* (also etwa die Interferenzen von reinem A oder eines wesentlich B-ärmeren Mischkristalls). Hier fehlt somit eine mit dem Ausscheidungsprozeß parallel laufende Linienverschiebung, es sind vielmehr gleichzeitig die Interferenzen des Ausgangs- und des Endzustandes vorhanden: Zunächst herrschen die erstern vor, dann die letztern, bis sich die beendete Ausscheidung im völligen Verschwinden der ursprünglich vorhandenen Interferenzen äußert. Oftmals vollzieht sich eine Ausscheidung allerdings nicht in dieser extremen Form einer vollkommen *inhomogenen Ausscheidung*, sondern es deutet eine merkliche Schwärzung des *zwischen* den beiden Extreminterferenzen liegenden Bereichs darauf hin, daß auch Mischkristalle mit intermediärer Zusammensetzung vorhanden sind. Es treten nebeneinander Bereiche mit vollendeter Ausscheidung, solche mitten in der Ausscheidung und Gebiete vom ursprünglichen Zustand auf. Röntgendiagramme an Einkristallen sind auch hier im besondern notwendig, um abzuklären, ob mit dem Ausscheidungsvorgang ein Zerfall des ursprünglichen Kristalls verknüpft ist, was offenbar die im Falle der diskontinuierlichen Ausscheidung bei weitem überwiegende Regel ausmacht. Anzeichen der im Zusammenhang mit der Ausscheidung entstehenden zweiten Kristallart können ähnlich wie zuvor auch bei einer inhomogenen Ausscheidung oft selbst bis zu deren Ende völlig ausbleiben, sofern nicht streng monochromatische Strahlung verwendet wird. Eine passende Nachbehandlung läßt auch hier die Nachweisbarkeit der neuen Phase wesentlich verbessern, wenn auch die Aufspaltung der primären Interferenzen (wie im vorhergehenden Fall deren Verschiebung) das weit empfindlichere Kriterium für die Beurteilung des Ausscheidungsprozesses, speziell seiner Anfangsstadien, darstellt.

Allgemein sind im Zusammenhang mit der röntgenographischen Untersuchung von Ausscheidungsvorgängen zu beachten: Neben typisch homogen und ebenso ausgesprochen inhomogen ablaufenden Ausscheidungsvorgängen gibt es solche, bei denen sich einem inhomogenen Ablauf unzweifelhaft ein homogen sich vollziehender überlagert, dementsprechend eine erste grobe Ausscheidung sich rasch einstellt, während der vollkommene Ausgleich der Konzentrationsunterschiede, nach den Regeln der homogenen Ausscheidung verlaufend, längere Zeit benötigt. Hinsichtlich der neu auftretenden Kristallart, meistens einer intermediären Verbindung, besteht die Möglichkeit, daß deren Keime sich orientiert zum Gitter des ursprünglichen Mischkristalls bilden oder aber in völliger Regellosigkeit angeordnet erscheinen. Beides, homogener oder inhomogener Verlauf der Ausscheidung und orientierte oder regellose Keimbildung, hängt im übrigen wesentlich vom bestehenden Übersättigungsgrad und von der zur Herbeiführung des Gleichgewichts gewählten Anlaß-Temperatur ab. Eine weitere Komplikation eines Ausscheidungsprozesses kann sich schließlich dadurch ergeben, daß die neue Kristallart zunächst in einem Zwischenzustand erscheint und sich aus diesem erst im Verlauf der Ausscheidung, ja oft erst nach einer passenden Behandlung unter höherer Temperatur in ihre normale Form umwandelt. Eine beim Studium von Ausscheidungsvorgängen erst neuerdings aufgefundene Erscheinung der Röntgendiagramme an zerfallenden Kristallarten besteht im Auftreten breiter Interferenzbanden merklicher Intensität zu beiden Seiten der ursprünglichen Interferenzlinien, welche ihrerseits ihre Schärfe und Intensität in vollem Umfang beibehalten. Wenn auch noch nicht restlos geklärt, dürfte doch feststehen, daß hierin erste Zerfallsstadien der Mischkristalle mit einer periodischen Anordnung der Umwandlungsbereiche in die neuen Kristallarten ihren Ausdruck finden.

Ganz ähnliche Veränderungen der Röntgendiagramme, wie sie zur Kennzeichnung von Ausscheidungsvorgängen dienen können, lassen sich auch zur Untersuchung von *Entmischungsprozessen* heranziehen. Im Verlaufe einer Entmischung werden nebeneinander drei Interferenzensysteme erhalten, dasjenige des primären Mischkristalls, seinerseits mit zunehmend sinkender Intensität, um bei beendeter Entmischung vollständig verschwunden zu sein, dazu die beiden Interferenzensysteme der beiden neuen Mischkristalle, ihrerseits sich während der Entmischung fortgesetzt verstärkend und in ihrer Lage durch die Zusammensetzung der unter den neuen Verhältnissen stabilen Mischkristalle (eines A-reichen und B-armen neben einem A-armen und B-reichen) bestimmt. Oder aber es zeigen die Röntgendiagramme während der Entmischung auffallend diffuse Linien, die sich erst allmählich zu einem Dublett aufspalten, was auf ein sukzessives Durchwandern aller Zwischenzustände zwischen dem primären Mischkristall und den beiden neuen hinweist, wobei sich aus der Art der Aufspaltung (z. B. eine der neu entstehenden Komponenten sich rascher verschärfend als die andere) Rückschlüsse auf die Diffusionsverhältnisse in den beiden neuen Phasen ergeben.

Röntgenographische Untersuchungen von Ausscheidungs- oder Entmischungsprozessen sind schließlich auch dann von einem besondern Interesse, wenn sie *Teilstücke zusammengesetzter Umwandlungen* darstellen, ihnen beispielsweise Gitterformänderungen im Sinne von Modifikationswechseln vorangehen (Abb. 101). Hier gestattet das Interferenzverhalten (speziell von Einkristallen) im besondern die *zeitliche Koppelung der Teilvorgänge* zu klären, also etwa die Feststellung zu machen, daß die einphasig verlaufende Gitterformänderung unverhältnismäßig rascher erfolgt als die durch Diffusionsgeschwindigkeiten maßgebend beeinflußten Ausscheidungs- oder Entmischungsprozesse. Ähnlich wie S. 168 angetroffen, sind auch im Falle solcher *Staffelung der Teilvorgänge* verschiedene Möglichkeiten des Reaktionsablaufs in Betracht zu ziehen. Auch hier können charakteristische *Zwischenzustände* auftreten, welche ihre Besonderheit darin zeigen, daß der eine Teilprozeß, die Gitterformänderung, längst beendet ist, bevor der andere, die Ausscheidung oder Entmischung, in nennenswertem Umfang eingesetzt hat.

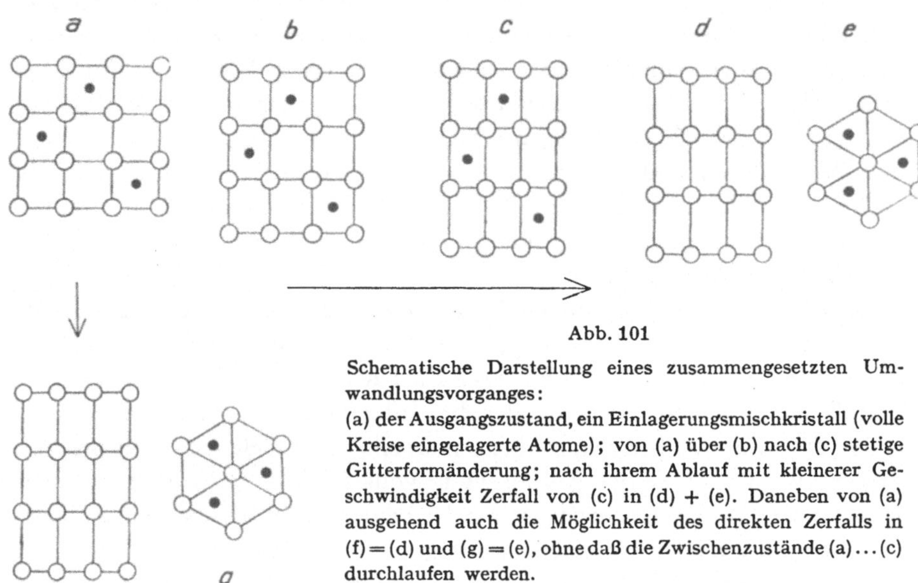

Abb. 101

Schematische Darstellung eines zusammengesetzten Umwandlungsvorganges: (a) der Ausgangszustand, ein Einlagerungsmischkristall (volle Kreise eingelagerte Atome); von (a) über (b) nach (c) stetige Gitterformänderung; nach ihrem Ablauf mit kleinerer Geschwindigkeit Zerfall von (c) in (d) + (e). Daneben von (a) ausgehend auch die Möglichkeit des direkten Zerfalls in (f) = (d) und (g) = (e), ohne daß die Zwischenzustände (a) ... (c) durchlaufen werden.

Wie sich Röntgendiagramme verhalten und was sich daraus an Folgerungen ergibt, wenn eine erste Kristallart auf dem Weg einer *eigentlichen chemischen Reaktion* einen Zerfall in mehrere andere Kristallarten erleidet, bedarf keiner weitern Auseinandersetzung, da sich hierbei nichts anderes feststellen läßt als die Umkehr dessen, was bei der Betrachtung des nächsten Reaktionstyps im einzelnen auszuführen ist.

BEISPIELE RÖNTGENOGRAPHISCHER UNTERSUCHUNGEN VON AUSSCHEIDUNGS- UND ENTMISCHUNGSPROZESSEN:

J. Hengstenberg und G. Wassermann, Über röntgenographische Untersuchungen der Kaltvergütung des Duraluminiums, Z. Metallkde *23* (1931) 141 (Beispiel für die röntgenographische Untersuchung der ersten Zerfallsstadien eines übersättigten Mischkristalls).

G. MASING und K. KLOIBER, Ausscheidungsvorgänge im System Kupfer-Silber-Gold, Z. Metallkde *32* (1940) 125
(Beispiel für die röntgenographische Kennzeichnung verschiedenartiger Ausscheidungsprozesse).

F. W. JONES, P. LEECH and C. SYKES, Precipitation in single crystals of silver-rich and copper-rich alloys of the silver-copper system, Proc. Royal Soc. (A) *181* (1943) 154
(Beispiel einer röntgenographischen Untersuchung von Ausscheidungsvorgängen an Einkristallen).

W. KÖSTER und A. SCHNEIDER, Der Zerfall von Gold-Nickel-Einkristallen, Z. Metallkde *29* (1937) 103
(Beispiel für eine röntgenographische Untersuchung von Entmischungsvorgängen an Einkristallen).

K. E. VOLK, W. DANMÖHL und G. MASING, Die Entmischungsvorgänge in Kobalt-Kupfer-Nickel-Legierungen im festen Zustand, Z. Metallkde *30* (1938) 113
(Beispiel für die röntgenographische Kennzeichnung komplizierter ablaufender Entmischungsprozesse).

G. D. PRESTON, The diffraction of x-rays by age hardening aluminium copper alloys, Proc. Royal Soc. (A) *167* (1938) 526
(Beispiel für den Nachweis kontinuierlicher Schwärzungslinien im Zusammenhang mit Ausscheidungsvorgängen).

V. DANIEL and H. LIPSON, An x-ray study of the dissociation of an alloy of copper, iron and nickel, Proc. Royal Soc. (A) *181* (1943) 368
(Beispiel für das Auftreten von Begleitbanden zu den Kristallinterferenzen und Versuch ihrer Deutung).

G. KURDJUMOW und G. SACHS, Über den Mechanismus der Stahlhärtung, Z. Physik *64* (1930) 325
(Beispiel für die röntgenographische Untersuchung eines zusammengesetzten Umwandlungsprozesses, bestehend aus Gitterformänderung mit anschließendem Ausscheidungsvorgang).

A. GUINIER, Le mécanisme de la précipitation dans un cristal de solution solide métallique. Cas des systèmes aluminium-cuivre et aluminium-argent, J. Physique (VIII) *3* (1942) 124
(Beispiel für die Untersuchung von Ausscheidungsprozessen unter Verwendung der Kleinwinkelstreuung).

Pulverreaktionen

5. *Aus zwei Kristallarten* ergibt sich *eine dritte Kristallart* oder es setzen sich *zwei Kristallarten* zu *zwei andern* um, oder aber es vereinigen sich *zwei Kristallarten unter Abspaltung einer Gasphase* zu einer *dritten Kristallart.*

Wenn sich auch alles Folgende auf Reaktionen bezieht, bei welchen es zur Bildung *neuer* Kristallarten kommt, sei dennoch der Fall, daß zwei kristallisierte Phasen A und B zu Mischkristallen (A, B) zusammentreten, vorweggenommen: Im Röntgendiagramm führt er zu Erscheinungen, welche im wesentlichen die Umkehr dessen darstellen, was sich im Verlauf von Ausscheidungs- und Entmischungsprozessen beobachten läßt und bereits unter

4. (Seite 200) näher beschrieben wurde. Tritt zwischen zwei Kristallarten Mischkristallbildung ein, so bleibt, den besondern Verhältnissen und Konzentrationen entsprechend, das Interferenzensystem der einen Kristallart grundsätzlich erhalten. Es erfährt jedoch eine kennzeichnende Linienverschiebung, entsprechend der infolge der Mischkristallbildung sich ändernden Gitterkonstanten. Dabei kann es oft zu einer für die ersten Stadien des Vorganges charakteristischen Linienverbreiterung kommen, welche das Anzeichen von zunächst nicht vollkommen homogen zusammengesetzten Mischkristallen bedeutet (etwa von der Form eines noch wenig B enthaltenden Kerns bei einer bereits wesentlich B-haltigen Hülle). Die fortschreitende Homogenisierung der Mischkristalle durch Ausgleich der anfänglich bestehenden Konzentrationsunterschiede läßt sich am zunehmenden Schärferwerden der Linien (Reflexe) verfolgen. Gehören die reinen Kristallarten A und B, und damit auch die zwischen ihnen entstehenden Mischkristalle, dem gleichen Strukturtyp an und sind die Gitterkonstanten einigermaßen linear von der Zusammensetzung abhängig, so kann in einem bestimmten Stadium der Mischkristallbildung die Verschiebung der A-Linien in die Lage der Mischkristall-Interferenzen für eine bestimmte Phase größer ausfallen als diejenige der B-Linien in Richtung der Mischkristall-Interferenzen. Dann ist dies der Hinweis dafür, daß offenbar B in A rascher diffundiert als A in B, sich somit aus A durch Eintritt von B homogene Mischkristalle rascher bilden als aus B durch Aufnahme von A.

Beim Studium der eigentlichen *Pulverreaktionen* gestaltet sich die röntgenographische Untersuchung folgendermaßen: Gemische mit verschiedener Konzentration der zur Reaktion vorgesehenen Kristallarten (also etwa Gemenge mit $A : B = 1:1,\ 1:2,\ 1:3,\ 2:1,\ 3:1$) werden zunächst in ihrem ursprünglichen Zustand der Röntgenaufnahme unterzogen, nachdem zuvor Aufnahmen an den reinen Kristallarten hergestellt wurden. Dies dient im besondern, um den Ausgangszustand der zur Reaktion gelangenden Phasen nach den im Kapitel VI dargelegten Regeln zu kennzeichnen. Anschließend werden die verschiedenen Gemische verschieden lang einer schrittweise gesteigerten Temperatur ausgesetzt, und nach jeder solchen thermischen Behandlung wird von jedem Gemenge ein Röntgendiagramm angefertigt. Alle Diagramme werden, wie auch die an den ursprünglichen Gemischen hergestellten, unter genau denselben Versuchsbedingungen (siehe S. 82) aufgenommen. An diesen für verschiedene Mischungsverhältnisse $A : B$ sich ergebenden Reihen von Röntgenogrammen gelangt eine röntgenometrische Gemischanalyse zur Durchführung, und es lassen deren Ergebnisse den Reaktionsverlauf bei den verschieden zusammengesetzten Gemengen beurteilen. Zu einer Variation des Mischungsverhältnisses $A : B$ tritt unter Umständen noch eine verschiedene Wahl des Ausgangszustandes der zur Reaktion bestimmten Kristallarten, indem auf verschiedenen Wegen gewonnene Proben derselben, verschieden vorbehandelte Proben der fraglichen Kristallarten, Proben verschiedener Korngröße und zudem solche mit verschiedenen Durchmischungsgraden der interessierenden Reaktion unterworfen werden. Der Vergleich einer zusammengehörenden Serie von Röntgenogrammen kann dann etwa zu den folgenden Feststellungen führen:

A. Unbesehen der Reaktionsdauer und ungeachtet der angewandten Reaktionstemperaturen sind in den Röntgendiagrammen *keinerlei Veränderungen* gegenüber der Aufnahme am Gemenge in seinem Ausgangszustand wahrzunehmen (oder höchstens Veränderungen der Linienbeschaffenheit, welche ihre zwanglose Erklärung in einer bloßen Veränderung des Zustandes der fraglichen Kristallarten finden). Ein solches Verhalten besagt offenbar, daß es unter den gewählten Bedingungen zwischen den ursprünglichen Kristallarten zu keiner Reaktion gekommen, daß eine Bildung neuer Kristallarten höchstens in einem Umfang *unter* ihrer röntgenometrischen Nachweisbarkeit eingetreten ist.

B. Es wird mit verlängerter Reaktionsdauer von einer gewissen Reaktionstemperatur an *ein zunehmendes Verschwinden der primär vorhandenen Interferenzensysteme* und *das allmähliche Auftreten und schließliche Dominieren eines neuen Interferenzensystems* (oder mehrerer solcher) gefunden. Das beweist, daß oberhalb einer bestimmten Temperatur sich auf Kosten der ursprünglichen Kristallarten mehr und mehr eine neue Kristallart oder mehrere solche gebildet haben. Bleibt dabei das neue Interferenzensystem auch bei maximaler Reaktionstemperatur, und hier selbst bei sehr ausgedehnter Reaktionsdauer, unverändert, so kommt es in dem fraglichen Gemenge *unmittelbar* zur Entstehung der endgültigen, neuen Kristallart. Die Reaktion führt somit *nicht* über irgendwelche Zwischenverbindungen von nachweisbarer Haltbarkeit.

C. Ein solches Verhalten zeigt eine Pulverreaktion, wenn das zunächst auftretende, *neue System von Röntgeninterferenzen* bei gesteigerter Reaktionstemperatur oder auch bereits bei verlängerter Reaktionsdauer *seinerseits durch ein anderes Interferenzensystem abgelöst wird:* Dann liefert die Reaktion offensichtlich ein primäres Reaktionsprodukt, das nicht dem Endzustand der Reaktion oder doch nicht ihrem Verlauf bei einer höheren Temperatur entspricht, so daß höhere Reaktionstemperaturen oder (und) verlängerte Reaktionszeiten ein anderes Ergebnis liefern. Die Erfahrung lehrt, daß sehr häufig Pulverreaktionen *über solche Zwischenverbindungen* verlaufen, die erst gebildeten Kristallarten somit oft mit den endgültigen durchaus nicht übereinstimmen. Recht häufig stellen als erste sich Kristallarten ein, welche aus der dem Gemenge zugrunde liegenden Zusammensetzung nicht erwartet werden (es kann z. B. ein Gemisch $A : B = 1 : 1$ als primäres Reaktionsprodukt die Kristallart AB_2 ergeben, die sich erst im weitern Verlauf der Reaktion bei höherer Temperatur in die Kristallart AB umwandelt). Von geringerer grundsätzlicher Bedeutung ist der gleichfalls nicht seltene Fall, daß sich die erst entstandenen Kristallarten zufolge höherer Reaktionstemperatur in eine neue Modifikation umwandeln. Um das Auftreten von Zwischenzuständen im besondern abzuklären, werden zweckmäßig jene Reaktionsbedingungen, im speziellen jene Ausgangszustände der reagierenden Kristallarten und diejenige Reaktionstemperatur gewählt, welche die langsamst fortschreitende Reaktion ergeben. Wie die Röntgendiagramme in Abhängigkeit von der Reaktionsdauer verschiedene Reaktionsprodukte nachweisen lassen, mag das Beispiel eines bei 1000° zur Reaktion gebrachten Gemisches aus Quarz und hoch geglühtem Calciumoxyd mit $SiO_2 : CaO = 1 : 1$ belegen: Nach einer Reaktionsdauer von

5 Stunden enthält das Reaktionsprodukt sehr wenig $\beta - 2\,CaO \cdot SiO_2$,
40 „ „ „ „ „ „ $\beta - 2\,CaO \cdot SiO_2$,
80 „ „ „ „ $\beta - 2\,CaO \cdot SiO_2$, $3\,CaO \cdot 2\,SiO_2$, $\beta - CaO \cdot SiO_2$,
160 „ „ „ „ viel $3\,CaO \cdot 2\,SiO$, $\beta - CaO \cdot SiO_2$,
305 „ „ „ „ $3\,CaO \cdot 2\,SiO_2$, sehr viel $\beta - CaO \cdot SiO_2$,
400 „ „ „ „ nahezu ausschließlich $\beta - CaO \cdot SiO_2$,

es verläuft also hier die Bildung des endgültigen Produkts über zwei als Zwischenstufen erscheinende Kristallarten, nämlich $\beta - 2\,CaO\,.\,SiO_2$ und $3\,CaO \cdot 2\,SiO_2$. Das Ergebnis röntgenographischer Untersuchungen über die Natur der Reaktionsprodukte in Abhängigkeit von der Zusammensetzung der Ausgangsgemenge, der Reaktionstemperatur und der Reaktionsdauer zeigt die in Tabelle IV enthaltene Zusammenstellung über die zwischen MgO und TiO_2 bestehenden Reaktionen im festen Zustand, zugleich beispielhaft erläuternd, daß bei solchen Reaktionen durchaus nicht alle zwischen den beiden Oxydkomponenten überhaupt denkbaren Verbindungen erscheinen müssen.

D. Mit zunehmend erhöhter Reaktionstemperatur *verschwinden die ursprünglich anwesenden Interferenzensysteme;* es treten jedoch gleichzeitig *keine neuen Interferenzen* auf, so daß über einer gewissen Temperatur nach einer bestimmten Reaktionsdauer *jegliche Anzeichen von Kristallinterferenzen fehlen;* erst bei einer noch höheren Reaktionstemperatur und passenden Reaktionsdauer sind die *Linien eines neuartigen Interferenzensystems* wahrzunehmen. Hier führt der interessierende Prozeß offensichtlich *über einen röntgenamorphen Zwischenzustand.* Bei zwar bereits vollendetem Zerfall der primären Kristallarten sind neue Kristallarten in nennenswertem Ausmaß noch nicht vorhanden; sie treten vielmehr erst bei einer höheren Reaktionstemperatur in Erscheinung. Gegenüber den bei Fall B. und C. bestehenden Verhältnissen zerfallen hier die reagierenden Kristallarten mit einer wesentlich größeren Geschwindigkeit, als sich die neuen Kristallarten bilden oder zu Keimen von nachweisbarer Größe entwickeln. Aus der Tatsache, daß bei gewissen Reaktionsstadien die Röntgendiagramme keine Kristallinterferenzen aufweisen, darf indessen nicht ohne weiteres auf einen *vollkommen* amorphen Zwischenzustand geschlossen werden, besonders nicht im Falle von Reaktionen, wo gleichzeitig mehrere neue Kristallarten gebildet werden: Dann können nämlich für die erst gebildeten Kristalle von sehr kleinen Dimensionen und überdies von einem noch weitgehend gestörten Gitterbau die Grenzen der röntgenometrischen Nachweisbarkeit derart unverhältnismäßig hoch liegen, daß bereits aus diesen Gründen keine Kristallinterferenzen auftreten. Daß eine Reaktion tatsächlich über amorphe Phasen verläuft, daß Stadien mit einer vollkommenen Zerstörung der Gitterordnung über längere

TABELLE IV

Röntgenographische Kennzeichnung der aus der Reaktion $MgO + TiO_2$ im festen Zustand hervorgehenden Reaktionsprodukte
(nach W. JANDER und K. BUNDE)

Reaktions-temperatur	Reaktions-dauer	Zusammensetzung $MgO : TiO_2$	Im Reaktionsprodukt nachweisbare Kristallarten
850°	½ h	2:1	MgO, TiO_2, dazu Anzeichen einer undefinierbaren Kristallart;
	1 h		MgO, TiO_2, $MgO \cdot TiO_2$, $2 MgO \cdot TiO_2$?, dazu Anzeichen der nicht näher definierbaren Kristallart wie zuvor.
850°	½ h	1:1	MgO, TiO_2, $MgO \cdot TiO_2$.
900°	1 h	1:2	MgO, TiO_2, $MgO \cdot TiO_2$.
1090°	½ h	2:1	MgO, $MgO \cdot TiO_2$;
	11 h		MgO, $MgO \cdot TiO_2$, $2 MgO \cdot TiO_2$.
1090°	½ h	1:1	MgO, TiO_2, $MgO \cdot TiO_2$;
	5 h		$MgO \cdot TiO_2$.
1090°	½ h	1:2	MgO, TiO_2, $MgO \cdot TiO_2$, noch wenig $MgO \cdot 2 TiO_2$;
	5½ h		fast reines $MgO \cdot 2 TiO_2$.

Es ergibt sich hieraus, daß unabhängig vom Mischungsverhältnis stets $MgO \cdot TiO_2$ Primärprodukt ist, daraus mit überschüssigem TiO_2 verhältnismäßig leicht die Verbindung $MgO \cdot 2 TiO_2$ entsteht, wogegen bei Überschuß an MgO viel schwerer die Verbindung $2 MgO \cdot TiO_2$ sich bildet.

Zeiten und zudem über ein größeres Temperaturintervall sich zu erhalten vermögen, darf mit Bestimmtheit erst als erwiesen gelten, wenn das Röntgenogramm die unzweifelhaften Anzeichen von Flüssigkeitsinterferenzen erkennen läßt (siehe S. 44).

E. Schließlich kann mit steigender Reaktionstemperatur das *eine* der primären Interferenzensysteme *unverhältnismäßig rasch zurücktreten und bald ganz verschwinden,* und zwar *in unmittelbarem Anschluß an das erste Auftreten neuer Interferenzen,* während die Linien der *andern* ursprünglichen Kristallarten noch weit länger, auch bei höheren Reaktionstemperaturen mit

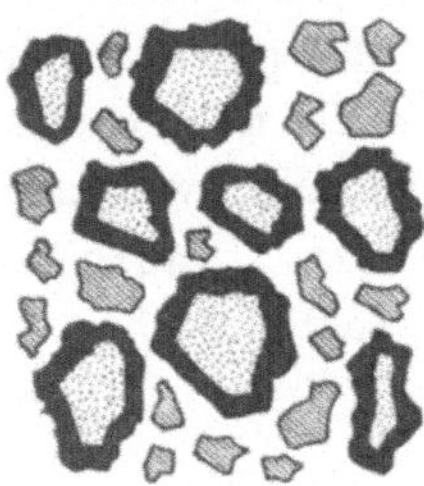

Abb. 102

Die neu entstehende Kristallart (dunkel, z. B. Al_2ZnO_4) umhüllt die eine der primär vorhandenen Kristallarten (punktiert, z. B. Al_2O_3), nicht aber die andere (schraffiert, z. B. ZnO), so daß die Interferenzen der umhüllten Kristallart unverhältnismäßig rasch zurücktreten und verschwinden.

beachtlicher Intensität neben dem sich zunehmend verstärkenden neuen Interferenzensystem vertreten sind. Derart *gestaffeltes* Verschwinden der primären Interferenzensysteme hat seinen Grund *in einer besondern topochemischen Natur* der Reaktion: Indem nämlich die *einen* Kristalle während derselben erhalten bleiben, sie sich zunehmend mit einer Hülle aus der neu entstehenden Kristallart überziehen, während die andere Kristallart eine solche Umhüllung nicht erfährt (Abb. 102), müssen dann die Interferenzen der erstern notgedrungen weit rascher zurücktreten als jene der letztern. Ja es können Interferenzeffekte an der eingehüllten Kristallart vollkommen fehlen, obwohl deren Kristalle noch zu einem erheblichen Anteil vorhanden sind. Verschieden weitgehendes Pulverisieren der Reaktionsprodukte kann bei einem derartigen Verlauf der Reaktion zu verschieden gearteten Röntgendiagrammen führen: Während nur leicht zerriebene Proben keine Linien der umwachsenen Kristallart zeigen, können solche bereits bei nachhaltig pulverisierten Präparaten in Erscheinung treten. Es deckt dieser Umstand die Schwierigkeiten auf, welche einem quantitativen Ausbau röntgenographischer Untersuchungen an Reaktionen im festen Zustand entgegenstehen und beweist überdies, wie notwendig es ist, die Reaktionsprodukte unter

Umständen in verschiedener, *genau geprüfter* Korngröße dem Interferenzversuch zu unterziehen. Auch empfiehlt sich stets eine gleichzeitige mikroskopische Untersuchung der erhaltenen Reaktionsprodukte, welche nämlich derartige spezielle Verwachsungserscheinungen in der Regel leicht feststellen läßt.

Es liegt im besondern Wesen der Pulverreaktionen begründet, daß bei ihnen die *Keimreaktionen weitaus im Vordergrund* stehen, wiewohl auch für Pulverreaktionen ein Mechanismus nach der Art einer Kristallreaktion nicht grundsätzlich ausgeschlossen ist, allerdings sehr spezielle Voraussetzungen hinsichtlich der Strukturen der reagierenden Kristallarten zur Bedingung hätte. Wie sich auch der besondere Ablauf einer Pulverreaktion gestaltet, stets werden sich der röntgenographischen Untersuchung folgende Aufgaben stellen:

a) die *neu gebildeten Kristallarten als solche zu bestimmen,*
b) *ihr erstes,* nachweisbares *Auftreten in Abhängigkeit von den Reaktionsbedingungen* festzulegen und
c) die *Abfolge der Entstehung neuer Kristallarten* unter den verschiedenen Reaktionsbedingungen zu verfolgen.

Dabei darf nicht übersehen werden, daß die röntgenographischen Methoden für die Lösung eben dieser Fragen eine nicht übermäßige Empfindlichkeit besitzen. Es machen sich auch in diesem Zusammenhang die gleichen Beschränkungen geltend, die bereits im Falle der röntgenometrischen Gemischanalyse (siehe S. 74) zu beachten waren. Sie erhalten noch ein besonderes Gewicht, weil die ersten Keime neuer Kristallarten oder die letzten Reste zerfallender Kristalle sehr oft ein besonders stark herabgesetztes Interferenzvermögen aufweisen und die Interferenzensysteme von verschiedenen, neu gebildeten Kristallarten zufolge ihrer häufig sehr engen Verwandtschaft zahlreiche Koinzidenzen gerade unter den intensivsten Interferenzen besitzen können. Alle diese Umstände lassen es stets ratsam erscheinen, vorgängig der Untersuchungen an den Reaktionsprodukten Röntgendiagramme an den reinen, als Neubildungen in Frage kommenden Kristallarten aufzunehmen, um so von vornherein über die Natur deren Interferenzensysteme, im besondern über die Lage der charakteristischen Linien der verschiedenen Kristallarten (untereinander und in bezug auf die primären Kristallarten) hinreichend orientiert zu sein. Auch dann kann es immer noch vorkommen, daß sich Zwischenphasen bloß als solche nachweisen, indessen nicht sicher bestimmen lassen. Dies gilt besonders, wenn sich Zwischenverbindungen nur im Auftreten vereinzelter Interferenzen von nicht völlig eindeutiger Lage äußern.

Außerdem haben Röntgendiagramme eine Auswertung hinsichtlich des

Zustandes der in den verschiedenen Reaktionsstadien noch vorhandenen oder neu aufgetretenen Kristalle zu erfahren, um auf diesem Weg Aufschluß zu erhalten über Veränderungen des Zustandes der primären Kristallarten *vor* Eintritt der Reaktion, über den besondern Zustand derselben *bei Beginn des Umsatzes* und im Verlauf desselben, über den Zustand der *erst* gebildeten Individuen neuer Kristallarten, über die ihnen widerfahrenden Veränderungen *während* des Reaktionsprozesses und schließlich über die sich an ihnen erst *nach* vollendeter Reaktion abspielenden Zustandsänderungen. Im Rahmen solcher Prüfungen können besondere Bedeutung erlangen: die Kennzeichnung der erst entstandenen Keime neuer Kristallarten in bezug auf unregelmäßige Gitterstörungen gemäß B., b) I. (S. 124), womit Anhaltspunkte über ihren Wärmeinhalt und ihre Aktivität zu gewinnen sind, die Bestimmung der Größe der Erstkristalle der neuen Phasen, die Rückschlüsse auf die Keimzahl gestattet; denn es werden kleine Primärkristalle allgemein auf relativ hohe Keimzahlen, große Primärkristalle dagegen auf eine verhältnismäßig niedrige Keimzahl hindeuten.

Schließlich kann es sich als notwendig herausstellen, die bisher geschilderten Versuche an abgeschreckten Reaktionsprodukten durch röntgenographische Untersuchungen bei den einzelnen Reaktionstemperaturen *selber* zu ergänzen, um so jegliche sekundäre Umwandlung der Reaktionsprodukte auszuschließen.

Wenn es auch Fälle gibt, wo das Röntgendiagramm sichere Anzeichen einer neu gebildeten Kristallart erkennen läßt, bevor die mikroskopische Untersuchung irgendwelche Reaktionsprodukte nachzuweisen oder zu bestimmen gestattet, dazu eine chemisch-analytische Kennzeichnung des Reaktionsverlaufes sehr oft nicht sicher genug möglich ist, so werden dennoch röntgenographische Untersuchungen *nie für sich allein,* sondern stets in Kombination mit zahlreichen andern Methoden zum Studium von Reaktionen im festen Zustand vom hier interessierenden Typus herangezogen werden. Neben die Aufnahme von Erhitzungskurven und die mikroskopische sowie chemisch-analytische Kennzeichnung der Reaktionsprodukte treten etwa zur Ergänzung der röntgenographischen Befunde: eine Bestimmung des Schüttvolumens der verschiedenen Reaktionsprodukte, Messungen über ihre Wassersorption, ihre Dichte, ihre magnetische Suszeptibilität, ihre Fluoreszenzeigenschaften usw., Bestimmungen ihrer Löslichkeit in geeigneten Lösungsmitteln und ihres Adsorptionsvermögens von Farbstoffen sowie Untersuchungen über die katalytische Wirksamkeit der verschiedenen Reaktionsprodukte auf den Ablauf passender chemischer Reaktionen. Anschließend werden alle diese Eigenschaften der Reaktionsprodukte zusammen mit den röntgenographischen Feststellungen in ihrer Abhängigkeit von Reaktionstemperatur und -dauer betrachtet und im besondern ihr verschiedener Gang als Funk-

tion der Reaktionstemperatur verfolgt: dabei können einzelne unter ihnen einen beträchtlichen Anstieg, ja bereits ihren maximalen Wert aufweisen, lange bevor das Röntgendiagramm Anzeichen neuer Kristallarten nachweist, sehr oft auch ohne jede röntgenographisch faßbare Veränderung des Kristallzustandes der primären Kristallarten. Dies weist auf Prozesse, die eine Reaktion vorbereiten, jedoch das Interferenzverhalten noch nicht beeinflussen (siehe auch S. 97). Allgemein bestehen nämlich Pulverreaktionen aus einer ganzen Reihe sich teils ablösender, teils mehr oder weniger überdeckender Einzelvorgänge, wobei sich (in Anwendung der von HEDVALL, HÜTTIG und JANDER entwickelten Terminologie) in der Regel mit den Mitteln röntgenographischer Untersuchungen folgende nicht oder nur unsicher erfassen lassen:
die Periode der Abdeckung der primär vorhandenen Kristallarten,
die Bildung wirksamer Oberflächen an denselben (Aktivierungsperiode),
das Entstehen sog. Zwittermoleküle (Quasimoleküle, von Oberflächenüberzügen atomarer Abmessungen) und
die Periode der Oberflächenverfestigung (der Desaktivierung der atomar dimensionierten Überzüge), während
die Periode des einsetzenden Platzwechsels (der Aktivierung zufolge gesteigerter innerer Diffusion),
der fortschreitende Zerfall der ursprünglichen Kristalle,
die zunehmende Bildung von Keimen der neuen Kristallarten und endlich
die Periode des Wachstums und der fortgesetzten Verbesserung ihrer Gitterordnung, der Ausheilung ihrer Kristalle,
einer Charakterisierung auf röntgenographischem Weg zugänglich sind. Das Ziel der Untersuchungen von Pulverreaktionen, die Klärung der ihnen zugrunde liegenden Reaktionsmechanismen kann so durch Nutzbarmachung der Röntgeninterferenzen in verschiedener Weise eine Förderung erfahren. Werden Reaktionsversuche an Einkristallen studiert unter Anwendung der röntgenographischen Einkristall-Methoden, so dürften Röntgeninterferenzversuche überhaupt am ehesten Einblick in die beim Zerfall der primären Kristalle sich abspielenden Vorgänge, in die Natur von Verwachsungen zwischen neu entstehenden und ursprünglich vorhandenen Kristallarten, in das Wesen anisotrop gearteter Reaktionsfähigkeit von Kristallen und endlich auch in die im Verlauf einer Reaktion vor sich gehenden Diffusionsprozesse (siehe S. 196) verschaffen. Noch sind diese verschiedenen Möglichkeiten einer Anwendung röntgenographischer Methoden keineswegs völlig ausgeschöpft; es wird indessen die röntgenographische Analyse durch die Erkenntnis, daß feste Phasen *auch unter sich* allgemein ein *wesentliches* Reaktionsvermögen besitzen, mehr und mehr Bedeutung erlangen. Wird dabei festgestellt, daß die Reaktionsbereitschaft einer Kristallart in beträchtlichem Aus-

maß schwanken kann, indem sie vom Zustand der Kristalle entscheidend beeinflußt wird, so folgt daraus die Notwendigkeit, Reaktionen im festen Zustand unter systematischer Variation der Kristallbeschaffenheit zu studieren, zum mindesten den Kristallzustand der zur Reaktion gelangenden Phasen stets ausreichend zu charakterisieren. Daneben bietet sich hier gleichfalls dem Elektronenbeugungsversuch ein weites Feld zukünftiger, bisher noch recht wenig gepflegter Anwendung, darf doch auf diesem Wege ergänzende

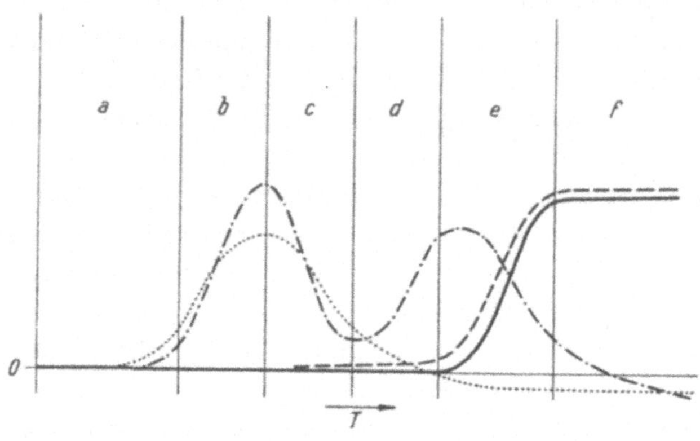

Abb. 103

Abhängigkeit verschiedener Eigenschaften von der bei einer Pulverreaktion eingehaltenen Reaktionstemperatur: die ausgezogene Kurve stellt die Intensität des Interferenzensystems der neu entstehenden Kristallart dar, die gestrichelte Kurve das Verhalten einer Eigenschaft, welche mit dem Auftreten der neuen Phase parallel läuft, während die beiden andern Kurven sich auf Eigenschaften beziehen, die mit dem röntgenographischen Verhalten in keinem unmittelbaren Zusammenhang stehen. Gestützt auf den Verlauf der verschiedenen Kurven ergibt sich die Unterscheidung einer Abdeckperiode (*a*), einer Periode der Oberflächenaktivierung (*b*), der Oberflächendesaktivierung (*c*), des einsetzenden Platzwechsels (*d*), der eigentlichen Bildungsperiode der neuen Kristallart (*e*) und schließlich der Sammelkristallisation und Ausheilung (*f*).

Einsicht in die Vorbereitung und den eigentlichen Beginn einer Reaktion erwartet werden. Zudem werden damit am ehesten auch die zahlreichen Oberflächenphänomene, wie sie bei Pulverreaktionen in Erscheinung treten, eine vermehrte Abklärung erfahren können.

Reaktionen vom hier betrachteten Typus können schließlich mittelbar auch dazu dienen, irgendwelche Materialproben näher zu charakterisieren, da sie ermöglichen, eine durch übereinstimmende Röntgendiagramme festgestellte Identität von Proben nachzuprüfen. Eine Übereinstimmung erweist sich als eine nur scheinbare, wenn nach einer passenden thermischen Behandlung an verschiedenen Präparaten trotz ihres zuvor gleich beschaffenen Röntgendiagramms verschieden geartete Röntgenogramme erhalten werden. Derartiges Verhalten können zum Beispiel auf verschiedenen Wegen hergestellte Fällungen zeigen, wobei die einen beim Erhitzen lediglich eine Verbesserung

a)

b)

c)

d)

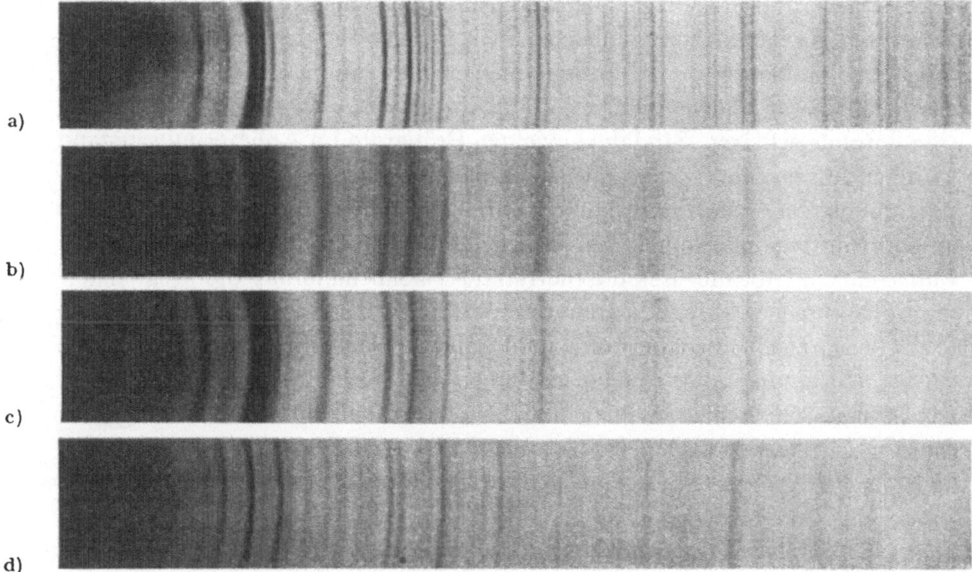

Abb. 104

Röntgendiagramme von verschiedenen, ungeglühten und geglühten Calciumphosphat-Fällungen:
a) Hydroxylapatit aus alkalischer Lösung gefällt und geglüht;
b) Hydroxylapatit aus alkalischer Lösung gefällt, ungeglüht;
c) Hydroxylapatit aus saurer Lösung gefällt, ungeglüht;
d) Tricalciumphosphat, erhalten durch Glühen des aus saurer Lösung gefällten Hydroxylapatits.

und Vergröberung der bereits im Niederschlag vorhandenen Kristalle erfahren, die thermische Nachbehandlung also nur einen Wechsel im Kristallzustand hervorruft, während bei anders gewonnenen Fällungen die Erhitzung eine vollkommene oder doch teilweise Umwandlung in andere Kristallarten bewirkt. Allgemein werden derartige Verhältnisse besonders ausgesprochen durch Adsorptionserscheinungen an hoch dispersen Niederschlägen verursacht, wodurch sich bei der Glühbehandlung die Möglichkeit einer *Reaktion zwischen den primär ausgefallenen Kristallen und ihren Adsorptionshüllen zu einer neuen Kristallart* ergibt. Solche Verhältnisse sind z. B. für Calciumphosphate typisch, welche unabhängig von den besondern Fällungsbedingungen als Niederschläge aus Hydroxylapatit $Ca_5(PO_4)_3(OH)$ erscheinen, durch Glühen je nach dem Ausmaß der (PO_4)-Adsorption reines Tricalciumphosphat $Ca_3(PO_4)_2$ oder ein Gemenge von solchem mit Hydroxylapatit liefern oder aber keine Umwandlung zeigen und Hydroxylapatit bleiben. Aber auch aus dem Schmelzfluß gewonnene oder aus Sinterprozessen hervorgegangene Stoffe können, wiewohl sie zunächst vollkommen gleiche Röntgeninterferenzen abgeben, nach einem Anlassen auf eine geeignete

Temperatur in ihren Röntgendiagrammen verschiedenartige Veränderungen aufweisen, so daß sich verschiedene Proben nach der thermischen Behandlung voneinander in ihrem Interferenzverhalten unterscheiden. Hier sind es vor allem verschieden geartete *Ungleichgewichtszustände,* welche derartige Befunde erklären. Sind die einzelnen Präparate im Anlieferungszustand lediglich durch einen verschiedenen Gehalt an glasigen Phasen ausgezeichnet, stimmen sie jedoch in ihren kristallinen Anteilen überein, so lassen sich an den Röntgendiagrammen der unbehandelten Proben keine Unterschiede wahrnehmen. Gibt indessen die thermische Nachbehandlung die Möglichkeit zur vollkommenen Kristallisation unter Bildung jener Kristallarten, wie sie dem Gleichgewichtszustand bei der im Einzelfall vorliegenden, chemischen Zusammensetzung entsprechen, so können sich in der Folge bei verschiedenen Proben sehr wohl verschiedene Kristallarten einstellen oder wenigstens die einzelnen Kristallarten mit verschiedenen Gehalten vertreten sein, was zu typischen Differenzen in den Röntgendiagrammen Anlaß gibt. Systematische Untersuchungen solcher Art gestatten schließlich, die bei den fraglichen Stoffen zunächst gewählten Abkühlungsbedingungen zu beurteilen, indem diese vorab bestimmen, ob sich bei der Synthese Ungleichgewichte erhalten oder der Gleichgewichtszustand erreicht wird.

BEISPIELE RÖNTGENOGRAPHISCHER UNTERSUCHUNGEN AN PULVERREAKTIONEN:

W. G. Burgers, Röntgenographische Untersuchung des Verhaltens von BaO-SrO-Gemischen beim Glühen, Z. Physik *80* (1933) 352
(Beispiel für eine röntgenographische Untersuchung über die Bildung von Mischkristallen bei höheren Temperaturen).

L. Vegard, Bildung von Mischkristallen durch Berührung fester Phasen, Z. Physik *5* (1921) 393
(Beispiel für den röntgenographischen Nachweis einer Mischkristallbildung bei gewöhnlicher Temperatur).

F. Machatschki, Untersuchungen über das System BeO-SiO_2, Z. physik. Chem. *133* (1928) 253 und

A. Pabst, Röntgenuntersuchung über die Bildung von Zinksilicaten, Z. physik. Chem. (A) *142* (1929) 227
(Beispiele für röntgenographische Untersuchungen einfacher Pulverreaktionen).

K. Hild und G. Trömel, Die Reaktion von Calciumoxyd mit Kieselsäure im festen Zustand, Z. anorg. allg. Chem. *215* (1933) 333
(Beispiel für eine röntgenographische Untersuchung über den Ablauf einer Reaktion im festen Zustand in Abhängigkeit von der Reaktionsdauer und dem Zustand der reagierenden Kristallarten).

K. Hild, Die Bildung des Spinells Al_2ZnO_4 durch Reaktion im festen Zustand, Z. physik. Chem. (A) *161* (1932) 305
(Beispiel für die röntgenographische Untersuchung einer Pulverreaktion mit gestaffeltem Verschwinden der reagierenden Kristallarten).

Von den zahlreichen Arbeiten von W. JANDER und Mitarbeitern, zumeist erschienen in der Z. anorg. allg. Chem., seien nur zwei Untersuchungen genannt:

W. JANDER und K. BUNDE, Die Bildung von Magnesiumtitanaten aus den Oxyden im festen Zustand, Z. anorg. allg. Chem. *239* (1938) 418 und

W. JANDER und G. LEUTHNER, Die Zwischenzustände, die bei der Bildung des Magnesiumtitanats aus Magnesiumoxyd und Titandioxyd im festen Zustand auftreten, Z. anorg. allg. Chem. *241* (1939) 57.

Ebenso werde von den zahlreichen Untersuchungen von G. F. HÜTTIG und Mitarbeitern nur eine erwähnt, nämlich:

G. F. HÜTTIG, Experimentelle Beiträge zur Kenntnis der Systeme Zinkoxyd/Eisenoxyd und Berylliumoxyd/Eisenoxyd, Z. anorg. allg. Chem. *237* (1938) 209 (alle diese Arbeiten enthalten Beispiele für die allseitige Untersuchung von Pulverreaktionen, darunter stets unter Heranziehung auch der röntgenographischen Methoden).

Von den zahlreichen diesbezüglichen Forschungsarbeiten von R. FRICKE und Mitarbeitern sei beispielhaft genannt:

R. FRICKE und F. BLANKE, Über die Änderungen des Wärmeinhalts und das Auftreten von Gitterstörungen bei der Bildung von Cadmium-Eisen-Spinell aus aktiven Oxyden, Z. anorg. allg. Chem. *251* (1943) 396
(Beispiel der röntgenographischen Kennzeichnung der Reaktionsprodukte hinsichtlich des Kristallzustandes).

G. TRÖMEL, Die Bildung schwer löslicher Calciumphosphate aus wässeriger Lösung und die Beziehungen dieser Phosphate zur Apatitgruppe, Z. anorg. allg. Chem. *206* (1932) 227
(Beispiel für den röntgenographischen Nachweis von Adsorptionserscheinungen an hoch dispersen Niederschlägen durch Untersuchung derselben vor und nach einer passenden Glühbehandlung).

VIII. DIE RÖNTGENINTERFERENZEN ALS KENNZEICHEN DER KONSTITUTION DER FESTEN KÖRPER (KRISTALLSTRUKTURBESTIMMUNGEN MIT RÖNTGENSTRAHLEN)

1. Zur Einführung wurde bereits die überragende Bedeutung hervorgehoben, welche den Röntgeninterferenzen, im besondern jenen an Kristallen als *ausgezeichnetem Mittel der experimentellen Konstitutionsaufklärung* zukommt. Hierzu sind sie in gleicher Weise zur Analyse der atomaren Baupläne von Molekülverbindungen wie von Kristallverbindungen befähigt: Im erstern Fall machen sie sich den im Kristall bestehenden, maximalen Ordnungsgrad der Molekülverbindung zunutze; bei den eigentlichen Kristallverbindungen stellen sie das bisher überhaupt einzig mögliche Mittel der Erkundung ihrer Konstitution dar. Die hier beabsichtigte Betrachtung der Röntgeninterferenzen als Kennzeichen der Konstitution fester Körper soll sich weniger den speziellen Verfahren, welche zur Auswertung der Beugungseffekte von Röntgenstrahlen an Kristallen zum Zwecke ihrer Strukturbestimmung in großer Zahl entwickelt wurden, widmen als vielmehr den besondern Voraussetzungen, an welche jede Konstitutionsaufklärung in Form einer Strukturbestimmung gebunden ist. Sodann soll die Vollständigkeit, die Sicherheit und Präzision des Ergebnisses, das sich auf dem Wege derartiger Konstitutionsforschung erzielen läßt, eine besondere Behandlung erfahren. Dabei mag besonders zum Ausdruck kommen, in welchen Fällen für eine Konstitutionserkundung an festen Körpern Kristallstrukturbestimmungen unerläßlich sind, welche speziellen Bedingungen erfüllt sein müssen, um durch dieses Mittel eine *hinreichend sichere* Konstitutionsaufklärung eines Stoffes zu erreichen, und in welcher Weise endlich die Resultate von Strukturbestimmungen einer geometrisch-topologischen Analyse zu unterziehen sind, um die konstitutionelle Eigenart einer Verbindung unter den einheitlichen Gesichtspunkten einer *allgemeinen* Stereochemie zu beurteilen.

Allgemeiner Gang einer Kristallstrukturbestimmung

2. Kristallstrukturbestimmungen mittels der Röntgeninterferenzen nehmen ihren Ausgang allgemein von der *Ermittlung der Gitterkonstanten* der fraglichen Kristallart. Deren Kenntnis legt die absoluten Dimensionen der Elementarzellen einer Struktur fest, gestattet zugleich die ganze weitere Untersuchung auf die Bestimmung der im Bereich einer einzelnen Gittermasche bestehenden Atomanordnung zu beschränken. Aus der Größe der drei Gitterkonstanten a, b, c und der von je zwei Kanten der Elementarzelle wechselweise eingeschlossenen Winkel α, β, γ (Abb. 105) läßt sich unmittelbar das Volumen der Gittermaschen (Elementarvolumen der Struktur), hieraus

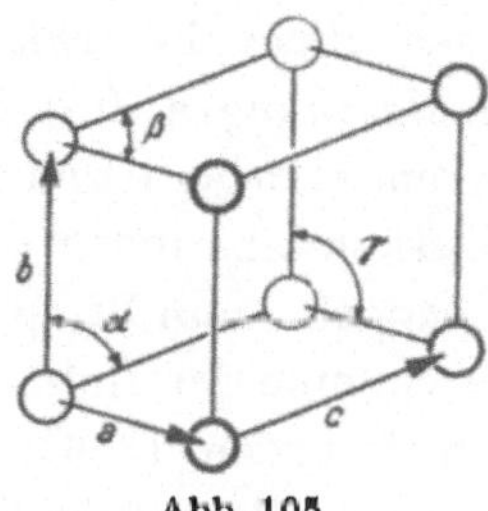

Abb. 105

Kennzeichnung der Gittermasche (Elementarzelle) nach Größe und Gestalt durch die Gitterkonstanten a, b, c und die von den Zellkanten gebildeten Winkel α, β, γ.

bei bekannter Dichte die auf eine einzelne Elementarzelle entfallende Masse (Elementarmasse der Struktur) und aus dieser schließlich bei definierter chemischer Zusammensetzung die Anzahl der verschiedenerlei Atome pro Elementarzelle angeben. Die der Strukturanalyse verbleibende Aufgabe besteht in der Folge darin, die besondere Anordnung der nach ihrer Zahl und Art bekannten Atome in der Elementarzelle zu suchen, für welche sich Interferenz-Intensitäten berechnen lassen, die mit den beim Beugungsversuch tatsächlich festgestellten übereinstimmen. Die exakte und eindeutige Lösung ist gelungen, wenn von jedem Atom im Gebiet einer Gittermasche die Koordinaten x, y, z seines Schwerpunktes bekannt sind und überdies erwiesen ist, daß einzig die durch diese Koordinatenwerte festgelegte Atomgruppierung sich mit den beobachteten Intensitäten der verschiedenen Interferenzen

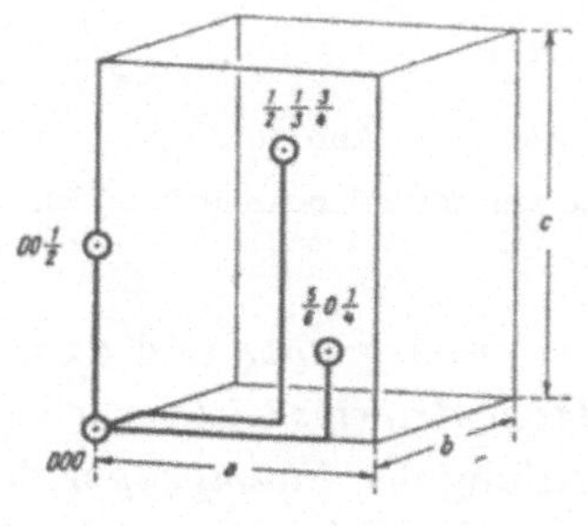

Abb. 106

Festlegung von Atompositionen im Raum einer Elementarzelle durch die Atomkoordinaten x, y, z, gemessen in Bruchteilen der Gitterkonstanten a, b, c.

verträgt. Zum Zweck, derart die im Raum einer Elementarzelle herrschende Atomanordnung ausfindig zu machen (die Basisgruppe der Kristallstruktur zu ermitteln), wird allgemein wie folgt verfahren: Nach vorgenommener Indizierung der Röntgendiagramme hat ein Vergleich der tatsächlich gefundenen Interferenzen mit der an einem Gitter von der zuvor bestimmten Maschengröße überhaupt möglichen Mannigfaltigkeit zu erfolgen. Bei dieser sog. *Flächenstatistik* sind vor allem die *fehlenden* Interferenzen, die der Struktur eigentümlichen *Auslöschungen,* festzustellen und ihrer besondern Natur nach zu charakterisieren. Hierbei ist nachzuprüfen, ob es sich um *integrale,* alle möglichen Indizeskombinationen (das ganze Indizesfeld (*hkl*)) betreffende Auslöschungen handelt (zum Beispiel: es sind nur Reflexe (*hkl*) nachzuweisen, bei denen die Summe der Indizes $h + k + l$ gleich einer geraden Zahl, also nur die Interferenzen (110), (101), (011), (200), (020), (002), (211), (121), (112), ..., während die Reflexe (100), (010), (001), (111), (210), (201), (012), ... fehlen), oder ob bloß *zonale* Auslöschungen auftreten, die einzig für die Reflexe einer bestimmten Zone gelten (so etwa, wenn von den Interferenzen (*hk*0) nur diejenigen mit *h* gleich einer geraden Zahl, also einzig (010), (200), (020), (210), ... beobachtet werden), oder gar nur *seriale* Auslöschungen, welche sich allein auf die Reflexe einer bestimmten Netzebenenschar beziehen (beispielsweise ergebend: (0*k*0) nur mit *k* gleich einer geraden Zahl vorhanden, indem (010), (030), (050), ... nicht wahrzunehmen sind, sondern nur (020), (040), (060), ... auftreten). Die besondere Art der Auslöschungen gestattet die Kennzeichnung des *Symmetriegerüsts,* das der zu bestimmenden Struktur zugrunde liegt: zunächst

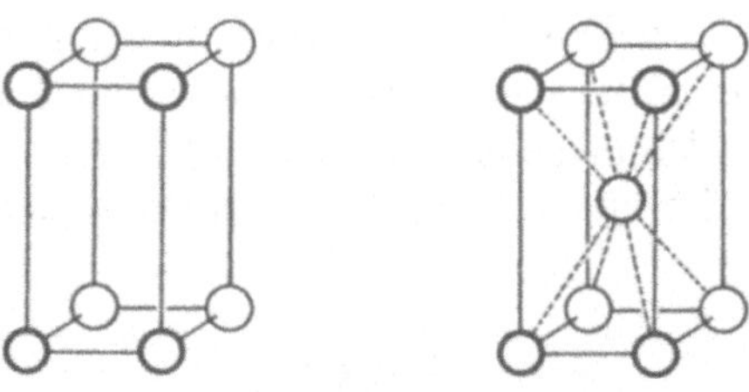

Abb. 107

Einfache und zentrierte (innenzentrierte) Elementarzelle.

die Bestimmung der *Translationsgruppe* und damit die Beantwortung der Frage, ob ein *einfaches oder zentriertes Gitter* vorliegt. Dann ist mit Hilfe der Flächenstatistik die Ermittlung der *Raumgruppe* der Kristallstruktur möglich, womit die ihr zukommenden Scharen von Symmetrieelementen und deren besondere Zusammensetzung festgelegt werden. Es verlaufen diese Scharen von Symmetrieelementen bekanntlich ihrerseits parallel den am Kristall

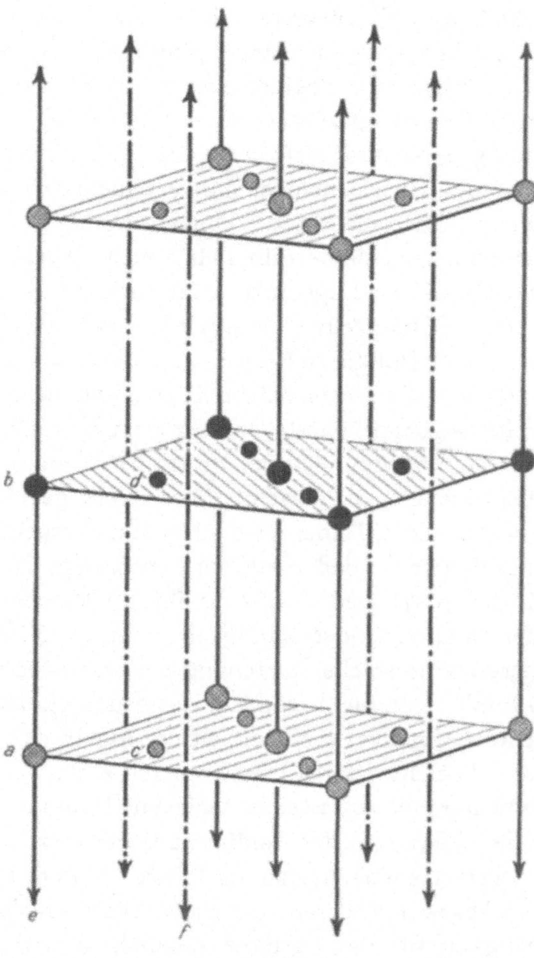

Abb. 108

Symmetrieelemente und spezielle Punktlagen in einem Raumsystem.

Im Raumsystem C_{4h}^{3} sind an Symmetrieelementen vorhanden: eine Schar vierzähliger Drehungsachsen (strichpunktiert, (f)), eine Schar zweizähliger Drehungsachsen (ausgezogen, (e)); tetragonale Drehspiegelzentren in (a) und (b) (große Kreise), Symmetriezentren in (c) und (d) (kleine Kreise); dazu Gleitspiegelebenen senkrecht zu den Symmetrieachsen (schraffiert). An speziellen Punktlagen ergeben sich dementsprechend:

die Punktlagen (a) $(000; \frac{1}{2}\frac{1}{2}0)$ und (b) $(00\frac{1}{2}; \frac{1}{2}\frac{1}{2}\frac{1}{2})$ von der Zähligkeit zwei und der Symmetriebedingung S_4;

(c) $(\frac{1}{4}\frac{1}{4}0; \frac{1}{4}\frac{3}{4}0; \frac{3}{4}\frac{3}{4}0; \frac{3}{4}\frac{1}{4}0)$ und (d) $(\frac{1}{4}\frac{1}{4}\frac{1}{2}; \frac{1}{4}\frac{3}{4}\frac{1}{2}, \frac{3}{4}\frac{3}{4}\frac{1}{2}; \frac{3}{4}\frac{1}{4}\frac{1}{2})$ von der Zähligkeit vier und der Symmetriebedingung C_i;

(e) $(00z; 00\bar{z}; \frac{1}{2}\frac{1}{2}z; \frac{1}{2}\frac{1}{2}\bar{z})$ von der Zähligkeit vier und der Symmetriebedingung C_2;

(f) $(0\frac{1}{2}z; \frac{1}{2}0\bar{z})$ von der Zähligkeit zwei und der Symmetriebedingung C_4,

während die Punktlage allgemeiner Lage die Zähligkeit acht aufweist bei folgender Zusammengehörigkeit der Koordinatenwerte:

$$(xyz; \bar{x}\bar{y}z; \tfrac{1}{2}+x,\tfrac{1}{2}+y,\bar{z}; \tfrac{1}{2}-x,\tfrac{1}{2}-y,\bar{z}; \bar{y}x\bar{z}, y\bar{x}\bar{z}; \tfrac{1}{2}-y,\tfrac{1}{2}+x,z; \tfrac{1}{2}+y,\tfrac{1}{2}-x,z).$$

äußerlich wahrnehmbaren Einzelsymmetrieelementen, sie enthalten jedoch möglicherweise nicht nur Spiegelebenen, Drehungsachsen und Drehspiegelzentren, sondern statt der erstern beiden oder neben solchen außerdem Gleitspiegelebenen und Schraubungsachsen als sog. Zusatz-Symmetrieelemente. Kenntnis der Raumgruppe verschafft der weitern Strukturbestimmung vor allem eine erschöpfende Übersicht über die verschiedenartigen Punktlagen, welche im Raum einer Gittermasche zur Unterbringung der zu plazierenden Atome verfügbar sind: zunächst ergibt sich, welche Anzahl gleichwertiger Punkte einem in allgemeiner Lage x, y, z angenommenen Punkt pro Elementarzelle entspricht. Unmittelbar hieraus folgt, ob und wie sich die Zahl unter sich gleichwertiger Punkte reduziert, wenn Punkte auf Spiegelebenen, Drehungsachsen oder Drehspiegelzentren liegen und damit eine spezielle Punktlage einer Raumgruppe darstellen. Gestützt hierauf lassen sich die Möglichkeiten für die Anordnungen der in der Elementarzelle anwesenden Atome weitgehend einengen, in einzelnen, besonders gearteten Fällen gar auf eine einzige beschränken. Dabei wird allgemein versucht, fürs erste mit der Annahme auszukommen, daß chemisch gleichartige Atome unter sich auch strukturell gleichwertig sind, also in ihrer Gesamtheit eine einzige Punktlage von der entsprechenden Zähligkeit besetzen. Nicht selten ist jedoch von vorneherein eine solche Aufteilung der verschiedenen Atome auf die vorhandenen Punktlagen nicht möglich, was bedeutet, daß chemisch gleiche Atome in mehrere Gruppen zerfallen, welche nur in sich, aber nicht unter sich strukturelle Gleichwertigkeit besitzen (so z. B., wenn sich die zehn Atome A pro Elementarzelle auf zwei verschiedene Punktlagen, eine von der Zähligkeit vier, die andere von der Zähligkeit sechs verteilen). Umgekehrt können aber auch verschiedene Atome die Plätze ein und derselben Punktlage einnehmen, und es besteht dann trotz chemischer Verschiedenheit strukturelle Gleichwertigkeit für diese Atome (ähnlich, wie dies bei Substitutionsmischkristallen allgemein anzutreffen ist). In beiden Fällen kommt die Möglichkeit einer nur teilweisen Besetzung einer Punktlage hinzu (sechszehn Atome liegen in einer Punktlage von der Zähligkeit 24, dabei in der Regel in statistischer Verteilung acht Leerstellen pro Elementarzelle abgebend). Solche Verteilung der einzelnen Atomsorten auf die verfügbaren Punktlagen legt zwar die Atomkoordinaten im allgemeinen erst teilweise fest, vermindert indessen die Anzahl der noch unbestimmt bleibenden stets in wesentlichem Maß, da jetzt für jede Gruppe unter sich gleichwertiger Atome höchstens noch drei Koordinatenwerte zu ermitteln sind, aus diesen sich die Koordinaten aller gleichwertigen Atome ohne weiteres angeben lassen. Nehmen Atome gar spezielle Punktlagen ein, so verbleiben nurmehr zwei oder ein Parameter zu bestimmen, je nach dem, ob es sich um Lagen auf Spiegelebenen oder auf Drehungsachsen handelt, während im Falle einer

Besetzung von Drehspiegelzentren bereits alle drei Koordinaten feste Werte erhalten. Für die Ermittlung dieses letzten Bestimmungsstückes der Kristallstruktur, ihrer noch freien Parameter sind zwei verschiedene Methoden entwickelt worden, die oftmals in geschickter Kombination besonders rasch und eindeutig zum Ziel führen:

Das eine Verfahren kommt vor allem zur Anwendung, falls die Zahl der noch zu bestimmenden Parameter verhältnismäßig klein ist. Es werden die bei systematischer, schrittweiser Variation der noch freien Koordinaten sich ergebenden Interferenz-Intensitäten berechnet und mit den effektiv gefundenen verglichen, um auf solche Weise jene Koordinatenwerte zu suchen, welche Übereinstimmung zwischen berechneten und beobachteten Intensitäten ergeben (sog. «method of trial and error»).

Das andere Vorgehen stützt sich auf die Tatsache, daß die an irgendeinem Punkt der Elementarzelle bestehende Elektronendichte sich als unendliche Fourier-Reihe darstellen läßt, wobei deren Koeffizienten (als Amplituden der einzelnen Streuwellen im beugenden Kristall) mit den Interferenz-Intensitäten zwar in unmittelbarem Zusammenhang stehen, ohne allerdings durch diese letztern vollständig bestimmt zu werden (es fehlt nämlich allgemein die Kenntnis der den einzelnen Streuwellen eigenen Phasenverschiebungen, was sich bei zentrosymmetrischen Strukturen am wenigsten, aber doch dahin auswirkt, daß die Vorzeichen der Koeffizienten offen bleiben). Eindeutige Festlegung der Fourierkoeffizienten wird, da sie für die Berechnung der Reihen unerläßlich ist, angestrebt durch eine vergleichende Betrachtung der Intensitäten bei einer Gruppe unter sich isotyper Kristallarten, durch eine versuchsweise in Vorschlag gebrachte Struktur und deren anschließende, probemäßig erfolgende Überprüfung oder durch eine vorgängig der Fourier-Analyse der Struktur durchgeführte Patterson-Analyse. Letztere besteht ihrerseits darin, daß zunächst eine Fourier-Reihe mit den Intensitäten der Streuwellen statt ihrer Amplituden als Koeffizienten berechnet wird, woraus sich mindestens angenähert Richtung und Größe der Atomabstände (Verbindungsstrecken zwischen den Atomschwerpunkten) entnehmen lassen (dies empfiehlt sich vor allem, wenn eine Atomart dem Streuvermögen nach dominiert und damit im Falle einer zentrosymmetrischen Struktur die Vorzeichen der Koeffizienten für die Fourier-Analyse weitgehend bestimmt). Gelingt durch derartige Ergänzungen die Durchführung der *Fourier-Analyse einer Kristallstruktur,* so vermittelt diese, für eine hinreichend große Zahl von Punkten der Elementarzelle ausgeführt, ein eindeutiges Bild der Elektronendichte im Raum der Elementarzelle, und deren Maxima lassen unter Berücksichtigung der von ihnen repräsentierten Elektronenzahlen unmittelbar die Lage der verschiedenen Atome in der einzelnen Gittermasche angeben. Statt der Auswertung der dreidimensionalen Reihen wird fürs erste zumeist die Berechnung von zweidimensionalen vorgezogen. Damit die Projektion der Elektronendichte auf die Ebenen der Koordinatenachsen (als Grundriß, Aufriß und Seitenriß) erhalten wird, ist dann zunächst nicht von allen möglichen Reflexen, sondern einzig von den Interferenzen $(hk0)$, $(h0l)$ und $(0kl)$ auszugehen. Anschließend wird unter Verwendung der erhaltenen Parameter eine die sämtlichen Interferenzen erfassende Kontrollberechnung vorgenommen.

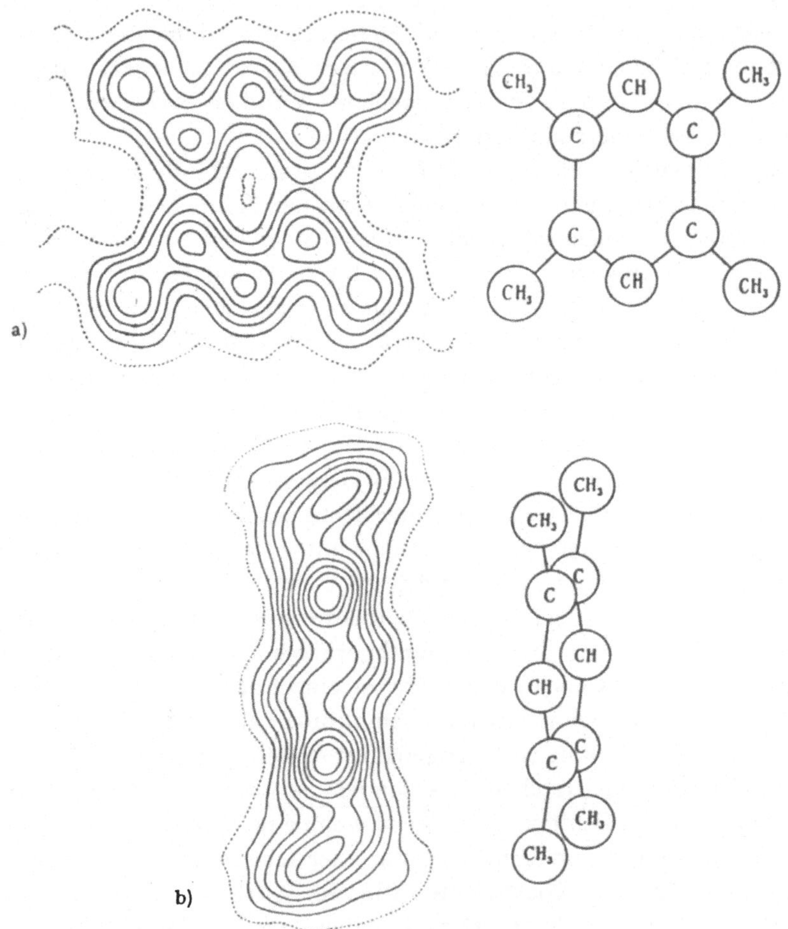

Abb. 109

Ergebnis der Fourier-Analyse an einer organischen Molekülverbindung:
a) Durol-Molekül projiziert in Richtung der *b*-Achse;
b) Durol-Molekül projiziert in Richtung der *c*-Achse.
In beiden Teilfiguren das Bild der Elektronendichte-Verteilung (die Kurven markieren Linien gleicher Elektronendichte) und das schematische Bild des Durol-Moleküls in der entsprechenden Stellung (nach J. M. Robertson).

Beide Methoden können allgemein auch bei einer bloß *relativen* Messung der Interferenz-Intensitäten (also z. B. auch bei photographischer Registrierung der Reflexe und photometrischer Bestimmung ihrer Intensität) angewandt werden und ist im besondern die Durchführung der Fourier-Analyse einer Kristallstruktur durchaus nicht an eine Bestimmung der absoluten Intensitäten der einzelnen Interferenzen gebunden. Schließlich soll nicht unerwähnt bleiben, daß die Bestimmung der vollständigen Atomkoordinaten bei Strukturen mit zahlreichen Parametern eine nicht zu unterschätzende Rechenarbeit erheischt. Der Aufwand hierzu übersteigt bei weitem jenen, den die experimentellen Versuche zur Beschaffung der Daten über das Interferenzverhalten verlangen. Zu den hier skizzierten Berechnungen treten, ihnen vorangehend, alle jene Umrechnungen hinzu, welche mit Rücksicht auf die Abhängigkeit der Interferenz-Intensitäten vom Beugungswinkel, von der Absorption, der Extinktion, der Temperatur, der Häufigkeitszahl und weitern, vorab durch die besondere Versuchsanordnung bestimmten Faktoren notwendig sind.

Die bei der Bestimmung der Atomkoordinaten erreichbare Genauigkeit ist so sehr von den besondern Umständen abhängig, daß *allgemein* gültige Angaben hierüber kaum möglich sind. Die Lage aller jener Atome, welche sich in Symmetriepunkten befinden, kann selbstverständlich mit einer der Präzision der Gitterkonstanten-Bestimmung ebenbürtigen Genauigkeit angegeben werden. Besetzen Atome hingegen Punktlagen mit unbestimmten Koordinaten, so bedingt zunächst die Genauigkeit der Intensitätsmessung und die Zahl der faßbaren Interferenzen, dann die Sicherheit, mit der sich die weitern Faktoren, welche die Intensitäten beeinflussen, bestimmen lassen, und schließlich das einer Atomsorte eigene Streuvermögen (seinerseits ungefähr proportional mit der Ordnungszahl zunehmend) die bei der Lagebestimmung der Atome erreichbare Präzision. Einigermaßen günstige Umstände angenommen, darf eine Ermittlung der Parameter auf $\pm$ 0,01 Gitterkonstanten-Einheiten erwartet werden, selbst wenn es sich um eine Struktur mit zahlreichen Parametern, mehreren Atomarten in allgemeiner Lage handelt, während unter besonders ungünstigen Verhältnissen (etwa bei der Notwendigkeit, die Lage leichter Atome neben wesentlich schwereren zu bestimmen) eine ganz wesentlich geringere Genauigkeit erreicht wird. Ja oft ist ohne besondere Maßnahmen die Ermittlung der genauen Position der leichten Atome in der Elementarzelle überhaupt ausgeschlossen (so z. B. im Falle der *H*-Atome ganz allgemein, dann aber auch z. B. von *C*-Atomen neben Atomen von hoher Ordnungszahl). Möglicherweise kann unter solchen Verhältnissen aus der Tatsache Nutzen gezogen werden, daß die verschiedenen Atomarten in ihrem Streuvermögen gegenüber Elektronenstrahlen weniger ausgeprägte Unterschiede aufweisen als gegenüber Röntgenstrahlen, beim Elektronenbeugungsversuch daher ein Einfluß leichter Atome auf die Interferenz-Intensitäten eher festzustellen ist als im Falle der Röntgeninterferenzen. In Anlehnung an diese Überlegung darf unter Umständen gar die Möglichkeit einer Lokalisierung auch der H-Atome in Kristallstrukturen gestützt auf Elektronenbeugungsversuche erhofft werden.

Läßt sich auch bei Berücksichtigung aller denkbaren Parameterwerte zwischen den berechneten und den beobachteten Interferenz-Intensitäten keine hinreichende Übereinstimmung erzielen, so kann offenbar die zunächst angenommene Verteilung der verschiedenen Atome auf die im fraglichen Raumsystem möglichen Punktlagen nicht zutreffen. Es erweist sich dann als notwendig, auch andere Besetzungen derselben zu überprüfen, zum Beispiel zunächst als unter sich strukturell gleichwertig betrachtete Atome auf verschiedene Punktlagen aufzuteilen (wie dies in andern Fällen a priori notwendig sein kann) oder eine nur teilweise Besetzung höher zähliger Punktlagen (Leerstellen) in Betracht zu ziehen, bis schließlich eine Atomanordnung gefunden wird, für welche die Berechnung Intensitätswerte liefert, welche den experimentell gefundenen entsprechen.

HINWEISE AUF EINIGE DIE GRUNDLAGEN UND METHODEN DER KRISTALLSTRUKTURBESTIMMUNG MIT RÖNTGENSTRAHLEN BEHANDELNDE ARBEITEN:

Unter den S. 41 genannten Buchdarstellungen enthält im Besondern: F. Halla und H. Mark, Röntgenographische Untersuchung von Kristallen, 1937 zahlreiche Hinweise für die Praxis der Beschaffung der experimentellen Unterlagen und ihrer Auswertung zum Zwecke der Strukturbestimmungen.

Die vollständige und explizite Darstellung der geometrischen Eigenschaften der 230 Raumgruppen findet sich in den «Internationalen Tabellen zur Bestimmung von Kristallstrukturen» (Band I: Gruppentheoretische Tafeln, neben der Beschreibung der Raumgruppen auch vollständige Tabellen zu deren Bestimmung aus den Auslöschungen enthaltend; Band II: Mathematische und physikalische Tafeln, welche neben einer Zusammenstellung der benötigten physikalischen Größen die bei Strukturbestimmungen wesentlichen Funktionen und quadratischen Formen tabuliert enthalten), 1935.

Die erste explizite Darstellung der 230 Raumsysteme gab P. Niggli in seiner Geometrischen Kristallographie des Diskontinuums (1918/19), womit zugleich die Ergebnisse der Kristallstrukturtheorie der Bestimmung von Kristallstrukturen nutzbar gemacht wurden, im besondern durch die dort erstmals entwickelte Möglichkeit der Raumgruppenbestimmung an Hand der ausgelöschten Interferenzen.

Über die Beziehungen zwischen den Grundlagen einer allgemeinen Stereochemie und der Kristallstrukturlehre siehe P. Niggli, Grundlagen der Stereochemie, 1945.

Zur Einführung in den Gebrauch der Internationalen Tabellen und zugleich zur Frage der Bestimmung der Translations- und Raumgruppe:
E. Brandenberger, Angewandte Kristallstrukturlehre, 1938.

Zur Fourier-Analyse von Kristallstrukturen siehe im besondern:
W. L. BRAGG and J. WEST, A technique for the x-ray examination of crystal structures with many parameters, Z. Kristallogr. (A) *69* (1928) 118
J. M. ROBERTSON, X-ray analysis and application of Fourier series method to molecular structures, Rep. Progr. in Physics *IV* (1938) 332
C. HERMANN, Methodisches zur Fourier-Analyse, Z. Elektrochem. *46* (1940) 425.

Zur Patterson-Analyse von Kristallstrukturen siehe im besondern:
A. L. PATTERSON, A direct method for the determination of the components of interatomic distances in crystals, Z. Kristallogr. (A) *90* (1935) 517.

Die Ergebnisse von Kristallstrukturbestimmungen finden sich gesammelt in den «Strukturberichten», Ergänzungsbände zur Z. Kristallogr. (A), bisher erschienen: Band I (1913–1927), II (1928–1932), III (1933–1935), IV (1936), V (1937) VI (1938), VII (1939). Dazu die fortlaufend erscheinenden «Titelsammlungen» in der Z. Kristallogr., welche über die Arbeiten auf dem Gebiet der Kristallstrukturforschung orientieren.

HINWEISE AUF EINIGE BEISPIELE VON KRISTALLSTRUKTURBESTIMMUNGEN:

Zur Erläuterung der im Vorstehenden gegebenen Übersicht über die Röntgeninterferenzen als Kennzeichen der Konstitution fester Körper seien willkürlich etwa die folgenden Untersuchungen herausgegriffen:

W. ZACHARIASEN, Die Kristallstrukturen von Berylliumoxyd und Berylliumsulfid, Z. physik. Chem. *119* (1926) 201 und
H. OTT, Das Gitter des Karborunds (SiC) (III. Modifikation und das „amorphe Karbid"), Z. Kristallogr. *63* (1926) 1
(Beispiele für die Bestimmung parameterfreier Kristallstrukturen und für die Bestimmung von Strukturen mit einem Parameter, letztere im einen Fall [BeO] an Hand von Pulverdiagrammen allein, im andern Fall [SiC III] gestützt auf Drehkristall-Aufnahmen vorgenommen).
B. WARREN and W. L. BRAGG, The structure of diopside, $CaMg(SiO_3)_2$, Z. Kristallogr. *69* (1928) 168
(Beispiel für die Anwendung der Fourier-Analyse auf eine komplex gebaute Kristallverbindung).
J. M. ROBERTSON, The crystalline structure of naphthalene. A quantitative x-ray investigation, Proc. Royal Soc. *142* (1933) 674
(Beispiel der Ermittlung der Struktur einer organischen Molekülverbindung mittels einer Fourier-Analyse).
J. M. ROBERTSON, An x-ray study of the structure of the phthalocyanines, I and II, J. Chem. Soc. 1935, 615 and 1936, 1195
(Beispiel der Bestimmung der Struktur einer komplizierter gebauten, organischen Molekülverbindung).
J. WETZEL, Kristallstrukturuntersuchungen an den Triphenylen des Wismuts, Arsens und Antimons, Z. Kristallogr. (A) *104* (1942) 305
(Beispiel für die Kombination verschiedener Methoden zur vollständigen Bestimmung einer Kristallstruktur).

J. GUNDERMANN, Die Kristallstrukturbestimmung der isomorphen Doppelsalzreihe Alk.$(NO_3) \cdot 5\, Ca(NO_3)_2 \cdot 10\, H_2O$ (Alk. = NH_4^+, $(Li \cdot H_2O)^+$, K^+, Rb^+, Cs^+) mit Hilfe der Fourier-Analyse (Diss. Darmstadt 1934)
(Beispiel für die Analyse der Kristallstruktur eines komplizierter gebauten Doppelsalzes mittels einer Fourier-Analyse bei photographischer Messung der Interferenz-Intensitäten).

Von den Voraussetzungen der Kristallstrukturanalysen

3. Die erfolgreiche Durchführung einer Kristallstrukturbestimmung im Rahmen des zuvor allgemein geschilderten Gangs einer solchen ist indessen stets an eine ganze Reihe von Voraussetzungen gebunden, welche, wie die Erfahrung lehrt, durchaus nicht immer zu erfüllen sind: Einmal werden an *die Qualität der Kristalle* hohe Anforderungen gestellt, im besondern verlangen niedriger symmetrische Kristallarten das Vorliegen genügend großer Einkristalle. Zudem sind zur Ergänzung der Strukturanalyse eine Reihe von Daten notwendig wie *Dichte, chemische Zusammensetzung* (Reinheit), dazu oft die eindeutig bekannte Makrosymmetrie *(Kristallklasse)* der interessierenden Kristallart. Jede Konstitutionsaufklärung mittels einer Strukturbestimmung, welche von irgendwelchen zusätzlichen Annahmen völlig frei, voraussetzungslos erfolgen soll, weil sie nur dann als *vollwertige* Bestätigung der Ergebnisse anders betriebener Konstitutionserkundung gelten kann, hat die restlose Erfüllung dieser für eine *sichere* Auswertung der Röntgeninterferenzen unerläßlichen Vorbedingungen zur *notwendigen* Voraussetzung. Im einzelnen stellen sich diese Bedingungen wie folgt:

A. Hinsichtlich der *Qualität der Kristalle* bestehen *in Abhängigkeit von der Symmetrie einer Kristallart* für die sichere Ermittlung der verschiedenen Bestimmungsstücke einer Kristallstruktur folgende Bedingungen:

I. *Bestimmung der Gitterkonstanten:* Sie ist grundsätzlich an Einkristallen unter Anwendung des Drehkristall-Verfahrens durch Ausmessen der Schichtlinienabstände der Drehkristall-Aufnahmen unmittelbar und ohne Indizierung der einzelnen Interferenzen durchwegs sicherer zu erreichen als an Hand von Pulverdiagrammen von polykristallinem Material, indem hier die Ermittlung der Gitterkonstanten eine vollkommen eindeutige Indizierung der Interferenzen voraussetzt.

α) Bei *kubischen* Kristallarten *(optisch isotropen)* läßt sich zufolge der hier praktisch ausnahmslos erreichbaren Eindeutigkeit in der Indizierung der Pulverinterferenzen auch bei bloß mikroskopischer Kristallgröße die Kantenlänge des Elementarwürfels sicher bestimmen, ebenso selbst bei submikroskopisch kleinen Kristallen (bei nicht mehr vollkommener Linienschärfe möglicherweise mit etwas beeinträchtigter Genauigkeit). Im letztern Fall stützt sich der Nachweis einer kubischen

Symmetrie dann allerdings ausschließlich auf den röntgenographischen Befund und nicht mehr gleichzeitig auf eine mikroskopisch-optisch mögliche Prüfung, was im Hinblick auf die Eventualität eines nur scheinbar kubischen Verhaltens nicht außer acht gelassen werden darf.

β) Im Falle *wirteliger (tetragonaler, hexagonaler* und *rhomboedrischer,* also *optisch einachsiger)* Kristallarten ist in der Regel auch mit einer nur mikroskopischen Kristallgröße so lange auszukommen, als die Gitterkonstanten verhältnismäßig kleine Werte besitzen, während im Falle größerer Gitterkonstanten die Indizierung der Pulverdiagramme, im besondern ihrer Linien unter größern Beugungswinkeln nicht mehr völlig eindeutig ausfallen wird. Dann kann die sichere Vermessung der Elementarzelle einzig mittels Drehkristall-Diagrammen gelingen. Notwendig ist hierfür zum mindesten *ein* solches Diagramm bei Drehung um die c- oder a-Achse. An Hand desselben läßt sich die nicht aus einem Schichtlinienabstand unmittelbar resultierende Gitterkonstante durch Indizierung des Äquators $(hk0)$ oder $(0kl)$ der Drehkristall-Aufnahme sicher finden, nötigenfalls mittels einer Goniometeraufnahme der Interferenzen $(hk0)$ oder $(0kl)$ überprüfen. Gestatten Pulverdiagramme von bloß submikroskopisch kleinen Kristallen eine Indizierung nach einem tetragonalen, hexagonalen oder rhomboedrischen Gitter, so ist der nun rein röntgenographische Nachweis wirteliger Symmetrie mit derselben Beschränkung behaftet wie zuvor im Falle kubischer Kristallarten von submikroskopischer Kristallgröße.

γ) Kristallarten von niedrigerer Symmetrie, also *orthorhombische, monokline* und *trikline,* allgemein *optisch zweiachsige,* verlangen zu einer einwandfreien Bestimmung ihrer Gitterkonstanten durchwegs Einkristalle, welche die Anfertigung von Drehkristall-Aufnahmen erlauben: Bei orthorhombischen Kristallen muß dies mindestens für eine Achsenrichtung zutreffen, wobei sich dann eine Gitterkonstante, nämlich die in Richtung der Drehachse direkt aus dem Schichtlinienabstand, die beiden andern zweckmäßig an Hand einer Goniometeraufnahme des Äquators des Drehkristall-Diagramms ermitteln lassen. Monokline Kristalle erfahren die nämliche Behandlung, falls sie die Herstellung einer Drehkristall-Aufnahme um ihre Symmetrieachse (die Richtung der b-Achse in normaler Aufstellung) zulassen, die Gitterkonstante b dann unmittelbar dem Schichtlinienabstand, die Konstanten a und c sowie der von ihnen eingeschlossene Winkel β der Goniometeraufnahme von den Reflexen $(h0l)$ zu entnehmen sind. Andernfalls muß die Möglichkeit bestehen, Drehkristall-Aufnahmen um die a- und c-Achse anzufertigen, um die Gitterkonstanten a und c aus Schichtlinienabständen, die Konstante b und den Winkel β (falls nicht anderweitig bestimmbar) aus Goniometeraufnahmen zu eruieren. Trikline Kristallarten schließlich erheischen zur sichern Bestimmung ihrer Gitterkonstanten die Möglichkeit von Drehkristall-Aufnahmen um alle drei Kantenrichtungen der Elementarzelle. Sie sind überdies unter Umständen zu ergänzen durch Goniometeraufnahmen zur Messung der Winkel α, β, γ.

II. *Bestimmung der Translationsgruppe und der Raumgruppe:* Erstere ist an und für sich gleich der Ermittlung der Gitterkonstanten den Drehkristall-Diagrammen durch direkten Vergleich der Schichtlinienabstände ohne vorangehende Indizierung des Diagramms zu entnehmen. Sie setzt aber die Möglichkeit der Anfertigung von Drehkristall-Aufnahmen auch um die Diagonalenrichtungen [110], [101], [011] und [111] voraus, was an die Qualität der Kristalle allgemein höhere Anforderungen stellt als die Anwendung des Drehkristall-Verfahrens mit den Achsen a, b oder c als Drehrichtungen. Wo Größe und Habitus der Kristalle dieses Vorgehen nicht gestatten, läßt sich die Translationsgruppe einzig an Hand der Flächenstatistik (siehe S. 220) finden, was die sichere Indizierung der Interferenzen verlangt. *Raumgruppenbestimmungen* sind nur *nach* einwandfrei gelungener Indizierung der Reflexe (Linien) möglich und haben, falls sie hinreichend eindeutig erfolgen sollen, die sichere Kenntnis der Kristallklasse der fraglichen Kristallart zur notwendigen Voraussetzung. Diese ist auf dem Wege morphologischer Untersuchungen, von Aetzversuchen, einer Prüfung auf asymmetrische Effekte wie etwa Piezoelektrizität und dgl. zu gewinnen. Auf rein röntgenographischem Wege ist eine Ermittlung der Kristallklasse nicht möglich, weil zufolge seiner zentrosymmetrischen Eigensymmetrie der Beugungsvorgang einzig zwischen den verschiedenen *Laue-Gruppen,* jede ihrerseits mehrere Kristallklassen umfassend, zu unterscheiden vermag. Im besondern genügen die Auslöschungen von Röntgeninterferenzen nicht, um die Kristallklasse mit Sicherheit zu bestimmen, ganz abgesehen davon, daß selbst innerhalb ein und derselben Klasse jedes Auslöschungsgesetz stets mit einer ganzen Reihe von Raumgruppen verträglich ist, nämlich nicht allein mit dem charakteristischen Raumsystem, sondern auch mit allen denjenigen, welche überhaupt keine oder nur einen Teil der betreffenden Auslöschungen verlangen. Für die verschiedenen Kristallsymmetrien ergibt sich im einzelnen:

α) *Kubische* Kristallarten lassen entsprechend der hier im allgemeinen auch beim Pulverdiagramm völlig sicher möglichen Indizierung der Interferenzen die Translationsgruppe auch bei mikroskopischer oder noch geringerer Kristallgröße einwandfrei ermitteln und dasselbe gilt, wenn auch nicht vollkommen uneingeschränkt, als Regel für die Raumgruppenbestimmung (hier, wie stets im folgenden die eindeutig gelungene Ermittlung der Kristallklasse vorausgesetzt).

β) Falls *wirtelige* Kristallarten die sichere Vermessung der Gitterkonstanten auch an Pulverdiagrammen allein erlauben, ist im allgemeinen eine Kennzeichnung von Translationsgruppe und Raumgruppe gleichfalls durchführbar. Die Raumgruppenbestimmung wird am ehesten dadurch erschwert, daß für sie an sich wesentliche Interferenzen nur geringe Intensitäten aufweisen, so daß über deren Anwesenheit oder Fehlen ein sicherer Entscheid verunmöglicht wird. Andernfalls ist, wie bereits zuvor unter I. die Aufnahme von Drehkristall-Diagrammen, notfalls ergänzt durch Goniometeraufnahmen erforderlich.

γ) Die Translationsgruppe einer *orthorhombischen Kristallart* ist oft an Hand von Drehkristall-Aufnahmen um die Diagonalrichtungen zufolge hierzu ungenügender Kristallqualität nicht zu ermitteln. Dann wird die sichere Indizierung der Reflexe mindestens einer Drehkristall-Aufnahme notwendig, also in der Regel nicht allein die Goniometrierung des Äquators, sondern auch der höhern Schichtlinien. Hinreichend eindeutige Raumgruppenbestimmungen sind einzig gestützt auf Goniometeraufnahmen der Reflexe $(hk0)$, $(h0l)$ und $(0kl)$ möglich. Falls *monokline* Kristallarten Drehkristall-Aufnahmen um die Diagonalrichtungen nicht zulassen, erfordert die Ermittlung von Translationsgruppe und Raumsystem Drehkristall-Diagramme um zwei Achsenrichtungen, unter anschließender Anfertigung der entsprechenden Goniometeraufnahmen, während *trikline* Kristallarten zur Überprüfung der Translationsgruppe auf ihre Primitivität entsprechende Diagramme um alle Achsenrichtungen voraussetzen.

Die mit der vollkommen eindeutigen Bestimmung der Raumgruppe einer Kristallstruktur nicht selten verbundenen, grundsätzlichen Schwierigkeiten, begründet vor allem in der ungenügenden Kenntnis der Kristallklasse, veranlassen oft, *ohne* vorgängige Ermittlung der Raumgruppe, ja selbst unmittelbar der Vermessung der Gitterkonstanten folgend, direkt an die Bestimmung der Atomkoordinaten mittels einer Fourier-Analyse der Kristallstruktur heranzutreten, also eine Koordinatenbestimmung *ohne* vorangehende Aufteilung der verschiedenen Atomsorten auf die verfügbaren Punktlagen zu versuchen. Damit kann sich allerdings das Ziel der Strukturbestimmung von vorneherein nicht mehr auf eine vollständige Ermittlung der Symmetrie erstrecken, sondern muß sich von vorneherein auf die Bestimmung der Schwerpunktsanordnung der Struktur beschränken.

III. *Für die Messung der Interferenz-Intensitäten:* Um die Intensitäten der Interferenzen im Rahmen der Strukturbestimmungen zu verwerten, ist naturgemäß die sichere Indizierung der Interferenzen notwendige Voraussetzung. Es lassen sich demzufolge die Interferenz-Intensitäten bei niedriger symmetrischen (orthorhombischen, monoklinen und triklinen) Kristallarten, aber auch im Falle wirteliger mit größern Gitterkonstanten einzig durch Messungen an Einkristallen ermitteln, während kubische Substanzen und wirtelige Kristallarten mit sicher indizierbarem Pulverdiagramm die Bestimmung der Intensität ihrer Interferenzen an Hand von Pulveraufnahmen empfehlen. Es kommen nämlich die letztern mit einer verhältnismäßig bescheidenen Zahl von Korrekturen aus, wogegen Intensitätsbestimmungen, gestützt auf Interferenzversuche an Einkristallen, weit schwieriger und nur unter Berücksichtigung einer wesentlich größeren Zahl maßgebender Faktoren zu korrigieren sind.

B. In Ergänzung der Interferenzdaten kommt der *Dichtebestimmung* an der interessierenden Kristallart für die Durchführung einer Bestimmung ihrer Kristallstruktur folgende Bedeutung zu:

I. Wo mit röntgenographischen Mitteln eine völlig sichere und außerdem hinreichend genaue Bestimmung der Gitterkonstanten möglich und überdies die chemische Zusammensetzung der Kristallart eindeutig gegeben ist, kann auf eine genaue Kenntnis der Dichte verzichtet und diese auf röntgenographischem Wege weit präziser als durch die üblichen Methoden einer Dichtebestimmung ermittelt werden. *Röntgenometrische Dichtebestimmungen* gestalten sich wie folgt: Aus einem auch nur roh bekannten Dichtewert läßt sich die Zahl der in der Elementarzelle enthaltenen Formeleinheiten angeben, da es sich hierbei stets um eine ganze Zahl handeln muß (liefert die rohe Dichte d' nach der Formel $n = V \cdot d'/F \cdot m_H$, worin V das Volumen der Elementarzelle, F das Gewicht der Formeleinheit, bei Molekülverbindungen das Molekulargewicht, bei Elementen das Atomgewicht, m_H die Masse eines Wasserstoff-Atoms, nämlich $1{,}65 \cdot 10^{-24}$ g bedeuten, den Wert $n = 3{,}7$, so ist das wahre n gleich der nächsten ganzen Zahl, also gleich 4). Damit ist aber die Elementarmasse genau bestimmt, nämlich zu $n \cdot F \cdot m_H$, und hieraus die Dichte (als sog. röntgenometrische Dichte) gemäß $d = n \cdot F \cdot m_H / V$ mit einer Präzision berechenbar, welche der bei der Messung der Gitterkonstanten (siehe S. 67) erreichten Genauigkeit entspricht.

II. In allen jenen Fällen indessen, bei welchen zufolge der Umstände, wie sie im Einzelnen unter A. ausgeführt worden sind, die vollkommen eindeutige Bestimmung der Gitterkonstanten nicht gewährleistet ist, ferner dann, wenn (wie stets bei Kristallarten mit bloß submikroskopisch kleinen Kristallindividuen) rein röntgenographische Symmetriebestimmungen vorliegen, muß zur Ergänzung der Interferenzdaten eine möglichst genaue Bestimmung der Dichte auf dem Wege der üblichen Dichtemessungen angestrebt werden. Hier erhält nämlich die Tatsache, daß sich unter Verwendung *dieses* Dichtewerts für das den angenommenen Gitterkonstanten entsprechende Elementarvolumen eine ganzzahlige oder doch praktisch ganzzahlige Anzahl von Formeleinheiten berechnen läßt, die Bedeutung eines weitern Kriteriums für die richtig getroffene Indizierung der Interferenzen und ist damit ein zusätzlicher Beweis für die vorgenommene Wahl der Gitterkonstanten. Wo hingegen pro Gittermasche sich eine gebrochene Zahl von Formeleinheiten ergibt, muß die zunächst durchgeführte Bestimmung der Gitterkonstanten einer Überprüfung unterzogen werden. Allerdings gibt es auch Fälle (siehe im einzelnen S.242), bei welchen trotz korrekter Wahl der Elementarzelle keine ganzzahligen Werte für die in einer Gittermasche enthaltenen Atomanzahlen erhalten werden.

C. Im Zusammenhang mit Kristallstrukturbestimmungen spielt die Kenntnis der *chemischen Zusammensetzung* der fraglichen Kristallart bald die Rolle einer unerläßlichen Ergänzung der Ergebnisse des Interferenzversuches (siehe B, I. und II.), bald erfährt sie ihrerseits durch Strukturuntersuchungen eine wesentliche Abklärung. Letzteres verlangt allerdings stets, daß Dichte und Gitterkonstanten hinreichend genau bekannt, die Interferenzen von Pulverdiagrammen im besondern eindeutig indizierbar sind, so daß sich die in der Gittermasche enthaltene Masse (Elementarmasse der Struktur) sicher und mit ausreichender Präzision berechnen läßt. Unter solchen Bedingungen besteht in der Elementarmasse eine obere Grenze für die Größe der Formeleinheit der betreffenden Kristallart. Die Kenntnis der in der Elementarzelle befindlichen Masse vermag in Zweifelsfällen die formelmäßige Zusammensetzung der Kristallart näher zu definieren oder gestattet im Falle von Molekülverbindungen eine Bestimmung oder Kontrolle des Molekulargewichts auf röntgenographischem Weg vorzunehmen. An besondern Anwendungen solcher Art seien näher hervorgehoben:

I. Kennzeichnung der chemischen Verhältnisse von *komplex zusammengesetzten Kristallarten* mit großem Homogenitätsbereich: Wie die Erfahrung lehrt, vermögen chemisch-analytische Daten allein sehr oft nicht, das Wesen komplex gebauter Kristallarten zu erfassen, im speziellen nicht die Bezugsbasis zu ermitteln, in deren Rahmen die bestehende chemische Variabilität zu betrachten ist. Dies gelingt mit der notwendigen Eindeutigkeit, wenn parallel zu den analytischen Untersuchungen, und zwar *an den gleichen Proben,* eine Bestimmung der Gitterkonstanten und der Dichte durchgeführt wird. Sind damit chemische Zusammensetzung und Elementarmasse bekannt, so wird anschließend wie folgt vorgegangen: Die für einen Analysenposten (z. B. ein Oxyd) gefundene Anzahl Gewichtsprozente mit der Elementarmassse multipliziert und durch das absolute Formelgewicht des betreffenden Postens (gewöhnliches Formelgewicht desselben mal $1{,}65 \cdot 10^{-24}$ [Masse eines Wasserstoff-Atoms]) dividiert besagt, wie oft jeder Posten in der Elementarzelle enthalten ist. Hieraus folgt durch «Ausmultiplizieren mit der Formel des Postens» die

Anzahl der in dem betreffenden Analysenposten bestimmten Atomarten pro Gittermasche. Liefert etwa «Elementarmasse × Gewichts-% SiO_2» nach Division durch $60 \cdot 1{,}65 \cdot 10^{-24}$ den Wert 0,674, so heißt dies entsprechend dem Gesagten, daß die Elementarzelle 0,674 *Si*-Atome und 1,348 *O*-Atome beherbergt. Hernach erfolgt ein Zusammenziehen der einzelnen Atomanzahlen in Übereinstimmung mit den unter den fraglichen Atomarten bestehenden Diadochie-Beziehungen (also ohne Rücksicht auf die Wertigkeit der Atome, siehe S. 63). Dabei werden einander zunächst die in der Elementarzelle vorhandenen Anionen und Kationen gegenübergestellt und anschließend die zwischen den verschiedenen Gruppen bestehenden arithmetischen Beziehungen geprüft. Bereits die Verarbeitung einiger Proben unter diesen Gesichtspunkten läßt in der Regel die der Kristallart eigene, allgemeine *Summenformel* finden, welche das unter den verschiedenen Gruppen diadocher Atome geltende Zahlenverhältnis generell wiedergibt. Die erschöpfende Kenntnis der Mannigfaltigkeit einer Kristallart, im besondern der ihr zukommenden Variationsbreite *innerhalb* der einzelnen Gruppen diadocher Atome resultiert indessen zumeist erst nach Untersuchung einer weit größern Zahl von Proben. Speziell gilt dies in jenen Fällen, wo es sich um die Kennzeichnung natürlich vorkommender Materialien handelt, da bei ihnen im Gegensatz zu synthetischen Produkten die Variabilität eine gegebene ist. Eingehende Untersuchung verlangen sodann jene Verbindungen, bei welchen zur Variation innerhalb der einzelnen Gruppen diadocher Atome zufolge zusätzlich eingelagerter Atome (Kationen oder Anionen) Schwankungen im Gesamtatombestand der Elementarzelle hinzutreten, dies im besondern, um das maximale Ausmaß des Einbaus zusätzlicher Atome festzustellen (in umgekehrt liegenden Fällen, um die von einer Struktur ertragenen Leerstellen zahlenmäßig zu begrenzen).

II. Besondere Verhältnisse in der chemischen Zusammensetzung, beispielsweise die Möglichkeit der Existenz einander *nahe benachbarter,* auf gewöhnlichem Wege oft kaum unterscheidbarer *Verbindungen* (speziell, wenn verschiedene Wertigkeitsstufen ein und desselben Elements nicht leicht voneinander zu unterscheiden und noch schwieriger quantitativ nebeneinander zu bestimmen sind) übertragen den Entscheid, *welche* der an sich denkbaren Verbindungen tatsächlich vorliegt, ebenfalls einer kombinierten chemisch-röntgenographischen Untersuchung unter gleichzeitiger, unabhängig davon auszuführender Dichtebestimmung. Hierher gehört etwa die röntgenographisch mögliche Feststellung, daß Präparate, welche bisher als Sb_2O_4 angesehen wurden, tatsächlich aber die Verbindung $Sb_3O_6\,(OH)$ darstellen. Auch der in manchen andern Fällen einzig auf röntgenographischem Weg zu treffende Nachweis, ob verhältnismäßig kleine Gehalte an H_2O charakteristische Bestandteile einer Kristallart oder bloß unwesentliche Beimengungen einer an und für sich wasserfreien Substanz bedeuten, fällt hierher: So führte die röntgenographische Überprüfung nicht zu einer Bestätigung der früher angenommenen Hornblendeformel $CaMg_3\ (SiO_3)_4$, sondern zeigte, daß diese durch die Formel $Ca_2Mg_5\ (Si_4O_{11})_2\ (OH)_2$ zu ersetzen ist. Umgekehrt ergab die Röntgenuntersuchung, daß die ehedem postulierten Verbindungen Meta- und Orthozinnsäure nicht existieren, sondern lediglich als SnO_2 mit kolloidaler Kristallgröße anzusprechen sind, auch das aus Ferrisalz-Lösungen bei Zimmertemperatur ausfallende Gel seinerseits als wasserhaltiges α-Fe_2O_3 und nicht, wie oft behauptet wird, als $Fe\ (OH)_3$.

III. *Röntgenographische Molekulargewichtsbestimmungen* sind vor allem bedeutsam bei der Kennzeichnung *organischer Molekülverbindungen* von relativ komplexer Formel, setzen aber (gleich den vorangehenden Anwendungen der Interferenzdaten zur Abklärung der chemischen Zusammensetzung) die Möglichkeit voraus, Gitterkonstanten und Dichte der fraglichen Kristallart mit ausreichender Genauigkeit bestimmen zu können, was in Anbetracht der oftmals beträchtlichen Gitterkonstantenwerte organischer Verbindungen nicht immer ohne Sondermaßnahmen gelingt. Die der röntgenographischen Untersuchung sich stellende Aufgabe besteht zumeist darin, an Hand der von ihr zu ermittelnden Elementarmasse den Entscheid zwischen mehreren, mit den Befunden der rein chemischen Untersuchung gleich verträglichen Formulierungen zu treffen. Dabei ist festzustellen, welcher Formel ein in der Elementarmasse ganzzahlig enthaltenes Molekulargewicht entspricht. So wurde beispielsweise für Methylbixin von P. Karrer und Mitarbeitern die Formel $C_{24}H_{30}O_4$ aufgestellt, welche ein Molekulargewicht von 382 ergibt, während R. Kuhn und A. Winterstein dieselbe Verbindung als $C_{26}H_{32}O_4$ formulierten und ihr damit ein Molekulargewicht von 408 zuschrieben. Aus den Gitterkonstanten und der Dichte wird die relative Elementarmasse (Elementarmasse : $1{,}65 \cdot 10^{-24}\ g$) zu 1647 ($\pm$ 2,5 %) erhalten, das aber ist gleich $4 \cdot 412$ ($\pm$ 2,5 %), also entschieden näher dem der Formel $C_{26}H_{32}O_4$ entsprechenden Molekulargewicht, womit die röntgenographische Molekulargewichtsbestimmung unzweifelhaft zu Gunsten der von Kuhn-Winterstein postulierten Formulierung des Methylbixins entscheidet.

Es ist in diesem Zusammenhang, wie ab und zu angestellte Überlegungen beweisen, nicht überflüssig zu vermerken, daß die relative Elementarmasse *nicht allgemein* eine obere Grenze des «Molekulargewichts» *jeder* Verbindung darstellt. Wo immer dem Aufbau einer chemischen Verbindung kristalline Konfigurationen zugrunde liegen, hat die relative Elementarmasse einzig die Bedeutung, die *Größe des* im kristallinen Atomverband periodisch verknüpften *Grundbausteins* nach oben hin zu begrenzen. Sie sagt indessen selbstverständlich nichts über die Ausdehnung des Atomverbandes als solchem (siehe S. 17) aus.

IV. Wie endlich bei bekannter chemischer Zusammensetzung und Dichte aus den Gitterkonstanten die besondere Natur von Mischkristallen, damit die konstitutionelle Eigenart von Kristallarten mit Homogenitätsbereichen von wesentlicher Breite im speziellen ihre Abklärung erfährt, ist bereits S. 68 im einzelnen auseinandergesetzt worden.

Kristallchemische Kennzeichen der Atomarten und ihre Bedeutung als Hilfen bei Kristallstrukturbestimmungen

4. Die Erwägungen des vorangehenden Abschnittes lassen unzweideutig erkennen, wie sehr die Möglichkeit einer Konstitutionsaufklärung kristallisierter Stoffe mittels Kristallstrukturbestimmungen ganz besonders durch die Qualität der verfügbaren Kristalle bedingt wird, und zwar umso ausgesprochener, je niedriger die Symmetrie der fraglichen Kristallart ist. Bereits bei der Bestimmung der Gitterkonstanten, in erhöhtem Ausmaß bei der Ermittlung von Translations- und Raumgruppe, vermehrt noch bei jeder vollständigen Strukturbestimmung ist nach dem zuvor Ausgeführten bei nichtkubischer Symmetrie mit Pulverdiagrammen allein sehr bald nicht mehr auszukommen, wird es dann demzufolge unbedingtes Erfordernis, dem Interferenzversuch Einkristalle zu unterwerfen. Damit wird aber die Beschaffung von Kristallindividuen von passenden Abmessungen erste Aufgabe der beabsichtigten Konstitutionserkundung. Dabei ist es zudem nicht einfach, gestützt auf Beugungsversuche an Einkristallen einwandfreie Interferenzdaten, im besondern korrekte Werte für die Interferenz-Intensitäten und die aus ihnen abzuleitenden Strukturamplituden zu beschaffen, so daß auch bei der Auswertung der Interferenzbeobachtungen neue Schwierigkeiten zu überwinden bleiben. Daß indessen alle diese Umstände, so sehr sie zunächst einer allgemeinen Nutzbarmachung der Strukturanalyse zum Zweck der Konstitutionserkundung den Weg zu versperren scheinen, nicht wesentlich ins Gewicht fallen und die Bedeutung der Röntgeninterferenzen als Kennzeichen der Konstitution fester Körper nicht zu schmälern vermögen, beruht auf einer Reihe von Tatsachen, welche aus den Ergebnissen von Strukturbestimmungen gewonnen, mit der zunehmenden Kenntnis der Kristallstrukturen fortgesetzte Festigung und Vervollständigung erfahren haben, so daß sie heute bereits die Bedeutung fundamentaler Hilfen für die Durchführung von Strukturbestimmungen beanspruchen können:

A. Einmal lehrt die Erfahrung, daß durchaus nicht jede Kristallart (im besondern nicht jede Kristallverbindung) ihren eigenen, individuellen Bauplan besitzt, *zahlreiche Kristallarten* vielmehr, die grundsätzlich gleiche Anordnung der Atome in ihren Strukturen zeigend und sich nur in den unter den Atomen bestehenden Abständen unterscheidend, *ein und demselben Strukturtypus angehören.* Wo schließlich eine vollkommene Übereinstimmung im Typus der Strukturen nicht besteht, kann nicht selten eine Struktur als Resultat einer einfachen *Deformation eines gegebenen Strukturtypus* aufgefaßt und damit gleichfalls mit andern Strukturen in nahe Beziehung gesetzt werden (siehe hierzu Tabelle V).

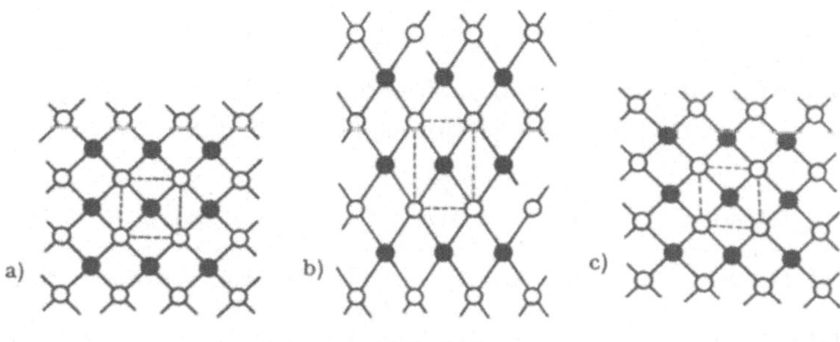

Abb. 110

Schema der Deformation eines Strukturtypus: (a) der Idealfall, (b) und (c) deformierte Typen.

In dem hier interessierenden Zusammenhang liegt die überragende Bedeutung dieses Umstandes darin, daß er die vollständige Erschließung der Struktur einer Kristallart mit röntgenographischen Mitteln selbst dann gestattet, wenn auch nur submikroskopisch kleine Kristalle vorliegen, also einzig die Anfertigung von Pulveraufnahmen möglich ist. Es wird hierzu als Erstes an einer andern Kristallart, welche demselben Strukturtypus zugehört, indessen ihrerseits in für Interferenzversuche am Einkristall genügend großen Kristallindividuen erhältlich ist, unter Anwendung der Einkristall-Verfahren die ihr eigene und damit für den betreffenden Strukturtyp charakteristische Atomanordnung bestimmt. Anschließend hat eine vergleichende Analyse der Pulverinterferenzen der interessierenden Kristallart mit jenen der als *Modellsubstanz* zum Vergleich herangezogenen zu erfolgen, um damit die Grundlage für eine hinreichend sichere Indizierung des Pulverdiagramms der erstern zu gewinnen. Dann lassen sich auch deren Gitterkonstanten ableiten und schließlich die Intensität gleich indizierter Interferenzen vergleichen. Die Unterschiede zwischen der den gleichen Indizes zugeordneten Interferenz-Intensitäten beruhen bei vollkommener Analogie der Atomgruppierung in den beiden Kristallarten auf dem verschiedenen Streuvermögen der sie aufbauenden Atomarten, bei komplexeren Strukturtypen überdies in der Möglichkeit, daß im Rahmen des Strukturtypus einzelne Atomlagen Freiheitsgrade der Lageänderung aufweisen und damit von Kristallart zu Kristallart, trotz ihrer Zugehörigkeit zu ein und demselben Strukturtyp, etwas verschiedene Parameter erhalten. Ganz abgesehen davon, daß sehr oft kristallmorphologische Merkmale, dazu das kristalloptische Verhalten, der Nachweis einer Mischkristall-Bildung u.a.m. bei verschiedenen Kristallarten Übereinstimmung des Strukturtypus vermuten lassen, kann gestützt auf das heute bereits vorliegende Tatsachenmaterial (unter Berücksichtigung von chemischer Formel und kristallchemischer Eigenart der in ihr enthaltenen Atome) die Auswahl der passenden Modellsubstanz sicher getrof-

TABELLE V

Zu einfachen Formeltypen gehörende, wichtige Strukturtypen und ihnen angehörende Kristallarten:

Formel-typus	Strukturtyp	K.Z. A→B		K.Z. B→A	Einige zugehörige Kristallarten
AB	CsJ-Typus	(k)8	G	8	CsJ, Cs(SH), CuZn, AlNd, MgAu, CoBe
	NaCl-Typus	(k)6	G	6	NaCl, MgO, CaS, BaSe, PbTe, ScN, TiC, LiH, LiD, Na(SH), Li_2TiO_3, $Na_2Fe_2O_4$
	NiAs-Typus	(h)6	G	6	NiAs, NiTe, VS, MnSb
	Zinkblende-Typus	(k)4	G	4	CuF, ZnS, AlP, SiC, CC(Diamant)
	Wurtzit-Typus	(h)4	G	4	AgJ, ZnS, BeO, AlN, $(NH_4)F$
	BN-Typus	(h)3	N	3	BN, CC (Graphit)
	CO-Typus	(k)1	M	1	CO
AB_2	CaF_2-Typus	(k)8	G	4	CaF_2, CeO_2, $AuAl_2$, $SrCl_2$, SCu_2, OLi_2, SK_2, CBe_2, RbS_2, $SiMg_2$
	Rutil-Typus	(t)6	G	3	MgF_2, TiO_2
	CdJ_2-Typus	(h)6	G	3	CdJ_2, $Ca(OH)_2$, SnS_2, $TiSe_2$, FAg_2
	$CdCl_2$-Typus	(h)6	G	3	$CdCl_2$, NiJ_2, OCs_2
	Quarz-Typus	(h)4	G	2	SiO_2, $AlPO_4$, $FeAsO_4$
	Cristobalit-Typus	(k)4	G	2	SiO_2, BeF_2
	HgJ_2-Typus	(t)4	N	2	HgJ_2
	CO_2-Typus	(k)2	M	1	CO_2
AB_3	BiF_3-Typus	(k)8	G	4/6	BiF_3
	ReO_3-Typus	(k)6	G	2	ReO_3
	$CrCl_3$-Typus	(h)6	N	2	$CrCl_3$
	NH_3-Typus	(k)3	M	1	NH_3, NLi_3
A_2B_3	α-Al_2O_3-Typus	(h)6	G	4	Al_2O_3, V_2O_3
AB_4	SnJ_4-Typus	(k)4	M	1	SnJ_4

(k) = kubisch, (h) = hexagonal, (t) = tetragonal; (G) = gitterhafter A, B-Zusammenhang, (N) = netz- oder schichtartiger A, B-Zusammenhang, (K) = kettenförmiger A, B-Zusammenhang, (M) = Molekülgitter.

An ternären Verbindungen seien mit Rücksicht auf ihre Zugehörigkeit zu ein und demselben Strukturtypus die folgenden Reihen genannt:
Calcit-Typus: $CaCO_3$, $NaNO_3$, $InBO_3$
Aragonit-Typus: $CaCO_3$, KNO_3
Perowskit-Typus: KJO_3, $NaNbO_3$, $CaTiO_3$, $CaZrO_3$, $CaSnO_3$, $YAlO_3$, $KMgF_3$, $CsCdCl_3$, $BaThO_3$
Baryt-Typus: $BaSO_4$, $KMnO_4$, $(NH_4)ClO_4$, $RbBF_4$
Scheelit-Typus: $NaJO_4$, $CaWO_4$, $BaMoO_4$, $AgReO_4$, $KOsO_3N$, $CsCrO_3F$
Spinell-Typus: Al_2MgO_4, Cr_2MnS_4, Fe_3O_4, $K_2Cd(CN)_4$
Phenakit-Typus: Li_2BeF_4, Be_2SiO_4, Li_2MoO_4, Li_2WO_4, Ge_3N_4
Olivin-Typus: Mg_2SiO_4, Na_2BeF_4, Al_2BeO_4, $LiMnPO_4$,
Kaliumsulfat-Typus: K_2SO_4, Ba_2SiO_4, $(NH_4)_2BeF_4$
Tricalciumphosphat-Typus: $Ca_3(PO_4)_2$, $K_2Pb(SO_4)_2$
(siehe auch Tabelle VIII, S. 249).

fen werden. Im Falle nicht übermäßig kompliziert gebauter, anorganischer Verbindungen ist zudem bereits ein so große Anzahl von Strukturtypen erforscht, daß es sich bei der Untersuchung derartiger Kristallarten in der Regel nur noch um die Einordnung einer neuen Verbindung in einen der schon bekannten Strukturtypen handelt und sich hier die Neubestimmung der Modellstruktur erübrigt. Als Modellsubstanzen werden sich im besondern Kristallarten empfehlen, deren Gitterkonstanten mit jenen der fraglichen Kristallart möglichst übereinstimmen und bei denen überdies das relative Streuvermögen der verschiedenen Atomarten in den beiden Fällen ungefähr dasselbe ist, so daß sich an beiden Kristallarten Interferenzensysteme ergeben, welche sich mit einer in die Augen springenden Analogie leicht und sicher miteinander vergleichen lassen. Die Wahl der als Modell dienenden Kristallart ist nämlich insofern nicht beliebig im Rahmen des Strukturtypus zu treffen, als sich in Abhängigkeit von Atombestand und Größe der Gitterkonstanten an verschiedenen Kristallarten ein und desselben Strukturtypus Pulverdiagramme beobachten lassen, welche auf erste Betrachtung hin keinerlei verwandtschaftliche Züge aufzuweisen brauchen (so unterscheiden sich Al_2BeO_4 und Mg_2SiO_4 in ihren Pulveraufnahmen vom γ-Ca_2SiO_4 derart, daß kaum eine Zugehörigkeit zum gleichen Strukturtyp vermutet würde, auf alle Fälle eine sichere Parallelisierung der Interferenzen ausgeschlossen ist, während Na_2BeF_4 und γ-Ca_2SiO_4 sehr ähnliche Interferenzensysteme aufweisen und hieraus die Gleichheit des Strukturtypus mit Bestimmtheit erschlossen werden kann. Daß aber Na_2BeF_4 demselben Typ wie Al_2BeO_4 und Mg_2SiO_4 angehört, beweisen die am erstern zufolge seines Vermögens, sich in hinreichend großen Kristallen zu bilden, möglichen Einkristall-Aufnahmen). Soll schließlich die Struktur einer Kristallart aufgeklärt werden, deren chemische Formel auf einen neuartigen Strukturtypus hinweist, und für welche eine geeignete Modellsubstanz fehlt (Verhältnisse, wie sie bei komplexer gebauten Verbindungen von einem dementsprechend stärker individualisierten Charakter nicht selten sind), so kann der Anschluß an eine bekannte Struktur oftmals durch zusätzlichen Einbau von Atomen oder die Einführung von Leerstellen gefunden werden: eine Reihe von Strukturen des Typus A_4B_7 lassen sich beispielsweise auf einfache AB_2-Typen zurückführen, von denen sie sich lediglich durch typisch gelegene Leerstellen unterscheiden, oder aber

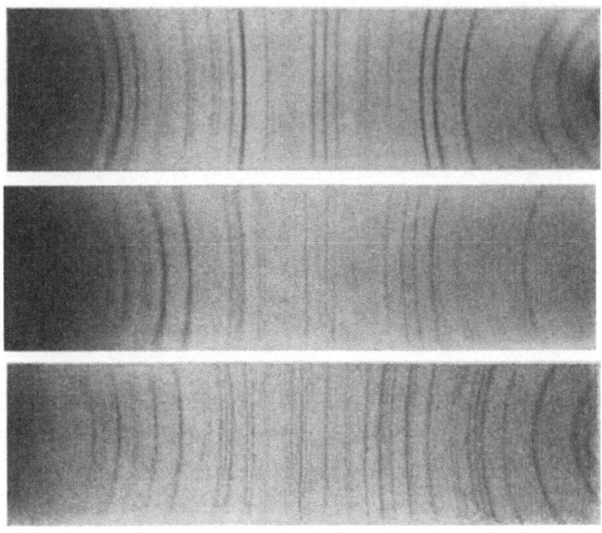

Abb. 111

Röntgendiagramme von Kristallarten, welche verwandten Strukturtypen angehören: oben Diagramm von $Ca_3Al_2Si_3O_{12}$ (Kalktongranat), Mitte Diagramm von $Ca_3Al_2(OH)_{12}$, unten Diagramm von $Sr_3Al_2(OH)_{12}$.

es sind Kristallarten von der Formel $(AB_4)C_3$ bekannt, welche sich in ihren Strukturen als vom Typus $(AB_4)C_2$ mit zusätzlich eingebauten C-Atomen erweisen. Hierher gehört auch eine Verwandtschaft wie jene der Kristallarten $NaAlSiO_4$, Na_2CaSiO_4, $K_2Al_2O_4$, $Na_2Al_2O_4$, $K_2Fe_2O_4$, $Rb_2Fe_2O_4$ und $PbFe_2O_4$ mit der SiO_2-Modifikation Cristobalit, indem sich deren Strukturen aus derjenigen des letztern durch einen zusätzlichen Einbau einwertiger Kationen ableiten lassen oder wiederum umgekehrt die Beziehung zwischen γ-Al_2O_3 und γ-Fe_2O_3 zum Strukturtypus der Spinelle, z. B. $MgAl_2O_4$, welche darauf beruht, daß das Gerüst der Sauerstoffatome erhalten bleibt, von den 24 Positionen der Metallatome in der Spinellstruktur indessen nur $21^1/_3$ besetzt werden. Ebenfalls hierher zu rechnen sind Strukturanalogien wie jene zwischen den beiden Kristallarten $Ca_3Al_2Si_3O_{12}$ und $Ca_3Al_2(OH)_{12}$, deren weitgehend ähnliches Interferenzverhalten auf übereinstimmende Anordnung der *Ca*- und *Al*-Atome sowie der Anionen *O* und (*OH*) zurückgeht, so daß sich die Struktur der zweiten Kristallart aus jener der ersten durch Ausbau der *Si*-Atome ableitet.

Derart indirekte Kristallstrukturbestimmungen über passende Modellsubstanzen, welche ihrerseits den Einkristall-Methoden zugänglich sind, erhalten einen noch größern Anwendungsbereich dadurch, daß einzelne Atomlagen eines Strukturtypus statt durch einerlei Atome durch solche verschiedener Art, und zwar in statistisch regelloser oder in geordneter Verteilung besetzt werden können. Demzufolge können Kristallarten zu Strukturtypen in näheren Beziehungen stehen, wo zunächst rein formelmäßig ein derartiger Zusammenhang nicht erwartet wird, wie z. B. unter den Verbindungen MgO, Li_2TiO_3 und $Li_2Fe_2O_4$, welche dennoch alle demselben Strukturtypus (dem sog. *NaCl*-Typ) angehören, wobei im Falle des Titanats die *Li*- und *Ti*-Atome, beim Ferrit die *Li*- und *Fe*-Atome die Plätze der *Mg*-Atome einnehmen. Verlangt die Untersuchung der Struktur irgendeiner Kristallart nach einer Modellsubstanz, so wird nicht einzig nach Verbindungen vom gleichen Formeltyp zu fragen sein, sondern es hat vorerst eine kristallchemische Prüfung des Atombestandes der fraglichen Kristallart nach den im

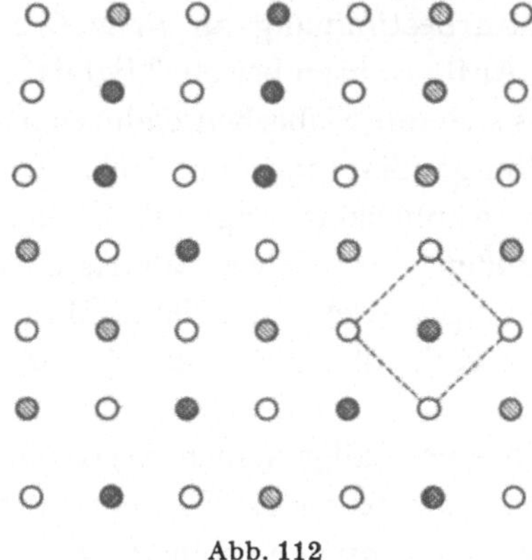

Abb. 112

Zweidimensionales Schema einer sogenannten »averaged structure« mit »variate atom equipoints«: Atome *A* (einfach schraffierte Kreise) und Atome *A'* (gekreuzt schraffierte Kreise) sind statistisch über die Zentren des von den Atomen *B* (leere Kreise) gebildeten Netzes verteilt.

nachstehenden Absatz C. gegebenen Gesichtspunkten zu entscheiden, ob nicht zufolge einer unter einzelnen Atomarten möglichen Diadochie eine Vereinfachung der Formel denkbar wäre (so wie im vorgenannten Beispiel die Diadochie von *Li* und *Ti* bzw. *Li* und *Fe* ohne weiteres auf eine Struktur vom Typus *AB* weist). Dies wird sich ohnehin aufdrängen, wenn unter solchen Verhältnissen an Hand der chemischen Formel der fraglichen Kristallart die Zahl der Formeleinheiten pro Elementarzelle berechnet wird, indem hierfür in der Regel *keine ganzzahligen* Werte gefunden werden (im Falle des Li_2TiO_3 z. B. $^4/_3$, so daß in einer Gittermasche $^4/_3 \cdot O_3 = 4\,O$-Atome, $^4/_3 \cdot Li = {^8/_3}$ Li-Atome und $^4/_3$ Ti-Atome, total also $^{12}/_3 = 4$ Kationen, somit vier Einheiten AB enthalten sind). Dieselbe Feststellung wird auch gemacht, wenn sich eine Struktur aus einer andern durch Lücken in einem Gitter ableitet, so daß sich z. B. nur für die eine Atomart ein ganzzahliger Wert ergibt (beim γ-Al_2O_3 für die O-Atome wie bei der Spinell-Struktur die Anzahl 32, für die Al-Atome hingegen $^2/_3 \cdot 32 = 21\,^1/_3$). Gleiches gilt selbstverständlich ganz allgemein bei Mischkristallen irgendwelcher Art (siehe S. 68) und ist übrigens, wie bereits S. 172 erwähnt, auch bei Wechselstrukturen möglich.

Schließlich kann die Kennzeichnung über nahe verwandte Modellsubstanzen nicht nur zu einer Ermittlung des Strukturtypus ausreichen, sondern außerdem auf die *Zusammensetzung von chemischen Verbindungen* entscheidende Rückschlüsse gestatten: So ergaben derartige vergleichende Untersuchungen, daß kurz dauernde Erhitzung von Antimonsäure nicht zur Verbindung Sb_2O_4, wie ehedem angenommen, führt, sondern zur Kristallart $Sb_3O_6\,(OH)$, deren Existenz und Struktur durch die gleichzeitig vorgenommene Kristallstrukturbestimmung an $BiTa_2O_6F$ aufgefunden wurde. Erst nach sehr langem Aufbewahren bei 900° liefert $Sb_3O_6\,(OH)$ das völlig entwässerte Sb_2O_4, was sich mit Sicherheit dadurch nachweisen ließ, daß das sich dann ergebende Röntgendiagramm mit jenem von $SbTaO_4$ (Stibiotantalit) sehr auffallende Ähnlichkeit zeigt. Weil diese letztere Kristallart aber in hinreichend großen, natürlichen Einkristallen bekannt ist, gelang deren Strukturbestimmung mittels Einkristall-Methoden und konnte, gestützt hierauf, auch die Kristallstruktur des Antimontetroxyds abgeleitet werden.

B. Dazu kommt, daß einem allgemeinen Selektionsprinzip entsprechend zahlreiche Kristallarten, besonders viele Elemente und verhältnismäßig einfach zusammengesetzte anorganische Verbindungen (speziell solche vom Typus AB und AB_2) hochsymmetrische (kubische und hexagonale), zudem sehr häufig parameterfreie Strukturen aufweisen. Es war hier demzufolge nicht nur möglich, einzig an Hand von Pulverdiagrammen diese Kristallstrukturen einwandfrei zu ermitteln, sondern überdies die unter den Atomen bestehenden Atomabstände mit großer Genauigkeit zu bestimmen. Aus der Kenntnis des Gitteraufbaus dieser einfachen Kristallarten ließen sich die *kristallchemischen Merkmale der verschiedenen Atomarten,* im besondern die unter ihnen herrschenden Nachbarschaftsverhältnisse, gegeben durch die Entfernungen zwischen nächsten Atomen, durch die Zahl und die Anordnung der Nachbaratome, sicher erfassen, hieraus aber, da solche Kristallarten mit dazu ausreichender chemischer Variation existieren, die *Grundelemente der Kristallchemie* mit großer Vollständigkeit gewinnen.

C. Auf diese erste Grundlage sich stützend, dann aber in vielfältiger Erfahrung an einer großen Anzahl von Strukturbestimmungen der verschiedenartigsten chemischen Verbindungen erweitert und bestätigt, ergaben sich je länger je deutlicher und allgemeiner gültig sich abzeichnende, *stereochemische Gesetzmäßigkeiten,* welche *das besondere Wesen einer Kristallstruktur als Folge der individuellen, kristallchemischen Kennzeichen der sie aufbauenden Atomarten* darstellen lassen. Sie gestatten heute, die *Konstitution* einer Kristallart *auch dann mit Gewißheit aufzuklären,* wenn das im Einzelfall zu erzielende, experimentelle Tatsachenmaterial zufolge seiner Unvollständigkeit zu einer Strukturbestimmung allein nie ausreichen würde. An solchen allgemeinen Erkenntnissen sind im besondern zu nennen:

I. Die Anzahl der Atome *B,* welche als nächste Nachbarn ein Atom *A* umgeben, die sog. *Koordinationszahl von A gegenüber B nimmt mit wachsender Entfernung zwischen den Atomen A und B allgemein zu:* bei *kleinen Abständen* $A \rightarrow B$ treten die *niedrigen Koordinationszahlen eins bis vier,* bei *größern Abständen* $A \rightarrow B$ die *höhern Koordinationszahlen* von *sechs bis gegen zwölf* reichend auf. Dabei sind, im besondern bei komplexer gebauten Strukturen, die *B*-Atome bei *kleiner* Koordinationszahl *stets hochsymmetrisch* um das zugehörige Atom *A* angeordnet, während im Falle *hoher* (über sechs liegenden) Koordinationszahlen die Gruppierung der Nachbaratome sehr oft *keine ausgezeichnete Symmetrie* erkennen läßt.

II. Die unter den Atomen sich *allgemein* einstellenden *Bindungsabstände,* also etwa die Entfernung $A \rightarrow B$, sind zwar nicht vollkommen konstant, da sie im besondern auch von den übrigen Verbindungspartnern etwas abhängen, *schwanken jedoch nur in relativ kleinen Bereichen,* so daß sich *jeder Atomart gegenüber jeder andern,* welche als Nachbar der ersten möglich ist, *ein weitgehend bestimmter Bindungsabstand* und damit *auch eine bestimmte Koordinationszahl* (in Grenzfällen ausnahmsweise deren zwei) zuschreiben lassen. *Bindungsabstand und Koordinationszahl, nicht die Wertigkeit der Atome* bestimmen *deren Verhalten als Bestandteile von Molekülen, Radikalen, Atomverbänden und Kristallstrukturen:* indem sie die um irgendeine Atomart mögliche Nachbarschaft durch andere Atome festlegen, entscheiden sie zugleich darüber, welche Atome sich trotz verschiedener Wertigkeit auf Grund ähnlicher Nachbarschaftsverhältnisse als Bausteine von Atomkonfigurationen ebenbürtig verhalten und einander daher wechselweise als *diadoche Atome* vertreten können. Tabelle VI vermittelt eine Übersicht über diese Merkmale der verschiedenen Atomarten, ihrerseits nicht nur für die Kristallchemie, sondern ebenso sehr für die Chemie der Molekülverbindungen von grundlegender Bedeutung. Ihr ist etwa zu entnehmen, wie Li^{+}, Mg^{2+}, Fe^{2+} und Fe^{3+}, Ti^{4+}, Nb^{5+} eine Gruppe unter sich diadocher Atome bilden, sämtliche, ungeachtet ihrer verschiedenen Wertigkeit, gegenüber Sauerstoff die Koordinationszahl sechs bei oktaedrischer Gruppierung der *O*-Atome um das Metallatom aufweisend bei im Intervall 1,75 bis 2,25 Å. E. liegenden Bindungsabständen gegenüber den Sauerstoff-Atomen. Zu diesen die Abstände benachbarter Atome innerhalb ein und derselben Atomkonfiguration betreffenden Kennzeichen gesellen sich weitere Regeln, welche die *höchst zulässige Annäherung von Atomen in benachbarten Atomverbänden* festsetzen. Besonders für das Studium der Konstitution von *Molekülverbindungen* bedeutsam besagt dies, daß neben weitgehend konstanten, *intramolekularen* Atomabständen auch die *intermolekularen* Entfernungen bestimmten Gesetzmäßigkeiten unterworfen sind, bei organischen Molekülverbindungen sich etwa dahin äußernd, daß der Abstand nächster Kohlenstoff-Atome benachbarter Moleküle eine generelle Übereinstimmung zeigt, die Grenze von 3,4 Å. E. nicht unterschreitet, bevorzugt Werte im Bereich von 3,7 bis 4,0 Å. E. annimmt.

TABELLE VI

Kristallchemische Kennzeichen der Elemente, wie sie für die Bestimmung anorganischer Kristallstrukturen wesentlich sind

(nach Zusammenstellungen von V. M. GOLDSCHMIDT, P. NIGGLI, L. PAULING u.a.)

Kationen		Ionenradius für K.Z. 6[1]) in Å.E.	Bevorzugte K.Z. gegen O[2])	Mittlerer Abstand gegen O[3]) in Å.E.
Aluminium	Al^{3+}	0,57	6;4 (a)	1,9
Antimon	Sb^{5+}	(0,62)	6 (a)	2,1
Arsen	As^{5+}	(0,47)	6;4 (a)	1,95
Barium	Ba^{2+}	1,43	8;6 (i)	2,75

[1]) Übergang zu andern (kleinern oder größern) Koordinationszahlen hat geringe Änderungen der Ionenradien zur Folge. In Klammern gesetzte Zahlen bedeuten theoretische Werte.

[2]) Normalerweise auch gültig gegenüber andern Anionen. Wo mehrere Koordinationszahlen angegeben sind, ist die niedrigere oft nur in passenden Mischkristallen realisierbar oder ist die niedrigere in binären Verbindungen, nicht aber in komplexeren anzutreffen (zum Beispiel Ca in CaO mit K.Z. 6, in Silikaten indessen ist Ca stets inaktives Kation mit unregelmäßiger O-Umgebung).

(*a*) = in komplexen Verbindungen allgemein als aktives Kation,

(*i*) = in komplexen Verbindungen allgemein als inaktives Kation gegenüber Sauerstoff zu bewerten.

[3]) Diese Abstände gegenüber O gelten normalerweise auch gegenüber F, N und C; die Abstände gegenüber Cl, S, P sind um ca. 0,4 Å. E. größer, gegen Br, Se, As um ca. 0,55—0,6 Å. E. größer, für J, Te, Sb um ca. 0,75 Å.E. größer als die angeführten Werte.

Kationen		Ionenradius für K.Z. 6[1]) in Å.E.	Bevorzugte K.Z. gegen O	Mittlerer Abstand gegen O in Å.E.
Beryllium	Be^{2+}	0,34	4 (a)	1,7
Blei	Pb^{2+}	1,32	6; 8 (i)	2,4
	Pb^{4+}	0,84		
Bor	B^{3+}	(0,20)	3; 4 (a)	1,5
Brom	Br^{7+}	(0,39)	4 (a)	1,7
Cadmium	Cd^{2+}	1,03	6; 4 (a, i)	2,3
Caesium	Cs^{+}	1,65	8 (i)	3,1
Calcium	Ca^{2+}	1,06	6; 8 (i)	2,4
Cer	Ce^{3+}	1,18	6; 8 (i)	2,6
	Ce^{4+}	1,02		
Chlor	Cl^{7+}	(0,26)	3; 4 (a)	1,5
Chrom	Cr^{3+}	0,64	6 (a)	1,85
	Cr^{6+}	0,3–0,4	4; 6 (a)	
Eisen	Fe^{2+}	0,83	6 (a)	2,1
	Fe^{3+}	0,67	6; 4 (a)	
Gallium	Ga^{3+}	0,62	6; 4 (a)	1,9
Germanium	Ge^{4+}	0,44	4; 6 (a)	1,8
Gold	Au^{+}	(1,37)	8 (i)	2,3
Indium	In^{3+}	0,92	6 (a)	2,2
Iridium	Ir^{4+}	0,66	6 (a)	2,0
Jod	J^{7+}	(0,50)	4; 6 (a)	1,8
Kalium	K^{+}	1,33	8; 6 (i)	2,75
Kobalt	Co^{2+}	0,82	6 (a)	2,1
Kohlenstoff	C^{4+}	(0,15)	1–3 (a)	1,35
Kupfer	Cu^{+}	(0,96)	4; 6; 8 (a, i)	1,85
	Cu^{2+}			
Lanthan	La^{3+}	1,22	8; 6 (i)	2,6
Lithium	Li^{+}	0,78	4; 6 (a)	2,05
Magnesium	Mg^{2+}	0,78	6; 4 (a)	2,1
Mangan	Mn^{2+}	0,91	6; 8 (a, i)	
	Mn^{3+}	0,70	6 (a)	2,05
	Mn^{4+}	0,52	4; 6 (a)	
Molybdän	Mo^{4+}	0,68	6 (a)	2,1
	Mo^{6+}	(0,62)	6; 4 (a)	
Natrium	Na^{+}	0,98	6; 8 (i)	2,35
Neodym	Nd^{3+}	1,15	8; 6 (i)	2,6
Nickel	Ni^{2+}	0,78	6 (a)	2,1
Niob	Nb^{4+}	0,69	6 (a)	2,1
	Nb^{5+}			
Osmium	Os^{4+}	0,67	6; 4 (a)	2,0
Palladium	Pd^{4+}	0,50	6; 4 (a)	2,0
Phosphor	P^{5+}	0,3–0,4	4 (a)	1,65
Platin	Pt^{4+}	0,52	6; 4 (a)	2,0
Praseodym	Pr^{3+}	1,16	8; 6 (i)	2,6
	Pr^{4+}	1,00		
Quecksilber	Hg^{2+}	1,12	4; 6; 8 (a, i)	2,4

Kationen		Ionenradius für K.Z. 6[1]) in Å.E.	Bevorzugte K.Z. gegen O	Mittlerer Abstand gegen O in Å.E.
Radium	Ra^{2+}	1,52	8 (i)	2,8
Rhodium	Rh^{3+}	0,68	6 (a)	2,0
Rubidium	Rb^{+}	1,49	8; 6 (i)	2,85
Ruthenium	Ru^{4+}	0,65	6; 4 (a)	2,0
Scandium	Sc^{3+}	0,83	6 (a)	2,1
Schwefel	S^{6+}	0,34	4; 3 (a)	1,65
Selen	Se^{6+}	0,3–0,4	4 (a)	1,85
Silber	Ag^{+}	1,13	6; 8 (a, i)	2,2
Silizium	Si^{4+}	0,39	4 (a)	1,7
Stickstoff	N^{5+}	0,1–0,2	3 (a)	1,2
Strontium	Sr^{2+}	1,27	8; 6 (i)	2,6
Tellur	Te^{4+}	0,89	6 (a)	2,0
	Te^{6+}	(0,56)	4; 6 (a)	
Thallium	Tl^{+}	1,49	8 (i)	2,4 ?
	Tl^{3+}	1,05	6; 8 (a, i)	
Thorium	Th^{4+}	1,10	6; 8 (i)	2,4
Titan	Ti^{3+}	0,69	6 (a)	2,0
	Ti^{4+}	0,64		
Uran	U^{4+}	1,05	6; 8 (i)	2,4
Vanadium	V^{3+}	0,65	6 (a)	1,85
	V^{4+}	0,61	6 (a)	
	V^{5+}	0,4	4 (a)	
Wismut	Bi^{5+}	(0,74)	6 (a)	2,2
Wolfram	W^{4+}	0,68	6 (a)	2,1
	W^{6+}		4; 6 (a)	
Yttrium	Y^{3+}	1,06	6; 8 (i)	2,3
Zink	Zn^{2+}	0,83	4; 6 (a)	1,9
Zinn	Sn^{2+}		4; 6 (a)	2,1
	Sn^{4+}	0,74	4; 6 (a)	
Zirkonium	Zr^{4+}	0,87	8; 6 (i)	2,1

Anionen		Ionenradius für K.Z. 6[1]) in Å.E.
Brom	Br^{-}	1,96
Chlor	Cl^{-}	1,81
Fluor	F^{-}	1,33
Jod	J^{-}	2,20
Sauerstoff	O^{2-}	1,32
Schwefel	S^{2-}	1,74
Selen	Se^{2-}	1,91
Silizium	Si^{4-}	1,98
Tellur	Te^{2-}	2,11

[1]) Übergang zu andern (kleinern oder größern) Koordinationszahlen hat geringe Änderungen der Ionenradien zur Folge. In Klammern gesetzte Zahlen bedeuten theoretische Werte.

TABELLE VII

Für Kristallstrukturbestimmungen an organischen Verbindungen wichtige Bindungsabstände:

C—C (aliphatisch)	1,54 Å.E.	C—H	1,10 Å.E.
C—C (aromatisch)	1,41	C—Cl	1,86
C=C	1,34	C—Br	1,94
C≡C	1,20	C—J	2,10
C—N	1,42	N—O	1,38
C=N	1,31	N=O	1,18
C≡N	1,18	N=N	1,26
C—O	1,45		
C=O	1,20		
C=S	1,64		

III. Ein *Vergleich der* einer Atomart *A* gegenüber einer andern Atomsorte *B* zukommenden *Koordinationszahl* mit der *Bindungszahl,* welche *A* entsprechend seiner Wertigkeit und derjenigen von *B* gegenüber der Atomart *B* besitzt (also mit der Anzahl von *B*-Atomen, welche ein Atom *A* abzusättigen vermag), gestattet anzugeben, ob eine Verbindung zwischen *A* und *B* als Kristallverbindung denkbar ist oder einzig als Molekülverbindung auftreten kann (siehe hierzu auch S. 262). Allgemein ist festzustellen, daß *nur bei verhältnismäßig wenigen Elementenkombinationen Bindungszahl und Koordinationszahl* miteinander *übereinstimmen,* sie sich vielmehr *in der Regel voneinander unterscheiden,* und zwar die überwiegende Mehrzahl chemischer Elemente Atome anderer Art um sich als Nachbaratome vor allem in größerer, seltener auch in kleinerer Anzahl zu gruppieren vermag, als es den Wertigkeiten der verbindungsfähigen Elementenpaare entspricht. Daß in so vielen Fällen die *Koordinationszahl anders (vorab größer) als die Bindungszahl* ausfällt, ist eines der Grundphänomene chemischen Geschehens, letzten Endes seinerseits maßgebend für die Mannigfaltigkeit der möglichen, chemischen Verbindungen und zugleich den Spielraum bestimmend, welcher ihren physikalischen und chemischen Eigenschaften zukommt.

Aber auch im kleiner bemessenen Ausschnitt, im Rahmen der Molekülverbindungen und der Kristallverbindungen selber ist die *Verteilung der verschiedenen Strukturtypen auf die ein und demselben Formeltypus zugeordneten Verbindungen* keine beliebige, sondern wiederum *durch die besondern Merkmale der verschiedenen Atomarten eindeutig festgelegt.* Tabelle V enthält eine Aufzählung der hauptsächlichen Strukturtypen, wie sie bisher für die anorganischen Verbindungen von verhältnismäßig einfachem Formeltypus gefunden wurden. Dabei läßt sich etwa *für jeden Strukturtyp* von der Formel *AB* ein unzweideutig abgrenzbarer *Existenzbereich* angeben, wobei sich zur Kennzeichnung solcher die Atomabstände $A \rightarrow B$ und die Elektronenzahl des Anions besonders eignen (es verschieben sich die zwischen den Strukturtypen geltenden Grenzwerte der Entfernungen $A \rightarrow B$ mit zunehmender Elektronenzahl des Anions allgemein nach höheren Werten, liegen also z. B. für Fluoride und Oxyde durchwegs niedriger als für Chloride und Sulfide). Im Falle von Kristallarten mit *komplexerer* Formel, gleichgültig ob es sich um Molekül- oder Kristallverbindungen handelt, ist in der Regel einem bestimmten Formeltypus *nur ein einziger* Strukturtyp zugeordnet. Ob dann eine bestimmte, valenzchemisch denkbare Kombination von Elementen hinsichtlich der gegenseitigen Bindungsabstände und der wechselweisen Koordination der Atome in den Variationsbereich dieses einen Strukturtypus fällt oder nicht, entscheidet hier darüber, ob die betrachtete Elementenkombination als *chemische Verbindung überhaupt existiert* oder eine solche Verbindung nicht möglich ist. So zeigt die Tabelle VIII, daß es zwar sehr viele Verbindungen vom Strukturtyp der Apatite gibt, daß z. B. die zur *Ca*-Verbindung analogen *Cd-*, *Sr-*, *Ba-*, *Pb*-Phosphate bestehen, eine entsprechende *Mg*- oder *Fe*-Verbindung jedoch nicht existenzfähig ist. Allgemein wird hier die Abgrenzung des Existenzbereiches eines Strukturtypus zur Umschreibung des Variationsfeldes des betreffenden Formeltypus selber, und es läßt einzig eine Betrachtung der strukturellen Verhältnisse einsehen, weshalb in manchen derart liegenden Fällen unverhältnismäßig kompliziert zusammengesetzte Verbindungen statt einfacher gebauter auftreten, dazu nicht selten neben einem auffallend großen Variationsbereich ihres Atombestandes weit reichende Existenzfelder besitzen und daher gegenüber einfacher zusammengesetzten, sehr oft gar nicht haltbaren oder höchstens nur beschränkt beständigen Verbindungen die dominierende Rolle spielen.

Bei völlig *unbekanntem* Strukturtypus der fraglichen Kristallart, heute vor allem noch denkbar im Falle von Verbindungen mit komplexer Zusammensetzung, läßt sich *aus den* ihren Atomarten eigenen *Koordinationszahlen und dem* durch die chemische Untersuchung gegebenen *Verhältnis der Atommengen* zueinander *die Mannigfaltigkeit der unter den fraglichen Atomen an sich möglichen Atomkonfigurationen erschöpfend angeben.* Das physikalisch-chemische Verhalten einer Kristallart wird dabei nötigenfalls mit Bestimmtheit entscheiden lassen, ob molekulare oder kristalline Atomverbände vor allem oder ausschließlich in Betracht zu ziehen sind. Morphologische Eigenart der betreffenden Kristalle, wie z. B. faserige oder extrem blättchenförmige Beschaffenheit gibt überdies häufig einen Hinweis auf die besondere Natur kristalliner Atomkonfigurationen (faserig-nadelige Ausbildung spricht allgemein für eindimensional gebaute, kettenförmige Atomverbände, wogegen blätterig-schuppige Ausbildung auf zweidimensional periodische, schichtartige Atomverbände deutet). Um unter den geometrisch denkbaren Atomkonfigurationen eine *engere* Wahl zu treffen, können weitere Erfahrungstatsachen als Kriterien herangezogen werden, so etwa die Regel, daß die Summe der positiven Valenzen, welche auf ein mehreren Kationen gemeinsames Anion entfallen, gleich (oder doch angenähert gleich) der Wertigkeit dieses Anions ausfällt. — Gestützt auf die bekannten Atomabstände lassen sich außerdem die Dimensionen der molekularen Konfigurationen weitgehend abschätzen, im Falle eindimensionaler, kristalliner Atomverbände die Abmessungen der Ketten-Querschnitte, bei zweidimensionalen, kristallinen Konfigurationen die Dicke der einzelnen Schicht, dazu in beiden

TABELLE VIII

Übersicht über die Kristallchemie der Kristallarten vom Apatit-Typus

(Beispiel für die Variationsbreite eines komplexer gebauten Strukturtyps)

Vom Hydroxylapatit $Ca_{10}(PO_4)_6(OH)_2$ ausgehend können ersetzt werden:

Ca durch Cd, Sr, Ba, Pb;	2+	durch	2+
Na, K;	2+		1+
Y, Ce, usw.;	2+		3+
Th	2+		4+
P durch As, V;	5+	durch	5+
S, Se;	5+		6+
Si, (C ?);	5+		4+
Al	5+		3+
(OH) durch F, Cl[1]);	1−	durch	1−
O	1−		2−
O durch (OH), F	2−	durch	1−

und zwar:

durch *einfachen Ersatz:* an *einer* Stelle, z. B. $Pb_{10}(PO_4)_6(OH)_2$, $Ca_{10}(PO_4)_2F_2$;
an *mehreren* Stellen, z. B. $Ba_{10}(PO_4)_6F_2$;

gekoppelten Ersatz: an *einer* Stelle, z. B. $Na_5Y_5(PO_4)_6(OH)_2$, $Ca_{10}(SiO_4)_3(SO_4)_3(OH)_2$;
an *mehreren* Stellen, z. B. $K_5Ce_5(SiO_4)_3(SO_4)_3(OH)_2$;
über *mehrere* Stellen, z. B. $Ca_4Na_6(SO_4)_6(OH)_2$, $Ca_4Ce_6(SiO_4)_6(OH)_2$.

Die Mannigfaltigkeit wird noch erhöht:
durch Einlagerung *zusätzlicher Kationen*, z. B. in $Na_2Ca_9(PO_4)_4(SiO_4)(SO_4)(OH)_2$;
durch das Auftreten von *Leerstellen*, z. B. in $Ca_{9,5}(PO_4)_5(SO_4)F_2$.

1) Bei vermutlich etwas anderer Lage der Cl-Atome in den Chlor-Apatiten als der (OH) und F in den Hydroxyl- und Fluor-Apatiten.

Fällen die Größe der Translationsperioden der Verbände (Abb. 113 und 114) angeben und diese *metrischen* Verhältnisse, wie sie sich für die verschiedenen Möglichkeiten denkbarer Atomverbände ergeben, mit den Abmessungen der Elementarzelle in Beziehung setzen. Wird dann etwa gefunden, daß die Gitterkonstante in Richtung der Nadelachse gerade der Periode eines bestimmten Kettenverbandes entspricht oder das Doppelte der letztern ausmacht oder daß die in der Blättchenebene liegenden Gitterkonstanten in entsprechender Beziehung zu den Perioden eines schichtförmigen Atomverbandes stehen, so werden in solchen Zusammenhängen Argumente offenbar, welche zwischen den zunächst möglichen Atomkonfigurationen den Entscheid zu treffen gestatten.

Auf den allgemeinen Gang einer Kristallstrukturbestimmung zurückblikkend ermöglichen die kristallchemischen Kennzeichen der Atomarten stets, die für die verschiedenen Atome zu diskutierende Lagenmannigfaltigkeit weitgehend *einzuschränken,* indem von vornherein alle jene Atompositionen ausscheiden, welche den in Frage kommenden Bindungsabständen und Koordinationsverhältnissen widersprechen. Hat etwa eine Atomart A gegenüber einer zweiten B im Mittel einen Abstand $A \rightarrow B$ von 1,8 Å.E. bei oktaedrischer Anordnung von sechs B um ein A und lautet das stöchiometrische Verhältnis $A : B = 1 : 6$, so reduziert sich die Aufgabe, die Lagen der Atome A und B zu ermitteln darauf, die Positionen der A-Atome und die besondere Stellung der (AB_6)-Oktaeder zu bestimmen, deren Abmessungen zunächst entsprechend dem Abstand $A \rightarrow B$ angenommen werden. Wäre für $A : B$ hingegen ein Verhältnis $1 : 3$ gefunden worden, läßt die interessierende Kristallart außerdem eine ausgesprochen laminare Ausbildung erkennen, so dürfen diese Feststellungen als Anzeichen eines zweidimensional periodischen Verbandes aus (AB_6)-Oktaedern bewertet werden, wobei jedes B-Atom gleichzeitig zwei Atomen A zugeordnet ist, die Oktaeder an allen ihren Ecken zu zweit zusammenstoßen (Abb. 115). Unter Annahme einer streng oktaedrischen Symmetrie der (AB_6)-Gruppen läßt der bekannte Abstand $A \rightarrow B$ die einer solchen Oktaederschicht eigenen Perioden berechnen; Übereinstimmung derselben mit den in der Blättchenebene gelegenen Gitterkonstanten bedeutet dabei die nächst ableitbare weitere Stütze zugunsten des betrachteten Strukturvorschlages. Im Gegensatz zu den auf dem Umweg über eine Modellsubstanz erfolgenden Strukturbestimmungen (siehe den vorstehenden Absatz A., S. 238), welchen eine *unmittelbare* Behebung der aus mangelhafter Kristallqualität entspringenden Schwierigkeiten gelingt, kann solches nicht im gleichen Ausmaß durch Heranziehung der kristallchemischen Atommerkmale erreicht werden. Diese gestatten zwar, *nach* erfolgreich ermittelten Gitterkonstanten sowie sicher bestimmter Translations- und Raumgruppe den Weg einer Strukturbestimmung wesentlich *abzukür-*

zen, indessen nur bedingt Zweifel auszuschalten, welche sich hinsichtlich der Wahl von Gitterkonstanten, Translationsgruppe oder Raumsystem ergeben. Solches ist noch am ehesten möglich, wo die metrischen Verhältnisse eines wahrscheinlichen Atomverbandes zwei oder alle Gitterkonstanten festlegen, indem eine auf die nämlichen Gitterkonstantenwerte führende Indizierung von Pulverinterferenzen dann entsprechend an Sicherheit gewinnt.

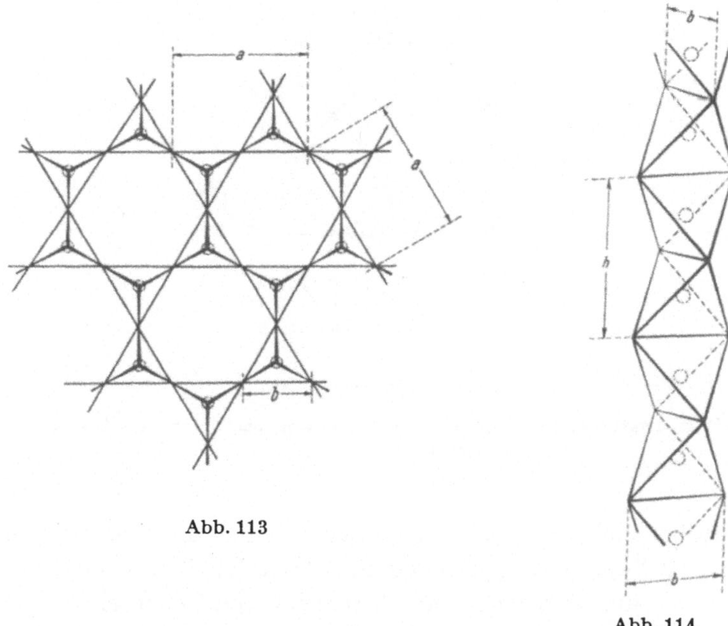

Abb. 113

Abb. 114

Abb. 113: Aus der Kantenlänge *b* der von den Atomen *B* um die Atome *A* (gestrichelte Kreise) gebildeten Tetraeder (in der Abbildung von oben gesehen) läßt sich die Netzperiode *a* der Tetraederschicht A_2B_5 und auch deren Dicke angeben (letztere entspricht der Höhe eines Tetraeders AB_4).

Abb. 114: Aus den Dimensionen der von den Atomen *B* um die Atome *A* (gestrichelte Kreise) gebildeten Tetraeder läßt sich die Größe der Kettenperiode *h* (Höhe des Kettengrundbausteins) und die Breite der Kette *b* angeben.

Metrische Beziehungen unter den Gitterkonstanten werden einer Kristallstrukturbestimmung vor allem dann wertvolle Fingerzeige geben, wenn eine vergleichende Strukturuntersuchung an einer ganzen Reihe von Kristallarten, mit teilweise vielleicht bereits bekannter oder aber durchwegs unbekannter Struktur, unternommen wird. Übereinstimmung einzelner Gitterkonstanten, Vervielfachung oder Unterteilung solcher, charakteristische Größenunterschiede zwischen bestimmten Kantenlängen der Gittermaschen in Abhängigkeit von der Zusammensetzung der verschiedenen Kristallarten lassen nicht selten die konstitutionellen Beziehungen unter einer Gruppe von Kristallarten, handle es sich dabei um Molekül- oder Kristallverbindungen (hier etwa um basische Salze oder Doppelsalze), noch *vor* Ermittlung der genauen Atomanordnung ihrem Wesen nach unmittelbar aufdecken.

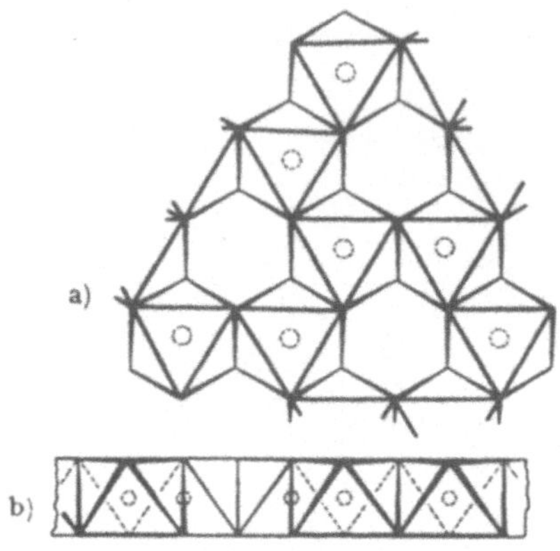

Abb. 115

Schicht aus Oktaedergruppen (AB_6) mit $A:B = 1:3$, (a) von oben, (b) von der Seite gesehen (leere, gestrichelte Kreise A-Atome).

5. Schließlich stellt sich die Frage, inwieweit sich die einer vollständigen Kristallstrukturbestimmung auferlegten Schwierigkeiten dadurch überwinden lassen, daß die röntgenographisch erreichbaren Teilergebnisse mit den Befunden *andersartiger Versuche zur Konstitutionsaufklärung* der fraglichen Kristallart *kombiniert* werden, so etwa mit optischen Daten, den Resultaten dielektrischer Messungen, Messungen der ultraroten Eigenfrequenzen, physikalisch-chemischen Untersuchungen (wie z. B. den Aussagen von Entwässerungsversuchen im Falle H_2O-haltiger Verbindungen, welche etwa bereits auf verschieden fest gebundene Wasseranteile schließen lassen), dann im besondern mit den Ergebnissen, welche die übliche chemische Konstitutionsforschung an der betreffenden Kristallart zu erzielen vermochte. Allgemein bedeutet die Mitverwendung eines jeden andern Befundes zur Ergänzung der röntgenographischen Untersuchung grundsätzlich eine Einbuße der Strukturbestimmung *an Beweiskraft* für die von ihr in der Folge ermittelte Konstitution, ganz besonders dann, wenn *nicht unmittelbar* beobachtbare Befunde (wie zumeist im Falle der Berücksichtigung von Resultaten des chemischen Konstitutionsnachweises) herangezogen werden. Dazu tritt, daß, ganz ähnlich wie bei der Verwendung der kristallchemischen Atom-

merkmale, diese zusätzlichen Daten zwar eine Strukturanalyse in der Wahl der besondern Atomanordnung innerhalb der Elementarzelle unterstützen, nicht aber die vorangehenden Schwierigkeiten bei der Messung der Gitterkonstanten oder der Bestimmung von Translations- und Raumgruppe ausschalten können.

Welches auch im einzelnen die besondern Hilfen sind, welche zur erfolgreichen Durchführung einer Kristallstrukturbestimmung ergänzend beansprucht wurden, stets muß bei der Beurteilung des schließlich erhaltenen Ergebnisses eindeutig auseinandergehalten werden, was daran als durch die Interferenzdaten *unmittelbar* erwiesen, von den zusätzlichen Annahmen unbeschadet Geltung hat und was umgekehrt mit den ergänzend eingeführten Prämissen steht und fällt. Im besondern darf dann nicht von einer Bestätigung des chemisch geleisteten Konstitutionsbeweises durch röntgenographische Untersuchungen die Rede sein, sondern läßt sich einzig aussagen, daß das Interferenzverhalten mit dem vom Chemiker gemachten Konstitutionsvorschlag nicht im Widerspruch steht. Es liegt in der Natur der Kristallverbindungen (siehe bereits S. 12), daß von einer chemischen Untersuchung nur weniges, oftmals überhaupt nichts Eindeutiges zur Aufklärung ihrer Konstitution beigetragen werden kann. Gerade hier erlangt daher die Züchtung von ausreichend qualifizierten Kristallen, wenn nicht von der betreffenden Kristallart selber, so doch von einer geeigneten Modellsubstanz, eine besondere Bedeutung für den Konstitutionsnachweis. Weit günstiger liegen die Verhältnisse im Falle der Molekülverbindungen, wo in der Regel auf chemischem Wege die Konstitutionsaufklärung sehr weitgehend gelingt, der röntgenographischen Untersuchung häufig einzig die Aufgabe verbleibt, zwischen einigen wenigen Möglichkeiten, unter denen die chemischen Methoden nicht hinreichend sicher zu unterscheiden vermögen, den endgültigen Entscheid zu treffen. Dennoch bedeutet es auch hier einen *besondern* Gewinn, wenn eine Kristallstrukturbestimmung an Molekülverbindungen *ohne jede* zusätzliche Annahme, *völlig voraussetzungslos* ihr Ziel erreicht und dabei das Resultat der chemischen Konstitutionsaufklärung in *vollkommener* Unabhängigkeit bestätigt. Selbst dann führt die Kristallstrukturanalyse stets einen Schritt über den Konstitutionsnachweis des Chemikers hinaus, indem sie nämlich nicht nur die relative Anordnung der Atome im Molekül ermittelt, sondern außerdem die *absoluten* Dimensionen der Moleküle und die *absoluten* Werte der Atomabstände innerhalb der einzelnen molekularen Konfiguration zu bestimmen vermag. Diese können aber für die Bewertung der konstitutionellen Eigenart einer Molekülverbindung ausschlaggebend sein, weil sie möglicherweise erst den Aufbau eines Moleküls aus Teilverbänden enger zusammengehörender Atome beurteilen und damit angeben lassen, von welcher Ordnung eine molekulare Konfiguration ist (siehe S. 265).

Geometrisch-topologische Analyse der Ergebnisse von Kristallstrukturbestimmungen und die Haupttypen chemischer Verbindungen

6. Hatte ursprünglich die Hoffnung bestanden, aus Röntgeninterferenzversuchen an Kristallen neben der Kenntnis der ihren Strukturen zugrunde liegenden Atomanordnungen die *vollständige* Kennzeichnung deren Symmetrie zu gewinnen, so ist in der Folge die Erfahrung auf eine generelle Beschränkung gestoßen, welche in nicht wenigen Fällen der derzeitigen Form der experimentellen Kristallstrukturbestimmung anhaftet und bisher nicht zu überwinden war: es vermag zwar die Strukturanalyse mittels der Röntgeninterferenzen weitgehend die in den Kristallen bestehenden Atomgruppierungen *der Schwerpunktsanordnung nach* vollständig zu erfassen, indessen ist ihr die Bestimmung anderer, die Symmetrie einer Struktur erst *vollends* festlegender Kennzeichen entzogen, nämlich vorab die Ermittlung *der den einzelnen Atomen zukommenden Eigensymmetrie* und *der von den Atomen relativ zueinander eingenommenen Stellungen.* Ansätze zur Charakterisierung von Symmetrie und «Gestalt» der den Atomen und Ionen zuzuschreibenden Kraftfelder sind zwar vorhanden: unter ihnen scheint der Versuch aussichtsreich, aus dem *verschiedenen* Gang der Gitterkonstanten bei nichtkubischen, unter sich isomorphen Salzen Rückschlüsse auf die atomaren Kraftfelder zu ziehen (so zeigt z. B. die Gitterkonstante a der tetragonalen Mischkristalle zwischen $Cd\ [Hg(CNS)_4]$ und $Co\ [Hg(CNS)_4]$ mit wachsendem Co-Gehalt eine *Abnahme,* umgekehrt die Gitterkonstante c mit steigendem Co-Gehalt eine *Zunahme,* woraus (bildlich gesprochen) folgt, daß Co^{2+} parallel c größer als Cd^{2+}, parallel a hingegen kleiner als Cd^{2+} ist, seinem Kraftfeld unzweifelhaft nicht Kugelsymmetrie eigen sein kann), sodann das Verfahren mittels sehr subtil durchgeführter Fourier-Analysen unter besonderer Berücksichtigung der Abbrucheffekte, ihrerseits bedingt durch die stets nur endliche Zahl von Röntgeninterferenzen an einem gegebenen Kristallgitter, eine möglichst genaue Bestimmung der Ladungsverteilung der Atome und damit auch des Verlaufs ihrer Kraftfelder anzustreben.

Die Tatsache, daß sehr oft Kristallstrukturen sich einzig hinsichtlich der ihnen eigenen Anordnung der Atomschwerpunkte kennzeichnen lassen, begründet zugleich die Richtung, in welcher eine stereochemische Analyse der Strukturen zur systematischen Beurteilung der Konstitution fester Körper besondern Erfolg verspricht: eine solche Untersuchung der Kristallstrukturen wird in erster Linie die *unter den Atomen einer Struktur bestehenden Lagebeziehungen* betrachten, weil sich diese bereits an Hand der Schwerpunktsanordnung, auch ohne eindeutige Kenntnis der Eigensymmetrie der Atome angeben lassen. Ihrerseits bestimmen diese Lagebeziehungen, wie jedes Atom durch andere umgeben wird, damit Anzahl, Art und Anordnung der einem herausgegriffenen Atom zugehörigen Nachbaratome, sein sog. *Nachbarschaftsbild*. Wie die Erfahrung zeigt, sind dabei in der Regel nicht Beschreibungen der vollständigen Nachbarschaftsbilder notwendig: Es genügt vielmehr, diese auf die *nächsten und übernächsten* Nachbaratome, die zum betrachteten (zentralen) Atom *in erster und zweiter Sphäre* liegenden Atome zu beschränken. Soll für eine gegebene Atomkonfiguration, gestützt

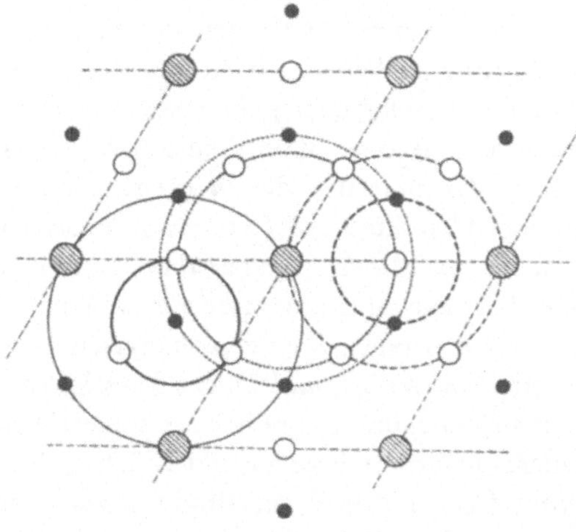

Abb. 116

Nachbarschaftsbilder erster und zweiter Sphäre: um die Atome *A* (volle Kreise) liegen in erster Sphäre drei *B*-Atome (leere Kreise), in zweiter Sphäre drei *A*- und drei *C*-Atome (schraffierte Kreise); um die Atome *B* in erster Sphäre zwei *A*-Atome, in zweiter Sphäre vier *B*- und zwei *C*-Atome; um die Atome *C* schließlich in erster Sphäre sechs *B*-Atome, in zweiter Sphäre sechs *A*-Atome.

auf eine Betrachtung der unter ihren Atomen herrschenden Lagebeziehungen eine *geometrisch-topologische Analyse ihrer Verbandsverhältnisse* erfolgen, so ist dabei zu verfahren wie folgt[1]:

A. Zunächst wird (unter Berücksichtigung der Grundsätze und Terminologie einer allgemeinen Stereochemie[2])) in der interessierenden Atomkonfiguration unter allen möglichen Entfernungen zwischen den Schwerpunkten gleicher und verschiedener Atome nach dem *kleinsten Bindungsabstand* ge-

[1]) Es wird dabei der nachstehenden, gedrängten Fassung eine chemische Verbindung und nicht ein Element zugrunde gelegt, wobei ohne weiteres erkennbar sein wird, daß auch die Konstitution von Strukturen mit einerlei Atomen nach vollkommen denselben Gesichtspunkten eine Analyse auf die ihr eigenen Bauprinzipien erfahren kann.

[2]) Hinsichtlich aller im folgenden benützten Begriffe und diese erläuternde Beispiele und Abbildungen sei auf P. Niggli, Grundlagen der Stereochemie, 1945 verwiesen.

sucht. Angenommen, es sei dies der zwischen den Atomen A und B bestehende Abstand $A \rightarrow B$, so stellen sich zur Abklärung der *zwischen den Atomen A und B bestehenden Lagebeziehungen* die folgenden Fragen:

I. Wieviele Atome B liegen im Abstand $A \rightarrow B$ um ein Atom A (Koordinationszahl von A gegenüber B)? Ist diese Anzahl für alle Atome A dieselbe oder gibt es hinsichtlich ihrer B-Umgebung verschiedenerlei A-Atome? Welche Anordnung zeigen die n (eventuell $n, n', n'',\ldots$) um ein Atom A liegenden B-Atome? (Koordinationsschema von B um A). Dazu entsprechend: Wieviele Atome A befinden sich im gleichen Abstand $A \rightarrow B$ als nächste Nachbarn eines beliebigen Atoms B gruppiert? Ist diese Anzahl für alle Atome B dieselbe oder existieren in bezug auf ihre A-Umgebung verschiedenerlei B-Atome (Koordinationszahl[en] von B gegenüber A)? Welches ist die Gruppierung der m (gegebenenfalls $m, m', m'', \ldots$) um ein B-Atom liegenden Atome A (Koordinationsschema von A um B)?

II. Ergibt sich für *alle Atome B gegenüber A die Koordinationszahl 1*, so gehören alle n B-Atome einem und nur einem Atom A an. Es bildet ein einziges Atom A mit n Atomen B eine geometrisch in sich abgeschlossene Gruppe (AB_n), eine *einkernige, molekulare Konfiguration* (einige besonders häufig anzutreffende, durch ihre hohe Symmetrie ausgezeichnete sind Dreieck, Tetraeder, Quadrat, Oktaeder und Würfel). Entspricht die Koordinationszahl von A gegenüber B der Bindungszahl von A gegenüber B, so ist jede Gruppe (AB_n) nicht nur eine geometrisch eindeutig abgrenzbare, sondern zudem chemisch in sich abgesättigte, molekulare Konfiguration, ein *einkerniges Molekül* vom Typus AB_n. Andernfalls liegt in der Gruppe (AB_n) ein *einkerniges Radikal* vor, dessen Wertigkeit zumeist durch den Überschuß der $n \cdot v$ Valenzen der n v-wertigen B-Atome über die Wertigkeit u des Atoms A gleiches Vorzeichen wie die Wertigkeit von B erhält ($n \cdot v - u > 0$).

III. Andere Verhältnisse ergeben sich, wenn *für einen Teil der B-Atome die Koordinationszahl gegenüber A größer als 1* ausfällt, *ein Teil* der Atome B daher gleichzeitig nächster Nachbar mehrerer Atome A ist (diese B-Atome von mehreren Atomen A den Abstand $A \rightarrow B$ aufweisen). Dann kann offensichtlich von einem ersten A-Atom ausgehend mit der Entfernung $A \rightarrow B$ nicht nur zu nächsten B-Atomen, sondern von einzelnen dieser letztern zu weitern Atomen A gelangt werden, wobei auf diese Weise

α) *nur eine endliche Zahl p von A-Atomen* (und damit auch nur eine endliche Zahl q von Atomen B) zu erreichen ist, so daß die insgesamt p Atome A mit den q Atomen B wiederum eine geometrisch in sich abgeschlossene Baueinheit, eine *mehrkernige, molekulare Konfiguration* von der Zusammensetzung A_pB_q bilden. Jede solche läßt sich auch auffassen als Verknüpfung von p Gruppen (AB_n) über gemeinsame B-Atome in der Rolle von Brückenatomen. Das Verhältnis der Zahl von Atomen B, welche nur einem einzigen A zugehören, zur Anzahl der mehreren A-Atomen gleichzeitig benachbarten B-Atomen und die den letztern eigene Koordinationszahl gegenüber A bestimmen die zwischen dem Verhältnis $p : q$ und n bestehende Beziehung. Es handelt sich um *molekulare Radikalverbände,* und zwar kann genau wie zuvor auch eine mehrkernige, molekulare Konfiguration chemisch in sich abgesättigt sein, dann ein *mehrkerniges Molekül* darstellen oder aber zufolge nicht Erfüllung des Valenzgleichgewichts den Charakter eines *mehrkernigen Radikals* tragen. Besitzen im Rahmen einer mehrkernigen, molekularen Konfiguration sämtliche Atome A übereinstimmende Koordinationszahl gegenüber B, so hat dieselbe *monomikten* Charakter, während verschiedene B-Umgebungen um die A auf *polymikte* Verbände führen (hier werden die Abstände $A \rightarrow B$ für die verschiedenen Atome A nicht mehr völlig gleich ausfallen; wesentlich ist dann vor allem, ob auch die maximalen Entfernungen $A \rightarrow B$ noch beträchtlich kleiner sind als die nächst größern Abstände unter andern Atomen),

β) *sich eine unbegrenzte* (an sich beliebig große) *Zahl von A-Atomen* (und entsprechend auch beliebig viele Atome B) erfassen läßt. Unter den Atomen A und B besteht dann eine *kristalline* (an sich unendlichkernige) *Konfiguration.* Je nachdem, ob diese periodisch fortgesetzte Radialverknüpfung nach ein, zwei oder drei Dimensionen erfolgt, ergeben sich *kristalline Radikalverbände* von eindimensionalem kettenförmigem, zweidimensionalem schichtartigem oder dreidimensionalem gitterhaftem Charakter. Ganz entsprechend wie unter α) läßt sich das diesen Verbänden zukommende Verhältnis $A : B$ in einfacher Weise aus der Koordinationszahl von A gegenüber B und jener von B gegenüber A angeben. Es besteht auch bei den kristallinen Radikalverbänden die Möglichkeit eines *monomikten* oder *polymikten* Charakters und gibt, je nachdem, ob das Valenzgleichgewicht innerhalb des Verbandes erfüllt ist oder nicht, in sich *neutrale* oder in sich *unabgesättigte,* kristalline Radikalverbände. Ganz wie zuvor bei den molekularen Konfigurationen kann dabei auch hier, *ein und derselbe* Atomverband sowohl als neutraler wie als unabgesättigter auftreten, damit das eine Mal als solcher eine Kristallart aufbauen, das andere Mal hingegen nur wesentlicher Bestandteil einer Kristallstruktur bilden.

B. Nach solcher Analyse der zwischen den engst benachbarten Atomen (in unserer Betrachtung der Atome A und B) bestehenden Lagebeziehungen wird zweckmäßig als nächster der Abstand $B \rightarrow B$ (eventuell $A \rightarrow A$) ins

Auge gefaßt und dies auch dann, wenn dieser nicht die Rolle des zweit kürzesten Abstandes spielt, um durch eine analoge Untersuchung der durch ihn verbundenen Gesamtheit von Atomen B (eventuell A) Aufschluß über den besondern Charakter der zwischen den B-Atomen *unter sich* bestehenden, *homogenen* Bauzusammenhänge zu erhalten.

Moleküle oder Radikale, deren Bauplan mit der bis dahin durchgeführten, geometrisch-topologischen Analyse erschöpfend erfaßt ist, welche sich somit durch *zwei Bindungsabstände* (eventuell durch zwei Gruppen von einander naheliegenden Abständen) hinreichend kennzeichnen lassen, werden als *molekulare Konfigurationen erster Ordnung zusammengefaßt.* Ihr besonderes Merkmal liegt darin, daß *alle* an ihrem Aufbau teilhabenden Atome *ein und demselben Atomverband* (ein- oder mehrkernigen Radikalverband) angehören, *innerhalb* der betreffenden molekularen Konfiguration als eines in sich Geschlossenen, unteilbarem Ganzen *keinerlei Teilverbände* unter sich näher zusammengehörender Atome bestehen im Gegensatz zu den molekularen Konfigurationen höherer Ordnung, für welche eben die Existenz solcher Unterverbände von Atomen innerhalb der betreffenden Konfiguration charakteristisch ist. Für die *Kristallverbindungen erster Ordnung,* die auch als reine Kristallverbindungen II. Art bezeichnet werden, ist in der entsprechenden Weise typisch, daß bei dreidimensionalem *gitterhaftem* Charakter der kristallinen Konfiguration der Kristall als Ganzes von einem einzigen, das Kristallindividuum vollständig erfüllenden, die sämtlichen Atome des Kristalls in sich begreifenden Radikalverband aufgebaut wird, während bei netz(schicht)artiger (zweidimensionaler) oder kettenförmiger (eindimensionaler) Natur der kristallinen Konfiguration der Kristall als ein Paket oder ein Bündel laminarer oder linearer Radikalverbände erscheint, wobei auch hier sämtliche Atome des Kristalls in diesen Verbänden enthalten sind. Auch bei diesen kristallinen Konfigurationen lassen sich ohne Willkür *keinerlei Unterverbände* einander näher stehender Atome vom Gesamtzusammenhang abtrennen, ebenso hier wiederum zum Unterschied von den Kristallverbindungen 2. oder höherer Ordnung, welche ihr Charakteristikum gerade im Auftreten derartiger Teilverbände zeigen werden.

C. Anschließend an die Betrachtung der A, B-Zusammenhänge und der homogenen B, B- (eventuell auch der A, A-) Verbände werden in entsprechender Weise die Lagebeziehungen zwischen Atomen mit *größern* Bindungsabständen untersucht. In der fraglichen Kristallstruktur mögen etwa Atome C anwesend sein, welche im besondern gegenüber den B-Atomen einen wesentlich größern Abstand $C \rightarrow B$ besitzen als die Atome A mit ihrer Entfernung $A \rightarrow B$. Dem entspricht, daß die Atome C zunächst gegenüber B eine wesentlich größere Koordinationszahl aufweisen als die Atome A, überdies die um die C-Atome bestehenden B-Umgebungen sich sehr oft nicht mehr durch die hohe Symmetrie auszeichnen, wie sie für die Gruppierung der B um die Atome A typisch war, sodann daß der Abstand $C \rightarrow B$ zu den einzelnen B-Nachbarn häufig nicht mehr einheitlich ist, sondern etwa für ihre eine Hälfte anders ausfällt als für die andere. Während die Atome A auf die B-Atome die Wirkung *aktiver Koordinationszentren* ausüben, so kommt den Atomen C dieses Vermögen, die benachbarten B in ihrem Kraftfeld in eine hochsymmetrische Gruppierung zu zwingen, nicht mehr zu (die C-Atome verhalten sich gegenüber B *koordinativ inaktiv*). Zudem folgt aus der Tatsache, daß der Abstand $A \rightarrow B$ *wesentlich* kleiner als die Entfernung $C \rightarrow B$, daß im Rahmen der betrachteten (molekularen oder kristallinen) Gesamtkonfiguration in Form des A, B-Zusammenhangs offensichtlich *Teilverbände aus einander näher benachbarten Atomen* existieren, die aus den Atomen A, B, C aufgebaute Konfiguration dementsprechend nicht mehr von 1. Ordnung sein kann. Als einige Haupttypen von derartigen *Atomverbänden höherer Ordnung* mögen die folgenden hervorgehoben sein:

I. Die Atome A und B bilden ihrerseits eine *molekulare* Konfiguration, seien es einkernige Radikale (AB_n) oder mehrkernige Radikale ($A_p B_q$), der Beziehung $A \rightarrow B \ll C \rightarrow B$ entsprechend deutlich als *selbständige* Baueinheiten der Gesamtkonfiguration in Erscheinung tretend. Der Charakter dieser letztern wird dann im besondern durch die zwischen den Atomen A und C bestehenden Lagebeziehungen, die Natur des A, C-Zusammenhangs bestimmt:

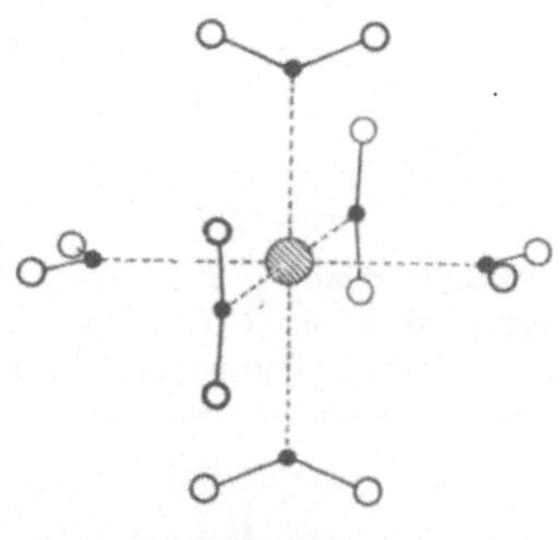

Abb. 117

Beispiel eines Radikals 2. Ordnung: $[Co(NO_2)_6]$. Die Gruppen (NO_2) (N volle, O leere Kreise) bilden die Bauverbände erster Ordnung und sind ihrerseits mit dem zentralen Co (schraffierter Kreis) zu einer molekularen Konfiguration 2. Ordnung vereinigt.

α) Wird von einem Atom C ausgehend mit dem Abstand $C \rightarrow A$ nur eine *endliche Zahl von Atomen A* erreicht (siehe Abb. 117), so ist auch die von den Atomen A, B, C eingenommene Gesamtkonfiguration von *molekularem* Charakter, im einfachsten Falle eine *einkernige, moleku-*

lare Konfiguration 2. Ordnung, ihrerseits ein *Molekül oder Radikal von 2. Ordnung* darstellend, je nachdem, ob die Konfiguration in sich dem Valenzgleichgewicht genügt oder nicht.

β) Wo hingegen, wiederum von einem C-Atom ausgehend, mit dem Abstand $A \rightarrow C$ *eine endliche Zahl von Atomen A und Atomen C* erreicht werden kann, liegen *mehrkernige, molekulare Konfigurationen 2. Ordnung* vor.

γ) Kann schließlich mit dem Abstand $C \rightarrow A$ zu *unbegrenzt vielen Atomen A und dementsprechend auch zu beliebig vielen Atomen C* gelangt werden, so hat der A, C-Zusammenhang den Charakter einer *kristallinen* Konfiguration, innerhalb welcher die einkernigen Radikale

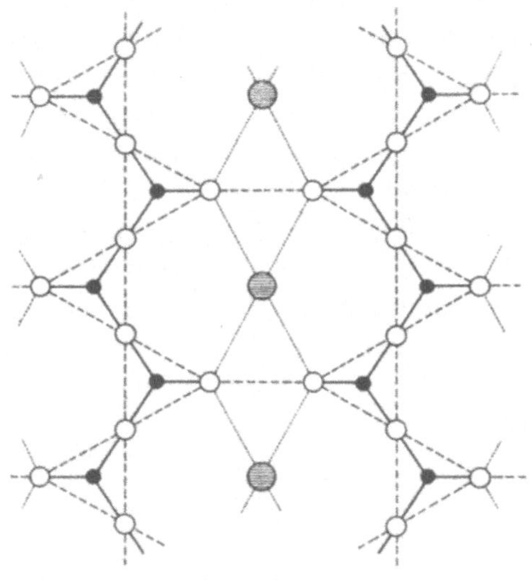

Abb. 118

Schema der Konstitution einer Kristallverbindung 2. Ordnung: Ketten (AB_2) (A volle, B leere Kreise) werden durch zwischengelagerte Atome C (schraffierte Kreise) abgesättigt, wobei der Abstand $B \rightarrow C$ wesentlich größer ist als die Entfernung $A \rightarrow B$. Die Atome B stehen unter sich in einem einparametrigen Zusammenhang (gestrichelte Linien).

(AB_n) bzw. die mehrkernigen ($A_p B_q$) als solche wiederum als selbständige Teilverbände der enger zusammengehörenden Atome A und B erscheinen. Der zusätzliche Umstand, ob innerhalb der Gesamtkonfiguration aus den Atomen A, B, C das Valenzgleichgewicht erreicht wird oder nicht, entscheidet darüber, ob der A, B, C-Verband als Ganzes eine in sich neutrale Verbindung, einen *ersten* Typus einer *Kristallverbindung 2. Ordnung,* nämlich eine sog. *kristalline Radikalverbindung* (eine Kristallverbindung I. Art) darstellt oder ob er, da in sich chemisch nicht abgesättigt, als kristalliner Radikalverband 2. Ordnung zu bewerten ist.

Das Verhältnis der Bindungsabstände $C \rightarrow A$ und $B \rightarrow B$ ist allgemein dafür maßgebend, ob die Atome B unter sich in einem unbegrenzten, einparametrigen Zusammenhang stehen können, damit als sog. *Gitterträger* das Gerippe einer Struktur bilden, in welches die Atome A und C gleichsam eingelagert erscheinen.

II. Von den Atomen A und B werden für sich *kristalline* Konfigurationen, ein-, zwei- oder dreidimensionale, unabgesättigte kristalline Radikalverbände, monomikte oder polymikte gebildet, ihrerseits wiederum als *selbständige* Bauzusammenhänge im Rahmen der Gesamtkonfiguration hervortretend. Dem kristallinen Charakter des A, B-Zusammenhanges entsprechend kann hier nur eine Vereinigung mit unbegrenzt vielen Atomen

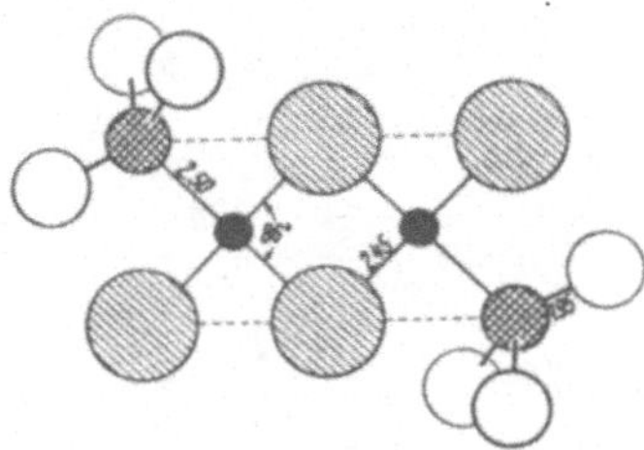

Abb. 119

Bauplan eines Moleküls 3. Ordnung: $[(CH_3)_3AsPdBr_2]_2$ (leere Kreise: (CH_3)-Gruppen, volle Kreise: Pd, einfach schraffiert: Br, gekreuzt schraffiert: As). Bauverbände 1. Ordnung sind die Methyl-Gruppen (CH_3), 2. Ordnung die Gruppen $(As(CH_3)_3)$ mit einer Entfernung As$\rightarrow(CH_3)$ von 1,95 Å.E.; der Verband 3. Ordnung umfaßt die As-, Pd- und Br-Atome mit Abständen As$\rightarrow$ Pd bzw. Pd$\rightarrow$Br um 2,5 Å.E.

C in Frage kommen, wird auch der A, C-Verband in diesem Fall stets eine kristalline Atomkonfiguration darstellen. Ergeben dabei das Verhältnis $A : B : C$ und die Wertigkeiten von A, B, C eine in sich neutrale Konfiguration, so handelt es sich bei dieser um einen *zweiten* Typus einer *Kristallverbindung 2. Ordnung,* jetzt um eine zusammengesetzte Kristallverbindung II. Art, andernfalls wiederum um einen kristallinen Radikalverband 2. Ordnung, von dem unter A. III, β) angetroffenen sich darin unterscheidend, daß ihm als Unterverband ein aus den Atomen A und B aufgebauter, kristalliner Radikalverband 1. Ordnung angehört.

D. Treten in einer Kristallstruktur außer den Atomen A, B, C noch weitere auf und besitzen diese von den erstern wesentlich größere Bindungsabstände als die Atome A, B; A, C oder C, B unter sich, so hat die geometrisch-topologische Analyse diese weitern Lagebeziehungen nach ganz entsprechenden Gesichtspunkten, wie sie bis hierher befolgt wurden, abzuklären. Sie kann dann etwa auf *Moleküle 3. Ordnung* stoßen oder *Kristallverbindungen 3. Ordnung* nachweisen. Alle möglichen Lagebeziehungen schließlich in dieser Weise planmäßiger Prüfung unterworfen wird sich erst entscheiden, ob der betrachteten Kristallart als solcher die Konstitution einer Molekülverbindung oder einer Kristallverbindung eigen ist. Die erstere Möglichkeit scheidet immer dann aus, sobald die Untersuchung der Atomverbände, ausgehend von demjenigen mit dem kürzesten Bindungsabstand auf eine kristalline Konfiguration führt, bevor sie einen molekularen Atomverband, dessen Zusammensetzung jener der fraglichen Kristallart entspricht, nachweisen konnte. Wo letzteres zutrifft, also eine Molekülverbindung vorliegen

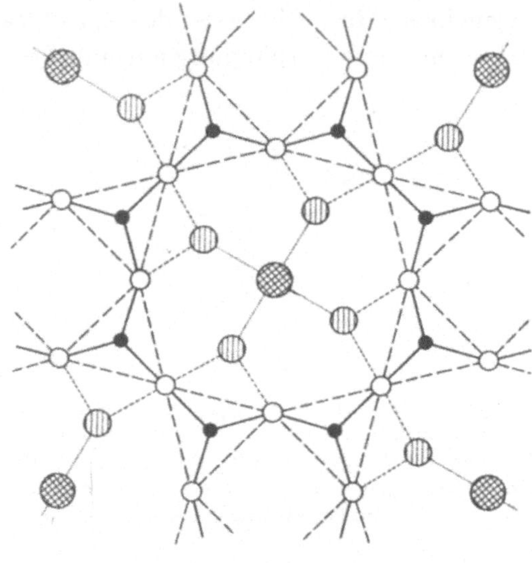

Abb. 120

Schema der Konstitution einer Kristallverbindung 3. Ordnung: Ein zweidimensionaler Radikalverband (A_2B_3) (A volle, B leere Kreise) in Kombination mit zusätzlichen, inaktiven Atomen C (einfach schraffierte Kreise) erfährt seine Absättigung durch den Einbau zusätzlicher Atome D (gekreuzt schraffierte Kreise). Dabei ist der Abstand $A \rightarrow B$ kleiner als die Entfernung $C \rightarrow B$, diese ihrerseits wesentlich kleiner als der Abstand $C \rightarrow D$.

muß, stellt sich der geometrisch-topologischen Betrachtung die weitere Aufgabe, die besondern *intermolekularen Lagebeziehungen* aufzuzeigen, wie sie etwa darin zum Ausdruck kommen, daß *eine endliche Anzahl von Molekülen* unter sich in einem nähern Zusammenhang steht, oder aber die Anordnung der Moleküle so erfolgt, daß der Molekülhaufen des Kristalls einer Molekülverbindung aus Ketten oder Netzen (Schichten) sich aufbaut, innerhalb derer die Moleküle einander enger benachbart sind als mit den Molekülen im übrigen Kristallraum. Dabei sind nicht allein die Lagebeziehungen unter den Molekülschwerpunkten zu betrachten, sondern es hat außerdem im besondern eine Überprüfung der Lagebeziehungen unter jenen Atomen benachbarter

Moleküle zu erfolgen, zwischen welchen die *kleinsten,* intermolekularen Atombestände bestehen, ihrerseits nicht selten Aufschluß über die spezielle Natur der zwischenmolekularen Kräfte vermittelnd. Vergleich der kürzesten, intermolekularen Atomabstände mit den zweitkürzesten (eventuell noch größern) intramolekularen läßt oft auffallende Übereinstimmung solcher feststellen, ihrerseits der Hinweis darauf, daß die Moleküle sich so zum Kristall der Molekülverbindung gruppieren, daß die Atome aller Moleküle unter sich eine Reihe übergeordneter, gitterhafter Verbände bilden.

Zufolge des Umstandes, daß die geometrisch-topologische Analyse der Atomverbände bei zahlreichen Verbindungen mit der Unterscheidung einer *kleineren* Anzahl sich *grundsätzlich* verschieden verhaltender, atomarer Bausteine auskommt, als die Zahl der in der Konfiguration enthaltenen, verschiedenen chemischen Elemente beträgt, indem in der Rolle der vorstehend als Atome A, B, C bezeichneten Atome sehr oft nicht eine einzige Atomart, sondern deren mehrere gleichzeitig auftreten, sind im Rahmen der in Tabelle IX niedergelegten Systematik der Haupttypen chemischer Verbindungen Moleküle, Radikale, Kristallverbindungen oder kristalline Radikalverbände von höherer als dritter Ordnung nur ausnahmsweise anzutreffen. Das *weitaus überwiegende Kontingent* chemischer Verbindungen, gleichgültig, ob es sich um Molekül- oder Kristallverbindungen handelt, stellen *Verbindungen erster und zweiter Ordnung* dar, wofür trotz ihres mannigfaltigen Atombestandes als Kristallverbindungen die Silikate und als Molekülverbindungen jene des Kohlenstoffs zwei besonders überzeugende Beispiele abgeben:

Bei den Silikaten erscheinen in der Rolle aktiver Koordinationszentren gegenüber Sauerstoff-Atomen, welche hier zusammen mit den weitern Anionen F und (OH) die Atome B repräsentieren, einerseits die Kationen Si, B, Be, Ge, P, As mit der Koordinationszahl vier gegenüber Sauerstoff bei tetraedrischer O-Umgebung und andererseits die Kationen Mg, Fe, Ti, Li, eventuell noch Na mit der Koordinationszahl sechs gegenüber Sauerstoff bei oktaedrischer O-Umgebung, während im besondern Al eine Doppelrolle spielt, nämlich sowohl als Zentralatom tetraedrischer als auch oktaedrischer O-Gruppen auftritt. Alle diese Kationen sind im Sinne der vorstehenden Darstellung als Atome A zu bewerten; sind nur solche mit der Koordinationszahl vier vorhanden, so liegt dem betreffenden Silikat ein monomikter, kristalliner Radikalverband zugrunde, andernfalls ein gemischt tetraedrisch-oktaedrischer, also polymikter Verband. Silikate vom Typus einer Kristallverbindung erster Ordnung sind beispielsweise SiO_2 und Be_2SiO_4, beide von monomiktem Charakter, sodann mit polymiktem Aufbau SiO_4Mg_2, $AlSiO_5Al$, $Be_3Si_6O_{18}Al_2$, wobei die vor O stehenden Kationen die Koordinationszahl vier, die nach O genannten die Koordinationszahl sechs besitzen.

Es ist in diesem Zusammenhang von besonderem Interesse, daß mit den beiden erst genannten Silikaten die Kristallarten $AlPO_4$, $FePO_4$, $AlAsO_4$, $FeAsO_4$ bzw. Ge_3N_4 den Strukturtyp gemein haben, im ersten Fall Si durch zwei verschiedenartige Elemente AlP, FeP, $AlAs$ oder $FeAs$ ersetzt wird, im zweiten Fall hingegen an Stelle der beiden Elemente Be_2Si als Ge_3 ein einziges tritt. Demgegenüber liegen z. B. in den Silikaten $(Si_3AlO_8)K$, $(Si_2AlO_6)K$, $(SiAlO_4)Na$, $(Si_3O_{12}Al_2)Ca_3$, $(Si_8O_{22}(OH)_2Mg_5)Ca_2$, $(Si_3AlO_{10}(OH)_2Al_2)K$ Kristallverbindungen zweiter Ordnung vor, und zwar solche vom zweiten Typus, indem ein unabgesättigter Radikalverband (etwa einer der monomikten Verbände (Si_3AlO_8), (Si_2AlO_6), $(SiAlO_4)$ oder einer von den polymikten $(Si_3O_{12}Al_2)$, $(Si_8O_{22}(OH)_2Mg_5)$, $(Si_3AlO_{10}(OH)_2Al_2)$) sich mit den Kationen Na, K oder Ca vereinigt, welche hier und bei den Silikaten ganz allgemein vor allem als Atome C, ihrerseits als gegenüber Sauerstoff inaktive Kationen auftreten. Verglichen mit derart als Kristallverbindungen erster oder zweiter Ordnung konstitutierten Silikaten haben solche von dritter Ordnung bereits nur untergeordnete Bedeutung, so etwa verwirklicht in den Kristallarten: $((Si_9Al_3O_{24})Na_4)Cl$, $((Si_6Al_6O_{12})Na_8)(SO_4)$, $((Si_3Al_3O_{12})Na_3Ca)((CO_3),(SO_4))$, bei welchen allgemein der aus den Atomen A, B, C gebildete Verband in sich das Valenzgleichgewicht nicht erfüllt, dieses vielmehr erst auf Grund des Einbaus der zusätzlichen Anionen D, nämlich Cl, (SO_4), (CO_3) erreicht wird.

Daß auf der andern Seite auch im Bereich der organischen Molekülverbindungen trotz ihrer außerordentlichen Mannigfaltigkeit Verbindungen höherer Ordnung nur sehr spärlich vertreten sind, beruht auf der weitgehenden Übereinstimmung der für die Konstitution organischer Moleküle vor allem maßgebenden Bindungsabstände $C - C$ (aliphatisch und aromatisch), $C=C$, $C-O$, $C-N$, $C-OH$, $C=N$, $C=S$, welche alle im Intervall von 1,3 bis 1,6 Å. E. liegen, so daß sich unter diesen Atomen, auch bei sehr verschiedenen Bindungszuständen stets *weitgehend pseudoeinparametrige* Zusammenhänge einstellen, damit aber selbst bei recht verschiedenartigen Atomen in einer Konfiguration dieser irgendwelche selbständigen Unterverbände fehlen. Solche werden in Erscheinung treten, falls die kleinern Atomabstände $C - H$, $C = O$ und $C \equiv C$ oder die wesentlich größern Abstände $C - Cl$, $C - Br$, $C - J$, sodann $O - OH$ eine Rolle spielen. Wenn sich auch auf dem Gebiet der Kristallstrukturbestimmungen an organischen Molekülverbindungen die von der chemischen Konstitutionsforschung auf andere Weise erschlossenen Vorstellungen vom atomaren Bau der Moleküle zumeist bestätigt haben, so führten die röntgenographischen Untersuchungen doch in mehrfacher Beziehung über eine bloße Erhärtung der rein chemischen Befunde hinaus:

einmal eben darin, daß eine Aufklärung der Konstitution mittels der Röntgen-

TABELLE IX

Die Konstitution der Haupttypen chemischer Verbindungen

Molekülverbindungen

1. Ordnung	einkernige Moleküle mehrkernige Moleküle (= neutrale, molekulare Radikalverbände), monomikte oder polymikte
n-ter Ordnung (*molekulare Radikalverbindungen*), daran als Baueinheiten beteiligt:	Radikale erster Ordnung: einkernige; mehrkernige (= unabgesättigte, molekulare Radikalverbände), mono- oder polymikte Radikale zweiter und höherer Ordnung

Kristallverbindungen

1. Ordnung:	neutrale, periodische (kristalline) Radikalverbände (*reine Kristallverbindungen II. Art*), mono- oder polymikte, eindimensionale Verbände (Kettenstrukturen) zweidimensionale Verbände (Schichtstrukturen) dreidimensionale Verbände (Gitterstrukturen)
2. Ordnung:	a) Radikale + inaktive Atome in periodischem Verband (*kristalline Radikalverbindungen, Kristallverbindungen I. Art*), dabei die Radikale von erster oder höherer Ordnung, einkernig oder mehrkernig (mono- oder polymikt), die inaktiven Atome einerlei oder mehrerlei Art, der von beiden gebildete, periodische Verband ein-, zwei- oder dreidimensional
	b) unabgesättigte, periodische (kristalline) Radikalverbände + inaktive Atome (*zusammengesetzte Kristallverbindungen II. Art*), dabei die Radikalverbände mono- oder polymikt, ein-, zwei- oder dreidimensional, der von ihnen mit den inaktiven Atomen gebildete Verband von gleicher oder höherer Dimension
n-ter Ordnung:	z. B. eine Kombination von Radikalen + inaktiven Kationen in periodischem Verband oder eines unabgesättigten, periodischen Radikalverbandes + inaktive Kationen ist in sich nicht neutral, verlangt daher zusätzliche Anionen oder Radikale zur Erfüllung des Valenzgleichgewichts.

interferenzen nicht nur die generelle Anordnung der Atome innerhalb des einzelnen Moleküls, sondern ein exaktes Bild der molekularen Atomkonfiguration liefert, welchem die Größe der Bindungsabstände (bei organischen Molekülen bis auf etwa ± 0,04 Å. E. genau) und der von ihnen eingeschlossenen Winkel als experimentell begründete Größen, ermittelt ohne Zuhilfenahme irgendwelcher zusätzlicher Voraussetzungen, entnommen werden können. In diesen Aussagen ist naturgemäß auch stets der Entscheid darüber enthalten, ob ein Molekül als Ganzes ein *planares* Gebilde darstellt (alle seine Atome in ein und derselben Ebene liegen) oder ob einem Molekül eine *räumlich* geartete Konfiguration von Atomen eigen ist.
Sodann dadurch, daß die röntgenographische Konstitutionsaufklärung von organischen Molekülverbindungen auch die *zwischenmolekularen Beziehungen* unter organischen Molekülen zu beurteilen gestattet, etwa, ob es sich dabei um rein VAN DER WAALS'sche Wirkungen zwischen den Molekülen, oder um die Betätigung bestimmter Restvalenzen und dergleichen handelt.

Zum Abschluß der geometrisch-topologischen Analyse der atomaren Lagebeziehungen einer Kristallstruktur erhebt sich stets die Frage, in welchem Verhältnis die Symmetrie der unmittelbaren Nachbarschaftsbilder zu der an der Struktur als Ganzem und damit auch am Kristall selber wahrnehmbaren Symmetrie steht. Sie ist in jedem Einzelfall erneut zu stellen, weil nämlich die *Symmetrie der nächsten Umgebungen der Atome* sich zur *Totalsymmetrie der Struktur* ganz verschieden verhalten kann:
So braucht auch bei höchst möglicher Symmetrie der Koordinationspolyeder (also z.B. bei Tetraedern und Oktaedern) durchaus nicht eine entsprechend hohe Gesamtsymmetrie der Kristallstruktur zu bestehen. Eine derartige Parallele *kann* wohl zutreffen, und zwar dann, wenn die selber hoch symmetrischen Koordinationspolyeder, sei es als selbständige, molekulare Konfigurationen oder über gemeinsame Ecken, Kanten oder Flächen zu Polyederverbänden vereinigt, sich ihrerseits *symmetriegerecht* anordnen, also derart gruppieren, daß beim Zusammentritt der Koordinationspolyeder die ihnen eigene Symmetrie von der ersten Sphäre ausgehend sich auf alle weitern, beliebig hohen Sphären überträgt. Damit ergibt sich für die resultierende Struktur eine Raumgruppe, bei welcher die Schwerpunkte der Polyeder Punktlagen besetzen, deren Symmetriebedingung mit der Polyedersymmetrie übereinstimmt (die Zentren von oktaedrischen Koordinationspolyedern liegen beispielsweise in Punktlagen mit der Symmetrieforderung der kubischen Holoedrie, Schwerpunkte von Koordinationstetraedern in solchen von der Symmetriebedingung T_d, usw.).
Nicht selten wird jedoch auch ein gegenteiliges Verhalten angetroffen: trotz höchst möglicher Symmetrie der Koordinationspolyeder wird dann eine Struktur festgestellt, deren Raumgruppe nur geringe Symmetriequalitäten

aufweist. Die Schwerpunkte der Koordinationspolyeder besetzen darin Punktlagen, deren Symmetriebedingung keinesfalls der Polyedersymmetrie gleich ist, höchstens einen geringen Teil derselben ausmacht (eine oktaedrische Konfiguration hat beispielsweise ihren Schwerpunkt in einer Punktlage der Symmetrieforderung C_1 oder C_s). Wohl kann die Verknüpfung der Koordinationspolyeder zur molekularen oder kristallinen Konfiguration noch symmetriegerecht erfolgen, damit Moleküle und Radikale, Ketten und Schichten aus Radikalen von hoher Symmetrie abgebend, indessen erfolgt deren Vereinigung unter sich oder über zusätzliche Atome zur Kristallstruktur ohne Rücksicht auf die Symmetrie dieser einzelnen Konfigurationen, so daß diese und damit auch jene des einzelnen Koordinationspolyeders für die resultierende Struktur stets wenigstens teilweise verloren geht. Infolgedessen gelangen die verschiedenen Ecken der Polyeder relativ zu den Symmetrieelementen der Struktur in ungleichwertige Lagen, werden also durch diese letztern nicht ineinander übergeführt, wiewohl an deren Äquivalenz hinsichtlich des zentralen Atoms im Polyederschwerpunkt kein Zweifel bestehen kann. Es weist dies daraufhin, daß die Frage, inwiefern chemisch übereinstimmende Atome einander auch strukturell gleichwertig sind oder nicht, bei derart konstituierten Strukturen keine entscheidende Bedeutung beanspruchen kann. Offensichtlich wird der Bau solcher Kristallstrukturen allgemein von der Tendenz beherrscht, vorgegebene, in sich weitgehend starre Teilverbände von Atomen (wie z. B. lineare oder schichtförmige Radikalverbände) bei periodischer Wiederholung zu einer möglichst dichten und in sich ausgeglichenen Packung zu vereinigen. Um das Wesen dieser Kristallgebäude zu würdigen, ist es daher gegeben, die Eigenstruktur der Teilverbände zwar im Sinne der vorstehend erörterten geometrisch-topologischen Analyse zu beschreiben, bei der Darstellung ihrer Verknüpfung zur Struktur selber die Teilverbände indessen als ganze Baueinheiten zu betrachten. Wie sehr die Totalsymmetrie einer Struktur von derjenigen der unmittelbaren Nachbarschaftsbilder abweichen kann, belegen schließlich mit besonderer Eindrücklichkeit jene amorphen Festkörper, welchen nur pseudokristallin struierte Radikalhaufwerke eigen sind, wobei *auch hier* das einzelne Radikal für sich einem der Typen höchster Symmetrie angehört.

Wenn in solcher Weise hochsymmetrische Koordinationspolyeder durchaus nicht hinreichen, um eine Kristallstruktur von entsprechend hoher Symmetrie zu begründen, so ist umgekehrt die Existenz einer Struktur von hoher Symmetrie keineswegs der bündige Beweis dafür, daß deren Atome unter sich in entsprechend hoch symmetrischer Koordination stehen. Eine solche Schlußweise ist — in positivem oder negativem Sinn — erst möglich, wenn aus der Zahl der Atome pro Elementarzelle sich angeben läßt, ob spezielle Punktlagen von entsprechender Eigensymmetrie besetzt sein müssen. Im übrigen setzt sie naturgemäß voraus, daß das der fraglichen Struktur zugrunde liegende Raumsystem völlig eindeutig zu bestimmen war, indem nur dann Zähligkeit und Symmetriebedingung mit Sicherheit zu koordinieren sind (werden für eine monokline Elementarzelle zwei Moleküle einer Molekülverbindung nachgewiesen, so folgt hieraus als Eigensymmetrie des Moleküls C_i, C_s oder C_2 mit Bestimmtheit nur dann, wenn der holoedrische Charakter der Kristallart feststeht).

Röntgeninterferenz-Verhalten und Bindungszustand

7. Wenn sich die stereochemische Betrachtung der Kristallstrukturen in Form der vorstehend erläuterten, systematisch verfahrenden geometrisch-topologischen Analyse zunächst einzig den Lagebeziehungen unter den Atomen widmet, dabei im übrigen sehr beachtliche Einblicke in die Konstitution der festen Körper und eine ausreichende Grundlage zu einem planmäßigen Vergleich verschiedener, konstitutioneller Verhältnisse zu vermitteln in der Lage ist, so spiegelt sich darin zugleich die Beschränkung, daß irgendwelche Interferenzdaten ***unmittelbar nur geometrische Aussagen über den atomaren Aufbau eines Stoffes,*** indessen ***keine direkte Beurteilung seines dynamischen Zustandes*** gestatten. So lassen sich alle Fragen der *chemischen Bindung* auf röntgenographischem Wege ***nur mittelbar*** behandeln, in den bis heute nach dieser Richtung angestellten Untersuchungen dadurch, daß die Bestimmung der Elektronendichte-Verteilung mittels einer verfeinerten Fourier-Analyse der Kristallstrukturen (siehe bereits S.223) bis zu einer Genauigkeit getrieben wird, daß aus der röntgenometrisch ermittelten Elektronenverteilung Rückschlüsse auf den Charakter der chemischen Bindung möglich werden. Dabei ist es für den Fall *heteropolarer* (polarer) Bindung kennzeichnend, daß die Elektronendichte zwischen den einzelnen Ionen praktisch auf den Wert Null absinkt, während bei *homöopolarer* Bindung auf den Atomverbindungslinien durchgehend von Null beträchtlich abweichende Elektronendichten gefunden werden, offensichtlich auf den diese Bindung bewirkenden Austauschelektronen beruhend. Bisher untersuchte Fälle ***metallischer*** Bindung ließen neben der Anwesenheit nicht an bestimmte Plätze gebundener Elektronen (eigentliche Leitungselektronen) ausgesprochen lokalisierte Elektronenanhäufungen im Gebiet charakteristischer Lücken des Atomgitters nachweisen. Überdies kann auf diese Weise eine einwandfreie ***Lagebestimmung auch der H-Atome*** (siehe S.225) vorgenommen werden und läßt sich die Existenz von *Wasserstoff-Bindungen* und deren Position in einer gegebenen Atomkonfiguration sicher feststellen, damit aber angeben, zwischen welchen Strukturen Resonanz besteht (so beruht die Wasserstoffbindung im Dihydrat der Oxalsäure beispielsweise auf einer Resonanz zwischen

$(H_2O)\cdots HO(O{=})C{-}C({=}O)OH\cdots(H_2O)$ und $(H_3O)^+\cdots {}^-O(O{=})C{-}C({=}O)O^-\cdots(H_3O)^+$

und nicht zwischen

$HOH\cdots O{=}C(HO){-}C(OH){=}O\cdots HOH$ und $HO\cdots HO{-}C(HO){=}C(OH){-}OH\cdots OH)$.

Ja auch die Natur der *zwischenmolekularen* Kräfte läßt sich an Hand derartiger Fourier-Analysen besonderer Präzision abklären, indem damit eine Entscheidung darüber möglich wird, ob die zwischen den einzelnen Molekülen nachweisbare Elektronendichte einer bloß VAN DER WAALS'*schen Bindung* zwischen den Molekülen entspricht, oder aber, ob lokalisierte Elektronenbrücken von Molekül zu Molekül auf intermolekulare Bindungen im Sinne von *Restvalenzen* deuten. Nicht vergessen sei endlich, daß derartige Untersuchungen nicht immer auf «reine» Bindungstypen zu führen brauchen, sehr wohl auch *Übergänge zwischen verschiedenen Bindungen*, etwa Über-

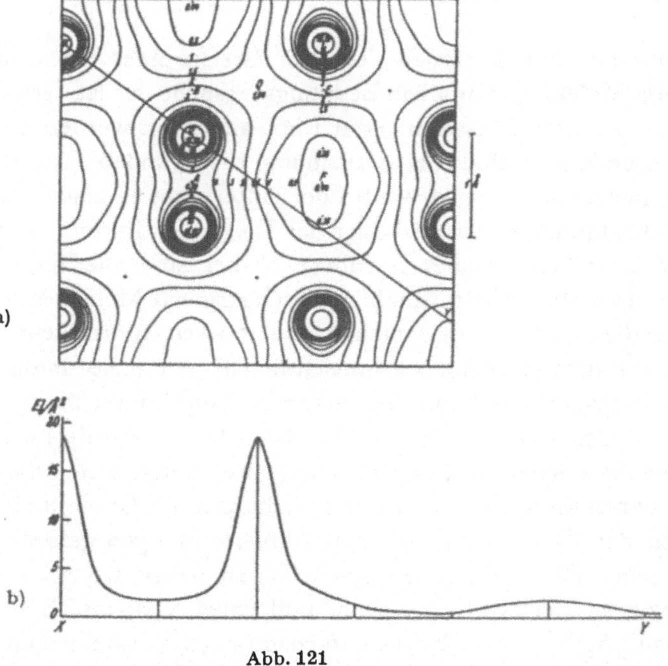

Abb. 121

Ladungsverteilung im Diamantgitter: (a) Projektion in Richtung der Flächendiagonalen des Elementarwürfels, (b) Schnitt durch die Ladungsverteilung in Richtung X—Y. Zwischen den Atomen sind von Null beträchtlich abweichende Elektronendichten vorhanden (nach R. BRILL, C. HERMANN und CL. PETERS).

gangszustände zwischen heteropolarer und homöopolarer Bindung auftreten können, da ja die Unterscheidung der verschiedenen Bindungstypen allgemein auf der Gegenüberstellung ausgesprochener Grenzfälle beruht.

Konstitutionsaufklärung mittels Röntgen- und Elektronen-Interferenzen an Gasen und Flüssigkeiten

8. Zur Aufklärung der Konstitution von Molekülverbindungen können neben oder statt der Interferenzen am Kristall auch die sich *am entsprechenden Dampf oder Gas* bzw. *an der entsprechenden flüssigen Phase mit Röntgen- oder Elektronenstrahlen ergebenden Interferenzen* verwendet werden. Während bei den *Flüssigkeitsinterferenzen zweierlei* Beugungseffekte einander überlagert sind, nämlich die *innermolekularen* Interferenzen, von der gesetzmäßigen Anordnung der Atome im Rahmen eines Moleküls herrührend, und die *intermolekularen,* ihrerseits bedingt durch den in einer Flüssigkeit bestehenden Ordnungszustand der Moleküle (Atome im Falle einatomiger Flüssigkeiten), sind die an Gasen oder Dämpfen wahrzunehmenden Beugungserscheinungen als *reine innermolekulare Interferenzen* zu bewerten.

Aus diesem Grunde eignen sich zum Zwecke einer Konstitutionsbestimmung von Molekülen vor allem Beugungsversuche der letztern Art, während solche an flüssigen Phasen in erster Linie angestellt werden, um die im Mittel bestehende intermolekulare Ordnung zu erkunden (dabei wird grundsätzlich gleich vorgegangen, wie bei der Untersuchung amorpher Stoffe S. 52 bereits ausgeführt, wobei auch hier der Weg einer Patterson- oder Fourier-Analyse am planmäßigsten verfährt). Bisher sind allerdings mittels Gas-Interferenzen nur verhältnismäßig einfach struierte Moleküle, bei welchen zudem über die zu erwartende Atomanordnung bereits hinreichend fundierte Annahmen vorlagen, einer Analyse hinsichtlich der Atomanordnung unterworfen worden. Indem dabei sehr oft die von chemischen Untersuchungen her bekannte Molekül-Gestalt übernommen (oder höchstens überprüft) wurde, waren es vor allem die aus den Beugungseffekten berechneten, *absoluten Atomabstände,* mit denen diese Interferenzuntersuchungen an Gasen und Dämpfen die Kenntnis der Konstitution von Molekülverbindungen gefördert haben. Sie sind in jenen Fällen von einem speziellen Interesse, wo cis- und trans-Verbindungen vergleichend untersucht und dabei z. B. im Falle des Dichloräthylens $C_2H_2Cl_2$ in der Tat die den chemischen Vorstellungen entsprechenden Abstandsunterschiede gefunden wurden (Abstand $Cl — Cl$ in der cis-Verbindung 3,6 Å. E. gegenüber 4,1 Å. E. in der trans-Verbindung). Besondere Bedeutung haben sie sodann, wenn entsprechende Messungen auch an Kristallstrukturen ausführbar sind und damit ein und derselbe Bindungsabstand in verschiedenen Aggregatszuständen ermittelt werden kann. Einige hierher gehörende Ergebnisse über sowohl an Gasen als am Kristall bestimmte Atomabstände enthält Tabelle X.

TABELLE X

Vergleich einiger Atomabstände in Molekülen und Kristallen ermittelt aus Röntgen- und Elektronen-Interferenzen an Gasen und Kristallen:

Abstand zwischen	beim Molekül im Gaszustand (in Å.E.)	im Kristall (in Å.E.)
P—P	P_4 mit 2,21	2,17
J—J	J_2 mit 2,65	2,70
As—As	As_4 mit 2,44	2,51
Tl—Cl	TlCl mit 2,55	3,33 in TlCl
Tl—Br	TlBr mit 2,68	3,44 in TlBr
Tl—J	TlJ mit 2,87	3,62 in TlJ
Ti—Cl	$TiCl_4$ mit 2,08	2,34 in Rb_2TiCl_6
Ge—Cl	$GeCl_4$ mit 2,21	$2{,}3_5$
Sn—Cl	$SnCl_4$ mit 2,30	2,42 in Rb_2SnCl_6
C—Cl	C_6Cl_6 mit 1,69	1,86 in C_6Cl_6
C—C	C_6Cl_6 mit 1,39	1,41
	C_6H_{12} mit 1,51	1,54
C—N	Nitromethan mit 1,47	1,42
N—O	Nitromethan mit 1,22	1,18

Indem auf der einen Seite, und zwar bei allen chemischen Verbindungen der Kristall, auf der andern Seite im Falle von Molekülverbindungen neben ihm auch der Gaszustand einer Konstitutionsaufklärung mittels der Röntgeninterferenzen (und auch gestützt auf die Beugung von Elektronen) die günstigsten und damit aussichtsreichsten Voraussetzungen bieten, steht der experimentelle Konstitutionsnachweis chemischer Verbindungen vor der gleichen Situation wie die *Molekulartheorie der Materie. Beiden* sind *die zwei gleichen Zustände der Materie* allgemein leichter zugänglich als alle andern, eine Tatsache, die bei der Auswertung der Ergebnisse röntgenographischer Konstitutionsforschung im Rahmen molekulartheoretischer Betrachtungen ihr besonderes Gewicht erhält.

HINWEISE AUF DARSTELLUNGEN EINER ALLGEMEINEN STEREOCHEMIE UND DER GRUNDLAGEN DER KRISTALLCHEMIE:

Eine vollständige Darstellung der geometrischen Grundlagen der allgemeinen Stereochemie, molekulare und kristalline Konfigurationen in gleicher Weise erfassend, siehe bei

P. NIGGLI, Lehrbuch der Mineralogie und Kristallchemie, Band I (3. Auflage) 1942

P. NIGGLI, Grundlagen der Stereochemie, 1945.
Die Anwendung der geometrisch-topologischen Analyse zur Charakterisierung der stereochemischen Verhältnisse, verbunden mit einem Überblick über die Gesamtheit der anorganischen Kristallarten und einem Ausblick auf die organischen gibt

P. NIGGLI, Lehrbuch der Mineralogie und Kristallchemie, Band III (3. Auflage) 1942/45.
Weitere Darstellungen der allgemeinen Ergebnisse der Kristallchemie und ihrer Nutzbarmachung bei Strukturbestimmungen:

V. M. GOLDSCHMIDT, Kristallchemie und Röntgenforschung, Erg. techn. Röntgenkde *2* (1931) 151

O. HASSEL, Kristallchemie (Wissenschaftl. Forsch. Ber., Naturw. Reihe XXXIII [1934])

CH. W. STILLWELL, Crystal chemistry, 1938.

R. C. EVANS, An introduction to crystal chemistry, 1939.

L. PAULING, The nature of the chemical bond (2nd edition) 1940.
Überdies die bereits S. 41 zitierten Buchdarstellungen von R. W. G. WYCKOFF und G. L. CLARK.

BEISPIELE FÜR KOMBINIERTE CHEMISCHE UND RÖNTGENOGRAPHISCHE UNTERSUCHUNGEN, DIE RÖNTGENOGRAPHISCHE MOLEKULARGEWICHTSBESTIMMUNG, STRUKTURBESTIMMUNGEN ÜBER MODELLSUBSTANZEN, NACHWEIS VON BESTIMMTEN STRUKTURTYPEN:

CH. MAUGUIN, Etude des micas au moyen des rayons X, Bull. Soc. Franç. Minéralog. *51* (1928) 285
(Beispiel für eine kombinierte chemische und röntgenographische Untersuchung zur Festlegung des Variationsbereiches einer Kristallart und deren struktureller Bezugsbasis).

J. HENGSTENBERG und R. KUHN, Notiz über eine röntgenographische Molekulargewichtsbestimmung des Methylbixins, Z. Kristallogr. (A) *76* (1930) 174
(Beispiel für eine röntgenometrische Molekulargewichtsbestimmung).

E. BRANDENBERGER, Die Kristallstruktur von Berylliumfluorid, Schweiz. Mineralog. Petrogr. Mitt. *XII* (1932) 243

W. ZACHARIASEN, Über die Kristallstruktur der wasserlöslichen Modifikation des Germaniumdioxyds, Z. Kristallogr. *67* (1928) 226
(Beispiele von Kristallstrukturbestimmungen, ausgehend von bekannten Strukturtypen, im ersten Fall angewandt auf eine kubische Kristallart, im zweiten Fall auf eine solche von hexagonaler Symmetrie).

R. KLEMENT und F. ZUREDA, Basische Phosphate zweiwertiger Metalle, V. Phosphate und Hydroxylapatit des Cadmiums, Z. anorg. allg. Chem. *245* (1940) 229

P. DIHN und R. KLEMENT, Isomorphe Apatitarten, Z. Elektrochem. *48* (1942) 331
(Beispiele des röntgenographischen Nachweises von Strukturtypen zur Abgrenzung der einem Strukturtypus eigenen Variationsbreite, herausgegriffen

aus den umfangreichen Arbeiten von R. KLEMENT über Kristallarten vom Apatittypus).

H. O'DANIEL, Die Aufklärung der Struktur von Orthosilikaten mit Hilfe ihrer Modelle, Zement *30* (1941) 540

H. O'DANIEL und L. TSCHEISCHWILI, Zur Struktur von γ-Ca_2SiO_4 und Na_2BeF_4, Z. Kristallogr. (A) *104* (1942) 124

H. O'DANIEL und L. TSCHEISCHWILI, Zur Struktur von K_2BeF_4, Sr_2SiO_4 und Ba_2SiO_4, Z. Kristallogr. (A) *104* (1942) 348
(Beispiele für Strukturbestimmungen von Kristallarten mit nicht ausreichender Kristallqualität auf dem Umweg über Modellsubstanzen).

E. BRANDENBERGER, Kristallstrukturelle Untersuchungen an Ca-Aluminathydraten, Schweiz. Mineralog. Petrogr. Mitt. *XIII* (1933) 569
(Beispiel für eine Strukturbestimmung über einen verwandten Strukturtyp ausgeführt).

E. POSNJAK and T. W. F. BARTH, A new type of crystal fine-structure: Lithium ferrite ($Li_2O \cdot Fe_2O_3$), Phys. Review *38* (1931) 2234

T. W. F. BARTH, Non-silicates with cristobalite-like structure, J. chem. Phys. *3* (1935) 323

E. KORDES, Kristallchemische Untersuchungen über Aluminiumverbindungen mit spinellartigem Gitterbau und über γ–Fe_2O_3, Z. Kristallogr. (A) *91* (1935) 193

E. KORDES, Die Steinsalzstruktur der Verbindung Li_2TiO_3 und ihre Mischkristallbildung mit MgO und $Li_2Fe_2O_4$, Z. Kristallogr. (A) *92* (1935) 139
(Beispiele für den Nachweis von übereinstimmendem Strukturtyp ohne formelmäßige Übereinstimmung).

L. T. BROWNMILLER, The structure of the glassy phase in portland cement clinker, Amer. J. Sc. (5) *35* (1938) 241
(Nachweis eines übereinstimmenden Systems von Kristallinterferenzen bei in weiten Grenzen variierender Zusammensetzung und Deutung als metastabile Kristallstruktur).

K. DIHLSTRÖM und A. WESTGREN, Über den Bau des sog. Antimontetroxyds und der damit isomorphen Verbindung $BiTa_2O_6F$, Z. anorg. allg. Chem. *235* (1937) 153

K. DIHLSTRÖM, Über den Bau des wahren Antimontetroxyds und des damit isomorphen Stibiotantalits, $SbTaO_4$, Z. allg. anorg. Chem. *239* (1938) 57
(Beispiel für den röntgenographischen Nachweis der tatsächlichen Zusammensetzung von chemischen Verbindungen mit der vergleichenden Untersuchung von Modellsubstanzen und die anschließende Bestimmung der Kristallstruktur auf demselben Wege).

BEISPIELE VON RÖNTGENOGRAPHISCHEN UNTERSUCHUNGEN ZUR FRAGE DER ATOMEIGENSYMMETRIE UND DER CHEMISCHEN BINDUNG:

M. STRAUMANIS und W. STAHL, Die gegenseitige Löslichkeit im ternären System Cadmium-, Kobalt-, Zinkquecksilberrhodanid I, Z. physik. Chem. (B) *193* (1943) 97

(Nachweis einer Gitterkonstantenabhängigkeit bei Mischkristallen, welche auf eine charakteristische Atomsymmetrie deutet).

R. Brill, H. G. Grimm, C. Hermann und Cl. Peters, Anwendung der röntgenographischen Fourier-Analyse auf Fragen der chemischen Bindung, Ann. Phys. (5) *35* (1939) 393

Cl. Peters, Anwendung der röntgenographischen Fourier-Analyse auf Fragen der chemischen Bindung, Z. Elektrochem. *46* (1940) 436

R. Brill, C. Hermann und Cl. Peters, Röntgenographische Fourier-Synthese von metallischem Magnesium, Ann. Phys. (5) *41* (1942) 37

R. Brill, C. Hermann und Cl. Peters, Röntgenographische Fourier-Synthese von Quarz, Ann. Phys. (5) *41* (1942) 233

(Beispiele für die Anwendung einer verfeinerten Fourier-Analyse von Kristallstrukturen, um die Natur der chemischen Bindung im Einzelfall beurteilen zu können).

Andere Möglichkeiten, mittels röntgenspektroskopischer Untersuchung den Bindungszustand von Atomen in verschiedenen chemischen Verbindungen zu kennzeichnen, sind angegeben bei:

H. Stintzing, Röntgenstrahlen und chemische Bindung, Erg. techn. Röntgenkde *2* (1931) 275

H. Broili, R. Glocker und H. Kiessig, Ultraweiche Röntgenlinien und Gitterbindungskräfte, Erg. techn. Röntgenkde *4* (1934) 94.

ZUR UNTERSUCHUNG DER ATOMANORDNUNG IN MOLEKÜLEN AN HAND DER RÖNTGEN- UND ELEKTRONEN-INTERFERENZEN, WELCHE AN GASEN UND FLÜSSIGKEITEN ERHALTEN WERDEN:

Über die Grundlagen der Methode siehe die beiden Buchdarstellungen:

M. von Laue, Röntgeninterferenzen und M. von Laue, Materiewellen und ihre Interferenzen, welche bereits S. 41/42 zitiert wurden.

Über die Interferenzerscheinungen an Flüssigkeiten:

P. Debye und H. Menke, Untersuchung der molekularen Ordnung in Flüssigkeiten mit Röntgenstrahlen, Erg. techn. Röntgenkde *2* (1931) 1.

Zur Auswertung von Beugungsdiagrammen an Gasen:

L. Pauling and L. O. Brockway, The radial distribution method of interpretation of electron diffraction photographs of gas molecules, J. Amer. Chem. Soc. *57* (1935) 2684

P. Debye und M. H. Pirenne, Über die Fourier-Analyse von interferometrischen Messungen an freien Molekülen, Ann. Phys. (5) *33* (1938) 617.

Beispiele solcher Untersuchungen sind etwa:

L. Bewilogua, Interferometrische Messungen an einzelnen Molekülen der Chlor-Substitutionsprodukte des Methans, Physik. Z.S. *32* (1931) 265

R. Wierl, Elektronenbeugung und Molekülbau, Ann. Phys. (5) *8* (1931) 521

H. Brode, Bestimmung der Atomabstände und Molekülstrukturen der In- und Ga-Halogenide mittels Elektronenbeugung, Ann. Phys. (5) *37* (1940) 344

(die erste Arbeit ausgeführt an Hand der Röntgeninterferenzen, die beiden letztern gestützt auf Elektronenbeugungsversuche).

Daten über die Ergebnisse von Strukturbestimmungen an einzelnen Molekülen enthält in fortlaufender Berichterstattung der Strukturbericht und die ihm beigegebene Titelsammlung (siehe bereits S. 227).

VERZEICHNIS DER TABELLEN

Seite

Tabelle I: Übersicht über die verschiedenen Verfahren zur röntgenographischen Untersuchung von Kristallen 26

„ II: Wellenlängen der bei monochromatischen Verfahren hauptsächlich verwendeten Röntgenstrahlungen 33

„ III: Haupttypen von Gitterstörungen und ihre röntgenographischen Kennzeichen 137

„ IV: Röntgenographische Kennzeichnung der aus der Reaktion $MgO + TiO_2$ im festen Zustand hervorgehenden Reaktionsprodukte 209

„ V: Zu einfachen Formeltypen gehörende, wichtige Strukturtypen und ihnen angehörende Kristallarten 238

„ VI: Kristallchemische Kennzeichen der Elemente, wie sie für die Bestimmung anorganischer Kristallstrukturen wesentlich sind 244

„ VII: Für Kristallstrukturbestimmungen an organischen Verbindungen wichtige Bindungsabstände 247

„ VIII: Übersicht über die Kristallchemie der Kristallarten vom Apatit-Typus 249

„ IX: Die Konstitution der Haupttypen chemischer Verbindungen. . 265

„ X: Vergleich einiger Atomabstände in Molekülen und Kristallen ermittelt aus Röntgen- und Elektronen-Interferenzen an Gasen und Kristallen 271

SACHREGISTER

A

Abbrucheffekte (bei Fourier-Analysen) 254
Abdeckung, Periode der – 213
Absorption von Flüssigkeiten durch Kristalle 194
Absorptionseffekte 129
Additionsmischkristalle 64, 68
Additionsverbindungen 176
Adsorptionshüllen 215
Ätzversuche 230
aktive Atome 259
aktive Stoffe 126, 137, 212
Aktivierung, Periode der – 213
Altern 157
amorphe Kristallverbindungen 46
– Molekülverbindungen 45
– Phasen, röntgenographische Untersuchung von – 43
– Phasen neben kristallisierten, röntgenometrischer Nachweis von – 81, 127
– Phasen, Übergang von – in kristallisierte 157, 173
– Zwischenschichten 122, 127
amorph-feste Stoffe 15, 43, 48
Anlauf, isomorpher 180, 194
– orientierter 193
Anlaufvorgänge 154, 176
anomale Mischkristalle 195
van Arkel-Aufspaltung siehe K_α-Dublett-Aufspaltung
Arnfelt-Strukturen 121
Asterismen 107, 141, 182, 191, 194
asymmetrische Effekte 230
– Pulver-Methode 35, 67
Atomabstände siehe Bindungsabstände
Atomaustausch in Kristallgittern 179
Atomeinlagerung in Kristallgittern 63, 68, 179
–, geordnete 180
Atomeinlagerung in Kristallgittern, ungeordnete 180
Atomersatz siehe Atomsubstitution
Atomgitter 15
Atomketten 14
Atomkomplexe in Mischkristallen 200
Atomkonfigurationen siehe Atomverbände
Atomkoordinaten 219
Atomkoordinaten, Bestimmung der – 223, 231
Atomnetze 14
Atomschichten 14
Atomsubstitution 63, 68, 125, 126
–, einfache und gekoppelte 249
Atomsymmetrie 254
Atomverbände, dreidimensionale 15
– dritter Ordnung 261
–, eindimensionale 14
–, einkernige 256
– erster Ordnung 258
–, frei verknüpfte 48
– höherer Ordnung 259
–, kristalline 16
–, mehrkernige 256, 260
–, molekulare 12
–, periodisch gebaute 13
–, pseudokristalline 48
–, starr verknüpfte 48
–, statistisch-unregelmäßige 48
–, unendlichkernige 257
–, zweidimensionale 14
– zweiter Ordnung 259
Aufnahmekammern 22, 24, 27, 32
Aufrauhung der Kristallgitter 125
Aufspaltung von Interferenzpunkten 140
siehe auch Gerlach-Aufspaltung, K_α-Dublett-Aufspaltung
Aufwachsung, gesetzmäßige 171
– – bei Anlaufprozessen 193

Ausdehnungskoeffizienten, röntgenometrische Bestimmung von – 68
Ausfall von Interferenzen 128, 130
Auslöschungen 220, 230
Ausscheidung, homogene 201
–, inhomogene 202
Ausscheidungsvorgänge 154, 200
Austauschdiffusion 196
Austauschreaktionen 176
«averaged structures» 241

B

Basenaustausch 176, 180
Basisgruppe 220
Begleitbanden 203
Belichtungszeit 33, 39
besondere Aufnahmebedingungen 31
Beugungswinkel 20, 22
bewegliche Atome in Kristallgittern 127, 163
binäre Systeme, röntgenographische Kennzeichen der – 87
Bindungsabstände 63, 243, 270, 271
– der chemischen Elemente 244
– im Gaszustand und im Kristall 271
– in organischen Verbindungen 247
–, kleinste 255
Bindungszahl 247
Bindungszustand 18, 268
Bragg'sche Gleichung 20
Bragg-Verfahren 23, 26
Brechungseffekt bei Elektroneninterferenzen 95
Brucherscheinungen, röntgenographische Kennzeichen der – 102

C

charakteristische Interferenzen 77
chemische Zusammensetzung, röntgenometrische Präzisierung der – 233
cis-Verbindungen 270

D

Debye-Scherrer-Verfahren siehe Pulver-Verfahren
Deformation von Strukturtypen 237
Desaktivierung der Oberflächen 213
diadoche Atome 62, 64, 234, 241, 243
Dichte 228, 232
–, röntgenographische 232
Dichtebestimmungen, röntgenometrische 232
diffuse Röntgeninterferenzen 144
– Streustrahlung 33, 79, 200
– –, Verstärkung der – 44, 120, 125, 127
Diffusion 196, 203
Diffusionsgeschwindigkeiten 193, 204
Diffusionskoeffizienten, röntgenographische Bestimmung von – 197
Drehkristall-Verfahren 23, 26, 59, 86, 141, 142, 169, 191
dreidimensionale Atomverbände 15
dynamischer Zustand der Kristalle 18, 145, 268

E

echte Kristallverbindungen 16
– Linienverbreiterung 112, 116
einaggregatige Kristallverbindungen 48
eindimensionale Atomverbände 14
– Kristalle 16, 48, 143
Eindringungstiefe der Röntgenstrahlen 34
– der Elektronenstrahlen 39
einfaches Gitter 220
einkernige Atomverbände 256, 265
Einkristalle, scheinbare 140
–, röntgenometrische Kennzeichnung des Kristallzustandes von – 138
–, röntgenographische Orientierung von – 138
–, Schwankungen der Gitterkonstanten von – 142
Einkristall-Verfahren 26, 28, 98

Einkristall-Verfahren bei der Bestimmung von Kristallarten 59
– zur Kennzeichnung des Kristallzustandes 98, 138
Einlagerung siehe Atomeinlagerung
Einlagerungsdiffusion 196
Einlagerungsmischkristalle 63, 68
Einlagerungsverbindungen 176
einparametriger Zusammenhang 260, 261
Einphasengebiete, röntgenographische Charakterisierung der – 84
einphasige Umwandlungen 169
elastische Gitterverzerrungen 109, 111, 114
Elektronenanstrahlung 39
Elektronenbeugungs-Gerät 38
Elektronendichte-Verteilung 223, 268
Elektronendurchstrahlung 37
Elektronen, langsame und schnelle 40
Elektroneninterferenzen 37, 45, 52, 60, 95, 120, 122, 130, 136, 146, 156, 167, 168, 171, 194, 214, 226, 270
– an feinstkristallinen Stoffen 45, 120
– an Mikrokristallen 96
–, Brechungseffekt bei – 95
–, Verbreiterung der – 120
– und Rauhigkeit der Kristalloberfläche 95, 130
Elementarmasse 219, 232, 233, 235
Elementarzelle 22, 219
enantiotrope Umwandlungen 84, 158
Entmischungsvorgänge 154, 200, 203
Entwässerung 197, 234, 252

F

Färbungsprozesse 195
Faserdiagramm 83, 131, 134
Faserstoffe 82, 131, 132, 144, 178, 181, 185, 195
Fasertexturen 134
fehlende Interferenzen 220
Feinstrukturaufnahme 22
Feld einer Kristallart 63
Filme 52, 132, 135
Filterung der Röntgenstrahlung 31
Flächenstatistik 220
flüssige Kristalle 50
Flüssigkeiten 15, 270
–, Röntgenuntersuchungen an – 49, 270
Flüssigkeitsinterferenzen 43, 44, 270
Formeltypen 238, 247
Fourier-Analyse von amorphen Stoffen 52
– von Flüssigkeiten 270
– von Kristallen 223, 254, 268, 269
freie Parameter einer Kristallstruktur 223
frei verknüpfte Atomverbände 48
Fremddiffusion 196

G

Gasinterferenzen 270
gekoppelte Atomsubstitutionen 249
– Teilvorgänge 203
Gemischanalyse, röntgenometrische 75
– –, Anwendungen der – 83
– –, quantitative Ausführung der – 79
– – beim Studium von Pulverreaktionen 206, 209, 211
gemischte Phasen 49, 127
geometrisch-topologische Analyse 17, 254
geordnete Einlagerung 180
Gerlach-Aufspaltung 107
Gitterauflockerung 155
Gitteraufweitung 65, 111, 137, 178, 180
Gitter, einfaches oder zentriertes 220
Gitterformänderung 65, 163, 164, 179
Gittergeraden 19
Gitterkonstanten 24, 219
– bei anomal kleinen Kristallen 137

Gitterkonstanten, Beziehungen unter den – verschiedener Kristallarten 252
–, Messung der – 24, 33, 218, 228
–, Präzisionsmessungen der – 33, 67
Gitterkonstantenschwankungen 108, 109, 110, 112, 119, 137, 142
Gitterkonstantenschwankungen,
–, langsame 110, 112
–, periodische 110, 113
–, rasche 110, 113
Gitterkonstanten, Verhalten der – bei Modifikationswechseln 163, 164
– von Mischkristallen 65
Gitterkontraktion (Gitterschrumpfung) 65, 111, 137
Gitterstörungen 109, 110, 112, 113, 121, 124, 126, 128, 137, 146, 147, 166, 212
– an den Kristalloberflächen 147
– in Mischkristallen 126
–, mittlere Amplitude der – 126
–, periodische 110, 113, 128
–, unregelmäßige 124
Gitterstrukturen 16, 48
Gitterträger 261
Gitterverfestigung 155
Gitterverhakungen 125
Gitterversetzungen 125
Gitterverzerrungen, elastische 109, 111, 114
–, inhomogene 110, 114
Gläser 15, 44, 45, 47, 49, 50
gleichwertige Punkte 222
Gleitebenen 126
Gleiten, behindertes – von Kristallen 107
Goniometer-Verfahren 24, 26, 29, 59, 142, 157
Grundbaustein 13, 235, 251
Grenzflächenvorgänge 154

H

Habitus siehe Kristallhabitus
halbes Interferenzensystem 26, 34, 36
halbmonochromatische Strahlung 192
Harze 49
heteropolare Bindung 268
Heterotypie 168
hexagonale Kristallarten, zur Strukturbestimmung von – 229, 231
homogene Mischkristalle 88
homogen geschwärzte Interferenzlinien 26, 101, 111, 132, 133
Homogenitätsbereiche 64, 69, 177, 233
homöopolare (unpolare) Bindung 18, 268
Homöotypie 161
Hystereseerscheinungen bei Modifikationswechseln 158

I

Idealkristall 93, 145
inaktive Atome 259, 265
Indizes 20
Indizesfeld 220
Indizierung der Interferenzen 24, 29, 61, 220
inhomogene Gitterverzerrungen 110, 114
– Mischkristalle 88
innere Spannungen, röntgenometrische Messung der – 111
innermolekulare Interferenzen 270
Intensitäten der Interferenzen siehe Interferenz-Intensitäten
Interferenzdaten, Sammlungen von – 61, 70
Interferenzen, charakteristische 77
–, letzte 26, 34, 36
Interferenzensystem, halbes 26, 34, 36
Interferenz-Intensitäten 22, 26, 32, 44, 55, 63, 77, 82, 111, 124, 142, 161, 164, 166, 177, 181, 200, 219, 223, 231
Interferenzlinien, Beschaffenheit der – 98, 99

Interferenzlinien, inhomogen geschwärzte 26, 101, 111, 132, 133
Interferenzpunkte, Beschaffenheit der – 98, 138
Interferenzvermögen 33, 77
intermediäreVerbindungen, röntgenographischer Nachweis von – 74
interkristalline Quellung 178
– Stoffaufnahme 178
intermizellare Quellung 178
– Stoffaufnahme 178
intermolekulare Abstände 244
– Lagebeziehungen 266
– Interferenzen 270
– Kräfte 269
intrakristalline Stoffaufnahme 179
intramizellare Stoffaufnahme 179
intramolekulare Abstände 244, 270
Ionenradien der chemischen Elemente 244
Ionisationskammer 22
isomorpher Anlauf 180, 194
Isotopeneffekt (bei den Gitterkonstanten) 70
Isotypie 55, 237

K

Kameradurchmesser 31, 32
K_α-Dublett 33
– -Aufspaltung 108, 109, 112, 115, 116, 192
–, gleichzeitige Reflexion des – 107
Katalysatoren 57
Keimreaktionen 187, 211
Keimzahl 212
Kettenstrukturen 14, 49, 143, 179, 181, 185, 250
–, Einlagerungsreaktionen bei – 185
–, Umbau von – 185
Kleinwinkelstreuung 118, 201
kohärente Ordnung, Bereiche der – 166
Koinzidenzen von Interferenzen 77, 211
Kolloide 49
komplexe Überstrukturen 167
Konstitution 218
Konstitutionsaufklärung an amorphen Stoffen 51
– an Gasen 12, 270
– an Kristallen 13, 15, 218
Konstitutionsnachweis, chemischer 252
Konstitution und Reaktionsverhalten 197
Konzentrationsunterschiede bei Mischkristallen, röntgenographischer Nachweis von – 110
Koordinationspolyeder, Symmetrie der – 266
Koordinationsschema 256
Koordinationszahl 243, 247, 256
– der chemischen Elemente 244
Korngrößenverteilung mikrokristalliner Stoffe, röntgenographische Bestimmung der – 103
Kristallart 55
Kristallarten, röntgenographische Bestimmung der – 54
Kristallbaufehler 93, 144
Kristallchemie 16
kristallchemische Merkmale der Atome 242
Kristalle, eindimensionale 16, 48, 143
–, flüssige 50
–, zweidimensionale 16, 48, 128, 143, 193
Kristallform siehe Kristallhabitus
Kristallgröße, röntgenometrische Bestimmung der – bei Mikrokristallen 100
–, röntgenometrische Bestimmung der – bei submikroskopischen Kristallen 112, 114, 118
–, Bestimmung der – von submikroskopischen Kristallen aus Elektroneninterferenzen 120
Kristallgüte, röntgenographische

Kennzeichnung der – bei Einkristallen 138
–, röntgenographische Kennzeichnung der – bei Mikrokristallen 100, 101, 107
–, röntgenographische Kennzeichnung der – bei submikroskopischen Kristallen 112, 118, 121, 124
Kristallhabitus, röntgenometrische Kennzeichnung des – bei Mikrokristallen 105, 129
–, röntgenometrische Kennzeichnung des – bei submikroskopischen Kristallen 116, 117, 121, 126, 128
kristalline Atomverbände 16
– Radikalverbände 257, 265
– Radikalverbindungen 260, 265
Kristall-Interferenzen 12, 44
Kristallklasse 139, 228, 230, 231
Kristalloberflächen, Zustand der äußersten – 146
Kristallqualität 28, 228
Kristallreaktionen 187
–, diskontinuierliche 188
–, einphasige 188
–, stetige 188
Kristallstrukturbestimmung 12, 218
Kristallumgrenzung, Einfluß der – auf die Röntgeninterferenzen 129
Kristallverbindungen 16, 253, 265
–, amorphe 46
– dritter Ordnung 261, 262
–, echte 16
–, einaggregatige 48
– erster Art 260, 265
– erster Ordnung 258, 265
– höherer (n-ter) Ordnung 265
–, Mannigfaltigkeit ihrer Erscheinungsformen 48
– zweiter Art, (reine) 258, 265
–, zusammengesetzte 261, 265
– zweiter Ordnung 260, 261, 265
Kristallwachstum 136, 141
Kristallzustand 93, 98, 99, 138, 145, 173, 177, 179, 191, 206, 208, 211
–, Einfluß des – auf Röntgeninterferenzen 98
–, Kennzeichnung des – mit den Einkristall-Verfahren 138
–, Kennzeichnung des – mit dem Pulververfahren 99
–, submikroskopischer 18, 94, 145
K-Strahlung 31, 33
K_α-Strahlung 31, 33
K_β-Strahlung 31, 33
kubische Kristallarten, zur Strukturbestimmung von – 228, 230
Kunststoffe 49

L

Ladungsverteilung in Kristallgittern 254, 269
Lagebeziehungen unter den Atomen 17, 254
–, intermolekulare 262
Lagerungsisomerie 169
Lageverschiebungen von Atomen bei Modifikationswechseln 162
Laue-Gruppen 139, 230
– Verfahren 26, 28, 59, 138, 140, 142, 144, 169, 191
Leerstellen 63, 68, 125, 222, 226, 234, 249
leichte Atome, Lagebestimmung von – in Kristallstrukturen 225, 268
Leitungselektronen 268
letzte Interferenzen 26, 34, 36
– – bei gestörter Gitterordnung 125
Linienbreite, physikalische 117, 118
Linienverbreiterung 108, 112, 137
–, echte 112
Linienverschiebung 110, 136, 137
Löslichkeitsgrenzen, röntgenographische Bestimmung der – 90
Lösungen, Röntgenuntersuchungen an – 49
Lösungsvorgänge 177

M

Makromoleküle 17
Makrosymmetrie 228
mehrfache Texturen 135
Mehrfachketten 185
mehrkernige Atomverbände 257, 265
Mehrphasengebiete, röntgenographische Charakterisierung der – 84
metallische Bindung 18, 268
metastabile Zwischenzustände 188
«method of trial and error» 223
metrische Beziehungen unter Kristallarten 252
metrische Verhältnisse einer Kristallstruktur 250
Mikrokristalle, röntgenographische Kennzeichnung von – 100
– von gestörtem Bau, röntgenographische Kennzeichen der – 102, 107
Mikromethoden, röntgenographische 96
Mischkristalle 55, 63, 65, 68, 73, 84, 87, 88, 89, 110, 126, 191, 194, 195, 196, 200, 205
–, anomale 195
–, Gitterkonstanten von – 65
–, Gitterstörungen der – 126
–, homogene 88
–, inhomogene 88
–, röntgenographische Abgrenzung ihrer Existenzfelder 89
–, röntgenographische Prüfung auf ihre Homogenität 88
–, röntgenographische Untersuchung ihrer Bildung 205
mizellare Oberflächenreaktionen 178
mizellarheterogene Reaktion 196
Mizellarstrukturen 51
Modifikationen 54, 57
Modellsubstanzen für Strukturbestimmungen 237
Modifikationen 54, 57, 190
–, röntgenographisch unterscheidbare 159
Modifikationen, röntgenographisch ununterscheidbare 159
–, röntgenographische Unterscheidung verschiedener – 54, 57
Modifikationswechsel 157
molekulare Atomverbände 12
–, einkernige 256
–, mehrkernige 256
– Radikalverbände 257, 265
Molekülchemie 13
Moleküle 12
– dritter Ordnung 261
–, einkernige 256, 265
– erster Ordnung 258, 265
– höherer (n-ter) Ordnung 265
–, mehrkernige 259, 265
–, planare 266
– zweiter Ordnung 259
Molekülgestalt, röntgenometrische Bestimmung der – 118
Molekulargewicht 235
Molekulargewichtsbestimmung, röntgenometrische 235
Molekülgröße, röntgenometrische Bestimmung der – 118
Molekülverbindungen 12, 235, 253, 265, 270
–, amorphe 45, 62
–, Fourier-Analyse von – 224
Molekülsymmetrie 268
Monochromatisator 31
monochromatische Röntgenstrahlung 22, 31, 33, 44
monotrope Umwandlungen 158
monokline Kristallarten, zur Strukturbestimmung von – 229, 231
monomikt 257, 265
Mosaikblöcke, röntgenographische Bestimmung ihrer Größe 120
Mosaikkristall 118, 145
–, idealer 145

N

Nachbarschaftsbild 255
Nachweisbarkeitsgrenze, röntgenometrische 75, 89
– –, Beispiele von – 79
nematische Zustände 50
Netzstrukturen siehe Schichtstrukturen
neue Kristallarten, röntgenographischer Nachweis von – 85
Netzebenen 19
–, atomare Besetzung der äußersten – 146
Netzebenenabstände als Kennzeichen von Kristallarten 62

O

Oberflächenreaktion, mizellare 178
Oberflächenverfestigung 213
Ordnung eines Atomverbandes 258, 259
Ordnungsgrad von Überstrukturen 166
orientierte Präparate 62
– – und Habitusbestimmung 105, 106
orientierter Anlauf 193
Orientierung von Einkristallen, röntgenographische 138
orthorhombische Kristallarten, zur Strukturbestimmung von – 229, 231
Oxydationsstufen, röntgenographische Bestimmung der – 58

P

parakristallin 16, 46, 50, 83, 127
Paramorphosen 188
Patterson-Analyse bei amorphen Phasen 52
– bei Flüssigkeiten 270
– bei Kristallen 223
periodisch gebaute Atomverbände 13
periphere Verbreiterung 99
permutoide Quellung 181
Phasengebiete, Abgrenzung der – auf röntgenographischem Wege 89
physikalische Linienbreite 117, 118
Piezoelektrizität 230
planare Moleküle 266
Platzwechsel 213
polare Bindung 18, 268
polychromatische Röntgenstrahlung 26
polymikt 257, 265
Polymolekularität 17
polymorphe Umwandlungen 154, 157
Polymorphie 54, 57, 154
Präparate, orientierte 62
Präparatherstellung für Elektronenaufnahmen 37
– für Pulveraufnahmen 30
Präzisionsmessungen von Gitterkonstanten 33, 67, 141
Primärteilchen 117
pseudoamorph 16, 46
pseudoeinparametriger Zusammenhang 264
pseudokristalline Atomverbände 48
Pseudomorphosen 188
pseudostatistische Texturen 132
pseudostöchiometrische Verhältnisse 176, 178
Pseudosymmetrie 162
Pulverreaktionen 154, 205
Pulver-Verfahren 25, 29, 30, 59, 67, 74, 94, 99, 156, 193, 206
– unter besondern Bedingungen 31
–, Anwendung bei der Untersuchung von Umwandlungen und Reaktionen 156, 206
–, Anwendung als röntgenometrische Gemischanalyse 74
–, Anwendung zur Bestimmung von Kristallarten 59
–, Anwendung zur Kennzeichnung des Kristallzustandes 99
–, asymmetrisches 26, 35

Pulver-Verfahren, mit gedrehtem Präparat 26, 108
–, normales 26, 35

Q

Quasimoleküle 213
Quellung 177
–, dreidimensionale 179, 180
–, eindimensionale 179, 181
–, interkristalline 178
–, intermizellare 178
–, intrakristalline 179, 181
–, intramizellare 179, 181
–, permutoide 181
–, zweidimensionale 179, 181

R

radiale Linienbreite 108
– Linien-Verbreiterung 99, 108, 112
Radikale, einkernige 256, 265
– erster Ordnung 258, 265
–, mehrkernige 259, 265
– zweiter Ordnung 259
Radikalverbände, kristalline (neutrale oder unabgesättigte) 257, 265
Radikalverbände, molekulare 257, 265
Radikalverbindungen, kristalline 260, 265
Rauhigkeitsgrad der Kristalloberflächen 95, 130
Raumgruppe (Raumsystem) 220, 230
Reaktionen erster Ordnung 153
– im festen Zustand 153
– zweiter Ordnung 153
–, mizellarheterogene 196
Reaktionsbeginn, röntgenographische Kennzeichen des – 191
Reaktionsverlauf, stetiger oder diskontinuierlicher 176
Realbau der Kristalle 93, 146
Realkristall 118, 146
Reflexionsordnung 20
Regelung der Kristalle 106, 131, 193, 195
Resonanzzustände 268
Restvalenzen 266, 269
rhomboedrische Kristallarten, zur Strukturbestimmung von – 229, 231
rhombisch siehe orthorhombisch
Riesenmoleküle 17
Ringfasern 134
röntgenamorph 43, 209
Röntgendiagramm 22
Röntgendiagramme, vergleichbare 82
Röntgenfeinstrukturgerät 21
Röntgeninterferenzen an amorphen Stoffen 43
– an Flüssigkeiten 11, 270
– an Gasen (Dämpfen) 11, 270
– an Gemengen 73
– an Kristallen 11, 19, 218
– an Mischkristallen 55, 65, 73
Röntgenstrahlung, monochromatische 20, 22, 31, 33, 44
–, polychromatische (weiße) 26
Rotation von Atomgruppen in Kristallgittern 162
Rückstrahl-Verfahren 26, 34, 36

S

scheinbare Identität von Kristallen 214
Schichtlinien 23
Schichtstrukturen 15, 48, 121, 122, 127, 128, 138, 143, 179, 181, 182, 193, 250
–, Einlagerungsreaktionen bei – 182
–, gestörte 122
– mit amorphen Zwischenschichten 128
–, Quellungserscheinungen bei – 181
–, Störungsformen der – 121
Schwärzungslinien, kontinuierliche – in Einkristall-Aufnahmen 83, 132, 142, 182, 201

Schwenk-Verfahren 26
Schwerpunktsanordnung einer Kristallstruktur 252
Schwingungen, gerichtete – von Atomgruppen in Kristallgittern 162
Sekundärteilchen 117
Selbstdiffusion 196
selektive Linienverbreiterung 121
– Reflexion 20
Sichelaufspaltung der Interferenzlinien 131
smektische Zustände 50
Spaltbarkeit, Einfluß der – auf Röntgeninterferenzen 130
Spaltflächen 130
Spannungsmessung, röntgenographische 111
spezielle Punktlagen 222
Sphäre 255
Spiralfasern 134
Stacheleffekt 147
starr verknüpfte Atomverbände 48
statistisch-unregelmäßige Atomverbände 48
statistische Besetzung einer Punktlage 163, 222
Stereochemie 17, 255
stetige Umwandlungen 169
Störungsamplitude 126
störungsempfindliche Kristalleigenschaften 96
Streustrahlung, siehe diffuse Streustrahlung
Streuvermögen der Atome für Elektronenstrahlen 39
Streuung der Kristall-Lagen in Texturen 107, 136
Strukturisomere 168
Strukturtyp 54, 237, 238, 247
Strukturtypen, Beziehungen zwischen komplexeren und einfacheren – 240
submikroskopische Hohlräume, röntgenographische Bestimmung ihrer Mindestgröße 195
submikroskopische Kristalle, röntgenographische Kennzeichnung von – 111
submikroskopische Rauhigkeit der Kristallflächen 95, 130
submikroskopischer Kristallzustand 18, 94, 145
Substitutionsmischkristalle 63, 68, 125, 126, 222
Summenformeln 65, 234
Suspensionen, Röntgenuntersuchungen von – 50
Symmetrieabbau 164
Symmetrie einer Kristallstruktur 266
Symmetrieelemente einer Kristallstruktur 222
Symmetrieerhöhung 164
Symmetriegerüst einer Kristallstruktur 220
Symmetriewechsel bei polymorphen Umwandlungen 164
Systeme, röntgenometrische Untersuchung von – 83

T

Teilchenform siehe Kristallhabitus
Teilchengrößenbestimmungen 117
Teilchengrößenbestimmung, röntgenographische 114
Teilchen höherer Ordnung 117
Teilchengrößenbreite der Interferenzlinien 115
Teilchengrößenverbreiterung 115, 119
Teilindividuen 140
Teilverbände 259, 267
Teilvorgänge von Umwandlungen und Reaktionen 155, 168, 203
tetragonale Kristallarten, zur Strukturbestimmung von – 229, 231
Textur 106, 131, 135, 136, 193
–, Bestimmung der – mittels Elektroneninterferenzen 136

Textur mikrokristalliner Stoffe, röntgenographische Bestimmung der – 106
– von Haufwerken aus submikroskopischen Kristallen, röntgenographische Bestimmung der – 131
Texturen, mehrfache 135
topochemische Reaktionen 136, 154, 210
Translationsgruppe 220, 230
trans-Verbindungen 270
trikline Kristallarten, zur Strukturbestimmung von – 229, 231
Trübungen, Röntgenuntersuchung von – 50

U

Überstrukturen 143, 165
–, dreidimensionale 165
–, eindimensionale 143
–, komplexe 167
–, Ordnungsgrad von – 166
–, zweidimensionale 143
Überstruktur-Interferenzen 131, 165, 185
–, Aufspaltung der – 167
–, Intensität der – 166
–, komplexe 167
Umregelung 136
Umwandlungen 84, 153, 157
–, einphasige 169
–, enantiotrope 84, 158
–, monotrope 158
–, stetige 169
–, wachstumsmäßige 170
–, zusammengesetzte 203
–, zweiphasige 170
Umwandlungsmechanismen 169
Umwandlungstexturen 170
Umwandlungstypen, neuartige 173
unendlichkernige Atomverbände 257
ungeordnete Einlagerung 180
Ungleichgewichtszustände 216
Unterstruktur 162, 166

V

vagabundierende Gitterbestandteile 178
van der Waals'sche Kräfte 266, 269
«variate atom equipoints» 241
Verbindungen erster Ordnung 258, 263, 265
– dritter Ordnung 261, 263, 265
– höherer Ordnung (n-ter) 265
– zweiter Ordnung 259, 263, 265
–, Systematik der – 265
Verbreiterung der Interferenzlinien 108, 112
Verformung 107, 124, 125, 126, 136, 141
Verschiebekammern 157
Verschiebung der Interferenzlinien 110, 136
versteckte Phasen 78, 210
Verwachsungsebenen von Kristallarten 193
Verzerrungsbreite der Interferenzlinien 114
Vororientierung 133

W

wachstumsmäßige Umwandlungen 170
Wärmebewegung in Kristallgittern 127, 145
Walztexturen 135
Wassergehalt 197, 234, 252
Wasserstoff-Atome, Lagebestimmung der – in Kristallstrukturen 39, 225, 268
Wasserstoff-Bindungen 268
Wechselstrukturen 124, 171
weiße Röntgenstrahlung 26
Wellenlänge der Röntgen-K-Strahlungen 33
– der Elektronenstrahlen 40
Wertigkeit 63, 243

Z

Zählrohr 22
zentriertes Gitter 220
Zerfall von Kristallarten 200
Zerfall, orientierter – einer Modifikation 171
Zerteilungsgrad, röntgenometrische Bestimmung des – 118
zusätzliche Kationen 249
Zusammenballung von Fremdatomen in Kristallgittern 200
zweidimensionale Atomverbände 14
– Kristalle 16, 48, 128, 143, 193
zweiphasige Umwandlungen 170
Zwischenphasen 155
Zwischenverbindungen 208
Zwischenzustände 155, 167, 188, 203, 204, 209
–, amorphe 188, 209
–, metastabile 188
Zwittermoleküle 213

KUNST UND KUNSTGESCHICHTE

DIE KUNSTDENKMÄLER DER SCHWEIZ. Herausgegeben von der Gesellschaft für schweizerische Kunstgeschichte. In Ganzleinen gebunden. Reich illustrierter Spezialprospekt kostenlos auf Verlangen. Bisher sind erschienen:

Band 1: Kanton Schwyz. I. Von *L. Birchler*. Fr. 56.–.
Band 2: Kanton Schwyz. II. Von *L. Birchler*. Fr. 78.–.
Band 3: Kanton Basel-Stadt. I. Von *C.H. Baer* u.a. Fr. 74.–.
Band 4: Kanton Basel-Stadt. II. Von *R. F. Burckhardt*. Fr. 38.–.
Band 5: Kanton Zug. I. Von *L. Birchler*. Fr. 48.–.
Band 6: Kanton Zug. II. Von *L. Birchler*. Fr. 58.–.
Band 7: Kanton Zürich. I (Landschaft I). Von *H. Fietz*. Fr. 54.–.
Band 8: Kanton Graubünden. I. Von *E. Poeschel*. Fr. 25.–.
Band 9: Kanton Graubünden. II. Von *E. Poeschel*. Fr. 48.–.
Band 10: Kanton Zürich. IV (Stadt I). Von *K. Escher*. Fr. 56.–.
Band 11: Kanton Graubünden. III. Von *E. Poeschel*. Fr. 58.–.
Band 12: Kanton Basel-Stadt. III. Von *C.H. Baer* u.a. Fr. 56.–.
Band 13: Kanton Graubünden. IV. Von *E. Poeschel*. Fr. 52.–.
Band 14: Kanton Graubünden. V. Von *E. Poeschel*. Fr. 52.–.
Band 15: Kanton Zürich. II (Landschaft II). Von *H. Fietz*. Fr. 54.–.
Band 16: Canton de Vaud. II. (Cathédrale de Lausanne). Par *E. Bach*. Fr. 56.–.
Band 17: Kanton Graubünden. VI. Von *E. Poeschel*. Fr. 48.–.

HANDZEICHNUNGEN HANS HOLBEINS DES JÜNGERN IN AUSWAHL. Von *Paul Ganz*. Mit 44 Tafeln, wovon 9 farbig. In Halbleinenband Fr. 28.–. Farbig illustrierter Spezialprospekt kostenlos auf Verlangen.

Dieses Buch feiert Holbeins Meisterschaft als Zeichner in einer Folge ausgewählter Arbeiten und bietet einen eindrücklichen Überblick über die künstlerische Entwicklung seiner zeichnerischen Leistungen als Porträtist, als dekorativer Künstler und als Zeichner für die angewandte Kunst. Holbeins Lebenslauf wird im Zusammenhang mit der künstlerischen Entwicklung seiner zeichnerischen Leistungen, mit der Ausbildung der technischen Mittel und in der Geschichte der Zeichnungen erzählt.

HANS HOLBEINS DES JÜNGERN BILDER ZUM ALTEN TESTAMENT. Sämtliche einundneunzig Holzschnitte in Originalgröße. Mit den zugehörigen Bibelstellen. Nachwort von *Maria Netter*. Satzanordnung von *Jan Tschichold*. In Leinenband Fr. 7.50, in Ganzpergamentband Fr. 25.–.

Die Holzschnitte, die Hans Holbein d. J. zwischen 1524 und 1531 zum Alten Testament entworfen hat, gehören zu den großen Meisterwerken der Buchillustration. Wir haben die vollständige Folge dieser Bilder sorgfältig in Originalgröße reproduziert und die Reproduktionen, die von den Bibelstellen (in der ungefähr gleichzeitig mit den Holzschnitten entstandenen Übersetzung Luthers) begleitet werden, nach den am besten und vollständigsten erhaltenen Probeabzügen des Basler Museums hergestellt.

ERASMUS VON ROTTERDAM: DAS LOB DER TORHEIT. Übersetzt von *Alfred Hartmann*. Mit den Holbeinischen Randzeichnungen herausgegeben von *Emil Major*. Dritte Auflage. Satzanordnung und Einbandentwurf von *Jan Tschichold*. In Ganzleinenband Fr. 8.75, in Ganzpergamentband Fr. 25.–.

Der geistvolle und unterhaltsame Exkurs des Erasmus, des großen Vorkämpfers für geistige Freiheit, der sich noch heute liest, als wäre er erst gestern geschrieben, erscheint hiermit in dritter, textlich durchgesehener Auflage. Die neue äußere Form der weltberühmten Schrift wird jeden gebildeten Leser erfreuen: stellt sie doch in ihrem Brevierformat, mit ihrem altertümlichen Papier und dem vollkommenen Einklang der Typographie mit den Holbeinschen Zeichnungen die wohl schönste je erschienene Ausgabe in deutscher Sprache dar.

MANIERISMUS IN MITTELALTERLICHER KUNST. Von *Werner Weisbach*. Satzanordnung und Einbandentwurf von *Jan Tschichold*. Mit 33 ganzseitigen Abbildungen. In Pappband Fr. 16.–.

Aus seiner umfassenden Kenntnis des mittelalterlichen Kunstgutes leitet der bekannte frühere Berliner Ordinarius für Kunstgeschichte eine klare Bestimmung des heute für die verschiedensten künstlerischen Erscheinungen benützten Begriffs Manierismus ab, der ursprünglich für eine Erstarrungsform des Kunst des sechzehnten Jahrhunderts geprägt wurde.

LANDSCHAFTLICHE ELEMENTE IN DER MESOPOTAMISCHEN KUNST DES IV. UND III. JAHRTAUSENDS. Von *Faradsch Basmadschi.* 144 Seiten, 9 Tafeln. Geheftet Fr. 7.50.

In einem genau begrenzten chronologischen Rahmen werden die pflanzlichen Motive der mesopotamischen Kunst zusammenhängend besprochen und in ihrer Entwicklung dargestellt. Die methodische Untersuchung trägt dazu bei, gewisse Epochen der mesopotamischen Kulturentwicklung zu charakterisieren und verständlich zu machen.

DIE MÜNZEN DER SIZILISCHEN STADT NAXOS. Ein Beitrag zur Kunstgeschichte des griechischen Westens. Von *Herbert A. Cahn.* (Basler Studien zur Kunstgeschichte, Band II.) Mit 16 Tafeln. Geheftet Fr. 9.–.

Während eines Zeitraums von knapp hundertfünfzig Jahren – von um 550 bis 406 vor Christi – wurden in der sizilianischen Kleinstadt Naxos Münzen geprägt, die zu den schönsten Werken der griechischen Münzkunst gehören. Die vorliegende Monographie beruht auf einer vollständigen Sammlung des bekannten Materials; eine ausführliche Untersuchung befaßt sich mit der absoluten und relativen Chronologie sowie mit den Zusammenhängen zwischen den Münzen und den großen Werken der archaischen und klassischen Plastik und Vasenmalerei. Besondere Kapitel sind geldgeschichtlichen und religionswissenschaftlichen Fragen gewidmet.

FORM UND MATERIAL IN DER SPÄTGOTISCHEN PLASTIK. Von *Ernst Murbach.* (Basler Studien zur Kunstgeschichte, Band I.) Mit 48 Tafeln. Geheftet Fr. 9.–.

Das Buch behandelt ein bisher wenig beachtetes Problem: die Wechselwirkungen zwischen Form und Material. Es gelangt zu einer Reihe interessanter Resultate, die vorwiegend an Beispielen aus dem Basler Kulturkreis dargelegt und schließlich durch eine Vergleichung zwischen Riemenschneider und Adam Kraft in der allgemeinen Kunstgeschichte verankert werden.

SCHATZKAMMER DER SCHREIBKUNST. Meisterwerke der Kalligraphie aus vierhundert Jahren. Ausgewählt und eingeleitet von *Jan Tschichold.* In Halbleinenband mit Buntpapierüberzug nach einem Kattunmuster des 18. Jahrhunderts Fr. 48.–. Prospekt mit zwei Probeseiten kostenlos auf Verlangen.

Ein Quellenwerk von bleibendem Wert für Schriftzeichner und Graphiker, das auf 200 Tafeln eine unerschöpfliche Fülle von Schriften aus der Zeit zwischen 1520 und 1840 ausbreitet.